普通高等教育"十一五"国家级规划教材

工科数学分析(上)

(第3版)

李大华　林　益　汤燕斌　王德荣

华中科技大学出版社
中国·武汉

图书在版编目(CIP)数据

工科数学分析(上)(第3版)/李大华　等.—武汉:华中科技大学出版社,2007年8月(2022.7重印)

ISBN 978-7-5609-2027-6

Ⅰ.工…　Ⅱ.①李…　②林…　③汤…　④王…　Ⅲ.数学分析-高等院校-教材　Ⅳ.O17

中国版本图书馆CIP数据核字(2007)第105625号

工科数学分析(上)(第3版)　　李大华　等

责任编辑:周芬娜　　封面设计:潘　群

责任校对:代晓莺　　责任监印:周志超

出版发行:华中科技大学出版社(中国·武汉)　　电话:(027)81321913

武汉市东湖新技术开发区华工科技园　　邮编:430223

录　排:武汉市洪山区佳年华文印部

印　刷:武汉市洪林印务有限公司

开本:710mm×10000mm　1/16　　印张:20.75　　字数:380 000

版次:2007年8月第3版　　印次:2022年7月第15次印刷　　定价:49.00元

ISBN 978-7-5609-2027-6/O·195

内 容 提 要

本书是普通高等教育“十一五”国家级规划教材，是针对我国各重点院校对数学教学的要求及教学实际予以修订而成的．上册内容为一元函数微积分和微分方程，下册内容为空间解析几何、多元函数微积分及无穷级数，每节末附有习题答案与提示．

本书与一般工科高等数学教材相比，适当地补充了实数基本定理、一致连续性、一致收敛和含参量积分等内容，加强了微积分的理论基础；注重无穷小分析等数学思想的讲解和应用；在数学逻辑性、严谨性及抽象性方面也有相应要求和训练；引进现代数学语言、术语和符号，为读者进一步学习现代数学理论和方法打下基础；同时注重学生的工程应用意识的训练，培养学生应用数学解决实际问题的能力．

本书结构严谨、条理清晰、通俗易懂、例题典范、习题分层、可读性强、便于使用．适用于理工科（非数学）专业中对数学要求较高的专业使用，若略去部分内容也完全适合一般工科专业使用．

第 3 版 序

《工科数学分析》自出版以来，受到了广大读者的关注和欢迎，不少同行专家也热心地给予了指导和建议. 2006 年 8 月本书被教育部列入普通高等教育“十一五”国家级教材规划. 为了进一步提高教材的质量，我们进行了第 3 次修订.

本书第 3 版保留了原教材的系统和风格，及其结构严谨、条理清晰、通俗易懂、例题典范、习题分层、可读性强等特点，同时注意使新版更适应当前教学改革和课程建设的发展. 考虑到与中学数学教学的衔接，新版中增加了极坐标的内容.

对于本书的使用，教师可根据具体情况安排课堂教学的重点内容，这里我们提出以下参考建议.

(1) 理工科(非数学)专业和管理、经济类专业中对数学要求较高的专业，可以使用本书的全部内容.

(2) 一般工科及管理、经济类专业在使用本书时，可删去下列章节:

第 2 章 2.5.2 小节、2.5.3 小节、2.8.3 小节、2.8.4 小节，其中 2.8.3 小节和 2.8.4小节可只介绍定理的内容而略去其证明.

第 7 章 7.8.1 小节、7.8.2 小节、7.8.3 小节.

第 9 章 9.10.1 小节、9.10.2 小节、9.10.3 小节.

第 10 章 10.4.3 小节、10.4.4 小节、10.4.5 小节.

第 11 章.

限于编者的水平，新版中一定还存在不足和问题，欢迎专家、同行及广大读者批评指正.

编者邮箱：tangyb@mail. hust. eud. cn

编　者
2007 年 2 月
于华中科技大学

第3版序

第 2 版序

随着科学技术的飞速发展，数学的科学地位发生了巨大的变化.高技术本质上是数学技术的观念已日益为人们所共识.计算机和信息技术的迅速发展正在改变着人们对数学知识的需求，冲击着传统的观念和方法.面临着培养21世纪人才的挑战性任务，许多高等院校理工科(非数学)专业和管理、经济类专业对数学基础课程提出了新的更高的要求.数学基础课程不再仅仅是学到某些知识，为专业课程提供数学工具，更重要的是提高学生的数学素质和数学修养水平.

本书正是在这种形势下应运而生的.本书的宗旨是，在传授知识的同时，加强和拓宽基础，加强应用；注意传授数学思想，培养学生的创造性思维；着重提高学生的数学素养和能力.本书与传统的高等数学教材的主要区别是，本书加强了微积分的理论基础，注重无穷小分析的思想的运用；在数学的逻辑性、严谨性及抽象性方面也有相应的要求和训练.但本书又与数学专业用的数学分析教材不同，在内容的深度和广度上没有数学分析教材要求那么高.我们注意了对学生的工程意识的培养，即通过典型例题的介绍及相应习题的训练，培养学生运用数学知识解决实际问题的能力.基于上述理由，我们将本书定名为《工科数学分析》.

本书有以下特点.

(1) 引进一些近代数学的术语、符号和概念.如集合、映射、度量性等，这将有助于学生进一步阅读使用数学工具较多的现代科技文献.

(2) 拓宽和加强数学基础.本书加强了极限理论，从确界定理出发，介绍并证明了实数理论的几个基本定理：证明了有界闭区间上连续函数的基本性质；简要介绍了欧氏空间 $\mathbf{R}^n$ 中关于点集的某些基本概念，并在此基础上引进多元函数的极限与连续性概念；增加了理科数学分析中的一些重要内容，如一致连续、一致收敛、向量值函数的导数、含参变量的积分等.这些知识不仅有实用价值，而且对学生的逻辑思维训练是十分有益的.

(3) 突出数学建模，培养学生把实际问题转化为数学问题并加以解决的能力.本书除介绍微积分应用的经典例子(如物理、力学、几何等方面的例子)外，还介绍了若干工程、经济、人口、生态等领域中的例子，在习题中设置了许多实际应用的问题，这些问题在提高学生对数学应用的兴趣及能力方面有较大的作用.

(4) 重视数学思想方法的训练.本书注意突出无穷小分析的思想，将逼近的思想贯穿始终.尽可能将演绎与归纳的方法有机地结合起来，通过“问题(包括背景)—观察与思考—归纳总结—给出解答”这种模式来组织若干教学内容(如最优化问题—极值与条件极值等),以利于培养学生的创造能力.

(5) 在习题的配置上,本书把每节的习题分成(A)、(B)两类.(A)类为基本要求题,用于巩固基础知识和基本技能;(B)类为提高题,用于扩大视野和熟练技巧,提高学生的综合能力.另外,每章还配有总习题,供学生作综合练习或复习使用.

本书适用于理工科(非数学)专业和管理、经济类专业中对数学要求较高的专业.但如果略去理论性较强的部分及"*"号部分,一般工科及经济、管理类专业也可使用本书.

在本书的编写过程中,得到华中科技大学教务处的大力支持.本书的第1版曾得到李楚霖教授,李静瑶、何瑞、杨林锡和乔维佳等4位副教授的支持和具体的帮助.华中科技大学出版社的有力支持,以及责任编辑龙纯曼老师和周芬娜老师的辛勤劳动,使得本书能顺利出版并再版.在此我们一并表示衷心的感谢!

对于书中的不足和错误,恳请专家、同行及热心的读者批评指正.

编　者

2004年3月

于华中科技大学

目　　录

第1章 集合与函数

集合论的概念和方法是数学的一种语言，函数是对现实世界中各种变量之间相互依存关系的一种抽象. 高等数学主要研究事物的运动规律和现象的变化规律，因此，函数是高等数学的主要研究对象. 本章在介绍集合与映射的基本概念后，着重讨论一元函数这个特殊的映射.

1.1 集合与实数集

1.1.1 集合及其运算

什么叫集合？所谓集合，就是指具有某种共同属性的事物的全体. 而那些"事物"就称为集合的**元素**或**元**. 通常，用大写字母表示集合，用小写字母表示集合的元素. 若 A 是一个集合，则 $x\in A$ 表示 x 是 A 的一个元素. 而 $x\notin A$ 表示 x 不是 A 的元素.

集合的表示方法有两种，一种是**列举法**，就是把集合中的所有元素列举出来. 例如，$\mathbf{N}=\{1,2,\cdots,n,\cdots\}$表示全体自然数所组成的集合；$A=\{a,b,c,d\}$表示由 a,b,c,d 四个元素组成的集合. 另一种是**特性表示法**，就是把集合中元素的特性表示出来. 例如，$E=\{x|x^2-1=0\}$表示 E 是具有性质 $x^2-1=0$ 的那些元素 x 所组成的集合；全体自然数的集合可以表为 $\mathbf{N}=\{n|n$ 是自然数$\}$. 今后，我们用 $\mathbf{N}$ 表示自然数集，$\mathbf{Z}$ 表示整数集，$\mathbf{Q}$ 表示有理数集，$\mathbf{R}$ 表示实数集.

设 A,B 是两个集合，若集合 A 的每一个元素也是集合 B 的元素，则称 A 是 B 的一个**子集**，记作 $A\subset B$，这时我们说 A 含于 B 中，或 B 包含 A. $A\subset B$ 也可记作 $B\supset A$.

集合的包含关系有两个简单的性质：

① $A\subset A$；

② 若 $A\subset B,B\subset C$，则 $A\subset C$.

如果 $A\subset B$，同时 $B\subset A$，即 A 和 B 含有完全相同的元素，则称 A 与 B **相等**，记作 $A=B$. 如果 $A\subset B$，但 $A\neq B$，则称 A 是 B 的一个**真子集**. 不含有任何一个元素的集合叫做**空集**，记作$\varnothing$. 例如，$\{x|x^2+1=0$ 且 x 是实数$\}=\varnothing$.

每一个非空集合 A，至少含有两个明显的子集：A 及$\varnothing$. 如果 A 仅有这样两个子集，则 A 必为单元素集，即只含有一个元素的集合. 若一个集合所含有的元素为有限多个，则称此集合为**有限集**. 不是有限集的集合称为**无限集**.

下面给出集合运算的定义.

定义 1.1.1(集合的并与交) 设 A,B 为两个给定的集合,称集合$\{x|x\in A$ 或 $x\in B\}$为 A 与 B 的**并集**(简称**并**),记作 $A\cup B$,即

$$A\cup B=\{x\mid x\in A\text{ 或 }x\in B\};$$

称集合$\{x|x\in A$ 且 $x\in B\}$为 A 与 B 的**交集**(简称**交**),记作 $A\cap B$,即

$$A\cap B=\{x\mid x\in A\text{ 且 }x\in B\}.$$

显然,$A\cap B\subset A\subset A\cup B$. 如果 $A\cap B=\varnothing$,则称 A 与 B **不相交**.

定义 1.1.2(差集和余集) 设 A,B 为两个给定的集合,称集合$\{x|x\in A$ 但 $x\notin B\}$为 A 与 B 的**差集**(简称**差**),记作 $A-B$,即

$$A-B=\{x\mid x\in A\text{ 但 }x\notin B\}.$$

在讨论某个具体问题时,如果所考虑的一切集都是某集合 X 的子集,则称 X 为**基本集**. 设 X 是一个非空的基本集,$A\subset X$,则定义 $X-A$ 为集合 A 关于基本集 X 的**余集**(简称**余**),记作 $\complement_C A$.

图 1.1 所示的图形可以帮助我们理解集合的并、交、差和余等概念.

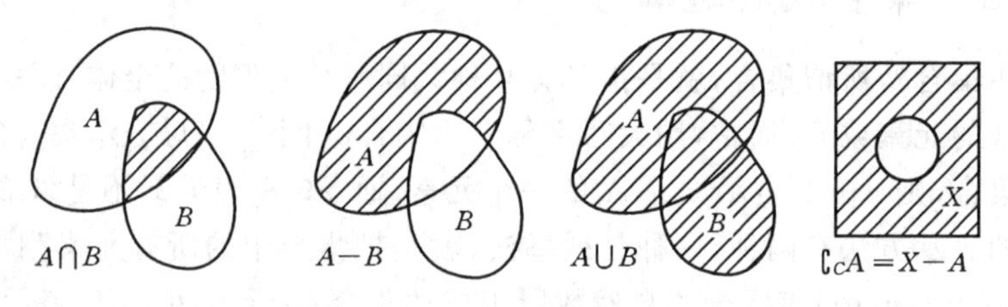

图 1.1

集合的运算具有下述重要规律.

定理 1.1.1 设 A,B,C 为给定的集合,则有:

① **(交换律)** $A\cup B=B\cup A, A\cap B=B\cap A$;

② **(结合律)** $A\cup(B\cup C)=(A\cup B)\cup C$,

$A\cap(B\cap C)=(A\cap B)\cap C$;

③ **(分配律)** $A\cup(B\cap C)=(A\cup B)\cap(A\cup C)$,

$A\cap(B\cup C)=(A\cap B)\cup(A\cap C)$;

④ **(幂等律)** $A\cup A=A, A\cap A=A$;

⑤ **(吸收律)** $A\cup\varnothing=A, A\cap\varnothing=\varnothing$.

给定两个集合 A 和 B,设 $x\in A, y\in B$,则可以作成一个有序对(x,y). 所谓有序是指(x,y)与(y,x)是不同的. 两个有序对(x_1,y_1),(x_2,y_2)相同当且仅当 $x_1=x_2$, $y_1=y_2$.

定义 1.1.3(乘积集合) 设 A,B 为给定的集合,称一切有序对构成的集合$\{(x,y)|x\in A,y\in B\}$为 A 与 B 的**笛卡儿乘积**(descartesian product),记作 $A\times B$,即

$$A\times B=\{(x,y)\mid x\in A,y\in B\}.$$

例如，A 为区间 $[0,1]$，B 为区间 $[1,2]$，则 $A\times B$ 是一个单位正方形（见图 1.2）$\{(x,y)\mid 0\leqslant x\leqslant 1,1\leqslant y\leqslant 2\}$.

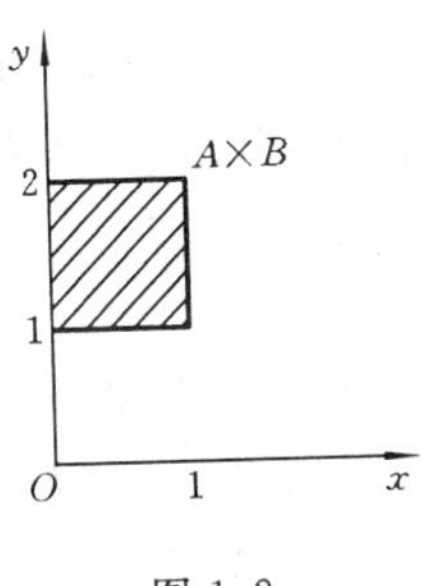

图 1.2

推而广之，若有 n 个集合 $A_1,A_2,\cdots,A_n$，$a_i\in A_i(i=1,2,\cdots,n)$，则可以作成一个 n **元有序组** $(a_1,a_2,\cdots,a_n)$. 两个 n 元有序组相等，是指它们含有相同的元素，且这些元素有相同的排序. 例如，$(1,3,5)\neq(3,1,5)$.

定义 1.1.4　集合 $A_1,A_2,\cdots,A_n$ 的**笛卡儿乘积** $A_1\times A_2\times\cdots\times A_n$ 是所有 n 元有序组 $(a_1,a_2,\cdots,a_n)$ 构成的集合，其中 $a_i\in A_i(i=1,2,\cdots,n)$.

例 1.1.1　设 $A=\{1,2\}$，$B=\{-3,2,4\}$，则

$$A\times B=\{(1,-3),(1,2),(1,4),(2,-3),(2,2),(2,4)\},$$

而

$$B\times A=\{(-3,1),(-3,2),(2,1),(2,2),(4,1),(4,2)\}.$$

显然，$A\times B\neq B\times A$. □

一个集合自身也可构成笛卡儿乘积，例如，$A^n=A\times A\times\cdots\times A$，其中有 n 个因子 A.

例 1.1.2　设 $A=\{1,2\}$，则 $A^2=A\times A=\{(1,1),(1,2),(2,1),(2,2)\}$. □

由于 $\mathbf{R}$ 表示数轴上全体点所成之集（即实数集），则 $\mathbf{R}\times\mathbf{R}$ 就是实平面 $\mathbf{R}^2$，即

$$\mathbf{R}^2=\mathbf{R}\times\mathbf{R}=\{(x,y)\mid x\in\mathbf{R},y\in\mathbf{R}\}.$$

今后我们记

$$\mathbf{R}^3=\mathbf{R}\times\mathbf{R}\times\mathbf{R}=\{(x,y,z)\mid x\in\mathbf{R},y\in\mathbf{R},z\in\mathbf{R}\}.$$

$$\mathbf{R}^n=\mathbf{R}\times\mathbf{R}\times\cdots\times\mathbf{R}=\{(x_1,x_2,\cdots,x_n)\mid x_1\in\mathbf{R},x_2\in\mathbf{R},\cdots,x_n\in\mathbf{R}\}.$$

为今后方便起见，引进一些常用的逻辑符号.

设 P、Q 表示两个命题（或条件）.

符号“$P\Rightarrow Q$”表示如果 P 成立，则 Q 也成立.

符号“$P\Leftrightarrow Q$”表示命题 P 与 Q 等价，亦即“$P\Rightarrow Q$ 且 $Q\Rightarrow P$”.

符号“$\forall$”表示“任给”，例如，“$\forall x,f(x)\geqslant 0$”的意思是，对任给的 x，不等式 $f(x)\geqslant 0$ 都成立.

符号“$\exists$”表示“存在”，例如，“$\exists x$ 使得 $|x-a|<1$”的意思是，存在实数 x，使得不等式 $|x-a|<1$ 成立.

1.1.2　实数的性质

在中学数学课程中，我们知道实数由有理数和无理数两部分组成. 每一个有理数都可以表示成分数 $\dfrac{p}{q}$（p,q 为整数，$q>0$），也可以用有限十进制小数或无限十进制循环小数表示. 而无限十进制不循环小数则表示一个无理数.

实数有以下的主要性质.

① 实数对加、减、乘、除(除数不为零)四则运算是封闭的,即对任何两个实数在施行四则运算中的任何一个运算之后,所得的和、差、积、商仍然是实数.

② 实数是有顺序的,即任意两个实数 a 和 b,必满足下列三个关系之一:

$$a < b, \quad a = b, \quad a > b.$$

③ 实数集具有稠密性,即任意两个不相等的实数之间必有另一个实数(而且既有有理数,又有无理数).

④ 如果在一直线(通常画成水平直线)上选定一点 O 作为原点,指定一个方向为正向(通常把指向右方的方向规定为正向),并规定一个单位长度,则称此直线为**数轴**.我们知道,全体实数与整个数轴上的点有一一对应的关系,即任一实数都对应数轴上唯一的一点;反过来,数轴上每一点也都唯一地代表一个实数.因此,今后我们对"实数 a"与"数轴上的点 a"这两种说法不加区别.

下面介绍一些常用的不等式.

(1) 绝对值不等式

实数 a 的绝对值定义为

$$|a| = \begin{cases} a, & a \geqslant 0, \\ -a, & a < 0. \end{cases}$$

容易推得以下的不等式:

$$|a+b| \leqslant |a| + |b|, \qquad ||a| - |b|| \leqslant |a-b|.$$

利用数学归纳法,可以对 n 个实数 $a_1, a_2, \cdots, a_n$ 证明不等式

$$|a_1 + a_2 + \cdots + a_n| \leqslant |a_1| + |a_2| + \cdots + |a_n|.$$

(2) 伯努利(Bernoulli)不等式

设 $x > -1$,n 为自然数,则有

$$(1+x)^n \geqslant 1 + nx.$$

证 用数学归纳法证明.当 $n=1$ 时,上式以等式的形式成立.假设已证明了

$$(1+x)^{n-1} \geqslant 1 + (n-1)x, \quad \forall x > -1.$$

则
$$\begin{aligned}(1+x)^n &= (1+x)^{n-1}(1+x) \geqslant (1+(n-1)x)(1+x) \\ &= 1 + (n-1)x + x + (n-1)x^2 \geqslant 1 + nx, \quad \forall x > -1.\end{aligned}$$

这就证明了对一切自然数 n,及一切 $x > -1$,伯努利不等式成立. □

(3) 平均值不等式

设 $x_1, x_2, \cdots, x_n$ 为 n 个正实数,则有

$$\sqrt[n]{x_1 x_2 \cdots x_n} \leqslant \frac{x_1 + x_2 + \cdots + x_n}{n}.$$

证 用数学归纳法证明.当 $n=1$ 时,上式以等式的形式成立.假设对任意 $n-1$ 个正实数,上述不等式成立.考察 n 个正实数 $x_1, x_2, \cdots, x_n$.不妨设 x_n 是这 n 个数中的最大者,记

$$A=\frac{x_1+x_2+\cdots+x_{n-1}}{n-1},$$

则有
$$x_n\geqslant A=\frac{x_1+x_2+\cdots+x_{n-1}}{n-1}\geqslant\sqrt[n-1]{x_1x_2\cdots x_{n-1}}.$$

于是
$$\left(\frac{x_1+x_2+\cdots+x_n}{n}\right)^n=\left[\frac{(n-1)A+x_n}{n}\right]^n=\left(A+\frac{x_n-A}{n}\right)^n$$
$$=A^n+nA^{n-1}\left(\frac{x_n-A}{n}\right)+\cdots\geqslant A^n+nA^{n-1}\left(\frac{x_n-A}{n}\right)$$
$$=A^n+A^{n-1}(x_n-A)=A^{n-1}x_n\geqslant x_1x_2\cdots x_{n-1}x_n,$$

即
$$\frac{x_1+x_2+\cdots+x_n}{n}\geqslant\sqrt[n]{x_1x_2\cdots x_n}.$$
□

1.1.3　区间与邻域

设 $a,b\in\mathbf{R}$,且 $a<b$. 定义

开区间　$(a,b)=\{x|a<x<b\}$;

闭区间　$[a,b]=\{x|a\leqslant x\leqslant b\}$;

半开半闭区间　$[a,b)=\{x|a\leqslant x<b\}$及$(a,b]=\{x|a<x\leqslant b\}$.

引进符号"∞",读作"无穷大",符号"$+\infty$"读作"正无穷大",符号"$-\infty$"读作"负无穷大". 我们可以给出以下无穷区间的记号及定义:

$$[a,+\infty)=\{x\mid x\geqslant a\},\qquad(-\infty,a]=\{x\mid x\leqslant a\},$$
$$(a,+\infty)=\{x\mid x>a\},\qquad(-\infty,a)=\{x\mid x<a\},$$
$$(-\infty,+\infty)=\{x\mid-\infty<x<+\infty\}=\mathbf{R}.$$

以后凡说到区间均泛指有限区间或无穷区间.

设 $a\in\mathbf{R}$,$\delta>0$,称集合

$$O(a,\delta)=\{x\mid |x-a|<\delta\}=(a-\delta,a+\delta)$$

为**点 a 的 δ 邻域**,有时简记为 $O(a)$. **点 a 的空心邻域**则是集合

$$O_0(a,\delta)=\{x\mid 0<|x-a|<\delta\}=(a-\delta,a+\delta)-\{a\},$$

或简记为 $O_0(a)$.

有时我们还用到下面几种邻域:

$$O^+(a,\delta)=\{x|0<x-a<\delta\}\quad(\text{点 } a \text{ 的 } \delta \text{ 右邻域}),$$
$$O^-(a,\delta)=\{x|0<a-x<\delta\}\quad(\text{点 } a \text{ 的 } \delta \text{ 左邻域}),$$

或简记为 $O^+(a)$和 $O^-(a)$. 此外,还称开区间$(a,+\infty)$为$+\infty$的邻域,$(-\infty,a)$为$-\infty$的邻域.

1.1.4　确界与确界原理

对于一个有限数集来说,它必有最大数和最小数. 例如,集合$A=\{1,2,3\}$,则 A

的最大数为 3,记作 $\max A=3$;A 的最小数为 1,记作 $\min A=1$[①].然而,无限数集就未必有最大数或最小数,如开区间(0,1)就没有最大数和最小数,而闭区间[0,1]有最大数 1,最小数 0.那么,0 和 1 对于开区间(0,1)来说扮演着什么角色呢?为探讨这个问题,下面引进数集的确界概念.

定义 1.1.5(上界与下界) 设 E 为一非空数集,如果存在数 M,使得 $\forall x\in E$ 都有 $x\leqslant M$,则称 M 为 E 的一个**上界**;如果存在数 m,使得 $\forall x\in E$ 都有 $x\geqslant m$,则称 m 为 E 的一个**下界**.若 E 既有上界又有下界,则称 E 是一个**有界数集**.若 E 不是有界数集,则称它为**无界数集**.显然,若 E 有上界 M,则任何大于 M 的数也都是 E 的上界;若 E 有下界 m,则任何小于 m 的数也都是 E 的下界.

读者容易证明,任何有限区间都是有界数集,而任何无穷区间都是无界数集.

定义 1.1.6(确界) 设 E 为一非空数集,若数 β 是 E 的一个上界,且对 E 的任一上界 β',都有 $\beta\leqslant\beta'$,则称 β 为 E 的**上确界**(即**最小上界**),记作 $\beta=\sup E$;若数 α 是 E 的一个下界,且对 E 的任一下界 α',都有 $\alpha\geqslant\alpha'$,则称 α 为 E 的**下确界**(即**最大下界**),记作 $\alpha=\inf E$[②].

显然,当数集 E 存在最大数 M 与最小数 m 时,M 与 m 分别是 E 的上确界与下确界.

例 1.1.3 若 $E=(0,1)$,则 $\sup E=1,\inf E=0$;若 $B=[0,1]$,则 $\sup B=1=\max B,\inf B=0=\min B$. □

从例 1.1.3 可以看到,数集 E 虽然没有最大数和最小数,但 E 有最小上界(即上确界)和最大下界(即下确界).数集 B 的上、下确界都属于 B,而 E 的上、下确界都不属于 E.

若一个数集有上(下)确界,则这个上(下)确界是唯一的.请读者自己证明这个结论.

关于确界,下面给出几个定理.

定理 1.1.2(确界原理) 非空有上(下)界的数集必存在上(下)确界.

这个原理是本书的理论基础,它的严格证明可以由实数理论得出,本书将不加证明而承认下来.有兴趣的读者可参阅有关的参考书.

定理 1.1.3 设 A 是有上界的非空数集,$\beta=\sup A$.则 $\forall\varepsilon>0,\exists x_0\in A$,使得 $\beta-\varepsilon<x_0\leqslant\beta$.

证 β 显然是 A 的一个上界,从而 $\forall x\in A$,有 $x\leqslant\beta$.假设不存在这样的点 $x_0\in A$ 满足不等式 $\beta-\varepsilon<x_0$,则 $\forall x\in A$ 都应有 $x\leqslant\beta-\varepsilon$.于是 $\beta-\varepsilon$ 也是 A 的一个上界.由于

---

① max 和 min 分别是英文单词 maximum 和 minimum 的缩写.$\max(a,b)$ 表示数 a 和 b 中的最大者,而 $\min(a,b)$ 表示数 a 和 b 中的最小者.

② sup 和 inf 分别是英文单词 supremum 和 infimum 的缩写.

β是A的最小上界,故必须有$\beta\leqslant\beta-\varepsilon$,而$\varepsilon>0$,故产生矛盾,定理得证. □

定理 1.1.4　若数集A包含了它的一个上界β,则$\beta=\sup A$.

证　设β'是A的另一个上界,则因$\beta\in A$,故$\beta\leqslant\beta'$.这表明β是A的最小上界,所以β是A的上确界. □

最后我们用一个例子结束本节.

例 1.1.4　$A_1=\left\{1,\frac{1}{2},\cdots,\frac{1}{n},\cdots\right\}$,$\alpha=\inf A_1=0\notin A_1$,即下确界$\alpha$不能达到;$\beta=\sup A_1=1\in A_1$,即上确界$\beta$可达到.

$A_2=\{1,3,5,\cdots,2n-1,\cdots\}$,$\alpha=1$可达到,而$\beta$不存在.

$A_3=\{x\mid-\infty<x\leqslant5\}$,$\alpha$不存在,$\beta=5$可达到.

$A_4=\{x\mid x^2>4\}$,A_4既无上界又无下界,因此α和β均不存在. □

习　题　1.1

(A)

1. 回答下列问题:

(1) 集合有什么样的表示法?

(2) 一个集合的子集是怎样定义的?

(3) 两个集合相等是什么意思?

(4) 集合的并、交、差、余是怎样定义的?

(5) 什么叫两个集合的乘积集合?

(6) 实数集的稠密性是什么意思?

(7) 实数与任一条直线之间有什么关系?

(8) 什么叫点a的邻域?

(9) 什么叫有界数集、无界数集?

(10) 一个数集的上(下)确界是怎样定义的?

(11) 确界原理的内容是什么?

2. 试用列举法表示下列集合:

(1) 函数方程$\sin x=0$的根的集合;　(2) 五种商业广告形式的集合.

3. 设$X=\{a,b,c,d,e,f,g\}$,$A=\{a,b,c,d,e\}$,$B=\{a,c,e,g\}$,$C=\{b,e,f,g\}$.求:

(1) $A\cup C$;　(2) $B\cap A$;　(3) $C-B$;　(4) $\complement_C A\cap C$.

4. 解下列不等式:

(1) $|x-1|<2$;　(2) $|x-2|\geqslant10$;　(3) $\left|5-\frac{1}{x}\right|<1$;

(4) $|x^2-2|\leqslant1$;　(5) $|x-5|<|x+1|$;　(6) $|2x-1|<|x-1|$;

(7) $|x|>|x+1|$;　(8) $|x+2|+|x-2|\leqslant12$.

5. 设$a<c<b$,求证$|c|\leqslant\max(|a|,|b|)$.

6. 证明不等式：

(1) $|x-y|\geqslant||x|-|y||$；

(2) $|x+x_1+\cdots+x_n|\geqslant|x|-(|x_1|+\cdots+|x_n|)$.

7. 证明：$\max(a,b)=\dfrac{a+b}{2}+\dfrac{|a-b|}{2}$，$\min(a,b)=\dfrac{a+b}{2}-\dfrac{|a-b|}{2}$.

8. 证明恒等式：$\left(\dfrac{x+|x|}{2}\right)^2+\left(\dfrac{x-|x|}{2}\right)^2=x^2$.

9. 用区间表示下列不等式的解：

(1) $\left|x+\dfrac{1}{x}\right|\leqslant 6$；　(2) $\sin x\geqslant\dfrac{\sqrt{2}}{2}$；　(3) $(x-2)(x-3)(x-4)>0$.

10. 求下列数集的上、下确界：

(1) $A=\{x\mid x\in\{0,1,2,3,4,5\}\}$；　(2) $B=\{x\mid x^2<3\}$；

(3) $C=\{x\mid -5\leqslant x<5\}$；　(4) $D=\{x\mid x>0$ 且 $x^2<2\}$.

(B)

1. 试用特性表示法表示下列集合：

(1) 以点(0,0)为圆心、R 为半径的圆内全体点构成的集合(不含圆周上的点)；

(2) 考察费波那契(Fibonacci)数列：1,1,2,3,5,8,13,21,34,55,89,144,233,377,…. 写出由该数列的项构成的集合.

2. (1) 举一个 $(A-B)\cup B\neq A$ 的例子；

(2) 举一个 $A\cap B=A\cap C$，但 $B\neq C$ 的例子.

3. 若将"对每一个 $x\in X$，存在 $y\in Y$，具有性质 P"用数学符号表示为 $(\forall x\in X)(\exists y\in Y)P$，试问下列两个语句中哪一个是正确的？

(1) $(\forall\varepsilon>0)(\exists\delta>0)(\forall x\in\mathbf{R},-\delta<x<\delta)(|\sin x|<\varepsilon)$；

(2) $(\forall\varepsilon>0)(\exists\delta>0)(\forall x\in\mathbf{R},-\delta<x<\delta,x\neq 0)\left(\left|\sin\dfrac{1}{x}\right|<\varepsilon\right)$.

4. 设 $a_1,a_2,\cdots,a_n$ 是符号相同且大于 -1 的数，证明不等式

$$(1+a_1)(1+a_2)\cdots(1+a_n)\geqslant 1+a_1+a_2+\cdots+a_n.$$

5. 设 $a,b>0$，求证

(1) $(a+b)^p\geqslant a^p+b^p\quad(p>1)$；

(2) $(a+b)^p\leqslant a^p+b^p\quad(0<p<1)$.

6. 证明：$\forall a,b\in\mathbf{R}$，有不等式 $\dfrac{|a+b|}{1+|a+b|}\leqslant\dfrac{|a|}{1+|a|}+\dfrac{|b|}{1+|b|}$.

7. 设 E 为非空的有界数集，定义 $E^-=\{x\mid -x\in E\}$. 试证明

(1) $\inf E^-=-\sup E$；

(2) $\sup E^-=-\inf E$.

8. 设 A,B 皆为非空的有界数集，定义数集 $A+B=\{z\mid z=x+y,x\in A,y\in B\}$. 证明：

(1) $\sup(A+B)=\sup A+\sup B$；

(2) $\inf(A+B)=\inf A+\inf B$.

9. 设 A 是有下界的非空数集，$\alpha=\inf A$. 证明：$\forall\varepsilon>0$，$\exists x_0\in A$，使得 $\alpha\leqslant x_0<\alpha+\varepsilon$.

10. 证明：若数集 A 包含了它的一个下界 α，则 $\alpha=\inf A$.

答案与提示

(A)

2. (1) $\{0,\pm\pi,\pm 2\pi,\cdots,\pm k\pi,\cdots\}$.
3. (1) $\{a,b,c,d,e,f,g\}$; (2) $\{a,c,e\}$; (3) $\{b,f\}$; (4) $\{b,f\}$.
4. (1) $-1<x<3$; (2) $x\leqslant -8$ 或 $x\geqslant 12$; (3) $\frac{1}{6}<x<\frac{1}{4}$; (4) $1\leqslant x\leqslant\sqrt{3}$或$-\sqrt{3}\leqslant x\leqslant -1$;

   (5) $x>2$; (6) $0<x<\frac{2}{3}$; (7) $x<-\frac{1}{2}$; (8) $-6\leqslant x\leqslant 6$.
9. (1) $[-3-2\sqrt{2},-3+2\sqrt{2}],[3-2\sqrt{2},3+2\sqrt{2}]$; (2) $\left[\frac{\pi}{4}\pm 2k\pi,\frac{3\pi}{4}\pm 2k\pi\right]$; (3) $(2,3)\cup(4,+\infty)$.
10. (1) $\sup A=5,\inf A=0$; (2) $\sup B=\sqrt{3},\inf B=-\sqrt{3}$; (3) $\sup C=5,\inf C=-5$;

    (4) $\sup D=\sqrt{2},\inf D=0$.

(B)

1. (1) $\{(x,y)\mid x^2+y^2<R\}$; (2) $\{a_n\mid a_n=a_{n-1}+a_{n-2}(n\geqslant 2),a_0=a_1=1\}$.
2. (1) $A=\{1,2,3,4\},B=\{3,4,5\}$; (2) $A=\{1,2,3,4\},B=\{2,3\},C=\{2,3,5\}$.
3. (1) 正确,(2) 错误.
4. 用数学归纳法证明.
5. (1) 令 $p=1+h,h>0$; (2) 令 $p=1-h,0<h<1$.
6. 左端分子加减 1.
7. (1) 利用确界定义; (2) 同(1).
8. 利用定理 1.1.3.
9. 与定理 1.1.3 的证明方法类似.
10. 与定理 1.1.4 的证明方法类似.

1.2 映射与函数

中学数学课程对函数概念已有了初步的介绍,本节将对函数、映射等概念作进一步的讨论.

1.2.1 映射

定义 1.2.1(映射) 设 A,B 为两个非空集合.如果存在一个规则 f,使得 $\forall x\in A$,都有唯一的一个元素 $y\in B$ 与它对应,则称 f 是从 A 到 B 的一个**映射**,记作

$$f:A\to B,\quad 或\quad y=f(x).$$

称 y 是 x 在 f 下的**像**,称 A 为映射 f 的**定义域**,常记为 $D(f)=A$.集合

$$f(A)=\{f(x)\mid x\in A\}$$

称为映射 f 的**值域**,常记为 $R(f)$. 一般来说,$f(A)$是 B 的一个子集,而不必是整个 B.

设 $b\in f(A)$,则集合 A 中以 b 为其像的元素可能不止一个,我们把 A 中其像为 b 的一切元素的总体称为 b 的**原像集**,记作 $f^{-1}(b)$. 若集合 $B_0\subset f(A)$,则记号 $f^{-1}(B_0)$表示子集 B_0 在 f 下的原像集,即 $f^{-1}(B_0)=\{x\in A\mid f(x)\in B_0\}$. 显然,$f^{-1}(B_0)$是 f 的定义域 A 的子集.

为了形象地理解映射的概念,可把映射看作一个黑盒子(在传输理论中,将内部构造复杂而又不易弄清楚的传输系统称为黑盒子),如图 1.3 所示.

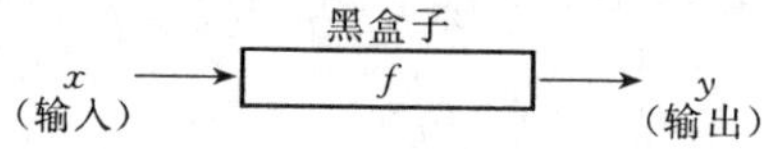

黑盒子

x (输入) ⟶ [f] ⟶ y (输出)

图 1.3

例 1.2.1 设 A 是一非空集合,$\forall x\in A$,定义 $I(x)=x$,则 I 是从 A 到 A 的映射,称 $I:A\to A$ 为集合 A 上的**恒等映射**. □

例 1.2.2 设 $\mathbf{N}$ 表示全体自然数之集. 映射 $f:\mathbf{N}\to\mathbf{R}$ 意味着用自然数编号的一串实数:

$$x_1=f(1),\ x_2=f(2),\ \cdots,\ x_n=f(n),\ \cdots.$$

这样的一个映射,或者说这样的以自然数编号的一串实数$\{x_n\}$,称为**实数列**,简称**数列**. □

最后,我们简单介绍映射的图像的概念,设 $f:A\to B$ 是一个映射,称集合$\{(x,f(x))\mid x\in A\}\subset A\times B$ 为映射 $f:A\to B$ 的图像. 例如,映射 $f:x\to\sin x,x\in[0,2\pi]$的图像$\{(x,\sin x)\mid x\in[0,2\pi]\}$就是区间$[0,2\pi]$上的一条正弦曲线.

1.2.2 一元函数的概念

定义 1.2.2(一元函数) 若 A,B 为两个非空实数集,则称映射 $f:A\to B$ 为**一元函数**,简称为**函数**,常记作

$$y=f(x),\quad x\in A.$$

称其中 x 为**自变量**,y 为**因变量**. f 的**定义域** $D(f)=A$,其**值域** $R(f)=f(A)$.

由函数的定义可知,定义域 $D(f)$和对应规则 f 是确定函数的两个主要因素. 我们说两个函数相同,是指它们有相同的定义域和相同的对应规则(即在相同的定义域中,每个 x 所对应的函数值总相同). 例如,

$$f(x)=1,\quad x\in(-\infty,+\infty);$$

$$g(x)=\frac{x}{x},\quad x\in(-\infty,0)\cup(0,+\infty);$$

$$h(x)=\sin^2x+\cos^2x,\quad x\in(-\infty,+\infty).$$

f 与 g 是不相同的，因为它们的定义域不同，而 f 与 h 是相同的，虽然其对应规则的表达形式不同.

例 1.2.3 邮费是邮件重量的函数(指国际信函)，如下表所示.

邮件重量/克	20及20以下	20～50	50～100	100～250	250～500	500～1 000
邮费/元	4.40	8.20	10.40	20.80	39.80	75.70

这是一个表格形式的函数. □

例 1.2.4 火箭在垂直发射阶段运行的距离 h 是时间 t 的函数，如图 1.4 所示，这是一个用图形描述的函数. □

例 1.2.5 符号函数 $\operatorname{sgn}x=\begin{cases}1, x>0,\\ 0, x=0,\\ -1, x<0\end{cases}$ 是一种**分段函数**，其图像如图 1.5 所示.

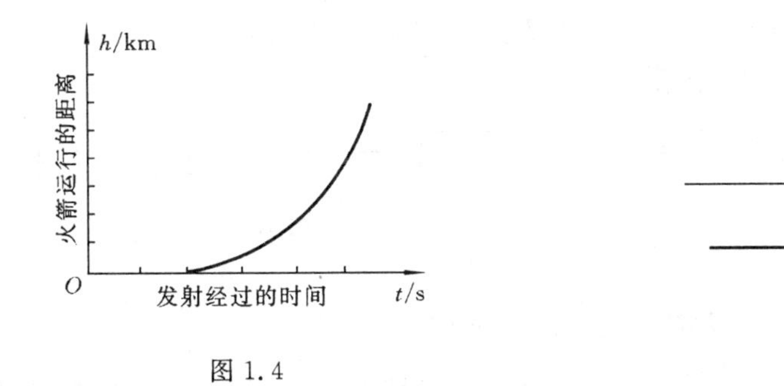

图 1.4　　图 1.5

函数 $f(x)=|x|$ 也常用如下分段函数形式来表示：

$$f(x)=\begin{cases}-x, & x<0,\\ x, & x\geqslant 0.\end{cases}$$

利用符号函数还可以把 $f(x)=|x|$ 表示为

$$f(x)=x\operatorname{sgn}x.$$ □

例 1.2.6 狄利克雷(Dirichlet)函数

$$D(x)=\begin{cases}1, & \text{当 } x \text{ 为有理数},\\ 0, & \text{当 } x \text{ 为无理数}.\end{cases}$$

这个函数定义在整个数轴上，它既不能用图像也不能用列表的方式表示. □

1.2.3 复合函数

我们先来看一个简单的例子，如何由两个函数构造一个新函数.

从点 M 垂直地发射一火箭，火箭 P 在时刻 t 与发射点的距离为 $h(t)$. 观察站设在距发射地点 1 km 处(见图 1.6). 试将火箭与观察站的距离 d 表示为时间 t 的函数.

例 1.2.4 已给出函数 $h(t)$,而图 1.6 的直角三角形则给出关系式 $d=\sqrt{1+h^2}$,因此在时刻 t,P 到 O 的距离为

$$d(t)=\sqrt{1+h^2(t)}.$$

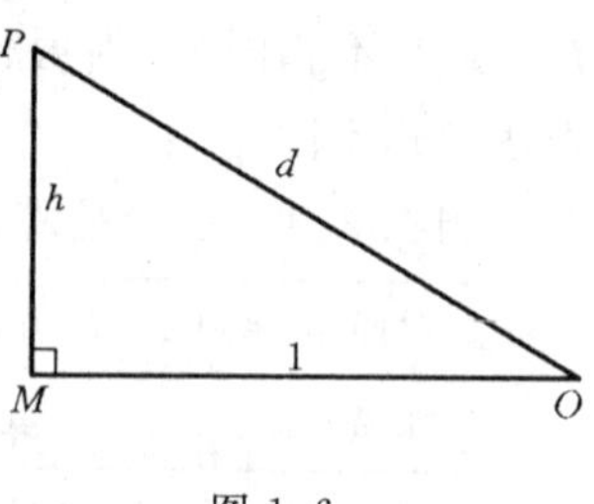

图 1.6

这样我们由两个函数构造出一个新函数 $d(t)$. 用黑盒子作图解,其构造过程如图 1.7 所示.

一个函数的输出作为另一个函数的输入,是数学及其所有应用中的一种典型情况,它反映了诸量之间的一种链式的联系. 下面给出复合函数的概念.

设 f 和 g 为两个函数,用

$$f\circ g(x)=f[g(x)]$$

定义一个新函数 $f\circ g$,即 f 与 g 的**复合函数**,其定义域为

$$D(f\circ g)=\{x\mid x\in D(g),g(x)\in D(f)\}.$$

这个对应关系可用图 1.8 来刻画.

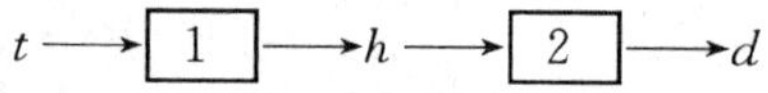

$t \longrightarrow \boxed{1} \longrightarrow h \longrightarrow \boxed{2} \longrightarrow d$

图 1.7

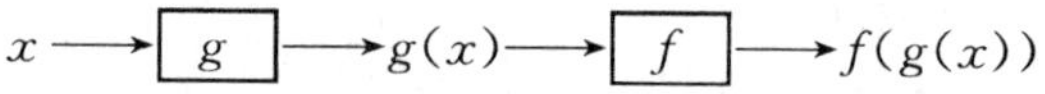

$x \longrightarrow \boxed{g} \longrightarrow g(x) \longrightarrow \boxed{f} \longrightarrow f(g(x))$

图 1.8

例 1.2.7 设 $$f(x)=\frac{1}{x+1},\quad g(x)=x^2,$$

则 g 的值域 $R(g)=[0,+\infty)$ 显然包含在 f 的定义域 $D(f)=\{x|x\neq-1\}$ 之中. 由 f 和 g 可以构造两个函数:

$$f\circ g(x)=\frac{1}{x^2+1},$$

$$g\circ f(x)=\left(\frac{1}{x+1}\right)^2=\frac{1}{x^2+2x+1}.$$

注意 $f\circ g$ 与 $g\circ f$ 是完全不同的函数. 因此,函数的复合运算不是一种可交换的运算. □

例 1.2.8 设 $$f(x)=\frac{1}{x+1},\quad g(x)=\frac{1}{x-1},\quad h(x)=x^2+1,$$

则在满足函数复合的条件下,有

$$f\circ g(x)=\frac{1}{\frac{1}{x-1}+1}=\frac{x-1}{x}=1-\frac{1}{x},$$

$$g\circ h(x)=\frac{1}{x^2+1-1}=\frac{1}{x^2},$$

$$(f\circ g)\circ h(x)=1-\frac{1}{x^2+1},$$

$$f\circ(g\circ h)(x)=\frac{1}{1/x^2+1}=\frac{x^2}{1+x^2}=1-\frac{1}{1+x^2}.$$

注意到$(f\circ g)\circ h$ 和 $f\circ(g\circ h)$是相同的,这并不是一种偶然的巧合.实际上我们可以证明,在一般情形,下面的关系式是正确的:

$$(f\circ g)\circ h=f\circ(g\circ h),$$

也就是说,对于三个能复合的函数来说,复合运算具有**可结合性**.复合关系如图 1.9 所示.

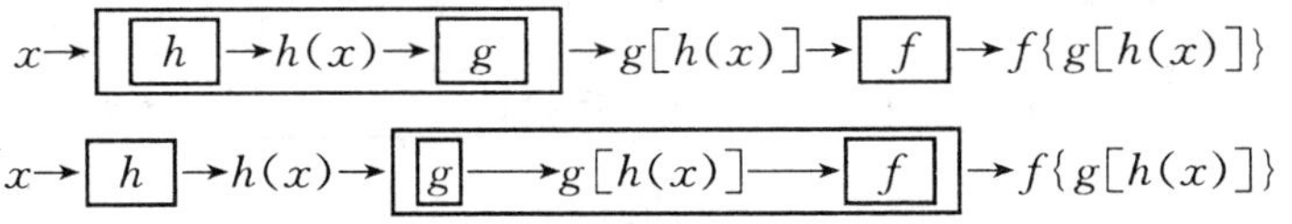

$$x\to\boxed{\boxed{h}\to h(x)\to\boxed{g}}\to g[h(x)]\to\boxed{f}\to f\{g[h(x)]\}$$

$$x\to\boxed{h}\to h(x)\to\boxed{\boxed{g}\longrightarrow g[h(x)]\longrightarrow\boxed{f}}\to f\{g[h(x)]\}$$ □

图 1.9

我们再给出一些例子.

例 1.2.9 设 $f(x)=\begin{cases}1, & |x|<1,\\ 0, & |x|=1,\\ -1, & |x|>1,\end{cases}\quad g(x)=e^x.$

则
$$(f\circ g)(x)=\begin{cases}1, & |g(x)|<1,\\ 0, & |g(x)|=1,\\ -1, & |g(x)|>1\end{cases}=\begin{cases}1, & x<0,\\ 0, & x=0,\\ -1, & x>0;\end{cases}$$

而
$$(g\circ f)(x)=e^{f(x)}=\begin{cases}e, & |x|<1,\\ 1, & |x|=1,\\ \dfrac{1}{e}, & |x|>1.\end{cases}$$ □

例 1.2.10 设 $f(x)=\sqrt{1-x}$,$g(x)=x^2+10$,则当 $x\leqslant 1$ 时,$g\circ f$ 有定义,且

$$(g\circ f)(x)=[f(x)]^2+10=1-x+10=11-x;$$

但 $f\circ g$ 没有定义. □

1.2.4 反函数

我们来考虑一个反问题:如果知道函数 f 的输出 y,能否确定输入 x? 也就是说,在对应关系 $y=f(x)$中,是否可以由 y 求得 x? 这种"倒推"或"倒转"一个函数的作用的问题,是有其实际背景的.例如,在电路设计中,在产生某个输出的过程中输入可能被破坏,这时,往往需要确定产生这种输出的输入.图 1.10 表示 f^{-1}是 f 的逆的示意图.

设函数 $f:A\to B=R(f)$,如果 $\forall x_1,x_2\in A,x_1\neq x_2$,有 $f(x_1)\neq f(x_2)$,则称 f 是

可逆的或一对一的.对于一个可逆函数 f,定义一个函数 g 如下:

$$g:R(f)\to A,\text{其中 } x \text{ 由 } f(x)=y \text{ 确定}.$$

显然,$\forall y\in R(f)$,如上给出的 $x\in A$ 是唯一确定的.这样定义的函数称为函数 f 的**反函数**(**或逆函数**),记为

$$g = f^{-1}.$$

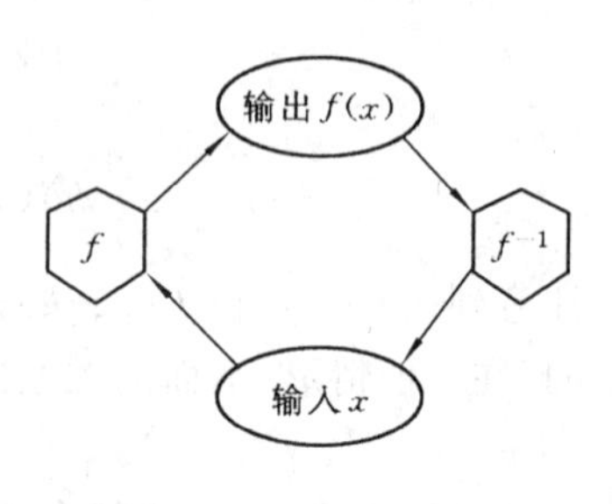

图 1.10

容易看出,函数 f 及其反函数 $g=f^{-1}$ 满足下述关系:

$$g(y) = x \Longleftrightarrow f(x) = y.$$

我们将这种对应关系用图 1.11 表示.

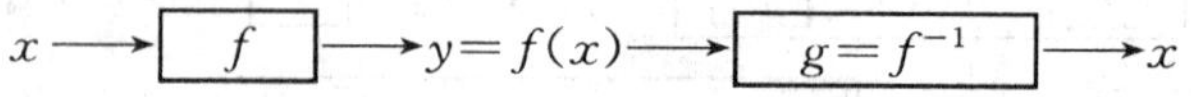

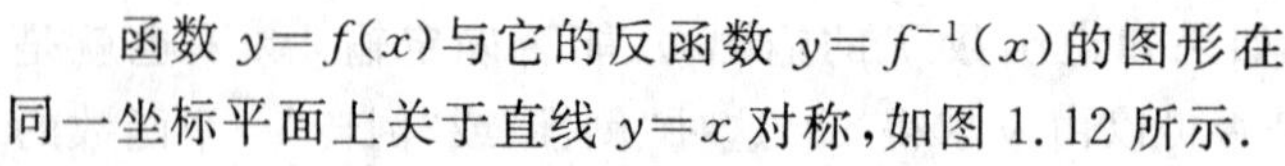

图 1.11

由上述定义可知,若 f 可逆且其逆为 g,则 g 也可逆且其逆为 f.此外,函数 f 和其反函数 g 的复合按任何次序都是**恒等函数**,即有

$$(f\circ g)(y) = f[g(y)] = f(x) = y,\quad y\in B;$$
$$(g\circ f)(x) = g[f(x)] = g(y) = x,\quad x\in A.$$

这表明 $f\circ g$ 与 $g\circ f$,或 $f\circ f^{-1}$ 与 $f^{-1}\circ f$ 分别是 B 与 A 上的恒等映射.

例 1.2.11 函数

$y=ax+b\quad(a\neq 0)$; $\qquad y=a^x\quad(a>0,a\neq 1)$;

$y=\sin x,x\in\left[-\frac{\pi}{2},\frac{\pi}{2}\right]$; $\qquad y=\sqrt[3]{x+1}$

的反函数分别是

$x=\frac{y-b}{a}$; $\quad x=\log_a y$;

$x=\arcsin y,y\in[-1,1]$; $\quad x=y^3-1$.

按照习惯记法,仍用 x 表示自变量,y 表示因变量,则上述反函数可分别写为

$y=\frac{x-b}{a}$; $\quad y=\log_a x$;

$y=\arcsin x,x\in[-1,1]$; $\quad y=x^3-1$. □

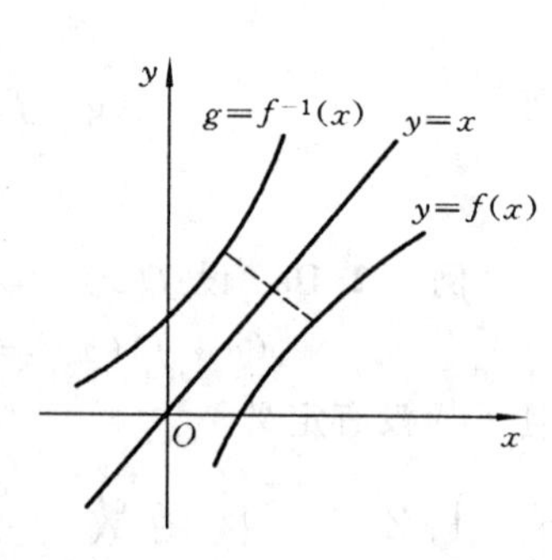

图 1.12

函数 $y=f(x)$ 与它的反函数 $y=f^{-1}(x)$ 的图形在同一坐标平面上关于直线 $y=x$ 对称,如图 1.12 所示.

1.2.5 多元函数的概念

如果映射 f 的值域 $R(f)$ 是实数集,定义域 $D(f)$ 是乘积集合:

$$D(f)=A_1\times A_2,\quad A_1 \text{ 与 } A_2 \text{ 是实数集},$$

则称 f 是**依赖于两个实变量的实值函数**，简称为**二元函数**，常记作

$$f:A_1\times A_2\rightarrow R(f),\quad 或\quad y=f(x_1,x_2).$$

类似地可以定义**三元函数**

$$f:A_1\times A_2\times A_3\rightarrow R(f),\quad 或\quad y=f(x_1,x_2,x_3).$$

其中，A_1,A_2,A_3 均为实数集.

***n* 元函数**的定义为

$$f:A_1\times A_2\times\cdots\times A_n\rightarrow R(f),\quad 或\quad y=f(x_1,x_2,\cdots,x_n).$$

其中，$x_i\in A_i(i=1,2,\cdots,n)$，$A_i$ 为实数集.

例 1.2.12　$z=ax+by+c$ 与 $z=x\arctan y+x^2y$ 都是二元函数，其中，x,y 均为实变量. □

例 1.2.13　$u=\sqrt{x_1^2+x_2^2+\cdots+x_n^2}$ 是 n 元函数，其中，$x_i\in\mathbf{R}(i=1,2,\cdots,n)$. □

习　题　1.2

(A)

1. 回答下列问题：

(1) 什么叫映射？什么叫函数？

(2) 两个函数相同是什么意思？

(3) 复合函数与反函数是怎样定义的？

2. 若下列函数均视为 $\mathbf{R}\rightarrow\mathbf{R}$ 的映射，试问这些函数是否相等？

(1) $f(x)=\tan^2x-\sec^2x$，$g(x)=-1$；　(2) $f(x)=\sqrt{x^2}$，$g(x)=|x|$；

(3) $f(x)=\dfrac{(x+2)^2}{x+2}$，$g(x)=x+2$；　(4) $f(x)=\sqrt{x}\cdot\sqrt{x-1}$，$g(x)=\sqrt{x(x-1)}$.

3. 设 $f(x)=\begin{cases}1+x, & x<0,\\ 1, & x\geqslant 0,\end{cases}$ 求 $f[f(x)]$.

4. 设 $f(x)=2x+3$，$g(x)=\lg x$，求

(1) $g[f(x)]$；　(2) $f[g(x)]$；　(3) $f[f(x)]$.

5. 设 $f(x)=x^3+1$，$g(x)=\sqrt{x}$，求

(1) $g[f(x)]$；　(2) $f[g(x)]$；　(3) $f[f(x)]$；　(4) $g(x+1)$.

6. 函数 $y=[x]$，记号 $[x]$ 表示不超过 x 的最大整数，例如，当 $x=2.5$ 时，$[2.5]=2$；当 $x=2$ 时，$[2]=2$；当 $x=-2.5$ 时，$[-2.5]=-3$；等等. 试画出这个函数的图形.

7. 求下列函数的反函数 $x=\varphi(y)$ 和它的定义域：

(1) $y=3x+5\quad(-\infty<x<+\infty)$；　(2) $y=\dfrac{1-x}{1+x}\quad(x\neq -1)$；

(3) $y=\sqrt{1-x^2}$：(i)$(-1\leqslant x\leqslant 0)$；(ii)$(0\leqslant x\leqslant 1)$.

(4) $y=\begin{cases}x, & -\infty<x<1,\\ x^2, & 1\leqslant x\leqslant 4,\\ 2^x, & 4<x<+\infty.\end{cases}$

8. 下列函数中哪些是一对一的？

(1) $y=x^6+3x^2+2, x\geqslant 0$； (2) $y=\dfrac{x}{x+1}, x\neq -1$； (3) $y=x^2+x+1, -\infty<x<+\infty$.

(B)

1. 试选择 f, g，使得 $h(x)=f[g(x)]$.（存在非唯一解，注意不要选 $f(x)=x$ 或 $g(x)=x$.）

(1) $h(x)=x^3+1$； (2) $h(x)=\ln^3 x$.

2. 设 $f(x)=\dfrac{x}{\sqrt{1+x^2}}$，求 $f_n(x)=\underbrace{f\{[\cdots f(x)]\}}_{n次}$，并求定义域 $D(f)$.

3. 如果 f 和 g 都是一对一的函数，那么 $f\circ g$ 是否为一对一的？为什么？

4. 设有映射 $f:X\to Y$. 若 $f(X)=Y$，则称 f 为**满射**. 若 $\forall x_1, x_2\in X$，由 $x_1\neq x_2$ 推得 $f(x_1)\neq f(x_2)$，则称 f 为**单射**（即我们在前面所说的**可逆映射或一对一映射**）. 如果 f 既是满射又是单射，则称 f 是**双射**，或**一一映射**. 今设 $X=(-\infty, +\infty)$，$Y=[-1,1]$，$f(x)=\sin x$，则此时 f 是满射？是单射？若要使 $f:X\to Y$ 成为双射，则应将 X 改成什么集合才可达此要求？

5. 设有映射 $f:A\to Y, g:X\to Y$. 若 $A\subset X$，并且 $\forall x\in A$，都有 $f(x)=g(x)$，则称 f 是 g 在 A 上的**限制**，或称 g 是 f 在 X 上的**延拓**，记为 $f=g|_A$. 若令 $f(x)=\sin(\arcsin x)$，$g(x)=x$，试讨论 f 与 g 在区间 $[-1,1]$ 上的关系.

答案与提示

(A)

2. (1) 不相等； (2) 相等； (3) 不相等； (4) 不相等.

3. $f[f(x)]=\begin{cases}2+x, & x<-1,\\ 1, & x\geqslant -1.\end{cases}$

4. (1) $g[f(x)]=\lg(2x+3)$； (2) $f[g(x)]=3+2\lg x$； (3) $f[f(x)]=4x+9$.

5. (1) $g[f(x)]=\sqrt{x^3+1}\ (x\geqslant -1)$； (2) $f[g(x)]=1+x^{3/2}\,(x\geqslant 0)$；

(3) $f[f(x)]=1+(x^3+1)^3\,(-\infty<x<+\infty)$； (4) $g(x+1)=\sqrt{x+1}\ (x\geqslant -1)$.

7. (1) $x=\dfrac{y-5}{3}, -\infty<y<+\infty$； (2) $x=\dfrac{1-y}{1+y}, y\neq -1$；

(3) (i) $x=-\sqrt{1-y^2}, 0\leqslant y\leqslant 1$； (ii) $x=\sqrt{1-y^2}, 0\leqslant y\leqslant 1$.

(4) $x=\begin{cases}y, & -\infty<y<1,\\ \sqrt{y}, & 1\leqslant y\leqslant 16,\\ \log_2 y, & 16<y<+\infty.\end{cases}$

8. (1)和(2)是一对一的，(3)不是一对一的.

(B)

1. (1) $g(x)=x^3, f(g)=g+1$； (2) $g=\ln x, f(g)=g^3$.

2. $f_n(x)=\dfrac{x}{\sqrt{1+nx^2}}$，$D(f)=\mathbf{R}$.

3. 是一对一的.

4. $f(x)=\sin x:(-\infty,+\infty)\to[-1,1]$是满射，非单射，若令 $X=\left[-\dfrac{\pi}{2}, \dfrac{\pi}{2}\right]$，则 $f:X\to Y$ 是双射.

5. $f(x)=g(x)\Big|_{[-1,1]}$.

1.3　函数的几种特性与初等函数

1.3.1　函数的几种特性

(1) 有界性

设函数 $f(x)$ 在区间 I 上定义，若存在常数 M(或 m)$\in\mathbf{R}$，$\forall x\in I$，有 $f(x)\leqslant M$(或 $f(x)\geqslant m$)，则称函数 $f(x)$ 在 I 上**有上(或下)界**，数 M(或 m)称为 f 在 I 上的一个**上(或下)界**. 如果 f 在 I 上既有上界又有下界，则称 f 是 I 上的**有界函数**，否则，称 f 是 I 上的**无界函数**.

显然，f 在 I 上有界等价于：$\exists K>0$，$\forall x\in I$，有 $|f(x)|\leqslant K$.

函数 f 在 I 上有界，从几何上看，就是它的图形(见图 1.13)位于直线 $y=M$ 与 $y=m$ 之间.

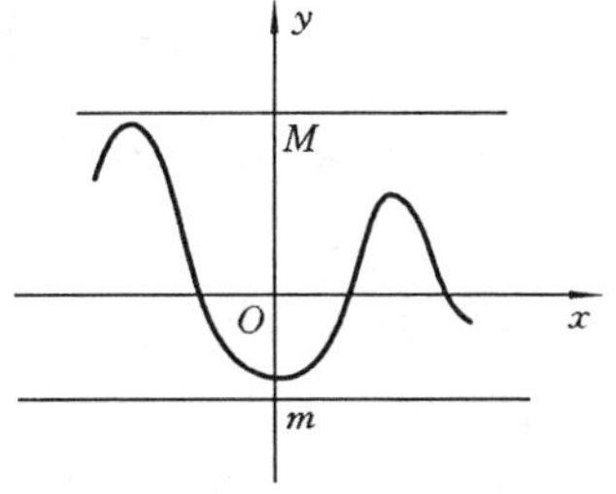

图 1.13

(2) 单调性

设函数 $f(x)$ 在区间 I 上定义，如果 $\forall x_1,x_2\in I$，当 $x_1<x_2$ 时有 $f(x_1)<f(x_2)$(或 $f(x_1)>f(x_2)$)，则称 $f(x)$ 为**严格单调递增**(或**严格单调递减**)函数. 严格单调递增函数和严格单调递减函数统称为**严格单调函数**. 如果 $x_1<x_2$ 时有 $f(x_1)\leqslant f(x_2)$(或 $f(x_1)\geqslant f(x_2)$)，则称 f 为**单调递增**(或**单调递减**)函数. 单调递增函数和单调递减函数统称为**单调函数**.

(3) 奇偶性

设函数 $f(x)$ 在区间 I 上定义，I 关于原点对称(即 $x\in I\Leftrightarrow -x\in I$)，如果 $\forall x\in I$ 有 $f(x)=f(-x)$(或 $f(x)=-f(-x)$)，则称 $f(x)$ 是**偶函数**(或**奇函数**). 偶函数的图形关于 y 轴对称，奇函数的图形关于原点对称.

(4) 周期性

设函数 $f(x)$ 在 $(-\infty,+\infty)$ 上定义，若 $\exists T>0$，$\forall x\in(-\infty,+\infty)$，有 $f(x+T)=f(x)$，则称 $f(x)$ 是**周期函数**，T 为 $f(x)$ 的**周期**. 通常说的周期是指**最小正周期**.

例如，正弦函数 $y=\sin x$ 是周期为 2π 的函数，即 $\sin(x+2\pi)=\sin x$.

不在整个数轴上定义的函数，也可以讨论它的周期性. 例如，正切函数 $y=\tan x$ 的定义域为数轴除去点 $x=\left(k+\dfrac{1}{2}\right)\pi$，$k=0,\pm1,\pm2,\cdots$，同样可以讨论它的周期性. 因为 $\tan(x+\pi)=\tan x$，所以 $\tan x$ 是以 π 为周期的周期函数.

由于周期函数的值每隔一个周期都是相同的，所以在画周期函数的图形时，只要作出一个周期的图形，然后周而复始地画这图形，即得整个周期函数的图形(见图 1.14).

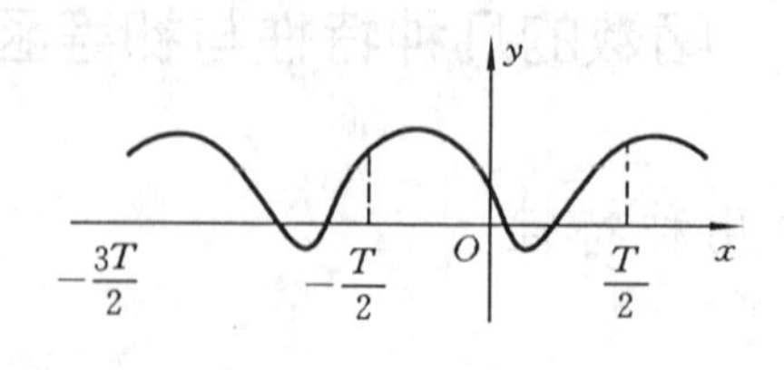

图 1.14

1.3.2 初等函数

在中学数学课程中我们已熟悉以下六种**基本初等函数**,在这里我们作一简单的回顾.

(1) 常数函数

$y=C\quad(-\infty<x<+\infty)$.

其图形是过点$(0,C)$且平行于 x 轴的直线(见图 1.15).

(2) 幂函数

$y=x^{\alpha}\quad(0<x<+\infty,\alpha\neq 0)$.

当 $\alpha>0$ 时,函数 x^{α} 在$(0,+\infty)$上严格递增;当 $\alpha<0$ 时,函数 x^{α} 在$(0,+\infty)$上严格递减. 函数 $y=x^{\alpha}$ 与 $y=x^{\frac{1}{\alpha}}$ 互为反函数(见图 1.16).

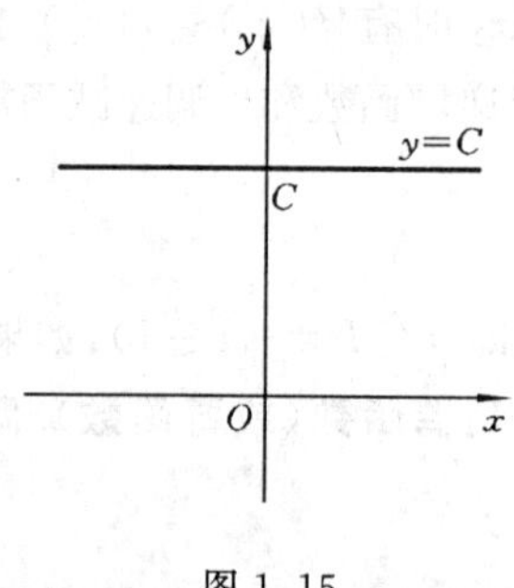

图 1.15

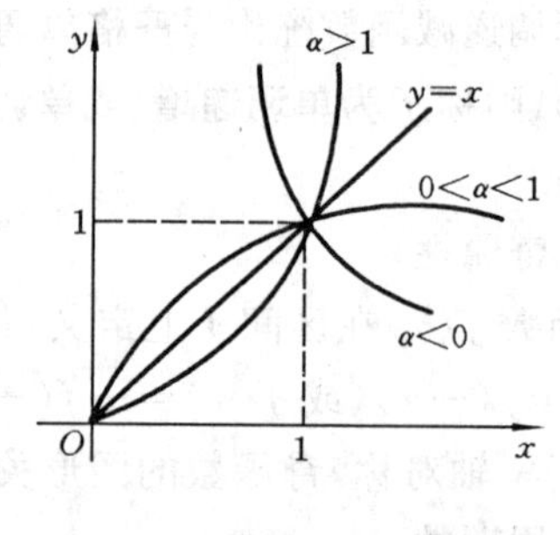

图 1.16

(3) 指数函数

$y=a^{x}\quad(a>0,a\neq 1,-\infty<x<+\infty)$.

当 $a>1$ 时,函数 a^{x} 在$(-\infty,+\infty)$上严格递增;当 $0<a<1$ 时,函数 a^{x} 在$(-\infty,+\infty)$上严格递减(见图 1.17).

(4) 对数函数

$y=\log_{a}x\quad(a>0,a\neq 1,0<x<+\infty)$.

当 $a>1$ 时,函数 $y=\log_{a}x$ 在$(0,+\infty)$上严格递增;当 $0<a<1$ 时,函数 $y=\log_{a}x$在$(0,+\infty)$上严格递减. 函数 $y=a^{x}$ 与 $y=\log_{a}x$ 互为反函数(见图 1.18).

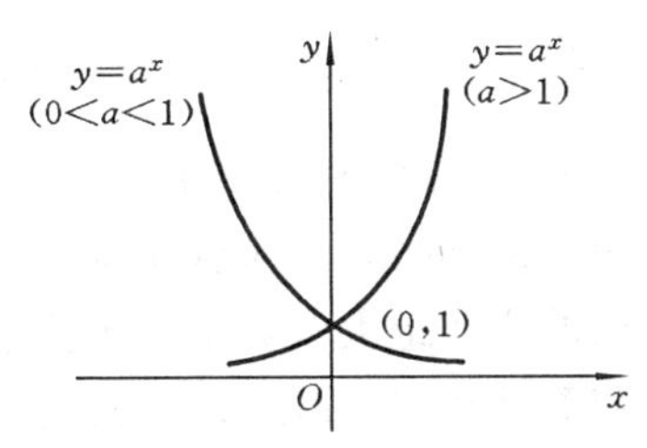

图 1.17

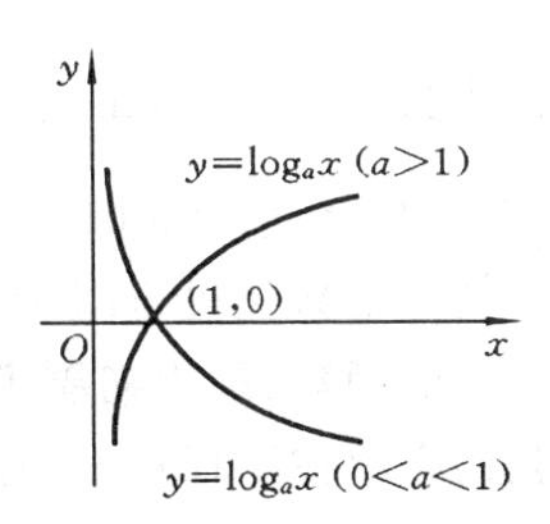

图 1.18

(5) 三角函数

正弦函数 $y=\sin x\ (-\infty<x<+\infty)$,如图 1.19 所示.

余弦函数 $y=\cos x\ (-\infty<x<+\infty)$,如图 1.20 所示.

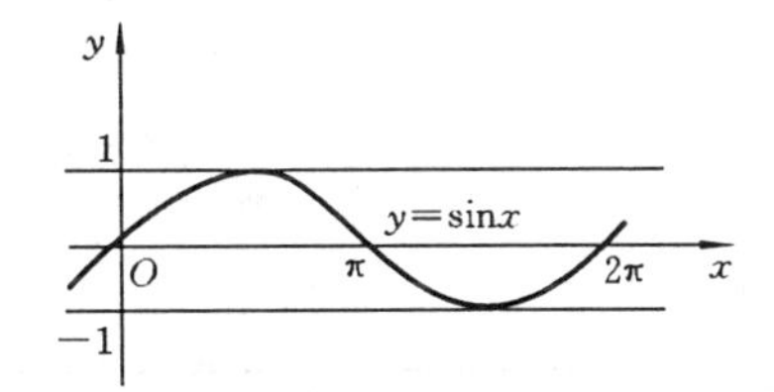

图 1.19

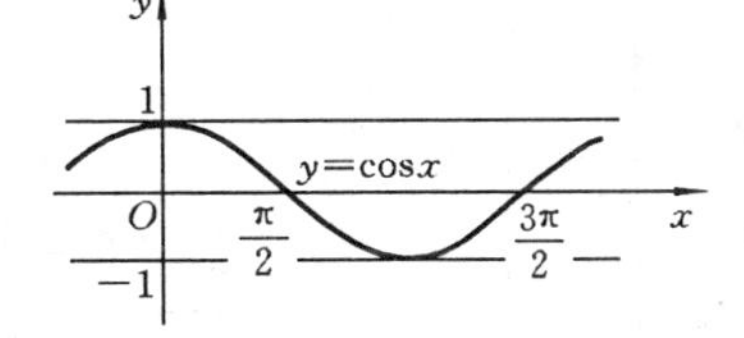

图 1.20

正切函数 $y=\tan x\ \left(x\neq\left(k+\frac{1}{2}\right)\pi, k=0,\pm1,\pm2,\cdots\right)$,如图 1.21 所示.

余切函数 $y=\cot x\ (x\neq k\pi, k=0,\pm1,\pm2,\cdots)$,如图 1.22 所示.

三角函数不是可逆的,为了讨论反函数,我们必须取定一个严格单调分支,使得对于每个分支都有反函数存在.

(6) 反三角函数

反正弦函数 $y=\arcsin x\ \left(-1\leqslant x\leqslant 1, -\frac{\pi}{2}\leqslant y\leqslant\frac{\pi}{2}\right)$,如图 1.23 所示.

反余弦函数 $y=\arccos x\ (-1\leqslant x\leqslant 1, 0\leqslant y\leqslant\pi)$,如图 1.24 所示.

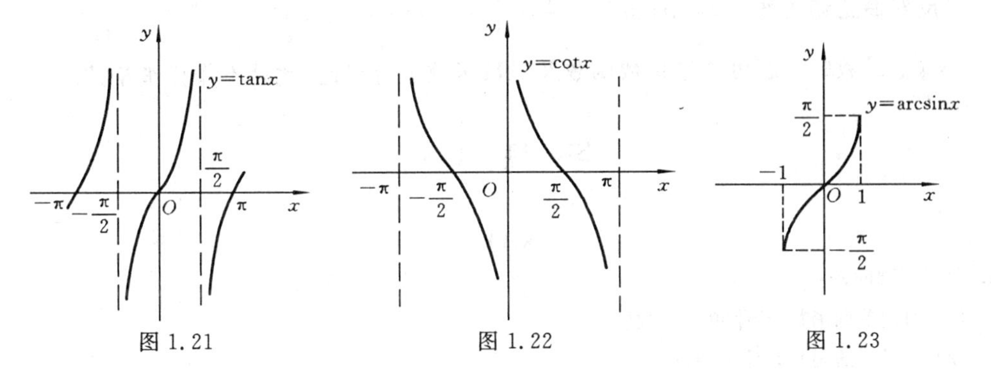

图 1.21 图 1.22 图 1.23

反正切函数 $y=\arctan x\ \left(-\infty<x<+\infty,-\frac{\pi}{2}<y<\frac{\pi}{2}\right)$,如图 1.25 所示.

反余切函数 $y=\operatorname{arccot}x\ (-\infty<x<+\infty,0<y<\pi)$,如图 1.26 所示.

由基本初等函数经过有限次的四则运算和有限次的函数复合步骤所构成并可用一个式子表示的函数,称为**初等函数**.本教材所讨论的函数绝大多数是初等函数.

最后我们介绍在工程技术中经常用到的两类初等函数:**双曲函数**和**反双曲函数**.

双曲正弦函数 $\sinh x=\frac{e^x-e^{-x}}{2}$.

双曲余弦函数 $\cosh x=\frac{e^x+e^{-x}}{2}$.

双曲正切函数 $\tanh x=\frac{\sinh x}{\cosh x}=\frac{e^x-e^{-x}}{e^x+e^{-x}}$.

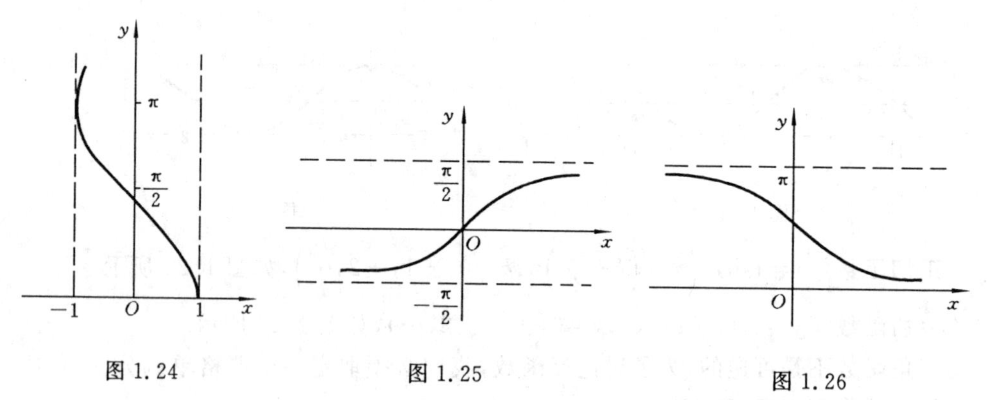

图 1.24　图 1.25　图 1.26

以上三个函数的定义域都是$(-\infty,+\infty)$,它们的反函数分别是

反双曲正弦函数 $y=\operatorname{arsinh}x=\ln(x+\sqrt{x^2+1}),\quad -\infty<x<+\infty$.

反双曲余弦函数 $y=\operatorname{arcosh}x=\ln(x+\sqrt{x^2-1}),\quad x\geqslant 1$.

反双曲正切函数 $y=\operatorname{artanh}x=\frac{1}{2}\ln\frac{1+x}{1-x},\quad -1<x<1$.

以上函数的性态可通过指数函数及对数函数进行讨论,此处不作详细论述.

习　题　1.3

(A)

1. 回答下列问题:

(1) 何谓单调函数、严格单调函数?

(2) 一对一的函数有什么特征?

(3) 奇函数与偶函数的图形各有什么特点?

(4) 什么叫周期函数？最小周期如何定义？

(5) 有界函数的定义是怎样的？函数的有界性在几何上如何解释？

2. 讨论下列函数的奇偶性：

(1) $y=3x-x^3$；　(2) $y=2+3x-x^3$；　(3) $y=\sqrt[3]{(1+x)^2}+\sqrt[3]{(1-x)^2}$；

(4) $y=\dfrac{e^x+e^{-x}}{2}$；　(5) $y=\sqrt{x(2-x)}$；　(6) $y=2^{-x}$；

(7) $f(x)=\begin{cases}x-1, & x<0,\\ 0, & x=0,\\ x+1, & x>0;\end{cases}$　(8) $y=\ln(x+\sqrt{1+x^2})$.

3. 研究下列函数的单调性：

(1) $y=ax+b$；　(2) $y=ax^2+bx+c$；　(3) $y=x^3$；　(4) $y=a^x$.

4. 下列函数中哪些是周期函数？对周期函数，指出其周期，并说明有无最小周期，有则求出来.

(1) $y=\sin^2 x$；　(2) $y=\sin x^2$；　(3) $y=\cos(x-2)$；

(4) $y=A\cos\lambda x+B\sin\lambda x$；　(5) $y=x-[x]$；　(6) $y=\tan|x|$.

5. 证明 $f(x)=4-x^2$ 在区间 $\left(-\dfrac{\pi}{2},\dfrac{\pi}{2}\right)$ 内有界.

6. 画下列各函数的图像：

(1) $y=ax+b$，分别取 $a=1,b=2$ 及 $a=-1,b=-1$；

(2) $y=|x|$；　(3) $y=-|x-3|$

(4) $y=a^x$，取 $a=2,a=\dfrac{1}{2}$；

(5) $y=x^n$，取 $n=-1,n=-2$；

(6) $y=A\sin x$，取 $A=1,A=10,A=-2$.

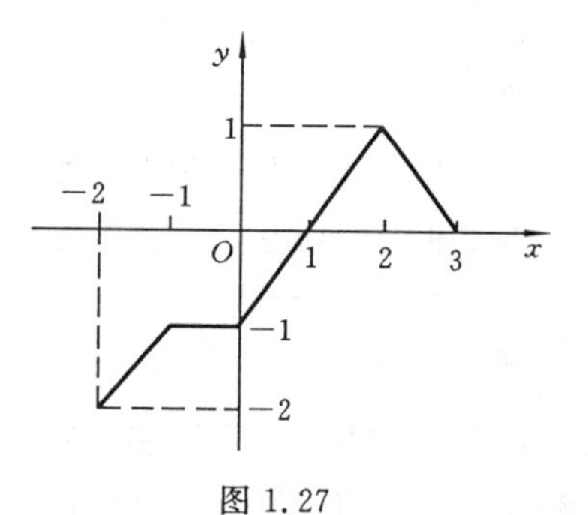

图 1.27

7. 设 $f(x)$ 的图像如图 1.27 所示，试写出其表达式，并作下列函数的图形：

(1) $y=f(-x)$；　(2) $y=-f(x)$；

(3) $y=|f(x)|$；　(4) $y=f\left(\dfrac{1}{2}x\right)$；

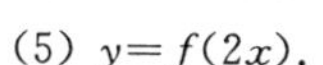

(5) $y=f(2x)$.

8. 画出周期函数 $y=|\sin x|$ 的图形.

9. 在 1900 年到 1912 年间，奥运会的撑杆跳高纪录的提高情况如下表所示.

年份	1900	1904	1908	1912
高度/cm	330	350	370	390

试给出高度与时间(以年为单位)的关系.

10. 三角形两边 a,b 之长一定，夹角 θ 不定. 试将三角形面积 S 用 θ 的函数写出来，并指出这个函数的定义域.

11. 脉冲发生器产生一个三角波，波形如图 1.28 所示，试求电压 u 对于时间 t 的函数 $u(t)$.

12. 把直径为 30 cm 的木材，锯成横断面为矩形的房梁. 设矩形的宽是 b，试将矩形面积 A 表为 b 的函数(见图 1.29).

13. 人工开凿的直线运河经过相距 d(km)的 A,B 两城(见图 1.30). 在 B 城垂直于运河的方向上离 B 城 l(km)处有一个工厂 C. 从 A 城运货到工厂,先从水路到一地 M,然后走陆路从 M 到 C. 假设一吨货物每公里水路运费为 α(元),陆路运费为 β(元),求每吨总运费与 MB 之间的函数关系.

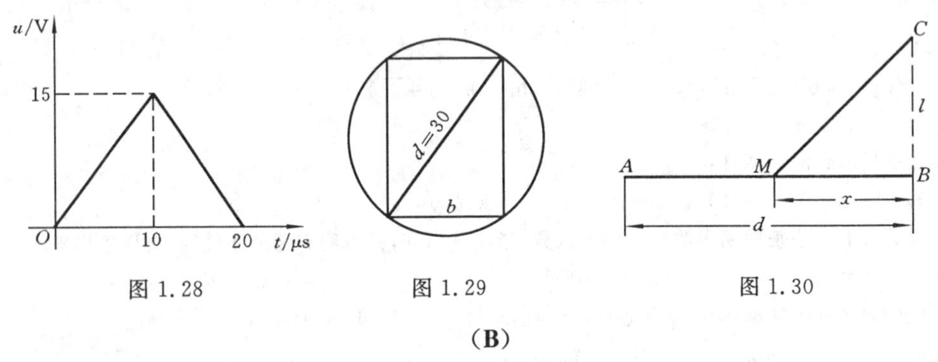

图 1.28　　图 1.29　　图 1.30

(B)

1. 证明:两个奇函数之积为偶函数,奇函数与偶函数之积为奇函数.
2. 证明:定义在数轴上的任一函数可以分解成奇函数与偶函数之和.
3. 设 $f(x)$是周期为 $T(T>0)$的周期函数,试证明 $f(-x)$也是周期为 T 的周期函数.
4. 设 $f(x),g(x)$是定义于$(-\infty,+\infty)$上的单调函数,求证:$f[g(x)]$也是$(-\infty,+\infty)$上的单调函数.
5. 证明函数 $y=\dfrac{1}{x}$在区间(0,1)内无界.
6. 利用图形的相加法,作下列函数的图像:

   (1) $y=1+x+e^x$;　　(2) $y=x+\sin x$.
7. 证明恒等式:

   (1) $\arctan\dfrac{1}{2}+\arctan\dfrac{1}{3}=\dfrac{\pi}{4}$;　　(2) $\cos(\arcsin x)=\sqrt{1-x^2}$, $-1\leqslant x\leqslant 1$.
8. 某药物注射到人体内,人体内血中的药浓度在前 5 min 呈直线增长,后5 min 则呈指数衰减. 试作出血中药浓度关于时间 t(min)的函数图像.

答案与提示

(A)

2. (1) 奇函数;　(2) 非奇非偶;　(3) 偶函数;　(4) 偶函数;

   (5) 非奇非偶;　(6) 非奇非偶;　(7) 奇函数;　(8) 奇函数.
3. (1) 当 $a>0$ 时为增函数;当 $a<0$ 时为减函数.

   (2) 当 $a>0$ 时,在 $-\infty<x<-\dfrac{b}{2a}$ 内 $f(x)\downarrow$;在 $-\dfrac{b}{2a}<x<+\infty$ 内 $f(x)\uparrow$;

   当 $a<0$ 时,在 $-\infty<x<-\dfrac{b}{2a}$ 内 $f(x)\uparrow$;在 $-\dfrac{b}{2a}<x<+\infty$ 内 $f(x)\downarrow$.

   (3) $f(x)$在$(-\infty,+\infty)$内递增.

(4) 当 $0<a<1$ 时，$f(x)$ 在 $(-\infty,+\infty)$ 内递减；当 $a>1$ 时，$f(x)$ 在 $(-\infty,+\infty)$ 内递增.

4. (1) $T=\pi$；　(2) 非周期函数；　(3) $T=2\pi$；　(4) $T=\dfrac{2\pi}{\lambda}(\lambda>0)$；　(5) $T=1$；

(6) 非周期函数.

9. $y=330+5t(0\leqslant t\leqslant 12)$.

10. $S=\dfrac{1}{2}ab\sin\theta\left(0\leqslant\theta<\dfrac{\pi}{2}\right)$.

11. $u(t)=\begin{cases}\dfrac{3}{2}t, & 0\leqslant t\leqslant 10,\\ -\dfrac{3}{2}t+30, & 10<t\leqslant 20.\end{cases}$ 当 $t\geqslant 20$ 时 $u=0$.

12. $A=b\sqrt{900-b^2}$.

13. $y=\alpha(d-x)+\beta\sqrt{x^2+l^2}$ (元).

(B)

2. $f(x)=\dfrac{1}{2}[f(x)+f(-x)]+\dfrac{1}{2}[f(x)-f(-x)]$.

5. $\forall G>1$，取 $0<x_0<\dfrac{1}{G}$.

7. (1) 令 $\varphi=\arctan\dfrac{1}{2}$，$\psi=\arctan\dfrac{1}{3}$，计算 $\tan(\varphi+\psi)$.　(2) 令 $\theta=\arcsin x$.

8. $y=\begin{cases}kt, & 0\leqslant t\leqslant 5,\\ \mathrm{e}^{-at}, & 5<t\leqslant 10\end{cases}$ $(k>0,a>0)$.

总 习 题 (1)

1. 试建立集合 A 与 B 之间的一一映射：

(1) $A=(0,\pi)$，　$B=(-\infty,+\infty)$；

(2) $A=\{$全体自然数$\}$，　$B=\{$全体正有理数$\}$.

2. 证明两个有理数 $r_1,r_2(r_1<r_2)$ 之间必存在一个无理数.

3. 求下列函数 y 的定义域：

(1) $f(x)=\cot(\pi x)+\arccos 2^x$，　$y=f(x)$；

(2) $f(x)=\dfrac{1}{x+1}$，　$\varphi(x)=\dfrac{x^2+1}{x^2-1}$，　$y=f[\varphi(x)]$；

(3) $f(x)=\begin{cases}2x, & 0\leqslant x\leqslant 1,\\ x^2, & 1<x\leqslant 2,\end{cases}$　$g(x)=\ln x$，　$y=f[g(x)]$；

(4) $f(x)=\mathrm{e}^{x^2}$，$f[y(x)]=1-x$，且 $y(x)\geqslant 0$.

4. 将函数 $y=\dfrac{|x|-1}{|x+1|}$ 写成分段函数形式.

5. 设 $f(x)=\dfrac{a\mathrm{e}^x+b\mathrm{e}^{-x}}{a+b}$，求证：$f(2x)-f(-2x)=[f(x)]^2-[f(-x)]^2$.

6. 设 $z=\sqrt{y}+f(\sqrt[3]{x}-1)$，且 $y=1$ 时有 $z=x$，试求 $f(x)$ 及 z 的表达式.

7. 设 $f\left(x+\dfrac{1}{x}\right)=x^2+\dfrac{1}{x^2}$，求 $f(x)$.

8. 求下列函数的反函数 $f^{-1}(x)$：

(1) $f(x)=(x^2+1)\operatorname{sgn}x$； (2) $y=1+\lg(x+2)$； (3) $f(x)=\log_a(x+\sqrt{x^2+1})$.

9. 证明函数 $f(x)=\dfrac{x^2+1}{x^4+1}$在$(-\infty,+\infty)$上是有界函数.

10. 判定下列函数的奇偶性：

(1) $f(x)=(2+\sqrt{3})^x+(2-\sqrt{3})^x$； (2) $f(x)=\begin{cases}-x^2+x, & x\geqslant 0,\\ x^2+x, & x<0.\end{cases}$

11. 设 $x\neq 0$ 时，$f(x)$满足关系式 $2f(x)+f\left(\dfrac{1}{x}\right)=\dfrac{a}{x}$，$a$ 为常数. 证明 $f(x)$为奇函数.

12. 设 $f(x)$定义于$(-\infty,+\infty)$，且恒有 $f(x+l)=\dfrac{1}{2}+\sqrt{f(x)-f^2(x)}$，其中 l 为正实数. 求证 $f(x)$是周期为 $2l$ 的周期函数.

13. 若函数 $f(x)$在其定义域上满足 $f(x)=f(2a-x)$，则称函数图形对称于直线 $x=a$. 试证：若 $f(x)$的图形同时对称于直线 $x=a$ 和 $x=b(a\neq b)$，则 $f(x)$为周期函数.

14. 设 $\varphi(x)$，$\psi(x)$及 $f(x)$均为$(-\infty,+\infty)$上的单调增加函数. 若 $\varphi(x)\leqslant f(x)\leqslant\psi(x)$，试证必有

$$\varphi[\varphi(x)]\leqslant f[f(x)]\leqslant\psi[\psi(x)].$$

15. 已知 $y=f(x)$的图形，试作(1) $y=f(x+a)$的图形，a 为常数；(2) $y=f(|x|)$的图形.

16. 试确定一最低次的多项式，使它当 $x=\pm 1$，$x=\pm 2$ 时为 0，而当 $x=0$ 时为 1.

17. 某化工厂有一球形容器，当液体深度为 h 时，液面面积为 A，试求 A 与 h 之间的函数关系.

18. 证明当 $0<a<1$ 时，有

(1) $(1-a)^n\geqslant 1-na$； (2) $(1-a)^n\leqslant\dfrac{1}{1+na}$； (3) 若 $1-na>0$，则$(1+a)^n\leqslant\dfrac{1}{1-na}$.

答案与提示

1. (1) $f:A\to B$，$x\to y=\cot x$.

(2) 将全体正有理数列成下表：

$$\begin{array}{ccccc}
1 & 2 & 3 & 4 & \cdots\\
\frac{1}{2} & \frac{2}{2} & \frac{3}{2} & \frac{4}{2} & \cdots\\
\frac{1}{3} & \frac{2}{3} & \frac{3}{3} & \frac{4}{3} & \cdots\\
\vdots & \vdots & \vdots & \vdots & \vdots
\end{array}$$

依箭头所示的柯西对角线法，略去重复出现的数，全体正有理数便可排成一列：$1,2,\dfrac{1}{2},\dfrac{1}{3},3,4,\dfrac{3}{2},\dfrac{2}{3},\cdots$.

2. $r_1+\dfrac{1}{\sqrt{2}}(r_2-r_1)\in(r_1,r_2)$.

3. (1) $-(n+1)<x<-n\ (n=0,1,2,\cdots)$；　(2) $y=\dfrac{x^2-1}{2x^2}$，　$x\neq 0,\pm 1$；

(3) $y=\begin{cases}2\ln x, & 1\leqslant x\leqslant e,\\ \ln^2 x, & e<x\leqslant e^2,\end{cases}$ 定义域为$[1,e^2]$；　(4) $y=\sqrt{\ln(1-x)}$，　$x\leqslant 0$.

4. $y=\begin{cases}1, & x<-1,\\ -1, & -1<x<0,\\ 1-\dfrac{2}{x+1}, & x\geqslant 0.\end{cases}$

6. $f(x)=x^3+3x^2+3x$，　$z=\sqrt{y}+x-1$.

7. $f(x)=x^2-2$.

8. (1) $y=\begin{cases}-\sqrt{-x-1}, & x<-1,\\ 0, & x=0,\\ \sqrt{x-1}, & x>1;\end{cases}$　(2) $y=10^{x-1}-2$；　(3) $y=\dfrac{1}{2}(a^x-a^{-x})$.

10. (1) 偶函数；(2) 奇函数.

11. 令$\dfrac{1}{x}$代替式中的x.

12. 利用 $f(x)=f(x-l+l)=\dfrac{1}{2}+\sqrt{f(x-l)-f^2(x-l)}\geqslant\dfrac{1}{2}$.

13. 证明 $f[x+2(a-b)]=f(x)$.

16. $y=\dfrac{1}{4}(x^2-1)(x^2-4)$.

17. $A=\pi h(2R-h)$.

18. (1) 利用伯努利不等式，令 $x=-a$；　(2) 注意$\dfrac{1}{1+na}\geqslant\dfrac{1}{(1+a)^n}=\dfrac{(1-a)^n}{(1-a^2)^n}$.

第 2 章　极限与连续

本章介绍函数极限和数列极限的概念和性质．高等数学的方法是建立在无限观念上的．例如，仅知矩形的面积与周长的公式，要求圆的面积和周长，那么用有限次的代数运算是无法求得其准确值的，必须通过无限次的逼近，即极限方法，才能求出它的准确值．极限概念是微积分的最基本概念，微积分的其他基本概念如连续函数、导数和定积分等都是通过极限概念来描述的．因此理解极限概念、掌握极限方法，是学好高等数学的关键．

2.1　函数极限的概念

根据自变量的不同变化状态，本节将分成几种情况给出函数极限的定义．

2.1.1　自变量趋于有限值时函数的极限

假设函数 $y=f(x)$ 在 x_0 点的某个空心邻域 $O_0(x_0)$ 内有定义（在 x_0 点是否有定义无关紧要），我们要考察当 x 充分靠近 x_0（但始终不等于 x_0）时，相应的函数值 $f(x)$ 的变化趋势，即考察它是否无限地接近某常数．下面先看几个例子．

例 2.1.1　设 $f(x)=3x^2+1$．容易看到 $x\approx 2(x\neq 2)$ 时，$f(x)\approx 13$．但是，要说明当 x 无限接近 2 时，$f(x)$ 便无限接近于 13，还得弄清“接近”的数学含义．显然，x 与 2 的接近程度可由 $|x-2|$ 的值来表示，$f(x)$ 与 13 接近的程度可由 $|f(x)-13|$ 来表示．注意到

$$|f(x)-13|=3|x+2||x-2|\leqslant 3(|x-2|+4)|x-2|,$$

可知 $|x-2|$ 与 $|f(x)-13|$ 有下表所示的关系．

$\|x-2\|$	<0.1	<0.01	<0.001	…
$\|f(x)-13\|$	<1.23	$<0.120\,3$	$<0.012\,003$	…

于是我们说，当自变量 x 趋于 2 时，函数值 $f(x)$ 趋于 13，或说，$x\to 2$ 时，$f(x)$ 的极限是 13．记作

$$\lim_{x\to 2}f(x)=13,$$

这里记号“→”读作“趋于”．　□

例 2.1.2　设 $f(x)=\dfrac{x}{|x|}$，讨论 $x\to 0$ 时 $f(x)$ 的变化趋势．

解　f 的定义域是除 $x=0$ 以外的所有实数，其图像如图 2.1 所示. 当 $x>0$，$x\to 0$ 时，$f(x)\to 1$；当 $x<0$，$x\to 0$ 时，$f(x)\to -1$. 但是，当 x 在 0 的附近（注意，这时 x 可取正值也可取负值）时，$f(x)$ 并不接近某个特殊的常数，因此它的变化趋势是无法确定的. 这时我们说极限 $\lim\limits_{x\to 0}\dfrac{x}{|x|}$ 不存在. 但是，若 $a\neq 0$，则极限 $\lim\limits_{x\to a}\dfrac{x}{|x|}$ 是存在的. 因为当 $a>0$ 时，这个极限是 1；当 $a<0$ 时，这个极限是 -1. 因此，对于一切非零的数 a，极限 $\lim\limits_{x\to a}f(x)$ 存在.　□

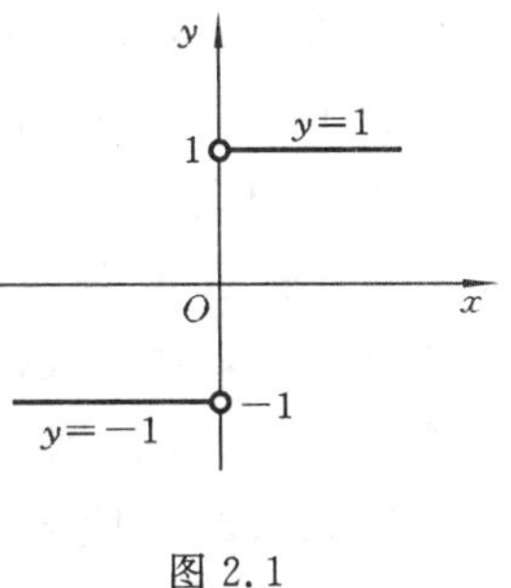

图 2.1

一般地，当 $x\to a$ 时 $f(x)\to A$，记作

$$\lim_{x\to a}f(x)=A \quad 或 \quad f(x)\to A(x\to a).$$

注意，**极限 A 与 $f(a)$ 毫无关系**，A 的存在与否及大小与 $f(a)$ 的大小甚至 $f(a)$ 有无定义都无关系. A 仅体现函数 $f(x)$ 在 a 点附近的局部性态（除去 a 点！）.

在上面，我们对于函数极限用了如下一些描述性的语言："x 趋于 a"，"$f(x)$ 趋于某个数 A"等等. 这些说法确实有助于我们直观地理解极限的含义，但作为定义是不精确的.

在微积分发展的早期，这些描述性的非正式定义是够用的. 从莱布尼兹（Leibniz）和牛顿（Newton）（在 17 世纪）到伯努利（Bernoulli）、欧拉（Euler）和高斯（Gauss）（在 18 世纪及 19 世纪初），都是这样定义极限的. 但是，到了 19 世纪中叶，面对更加复杂的函数以及更加困难的定理，数学家们不再仅仅依赖于直观. 他们认识到，要想了解一个函数的性态，光是看一看函数的图像是远远不够的.

在 1841—1856 年间，魏尔斯特拉斯（Weierstrass）在分析严密化方面做了许多工作，提出了一种定义极限的严格的方式. 1859 年他到柏林（Berlin）大学任教后（他原先是一位中学教师），把他关于极限的精确定义传播开来，并由纯粹及应用数学家们传遍全世界. 如今，大学生的微积分课程也都采用魏尔斯特拉斯关于极限的精确定义.

下面我们给出极限 $\lim\limits_{x\to a}f(x)=A$ 的精确定义.

定义 2.1.1（函数极限）　设 $f(x)$ 定义于点 a 的某个空心邻域 $O_0(a)$，A 为某定数. 如果 $\forall\varepsilon>0$，$\exists\delta>0$，使得 $\forall x$：$0<|x-a|<\delta$，都有 $|f(x)-A|<\varepsilon$，则称 $x\to a$ 时 $f(x)$ 以 A 为极限，记作

$$\lim_{x\to a}f(x)=A \quad 或 \quad f(x)\to A(x\to a).$$

定义中 $0<|x-a|<\delta$ 表示 x 在 a 的 δ 邻域中，但 $x\neq a$；也就是说，x 在 a 的空心邻域中. 在这里 δ 刻画 x 趋于 a 的程度，它依赖于预先给定的正数 ε. 一般地，当 ε 减小时，

δ也相应地减小. ε和δ通常都是比较小的. 图 2.2 给出了精确定义的几何解释. 具体地说,任给正数ε,作平行于x轴的两条直线$y=A+\varepsilon$和$y=A-\varepsilon$,这两条直线构成一个宽度为2ε的横条区域. 由定义,对于事先任意给定的$\varepsilon>0$, $\exists\,\delta>0$,使得当x位于空心邻域$O_0(a,\delta)$内时,$y=f(x)$的图形上相应的点都落在上述的横条区域内.

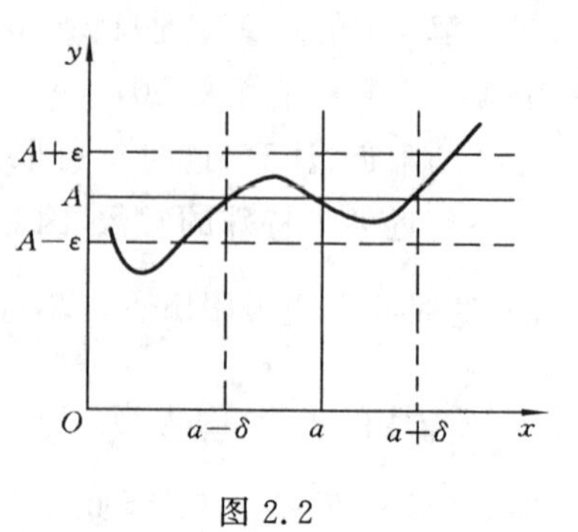

图 2.2

例 2.1.3　利用极限的精确定义证明$\lim\limits_{x\to 0}x^2=0$.

证　这里$a=0, A=0$. $\forall\,\varepsilon>0$,由于

$$|f(x)-A|=|x^2|=|x|^2,$$

为了使$|f(x)-A|<\varepsilon$,只要

$$|x|<\sqrt{\varepsilon}.$$

因此,取$\delta=\sqrt{\varepsilon}$,则当$x$适合不等式

$$0<|x|<\delta$$

时,就有

$$|f(x)-A|=|x|^2<\varepsilon,$$

所以

$$\lim_{x\to 0}x^2=0.$$ □

例 2.1.4　利用极限的精确定义证明$\lim\limits_{x\to 2}(3x+9)=15$.

证　这里$a=2, A=15$. $\forall\,\varepsilon>0$,要使

$$|f(x)-A|=|(3x+9)-15|=3|x-2|<\varepsilon,$$

只要

$$|x-2|<\frac{\varepsilon}{3}.$$

因此,取$\delta=\dfrac{\varepsilon}{3}$,则当$0<|x-2|<\delta$时,有

$$|f(x)-15|<\varepsilon,$$

从而

$$\lim_{x\to 2}(3x+9)=15.$$ □

例 2.1.5　利用极限的精确定义证明$\lim\limits_{x\to 1}\dfrac{x^2-1}{x-1}=2$.

证　$\forall\,\varepsilon>0$,要使

$$\left|\frac{x^2-1}{x-1}-2\right|<\varepsilon,$$

只要

$$|x+1-2|=|x-1|<\varepsilon.$$

因此,取$\delta=\varepsilon$,则当$0<|x-1|<\delta$时,就有

$$\left|\frac{x^2-1}{x-1}-2\right|<\varepsilon,$$

即

$$\lim_{x\to 1}\frac{x^2-1}{x-1}=2.$$ □

例 2.1.6　利用极限的精确定义证明$\lim\limits_{x\to a}\sqrt{x}=\sqrt{a}(a>0)$.

证　$\forall \varepsilon>0$,要使

$$|\sqrt{x}-\sqrt{a}|<\varepsilon,$$

因为

$$\left|\frac{x-a}{\sqrt{x}+\sqrt{a}}\right|\leqslant\frac{1}{\sqrt{a}}|x-a|,$$

所以,只要$\frac{1}{\sqrt{a}}|x-a|<\varepsilon$即可. 取$\delta=\sqrt{a}\varepsilon$,则当$0<|x-a|<\delta$时,就有

$$|\sqrt{x}-\sqrt{a}|<\varepsilon.$$

即

$$\lim_{x\to a}\sqrt{x}=\sqrt{a}.$$

□

例 2.1.7　利用极限的精确定义证明$\lim\limits_{x\to a}\frac{1}{x}=\frac{1}{a}(a\neq 0)$.

证

$$\left|\frac{1}{x}-\frac{1}{a}\right|=\left|\frac{x-a}{xa}\right|,$$

由于分母有x,为了防止x接近原点,我们要设法限制x,使得$|x|$有一个正的下界. 由于$x\to a$,故我们可以考虑x满足不等式

$$|x-a|<\frac{|a|}{2},$$

由此得

$$|x|>|a|-\frac{|a|}{2}=\frac{|a|}{2}.$$

$\forall \varepsilon>0$,要使

$$\left|\frac{1}{x}-\frac{1}{a}\right|=\left|\frac{x-a}{xa}\right|<\frac{2|x-a|}{|a|^2}<\varepsilon,$$

取$\delta=\min\left(\frac{|a|}{2},\frac{|a|^2}{2}\varepsilon\right)$,则当$0<|x-a|<\delta$时,就有

$$\left|\frac{1}{x}-\frac{1}{a}\right|<\varepsilon,$$

所以

$$\lim_{x\to a}\frac{1}{x}=\frac{1}{a}.$$

□

例 2.1.8　证明$\lim\limits_{x\to 1}2x=3$是错误的.

证　由于

$$|2x-3|=|2(x-1)-1|\geqslant 1-2|x-1|,$$

对于$\varepsilon_0=\frac{1}{2}$,无论$\delta$取得多么小,不妨设$0<\delta<\frac{1}{4}$,取$x_0=1-\frac{\delta}{2}$时,有$0<|x_0-1|<\delta$,且

$$|2x_0-3|\geqslant 1-2|x_0-1|>1-2\delta>\frac{1}{2}.$$

因此

$$\lim_{x\to 1}2x\neq 3.$$

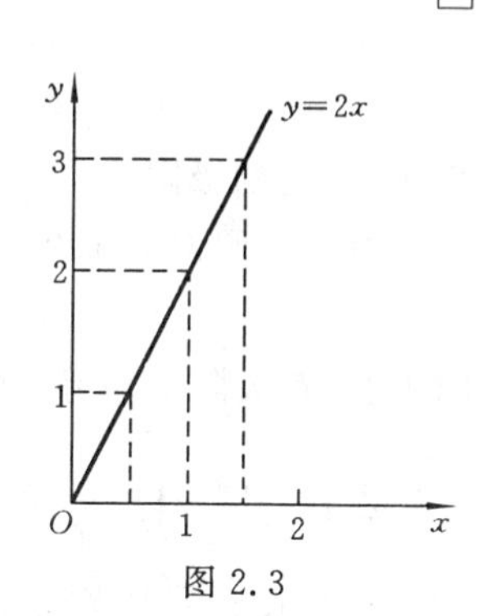

图 2.3

这个事实由图 2.3 可以看得很清楚：在 $x=1$ 的附近，函数 $y=2x$ 的值与 $y=3$ 有较大的偏离. □

2.1.2 单侧极限

例 2.1.2 中函数 $f(x)=\frac{x}{|x|}$ 在 $x=0$ 附近的性态是值得注意的. 虽然按照定义 2.1.1，极限 $\lim\limits_{x\to 0}\frac{x}{|x|}$ 不存在，但是当 x 从 0 的左侧趋于 0 时，$f(x)\to -1$. 由此我们可以引进**单侧极限**的概念.

定义 2.1.2(左、右极限) 设 $f(x)$ 在 a 点的某个右邻域 $O^+(a)$ 内有定义，A 为某定数. 如果 $\forall\varepsilon>0$，$\exists\delta>0$，使得 $\forall x$：$0<x-a<\delta$，都有 $|f(x)-A|<\varepsilon$，则称 A 是 $f(x)$ 当 $x\to a$ 时的**右极限**，记作

$$\lim_{x\to a^+}f(x)=A \quad 或 \quad f(x)\to A(x\to a^+).$$

类似地，可以定义 $f(x)$ 当 $x\to a$ 时的**左极限**，记作

$$\lim_{x\to a^-}f(x)=A \quad 或 \quad f(x)\to A(x\to a^-).$$

在例 2.1.2 中我们看到

$$\lim_{x\to 0^+}\frac{x}{|x|}=1, \quad \lim_{x\to 0^-}\frac{x}{|x|}=-1.$$

今后为方便起见，我们引进下列较简明的记号：若下列极限存在，则记

$$\lim_{x\to a^-}f(x)=f(a^-), \quad \lim_{x\to a^+}f(x)=f(a^+).$$

不难证明极限与单侧极限的关系为

$$\lim_{x\to a}f(x)\text{存在}\Leftrightarrow f(a^-)\text{与}f(a^+)\text{存在且相等}.$$

例 2.1.9 研究函数

$$f(x)=\begin{cases}x-1, & x<0,\\ 0, & x=0,\\ x+1, & x>0\end{cases}$$

在 $x\to 0$ 时的极限.

解 仿照例 2.1.2 可证明

$$f(0^-)=-1, \quad f(0^+)=1.$$

因为左、右极限不相等，故极限 $\lim\limits_{x\to 0}f(x)$ 不存在. □

2.1.3 自变量无限增大时函数的极限

有时我们需要考察 $x\to\infty$，即 $|x|$ 无限增大时，函数 $f(x)$ 的变化趋势；或者 $x\to+\infty$，即 $x>0$ 且 x 无限增大时，以及 $x\to-\infty$，即 $x<0$ 且 $-x$ 无限增大时，函数 $f(x)$

的变化趋势.读者不难从函数图像中观察出下列极限：

$$\lim_{x\to\infty}\frac{1}{x}=0,\ \lim_{x\to+\infty}\arctan x=\frac{\pi}{2},\ \lim_{x\to-\infty}\arctan x=-\frac{\pi}{2},\ \lim_{x\to-\infty}e^{x}=0,\ \lim_{x\to+\infty}e^{1/x}=e^{0}=1.$$

一般地,若当 $x\to\infty$ 时,$f(x)$ 趋于某个确定的数 A,则记为 $\lim\limits_{x\to\infty}f(x)=A$. 类似地可定义 $\lim\limits_{x\to-\infty}f(x)=A$ 与 $\lim\limits_{x\to+\infty}f(x)=A$.

下面给出极限 $\lim\limits_{x\to\infty}f(x)=A$ 的精确定义.

定义 2.1.3　设函数 $f(x)$ 对于 $|x|$ 充分大的一切 x 有定义,A 为常数. 如果 $\forall\varepsilon>0$,$\exists X>0$,使得 $\forall x$:$|x|>X$,都有

$$|f(x)-A|<\varepsilon.$$

则称 $x\to\infty$ 时 $f(x)$ 的极限是 A,记作

$$\lim_{x\to\infty}f(x)=A \quad 或 \quad f(x)\to A(x\to\infty).$$

图 2.4 给出了这个定义的几何意义:正数 ε 是事先任意给定的,而 X 则与 ε 有关,当 $|x|>X$ 时,曲线 $y=f(x)$ 完全落在直线 $y=A-\varepsilon$ 与 $y=A+\varepsilon$ 所夹横条区域之内.

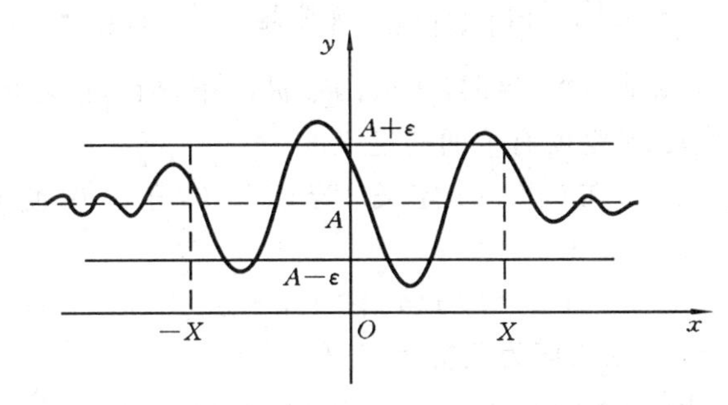

图 2.4

类似,可给出 $\lim\limits_{x\to+\infty}f(x)=A$ 与 $\lim\limits_{x\to-\infty}f(x)=A$ 的精确定义. 读者可以证明:

$$\lim_{x\to\infty}f(x)\text{存在}\Leftrightarrow f(-\infty)\text{与 }f(+\infty)\text{存在且相等},$$

其中,$f(-\infty)=\lim\limits_{x\to-\infty}f(x)$,$f(+\infty)=\lim\limits_{x\to+\infty}f(x)$.

例 2.1.10　利用极限的精确定义证明 $\lim\limits_{x\to\infty}\left(1+\frac{1}{x}\right)=1$.

证　函数 $f(x)=1+\frac{1}{x}$ 对一切 $|x|>0$ 有定义. $\forall\varepsilon>0$,要想

$$\left|\left(1+\frac{1}{x}\right)-1\right|<\varepsilon \quad 即 \quad \left|\frac{1}{x}\right|<\varepsilon,$$

只要

$$|x|>\frac{1}{\varepsilon}.$$

取 $X=\frac{1}{\varepsilon}>0$,$\forall x$:$|x|>X$,就有 $\left|\left(1+\frac{1}{x}\right)-1\right|<\varepsilon$,所以

$$\lim_{x\to\infty}\left(1+\frac{1}{x}\right)=1.$$ □

利用极限的精确定义,我们还可以证明某些函数极限不存在.请看下例.

例 2.1.11 证明$\lim\limits_{x\to\infty}\sin x=0$是错误的.

证 要证明对于某个$\varepsilon_0>0$,找不到这样的$X>0$,使当$|x|>X$时,有$|\sin x-0|<\varepsilon_0$.

我们知道$\sin\dfrac{\pi}{2}=1$,并且对任意整数n,有$\sin\left(\dfrac{\pi}{2}+2n\pi\right)=1$,这意味着存在绝对值任意大的$x$,使得$\sin x=1$.不妨取$\varepsilon_0=0.8$,则对于任意大的正数$X'$,总可找到一个数$x_0=2[X']\pi+\dfrac{\pi}{2}$,显然$x_0>X'$,且$\sin x_0=1$,于是有$|\sin x_0-0|=1>0.8$.因此,对于$\varepsilon_0=0.8$,找不到定义中所要求的正数$X$.这就证明等式$\lim\limits_{x\to\infty}\sin x=0$是不对的. □

2.1.4 函数值趋于无穷的情形

在函数极限不存在的情况中,有一种情况特别值得注意.先观察下面的例子.在$x\to0$时,函数$f(x)=\dfrac{1}{x}$的绝对值$\left|\dfrac{1}{x}\right|$可以无限地增大;而$x\to+\infty$时,函数$g(x)=e^x$的值大于零且可无限地增大.这时,虽然函数极限不存在,但函数有确定的变化趋势,即$|f(x)|$无限增大.于是就有下面的定义.

定义 2.1.4 设$f(x)$在$O_0(a)$上定义.若$\forall G>0$,$\exists\delta>0$,使得$\forall x$:$0<|x-a|<\delta$,都有

$$|f(x)|>G,$$

则称$x\to a$时,函数$f(x)$的**极限为无穷大**,记作

$$\lim_{x\to a}f(x)=\infty \quad 或 \quad f(x)\to\infty(x\to a).$$

仿此,记号$\lim\limits_{x\to a}f(x)=+\infty$定义为:$\forall G>0$,$\exists\delta>0$,当$0<|x-a|<\delta$时,有$f(x)>G$.

记号$\lim\limits_{x\to a}f(x)=-\infty$定义为:$\forall G>0$,$\exists\delta>0$,当$0<|x-a|<\delta$时,有$f(x)<-G$.

而记号$\lim\limits_{x\to\infty}f(x)=\infty$定义为:$\forall G>0$,$\exists X>0$,当$|x|>X$时,有$|f(x)|>G$.

图 2.5 给出了$\lim\limits_{x\to\infty}f(x)=\infty$的几何意义:$G$是事先任给的正数,而$X$是根据$G$找到的一个正数,当$|x|>X$时,$y=f(x)$的图形上的点全都落在两条直线$y=G$与$y=-G$所夹横条区域之外.

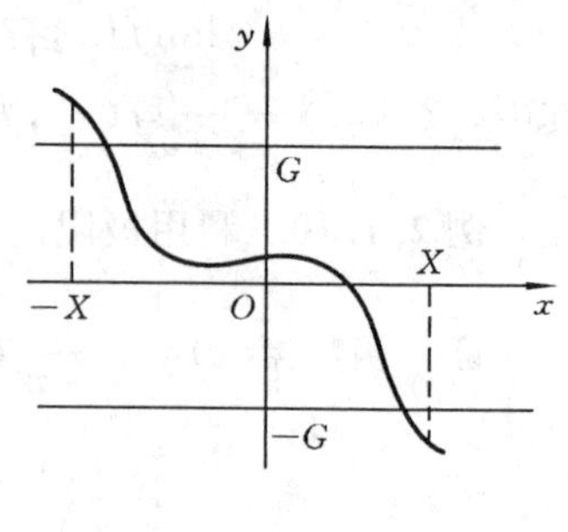

图 2.5

例 2.1.12 试用极限的精确定义证明$\lim\limits_{x\to\infty}3x=\infty$.

证 设G是任意给定一个正数,我们要证明存在一个正数X,使当$|x|>X$时,

有 $|3x|>G$. 显然,不等式 $|3x|>G$ 等价于 $|x|>G/3$. 所以取 $X=G/3$,当 $|x|>X$ 时,有 $|3x|>G$,即

$$\lim_{x\to\infty}3x=\infty. \qquad \square$$

在这个例子中,$X=G/3$ 给出了对 G 求 X 的一个公式. 例如,若 $G=3\ 000$,则 $X=1\ 000$ 即可. 事实上,比 1 000 更大的 X 也是适合的. 比方说 $|x|>1\ 100$ 时,仍有 $|3x|>3\ 000$. 因此,对于给定的 G,只要找到一个 X 满足定义中的不等式,则必有任意多个充分大的 X 也满足要求.

例 2.1.13　利用极限的精确定义证明 $\lim\limits_{x\to+\infty}\left(\dfrac{x}{2}+\sin x\right)=+\infty$.

证　$\forall G>0$,由于 $\sin x\geqslant -1$ 对一切 x 成立,故只要令 $x>2(G+1)$ 就有

$$\frac{x}{2}+\sin x>G.$$

因此,取 $X=2(G+1)$,$\forall x>X$,有 $\dfrac{x}{2}+\sin x>G$,于是

$$\lim_{x\to+\infty}\left(\frac{x}{2}+\sin x\right)=+\infty. \qquad \square$$

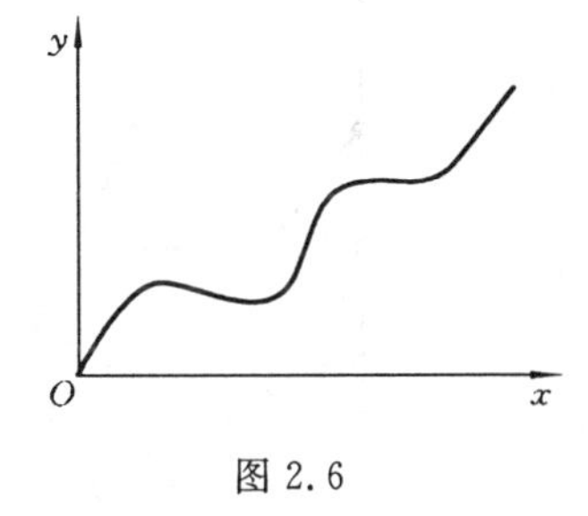

图 2.6

例 2.1.13 中的函数图像如图 2.6 所示. 这个函数不是单调增加的,但当 x 充分大之后,$f(x)$ 的值无限增大.

习　题　2.1

(A)

1. 回答下列问题:

(1) $\lim\limits_{x\to a}f(x)$ 存在与否,与 $f(a)$ 存在与否有关吗? 为什么?

(2) $f(x)$ 在 a 点的极限存在与 $x\to a$ 的方式有无关系?

(3) $f(x)$ 在 a 点的极限与 $f(x)$ 在 a 点的左、右极限有何关系?

(4) 在 $\lim\limits_{x\to a}f(x)=A$ 的精确定义中,δ 与 ε 有何关系?

(5) $\lim\limits_{x\to a}f(x)=A$ 的精确定义的几何意义是什么?

(6) 下列说法是否可作为 $\lim\limits_{x\to a}f(x)=A$ 的等价定义.

(i) $\forall\varepsilon>0$, $\exists\delta>0$,使当 $0<|x-a|<\delta$ 时,有 $|f(x)-A|\leqslant\varepsilon$.

(ii) $\forall\varepsilon>0$, $\exists\delta>0$,使当 $0<|x-a|<\delta$ 时,有 $|f(x)-A|<k\varepsilon$,其中 k 为某个正的常数.

(7) 在 $\lim\limits_{x\to\infty}f(x)=\infty$ 的精确定义中,X 是否依赖于 G?

(8) 在 $\lim\limits_{x\to\infty}f(x)=A$ 的精确定义中,X 是否依赖于 ε?

(9) $\lim\limits_{x\to\infty}f(x)=A$ 与 $\lim\limits_{x\to\infty}f(x)=\infty$ 的精确定义在几何上有什么解释?

2. 根据函数图像,判断所给的极限是否存在,若存在则求出其值.

(1) 如图 2.7 所示，$\lim\limits_{x\to0^+}f(x)$，$\lim\limits_{x\to1}f(x)$，$\lim\limits_{x\to2^-}f(x)$，$\lim\limits_{x\to2^+}f(x)$；

(2) 如图 2.8 所示，$\lim\limits_{x\to1}f(x)$，$\lim\limits_{x\to2}f(x)$，$\lim\limits_{x\to3}f(x)$，$\lim\limits_{x\to4^-}f(x)$；

(3) $\lim\limits_{x\to1^+}[x]$，$\lim\limits_{x\to1^-}[x]$，$\lim\limits_{x\to1}[x]$；

(4) $f(x)=\begin{cases}x^2, & 0\leqslant x\leqslant1,\\ 3-x, & 1<x\leqslant2,\end{cases}$ $\lim\limits_{x\to1^-}f(x)$，$\lim\limits_{x\to1^+}f(x)$，$\lim\limits_{x\to1}f(x)$；

(5) $f(x)=\begin{cases}x^2, & x\leqslant1,\\ \dfrac{2}{x}, & x>1,\end{cases}$ $\lim\limits_{x\to1^-}f(x)$，$\lim\limits_{x\to1^+}f(x)$，$\lim\limits_{x\to1}f(x)$.

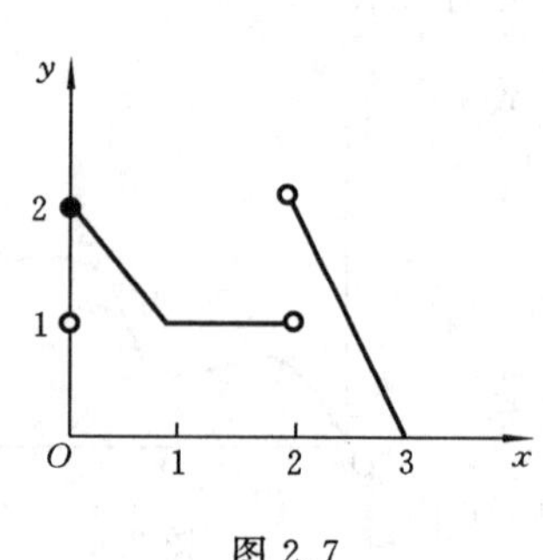

图 2.7

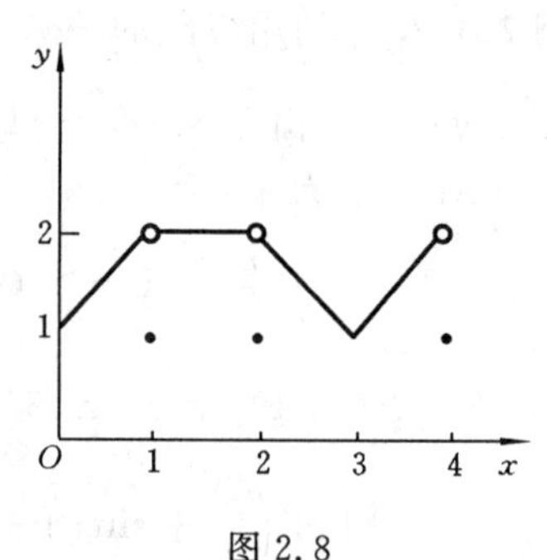

图 2.8

3. 给出下列极限的精确定义：

(1) $\lim\limits_{x\to0}f(x)=A$；(2) $\lim\limits_{x\to1^+}(3x+5)=8$；(3) $\lim\limits_{x\to0}(1+x)^{\frac{1}{x}}=\mathrm{e}$，e 为实数；

(4) $\lim\limits_{x\to+\infty}f(x)=+\infty$；(5) $\lim\limits_{x\to+\infty}f(x)=-\infty$；(6) $\lim\limits_{x\to-\infty}f(x)=\infty$；

(7) $\lim\limits_{x\to+\infty}f(x)=A$.

4. 给出一个数 δ，使得当 $0<|x-2|<\delta$ 时，有 $|x^2-4|<1$.

5. 证明：若 $0<\delta<1$ 且 $|x-3|<\delta$，则 $|x^2-9|<7\delta$. 并进一步证明 $\lim\limits_{x\to3}x^2=9$.

6. 证明：若 $0<\delta<1$，且 $|x-4|<\delta$，则 $|\sqrt{x}-2|<\dfrac{\delta}{\sqrt{3}+2}$. 并进一步证明 $\lim\limits_{x\to4}\sqrt{x}=2$.

7. 试用极限的精确定义证明下列函数极限：

(1) $\lim\limits_{x\to3}(x^2+5x)=24$；(2) $\lim\limits_{x\to1}\dfrac{x^2-1}{x-1}=2$；

(3) $\lim\limits_{x\to\infty}\dfrac{x^2+2}{3x^2}=\dfrac{1}{3}$；(4) $\lim\limits_{x\to2^+}\dfrac{2x}{x^2-4}=+\infty$.

8. 证明：$\lim\limits_{x\to a}f(x)$ 存在的充要条件是 $f(a^-)$ 与 $f(a^+)$ 存在且相等.

9. 证明：$\lim\limits_{x\to\infty}f(x)$ 存在的充要条件是 $f(-\infty)$ 与 $f(+\infty)$ 存在且相等.

10. 证明：由 $\lim\limits_{x\to a}f(x)=A$ 能推出 $\lim\limits_{x\to a}|f(x)|=|A|$，但反之不然.

(B)

1. 试利用计算机或计算器，观察函数 $f(x)=\dfrac{\sin x}{x}$ 在 $x=0.1,0.01,0.001,\cdots$ 时的取值情况，并作出

极限$\lim\limits_{x\to 0}\dfrac{\sin x}{x}$存在与否的猜测.

2. 用极限的精确定义证明：

(1) $\lim\limits_{x\to a}\sin x=\sin a$；　(2) $\lim\limits_{x\to\frac{\pi}{2}}\tan x=\infty$；

(3) $\lim\limits_{x\to+\infty}(4x+100\cos x)=+\infty$；　(4) $\lim\limits_{x\to\infty}(2x-100)=\infty$；

(5) $\lim\limits_{x\to\infty}\dfrac{\sin x}{x}=0$；　(6) $\lim\limits_{x\to\infty}\dfrac{x+\cos x}{x}=1$.

3. 证明 $\lim\limits_{x\to 2}3x=5$ 是错误的. 为此，必须说明对某一个正数 ε，找不到所要求的 δ 符合定义(提示：可画图观察).

4. 利用 $\lim\limits_{x\to+\infty}f(x)=+\infty$的精确定义证明 $\lim\limits_{x\to+\infty}\dfrac{x}{x+1}=+\infty$是错误的.

5. 利用$\lim\limits_{x\to\infty}f(x)=A$ 的精确定义证明$\lim\limits_{x\to\infty}\sin x=\dfrac{1}{2}$是错误的.

答案与提示

(A)

2. (1) 2,1,1,2；　(2) 2,2,1,2；　(3) 1,0,不存在；　(4) 1,2,不存在；　(5) 1,2,不存在.

3. (1) $\forall\varepsilon>0,\exists\delta>0,\forall x:0<|x|<\delta$,有$|f(x)-A|<\varepsilon$；

(2) $\forall\varepsilon>0,\exists\delta>0,\forall x:0<1-x<\delta$,有$|(3x+5)-8|<\varepsilon$；

(3) $\forall\varepsilon>0,\exists\delta>0,\forall x:0<|x|<\delta$,有$|(1+x)^{\frac{1}{x}}-\mathrm{e}|<\varepsilon$；

(4) $\forall G>0,\exists X>0,\forall x:x>X$,有 $f(x)>G$；

(5) $\forall G>0,\exists X>0,\forall x:x>X$,有 $f(x)<-G$；

(6) $\forall G>0,\exists X>0,\forall x:x<-X$,有$|f(x)|>G$；

(7) $\forall\varepsilon>0,\exists X>0,\forall x:|x|>X$,有$|f(x)-A|<\varepsilon$.

4. $\delta=\min\left\{1,\dfrac{1}{5}\right\}=\dfrac{1}{5}$.

5. 注意到此时有$|x+3|<7$.

6. 注意到此时有 $x>3$,从而$\sqrt{x}>\sqrt{3}$.

7. (1) 利用不等式$|x^2+5x-24|=|x+8||x-3|<12|x-3|$；

(3) 考虑$\left|\dfrac{x^2+2}{3x^2}-\dfrac{1}{3}\right|=\dfrac{2}{3x^2}$.

10. 利用不等式$||f(x)|-|A||\leqslant|f(x)-A|$.

(B)

1. $\lim\limits_{x\to 0}\dfrac{\sin x}{x}=1$.

2. (3) $\forall G>0$,取 $X=\dfrac{1}{4}(100+G)$；　(4) $\forall G>0$,取 $X=\max\left\{\dfrac{100+G}{2},\left|\dfrac{100-G}{2}\right|\right\}$；

(5) $\forall\varepsilon>0$,取 $X=\dfrac{1}{\varepsilon}$；　(6) $\forall\varepsilon>0$,取 $X=\dfrac{1}{\varepsilon}$.

3. 对 $\varepsilon=\frac{1}{2}$, $\forall\delta>0$,取 $x_0=2+\frac{\delta}{3}$,则 $0<|x-2|<\delta$,但是 $|3x_0-5|>\frac{1}{2}$.

4. 对 $G=1$, $\forall X>0$,总可找到一个 $x_0>X$,使 $\frac{x_0}{x_0+1}<1$.

5. 对 $\varepsilon=0.4$, $\forall X$,总可找到一个 $x_0>X$,使得 $\left|\sin x_0-\frac{1}{2}\right|=0.5>0.4$. 只要取 $x_0=\frac{\pi}{2}+2n\pi$, n 足够大.

2.2 数列极限的概念

2.2.1 基本概念

我们曾在第1章1.2.1小节中提到过一个特殊的函数

$$f:\mathbf{N}\to\mathbf{R},$$

即 f 定义在自然数集 $\mathbf{N}$ 上,取值为实数. 这样一个函数实际上就是一个**数列**:

$$x_1=f(1), x_2=f(2), \cdots, x_n=f(n), \cdots,$$

简记为 $\{x_n\}$. 当 $n\to+\infty$ 时,数列 $x_n=f(n)\to a$,记作

$$\lim_{n\to+\infty}x_n=a.$$

为简单计,今后在讨论数列极限时,我们只写 $n\to\infty$,而略去"+",这不会引起混淆.

根据上节的定义2.1.3,我们给出数列极限 $\lim\limits_{n\to\infty}x_n=a$ 的精确定义.

定义 2.2.1(数列极限) 设给定数列 $\{x_n\}$,若存在实数 a, $\forall\varepsilon>0$, $\exists$ 正整数 N,使得 $\forall n>N$,有

$$|x_n-a|<\varepsilon,$$

则称 a 为**数列 $\{x_n\}$ 的极限**,或称**数列 $\{x_n\}$ 收敛于** a,记作

$$\lim_{n\to\infty}x_n=a \quad 或 \quad x_n\to a(n\to\infty).$$

存在极限的数列,称为**收敛数列**;否则称为**发散数列**.

例 2.2.1 设 $x_n=\frac{1}{n}$,证明 $\lim\limits_{n\to\infty}x_n=0$.

证 $\forall\varepsilon>0$,取 $N=\left[\frac{1}{\varepsilon}\right]$(方括号表示取最大整数部分),则当 $n>N$ 时,有

$$|x_n|=\frac{1}{n}<\varepsilon,$$

所以

$$\lim_{n\to\infty}\frac{1}{n}=0.$$

□

例 2.2.2 证明 $\lim\limits_{n\to\infty}q^n=0(0<q<1)$.

证 $\forall\varepsilon>0$,不妨设 $\varepsilon<1$. 要使

$$|q|^n=q^n<\varepsilon,$$

只要
$$n\lg q<\lg\varepsilon,\quad n>\frac{\lg\varepsilon}{\lg q}.$$
因此，取 $N=\left[\frac{\lg\varepsilon}{\lg q}\right]$，则当 $n>N$ 时，就有
$$|q|^n<\varepsilon,$$
即
$$\lim_{n\to\infty}q^n=0.$$
□

例 2.2.3　证明 $\lim\limits_{n\to\infty}\frac{2n^2-1}{2n^2-7n}=1$.

证　由于 $n>7$ 时，有
$$\left|\frac{2n^2-1}{2n^2-7n}-1\right|<\frac{7}{n},$$
故 $\forall\varepsilon>0$，只要取 $N=\max\left\{7,\left[\frac{7}{\varepsilon}\right]\right\}$，则当 $n>N$ 时，便有
$$\left|\frac{2n^2-1}{2n^2-7n}-1\right|<\varepsilon,$$
所以
$$\lim_{n\to\infty}\frac{2n^2-1}{2n^2-7n}=1.$$
□

例 2.2.4　证明 $\lim\limits_{n\to\infty}\sqrt[n]{a}=1(a>1)$.

证　$\forall\varepsilon>0$，要使
$$|\sqrt[n]{a}-1|=\sqrt[n]{a}-1<\varepsilon,$$
只要
$$\sqrt[n]{a}<1+\varepsilon,\quad \frac{1}{n}\ln a<\ln(1+\varepsilon),\quad n>\frac{\ln a}{\ln(1+\varepsilon)}.$$
取 $N=\left[\frac{\ln a}{\ln(1+\varepsilon)}\right]$，则当 $n>N$ 时，有
$$|\sqrt[n]{a}-1|<\varepsilon.$$
所以
$$\lim_{n\to\infty}\sqrt[n]{a}=1.$$
□

根据上节的定义 2.1.4，对数列可类似定义下列极限：
$$\lim_{n\to\infty}x_n=+\infty,\quad \lim_{n\to\infty}x_n=-\infty,\quad \lim_{n\to\infty}x_n=\infty.$$
例如，$\lim\limits_{n\to\infty}x_n=\infty$ 的定义是：$\forall G>0$，$\exists$ 正整数 N，使得 $\forall n>N$，有 $|x_n|>G$.

2.2.2　数列极限与函数极限的关系

定理 2.2.1　设函数 $f(x)$ 定义在 x_0 的某个空心邻域 $O_0(x_0)$ 上，则 $\lim\limits_{x\to x_0}f(x)=A$ 成立的充要条件是：对于 $O_0(x_0)$ 内的任一数列 $\{x_n\}$，$x_n\neq x_0(n=1,2,\cdots)$，当 $\lim\limits_{n\to\infty}x_n=x_0$ 时都有
$$\lim_{n\to\infty}f(x_n)=A.$$

证　必要性. 设 $\lim\limits_{x\to x_0}f(x)=A$，则 $\forall\varepsilon>0$，$\exists\delta>0$，使得当 $0<|x-x_0|<\delta$ 时，有

$|f(x)-A|<\varepsilon$. 如果数列$\{x_n\}$满足$\lim\limits_{n\to\infty}x_n=x_0$，且每个$x_n\neq x_0$，那么对上述$\delta$，就存在正整数$N$，使得当$n>N$时有$0<|x_n-x_0|<\delta$，因此有

$$|f(x_n)-A|<\varepsilon \quad (n>N).$$

这就证明了

$$\lim_{n\to\infty}f(x_n)=A.$$

充分性. 假设对于每一个满足$\lim\limits_{n\to\infty}x_n=x_0$且每个$x_n\neq x_0$的数列$\{x_n\}$都有$\lim\limits_{n\to\infty}f(x_n)=A$，我们要证必有$\lim\limits_{x\to x_0}f(x)=A$. 如若不然，即若$\lim\limits_{x\to x_0}f(x)=A$不成立，则会有某个$\varepsilon_0>0$，使得对于每一个$\delta>0$，都有一个$x'$满足

$$0<|x'-x_0|<\delta \quad 但 \quad |f(x')-A|\geqslant\varepsilon_0.$$

特别是对每个n，都存在一个数x_n，使得

$$0<|x_n-x_0|<\frac{1}{n} \quad 但 \quad |f(x_n)-A|\geqslant\varepsilon_0.$$

数列$\{x_n\}$显然收敛到x_0，但因

$$|f(x_n)-A|\geqslant\varepsilon_0 \quad (\forall n),$$

所以数列$\{f(x_n)\}$不收敛到A. 这与假设矛盾，因此$\lim\limits_{x\to x_0}f(x)=A$必成立. □

上述定理给出了数列极限与函数极限的联系. 利用这种关系，今后我们将很容易沟通函数极限与数列极限的相关结果.

习　题　2.2

(A)

1. 回答下列问题：

 (1) $\lim\limits_{n\to\infty}x_n=a$的定义是什么？

 (2) 由数列极限$\lim\limits_{n\to\infty}x_n=a$的精确定义可知，在区间$(a-\varepsilon,a+\varepsilon)$外面，至多含有数列$\{x_n\}$中的多少项？

 (3) 下列说法是否可作为“数列$\{x_n\}$以a为极限”的定义？

  (i) $\forall\varepsilon>0$，$\exists$正整数N，当$n>N$时，$|x_n-a|\leqslant\varepsilon$.

  (ii) $\forall\varepsilon>0$，$\exists$正整数N，当$n>N$时，$|x_n-a|<k\varepsilon$，其中$k>1$为常数.

  (iii) $\exists$正整数N，$\forall\varepsilon>0$，当$n>N$时，$|x_n-a|<\varepsilon$.

 (4) 数列极限与函数极限有什么关系？

2. 利用数列极限的精确定义(定义 2.2.1)，证明下列数列极限：

 (1) $\lim\limits_{n\to\infty}(\sqrt{n-1}-\sqrt{n})=0$；　　(2) $\lim\limits_{n\to\infty}\frac{n^2}{2^n}=0$；

 (3) $\lim\limits_{n\to\infty}\frac{n}{n+1}=1$；　　(4) $\lim\limits_{n\to\infty}\frac{3n}{5n+1}=\frac{3}{5}$.

3. 试给出下列极限的精确定义：

(1) $\lim\limits_{n\to\infty}x_n=+\infty$；　　(2) $\lim\limits_{n\to\infty}x_n=-\infty$.

4. 证明：由 $\lim\limits_{n\to\infty}x_n=a$ 能推出 $\lim\limits_{n\to\infty}|x_n|=|a|$，但反之不然.

5. 叙述数列 $\{x_n\}$ 有界的定义(参看第 1 章 1.3 节). 若数列 $\{x_n\}$ 有界，$\lim\limits_{n\to\infty}y_n=0$，试证明 $\lim\limits_{n\to\infty}x_ny_n=0$.

(B)

1. 利用定义证明下列数列极限：

(1) $\lim\limits_{n\to\infty}\dfrac{n^3-1}{n^2+1}=\infty$；　　(2) $\lim\limits_{n\to\infty}\arctan n=\dfrac{\pi}{2}$；

(3) $\lim\limits_{n\to\infty}\dfrac{\sqrt{n}}{2\sqrt{n}+1}=\dfrac{1}{2}$；　　(4) $\lim\limits_{n\to\infty}\dfrac{a^n}{n!}=0\quad(a>1)$.

2. 下列做法是否改变数列的敛散性？

(1) 任意改变有限项；　　(2) 各项同取绝对值；

(3) 各项乘以同一常数 k.

3. 在数列极限的定义中，对于 N 请回答：

(1) N 是否唯一？　　(2) N 是否是 ε 的函数？

(3) 前 N 项是否有 $|x_n-a|\geqslant\varepsilon$？

4. 下面 $\lim\limits_{n\to\infty}\sqrt[n]{n}=1$ 的证明是否正确？

$\forall\varepsilon>0$，要使 $\sqrt[n]{n}<1+\varepsilon$，只要 $\dfrac{1}{n}\ln n<\ln(1+\varepsilon)$，只要

$$\frac{1}{n}<\frac{\ln(1+\varepsilon)}{\ln n}\leqslant\frac{\ln(1+\varepsilon)}{\ln 2},$$

取 $N=\left[\dfrac{\ln 2}{\ln(1+\varepsilon)}\right]$，则当 $n>N$ 时，有

$$1-\varepsilon<1<\sqrt[n]{n}<1+\varepsilon,$$

即

$$\lim_{n\to\infty}\sqrt[n]{n}=1.$$

如果你认为上述证明是错误的，那么你能否给出一个正确的证明？

答案与提示

(A)

1. (3) (i)与(ii)可以，但(iii)不行.

4. 利用不等式 $||x_n|-|a||\leqslant|x_n-a|$.

5. $\{x_n\}$ 有界是指 $\exists M>0$，$\forall n$，有 $|x_n|\leqslant M$.

(B)

1. (4) 利用 $\dfrac{a^n}{n!}=\dfrac{a}{1}\cdot\dfrac{a}{2}\cdot\cdots\cdot\dfrac{a}{[a]}\cdot\dfrac{a}{[a]+1}\cdot\cdots\cdot\dfrac{a}{n}<\dfrac{a^{[a]}}{[a]!}\cdot\dfrac{a}{n}$.

2. (1) 不改变； (2) 由 $\{x_n\}$ 收敛可得 $\{|x_n|\}$ 收敛，但若 $\{x_n\}$ 发散，则 $\{|x_n|\}$ 却有可能收敛，例如 $x_n=(-1)^n(n=1,2,\cdots)$；(3) 不改变.

3. (1) N 不唯一； (2) N 与 ε 有关，但不能说 N 是 ε 的函数； (3) 不一定.

4. 所给的证法不正确.

2.3 极限的运算法则

本节介绍极限的运算法则,它们对于求极限是十分重要的.我们将对函数极限论述这些法则,利用函数极限与数列极限的关系,这些法则很容易搬到数列极限上去.

2.3.1 极限运算法则

定理 2.3.1(四则运算法则) 设 f 和 g 是两个函数,并设函数极限 $\lim\limits_{x\to a}f(x)$ 与 $\lim\limits_{x\to a}g(x)$ 都存在,则

(1) $\lim\limits_{x\to a}[f(x)\pm g(x)]=\lim\limits_{x\to a}f(x)\pm\lim\limits_{x\to a}g(x)$.

(2) $\lim\limits_{x\to a}kf(x)=k\lim\limits_{x\to a}f(x)$,$k$ 为任一常数.

(3) $\lim\limits_{x\to a}f(x)g(x)=\lim\limits_{x\to a}f(x)\cdot\lim\limits_{x\to a}g(x)$.

(4) $\lim\limits_{x\to a}\dfrac{f(x)}{g(x)}=\dfrac{\lim\limits_{x\to a}f(x)}{\lim\limits_{x\to a}g(x)}$ (设 $\lim\limits_{x\to a}g(x)\neq 0$).

证 (1) 只对函数的和的情形证明,不妨设 $\lim\limits_{x\to a}f(x)=A$,$\lim\limits_{x\to a}g(x)=B$. $\forall\varepsilon>0$,由定义知,$\exists\delta_1>0$,使当 $0<|x-a|<\delta_1$ 时,有

$$|f(x)-A|<\frac{\varepsilon}{2},\tag{2.3.1}$$

又 $\exists\delta_2>0$,使当 $0<|x-a|<\delta_2$ 时,有

$$|g(x)-B|<\frac{\varepsilon}{2}.\tag{2.3.2}$$

令 $\delta=\min(\delta_1,\delta_2)$,则当 $0<|x-a|<\delta$ 时,不等式(2.3.1)和不等式(2.3.2)同时成立.于是,当 $0<|x-a|<\delta$ 时,有

$$|f(x)+g(x)-(A+B)|\leqslant|f(x)-A|+|g(x)-B|<\frac{\varepsilon}{2}+\frac{\varepsilon}{2}=\varepsilon,$$

这表明

$$\lim_{x\to a}[f(x)+g(x)]=A+B.$$

(2) 利用不等式 $|kf(x)-kA|\leqslant|k||f(x)-A|$ 证明,请读者自己完成.

(3) 利用等式 $f(x)g(x)-AB=f(x)[g(x)-B]+B[f(x)-A]$ 可得不等式

$$|f(x)g(x)-AB|\leqslant|f(x)||g(x)-B|+|B||f(x)-A|.\tag{2.3.3}$$

$|B|$ 是固定的,当 $x\to a$ 时,$|f(x)-A|$ 与 $|g(x)-B|$ 可以任意小.现问题在于估计 $|f(x)|$.不妨设 $B\neq 0$,$\forall\varepsilon>0$,由于 $\lim\limits_{x\to a}f(x)=A$,故 $\exists\delta_1>0$,使得当 $0<|x-a|<\delta_1$ 时,有

$$|f(x)-A|<\frac{\varepsilon}{2|B|}.\tag{2.3.4}$$

由此又可推得当 $0<|x-a|<\delta_1$ 时,有

$$|f(x)|=|A+[f(x)-A]|\leqslant|A|+|f(x)-A|<|A|+\frac{\varepsilon}{2|B|}.$$

令 $C=|A|+\frac{\varepsilon}{2|B|}$,则当 $0<|x-a|<\delta_1$ 时,有

$$|f(x)|<C. \tag{2.3.5}$$

另外,由于 $\lim\limits_{x\to a}g(x)=B$,故 $\exists\,\delta_2>0$,使当 $0<|x-a|<\delta_2$ 时,有

$$|g(x)-B|<\frac{\varepsilon}{2C}.$$

令 $\delta=\min(\delta_1,\delta_2)$,则当 $0<|x-a|<\delta$ 时,不等式(2.3.4)和不等式(2.3.5)同时成立,再由不等式(2.3.3)即得当 $0<|x-a|<\delta$ 时,有

$$|f(x)g(x)-AB|<C\frac{\varepsilon}{2C}+|B|\frac{\varepsilon}{2|B|}=\frac{\varepsilon}{2}+\frac{\varepsilon}{2}=\varepsilon.$$

法则(3)得证.

(4) 由法则(3),我们只要证 $\lim\limits_{x\to a}\frac{1}{g(x)}=\frac{1}{B}$.

令 $\varepsilon_0=\frac{|B|}{2}>0$,由于 $\lim\limits_{x\to a}g(x)=B$,故 $\exists\,\delta_1>0$,当 $0<|x-a|<\delta_1$ 时,有

$$||g(x)|-|B||\leqslant|g(x)-B|<\frac{|B|}{2},$$

$$|g(x)|>-\frac{|B|}{2}+|B|=\frac{|B|}{2},$$

$\forall\,\varepsilon>0$,仍因 $\lim\limits_{x\to a}g(x)=B$,故 $\exists\,\delta_2>0$,当 $0<|x-a|<\delta_2$ 时,有

$$|g(x)-B|<\frac{|B|^2}{2}\varepsilon,$$

令 $\delta=\min(\delta_1,\delta_2)$,则当 $0<|x-a|<\delta$ 时,就有

$$\left|\frac{1}{g(x)}-\frac{1}{B}\right|=\frac{|g(x)-B|}{|g(x)\cdot B|}\leqslant\frac{2}{|B|^2}|g(x)-B|<\frac{2}{|B|^2}\cdot\frac{|B|^2}{2}\varepsilon=\varepsilon,$$

因此得

$$\lim_{x\to a}\frac{1}{g(x)}=\frac{1}{B}.$$

□

例 2.3.1　求 $\lim\limits_{x\to 2}(5x^2-4)$.

解　$\lim\limits_{x\to 2}(5x^2-4)=\lim\limits_{x\to 2}5x^2-\lim\limits_{x\to 2}4=5\lim\limits_{x\to 2}x^2-4=5\lim\limits_{x\to 2}x\cdot\lim\limits_{x\to 2}x-4$

$=5\cdot 2\cdot 2-4=16.$　□

例 2.3.2　求 $\lim\limits_{x\to 1}\frac{x^2+1}{x^3-2x+5}$.

解　$$\lim_{x\to 1}\frac{x^2+1}{x^3-2x+5}=\frac{\lim\limits_{x\to 1}(x^2+1)}{\lim\limits_{x\to 1}(x^3-2x+5)}=\frac{\lim\limits_{x\to 1}x^2+\lim\limits_{x\to 1}1}{\lim\limits_{x\to 1}x^3-\lim\limits_{x\to 1}2x+\lim\limits_{x\to 1}5}$$

$$= \frac{(\lim\limits_{x\to 1}x)^2+1}{(\lim\limits_{x\to 1}x)^3-2\lim\limits_{x\to 1}x+5} = \frac{1+1}{1-2+5} = \frac{2}{4} = \frac{1}{2}. \quad \square$$

从上面两个例子可以看出,对于多项式及有理分式函数求$x\to a$时的极限,只要把 a 代入函数中即可.但要注意对有理分式函数来说,这样代入后若分母等于零,则没有意义.

例 2.3.3 设$\lim\limits_{x\to a}f(x)=0$,$\lim\limits_{x\to a}g(x)=0$,试讨论$\lim\limits_{x\to a}\frac{f(x)}{g(x)}$.

解 由于$\lim\limits_{x\to a}g(x)=0$,故我们不能利用法则(4)求极限,看来关于函数 f 和 g 还需要知道更多的信息.例如,若 $f(x)=x^2-9$,$g(x)=x-3$,则

$$\lim_{x\to 3}f(x) = 0, \quad \lim_{x\to 3}g(x) = 0,$$

而商的极限则是

$$\lim_{x\to 3}\frac{x^2-9}{x-3} = \lim_{x\to 3}\frac{(x-3)(x+3)}{x-3} = \lim_{x\to 3}(x+3) = 6.$$

不太严格地说,"当 x 接近 3 时,x^2-9 大约是 $x-3$ 的 6 倍".

如果选取 $f(x)=(x-3)^2$,$g(x)=x-3$,那么这时$\lim\limits_{x\to 3}f(x)=0$,$\lim\limits_{x\to 3}g(x)=0$,而商的极限

$$\lim_{x\to 3}\frac{(x-3)^2}{x-3} = \lim_{x\to 3}(x-3) = 0.$$

对这种情形我们则说"当 $x\to 3$ 时,$(x-3)^2$ 趋于 0 的速度比 $x-3$ 趋于 0 的速度更快".

由上面的讨论可见,如果仅仅知道$\lim\limits_{x\to a}f(x)=0$,$\lim\limits_{x\to a}g(x)=0$,那么当 $x\to a$ 时,$\frac{f(x)}{g(x)}$的状态是无法确定的. $\square$

定理 2.3.1 中的四个运算法则均可推广到 $x\to\infty$或 $x\to+\infty$,$x\to-\infty$的情形.我们还可以证明,如果 $\lim\limits_{x\to+\infty}f(x)=+\infty$, $\lim\limits_{x\to+\infty}g(x)=L>0$,则 $\lim\limits_{x\to+\infty}f(x)g(x)=+\infty$.我们把这个结果用于下面的例子.

例 2.3.4 讨论 $x\to\pm\infty$时,函数 $2x^3-5x^2+6x$ 的性态.

解 先考察 $x\to+\infty$的情形,这里 $2x^3$,$-5x^2$ 和 $6x$ 的绝对值都无限制地增大.为了看清函数 $2x^3-5x^2+6x$ 的变化趋势,我们提出一个因子 x^3,即

$$2x^3-5x^2+6x = x^3\left(2-\frac{5}{x}+\frac{6}{x^2}\right).$$

显然,当 $x\to+\infty$时,$5/x$ 和 $6/x^2$ 都趋于 0,故

$$\lim_{x\to+\infty}\left(2-\frac{5}{x}+\frac{6}{x^2}\right) = 2.$$

而 $x\to+\infty$时,$x^3\to+\infty$,于是有

$$\lim_{x\to+\infty}(2x^3-5x^2+6x)=+\infty.$$

不难看出，$\lim\limits_{x\to-\infty}x^3=-\infty$，且

$$\lim_{x\to-\infty}\left(2-\frac{5}{x}+\frac{6}{x^2}\right)=2,$$

因此

$$\lim_{x\to-\infty}(2x^3-5x^2+6x)=-\infty.$$

□

例 2.3.5　求极限 $\lim\limits_{x\to\infty}\dfrac{x^3+2x^2+5x-1}{2x^3+x^2+4}$.

解　$\lim\limits_{x\to\infty}\dfrac{x^3+2x^2+5x-1}{2x^3+x^2+4}=\lim\limits_{x\to\infty}\dfrac{x^3(1+\frac{2}{x}+\frac{5}{x^2}-\frac{1}{x^3})}{x^3(2+\frac{1}{x}+\frac{4}{x^3})}=\lim\limits_{x\to\infty}\dfrac{1+\frac{2}{x}+\frac{5}{x^2}-\frac{1}{x^3}}{2+\frac{1}{x}+\frac{4}{x^3}}=\dfrac{1}{2}.$

□

例 2.3.4 和例 2.3.5 所用到的技巧，可应用于一般的**有理函数**(即多项式之商).

设 $f(x)$是一个多项式，其最高次项为 ax^n，又设 $g(x)$是另一个多项式，其最高次项为 bx^m，那么，运用类似于例 2.3.4、例 2.3.5 的办法，我们可以证明

$$\lim_{\substack{x\to\infty\\(x\to\pm\infty)}}\frac{f(x)}{g(x)}=\lim_{\substack{x\to\infty\\(x\to\pm\infty)}}\frac{ax^n}{bx^m},$$

即是说，当 $x\to\infty$(或 $x\to+\infty$，或 $x\to-\infty$)时，两个多项式之商的极限可以化为两个多项式的最高次项之商的极限. 我们再来看几个例子.

例 2.3.6　求下列极限

(1) $\lim\limits_{x\to+\infty}\dfrac{3x^4+5x^3}{-x^4+10x+5}$；　(2) $\lim\limits_{x\to\infty}\dfrac{2x^3-17x}{5x^4+x^3-2x}$；　(3) $\lim\limits_{x\to-\infty}\dfrac{x^5+x}{4x^4-x^2}$.

解　(1) $\lim\limits_{x\to+\infty}\dfrac{3x^4+5x^3}{-x^4+10x+5}=\lim\limits_{x\to+\infty}\dfrac{3x^4}{-x^4}=-3.$

(2) $\lim\limits_{x\to\infty}\dfrac{2x^3-17x}{5x^4+x^3-2x}=\lim\limits_{x\to\infty}\dfrac{2x^3}{5x^4}=\lim\limits_{x\to\infty}\dfrac{2}{5x}=0.$

(3) $\lim\limits_{x\to-\infty}\dfrac{x^5+x}{4x^4-x^2}=\lim\limits_{x\to-\infty}\dfrac{x^5}{4x^4}=\lim\limits_{x\to-\infty}\dfrac{x}{4}=-\infty.$　□

根据数列极限与函数极限的关系，很容易得到数列极限的四则运算法则.

定理 2.3.1′　设 $\lim\limits_{n\to\infty}x_n=a$，$\lim\limits_{n\to\infty}y_n=b$，则

(1) $\lim\limits_{n\to\infty}(x_n\pm y_n)=a\pm b$；

(2) $\lim\limits_{n\to\infty}x_n\cdot y_n=a\cdot b$；

(3) 若 $b\neq0$，$y_n\neq0$，则 $\lim\limits_{n\to\infty}\dfrac{x_n}{y_n}=\dfrac{a}{b}$.

证明留给读者.

定理 2.3.2(复合运算法则)　设 $f(t)$在空心邻域 $O_0(t_0)$上定义，且

$$\lim_{t\to t_0} f(t) = A;$$

$t=g(x)$在空心邻域 $O_0(x_0)$上定义,当 $x\in O_0(x_0)$时,$t=g(x)\in O_0(t_0)$,且

$$\lim_{x\to x_0} g(x) = t_0,$$

则

$$\lim_{x\to x_0} f[g(x)] = A.$$

证 $\forall \varepsilon>0$,由于$\lim\limits_{t\to t_0} f(t)=A$,故$\exists \eta>0$,当$0<|t-t_0|<\eta$时,有

$$|f(t)-A|<\varepsilon.$$

对于上述 η,由于$\lim\limits_{x\to x_0} g(x)=t_0$,故$\exists \delta>0$,当$0<|x-x_0|<\delta$时,有

$$|g(x)-t_0|<\eta.$$

因为 $x\in O_0(x_0)$时 $g(x)=t\in O_0(t_0)$,故上式又可写成

$$0<|g(x)-t_0|=|t-t_0|<\eta,$$

从而当$0<|x-x_0|<\delta$时,就有

$$|f(t)-A|=|f[g(x)]-A|<\varepsilon,$$

即

$$\lim_{x\to x_0} f[g(x)] = A.$$ □

这个定理对 x_0 为无穷大,以及单侧极限的情形也成立.

例 2.3.7 求极限$\lim\limits_{x\to 0} e^{-1/x^2}$.

解 令 $t=\dfrac{1}{x^2}$,则 $x\to 0\Rightarrow t\to +\infty$,由此得

$$\lim_{x\to 0} e^{-1/x^2} = \lim_{t\to+\infty} e^{-t} = \frac{1}{\lim\limits_{t\to+\infty} e^t} = 0.$$

这里,引进了中间变量 t,复合函数的关系是:$y=e^{-t}$,$t=1/x^2$. □

例 2.3.8 求极限 $\lim\limits_{x\to+\infty}\dfrac{\sqrt{3x^2+x}}{x}$.

解 $$\lim_{x\to+\infty}\frac{\sqrt{3x^2+x}}{x}=\lim_{x\to+\infty}\frac{\sqrt{x^2\left(3+\frac{1}{x}\right)}}{x}=\lim_{x\to+\infty}\frac{x\sqrt{3+\frac{1}{x}}}{x}$$

$$=\lim_{x\to+\infty}\sqrt{3+\frac{1}{x}}=\sqrt{3}.$$

这是因为

$$\lim_{x\to+\infty}\left(3+\frac{1}{x}\right)=3,$$

并且还利用了

$$\lim_{x\to+\infty}\sqrt{3+\frac{1}{x}}=\sqrt{\lim_{x\to+\infty}\left(3+\frac{1}{x}\right)}.$$

对于平方根函数$\sqrt{x}$的这种性质,我们已在本章 2.1 节的例 2.1.6 中给出. □

由以上例子可知,在求函数极限时,可以通过适当的变量代换来求,这样做的理论根据就是复合函数极限定理(即定理2.3.2).

2.3.2　渐近线

在本章 2.1 节中我们考察过极限

$$\lim_{x\to\infty} f(x)=A \quad 与 \quad \lim_{x\to a} f(x)=\infty,$$

它们与函数的**渐近性态**密切相关.

如果$\lim\limits_{x\to\infty} f(x)=A$，$A$ 是一个实数，那么当$|x|$增加时，函数 $y=f(x)$的图形就任意地接近水平直线 $y=A$(见图 2.9). 这时称直线 $y=A$ 为曲线 $y=f(x)$的**水平渐近线**. 类似地，对 $\lim\limits_{x\to+\infty} f(x)=A$ 或 $\lim\limits_{x\to-\infty} f(x)=A$ 的情形，$y=A$ 也称为曲线 $y=f(x)$的水平渐近线.

如果 $\lim\limits_{x\to a^+} f(x)=+\infty$或 $\lim\limits_{x\to a^-} f(x)=+\infty$，则当 x 任意靠近 a 点时，$y=f(x)$的图形就任意地接近直线 $x=a$，这时称直线 $x=a$ 为曲线 $y=f(x)$的**垂直渐近线**(见图 2.10). 对于 $\lim\limits_{x\to a^+} f(x)=-\infty$，$\lim\limits_{x\to a^-} f(x)=-\infty$以及 $\lim\limits_{x\to a^+} f(x)=+\infty$，$\lim\limits_{x\to a^-} f(x)=+\infty$的情形也有类似的定义.

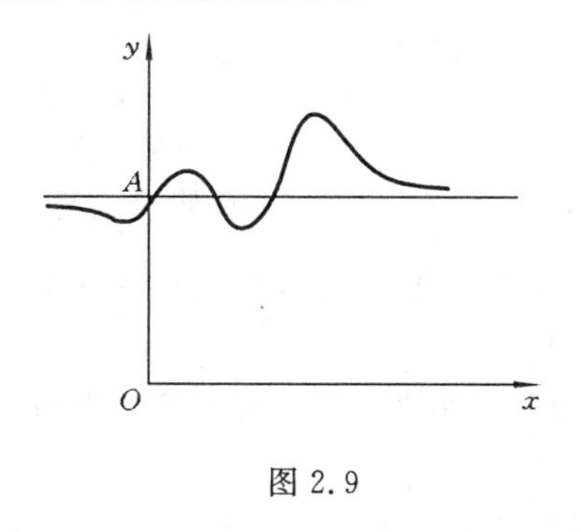

图 2.9

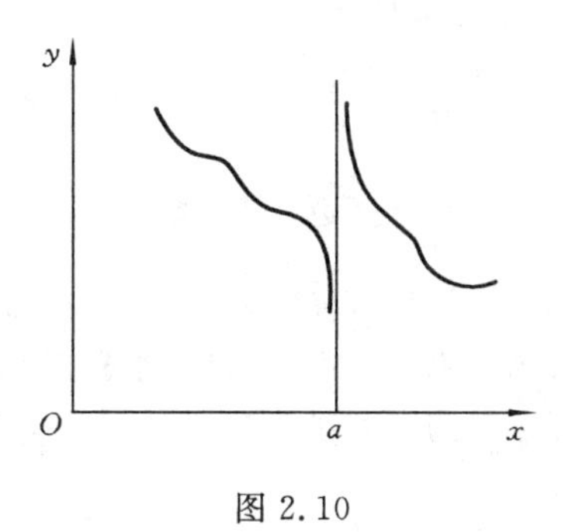

图 2.10

下面我们通过一些例子说明如何利用水平渐近线及垂直渐近线来勾勒出函数的部分性态.

例 2.3.9　试描绘 $f(x)=\dfrac{1}{x(x-1)}$的图形.

解　注意 $x=0$ 与 $x=1$ 不在 f 的定义域中. 而当 x 充分靠近 $x=0$ 或 $x=1$ 时，函数值的绝对值就会变得很大，这是因为

$$\lim_{x\to 0}\frac{1}{x}=\infty,\quad \lim_{x\to 0}\frac{1}{x-1}=-1;\quad \lim_{x\to 1}\frac{1}{x}=1,\quad \lim_{x\to 1}\frac{1}{x-1}=\infty.$$

由此可知，

$$\lim_{x\to 0} f(x)=\lim_{x\to 0}\frac{1}{x(x-1)}=\infty$$

$$\lim_{x\to 1} f(x)=\lim_{x\to 1}\frac{1}{x(x-1)}=\infty,$$

因此,$x=0$ 与 $x=1$ 是垂直渐近线.此外,由于

$$\lim_{x\to+\infty}\frac{1}{x(x-1)}=0,\quad \lim_{x\to-\infty}\frac{1}{x(x-1)}=0,$$

故 $y=0$(即 x 轴)是 $y=f(x)$ 的图形的水平渐近线.图 2.11 给出了函数 $f(x)=\dfrac{1}{x(x-1)}$ 的草图(如何描绘函数的整个图形,我们将在第 3 章中详细介绍).

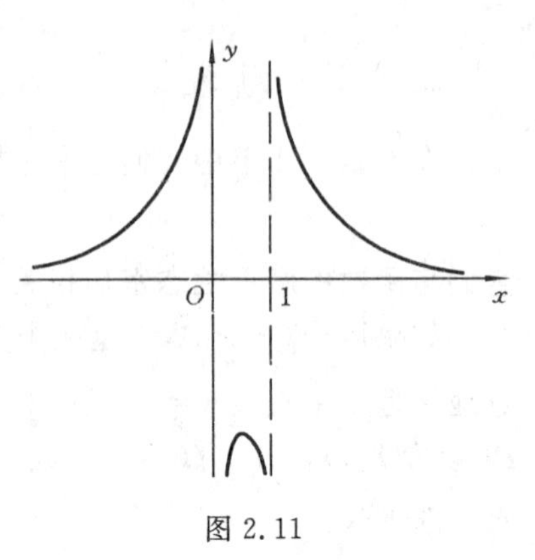

图 2.11

例 2.3.10 求函数 $f(x)=\dfrac{x^2+1}{x}$ 的图形的渐近线.

解 设 $f(x)=x+\dfrac{1}{x}$.首先我们看到

$$\lim_{x\to0^+}\left(x+\frac{1}{x}\right)=+\infty,\quad \lim_{x\to0^-}\left(x+\frac{1}{x}\right)=-\infty,$$

因此 y 轴是垂直渐近线.

当 $|x|$ 很大时,$f(x)$ 与 x 相差一个很小的量 $\dfrac{1}{x}$.所以,当 $|x|$ 很大时,$f(x)$ 的图形与直线 $y=x$ 很接近.当 $x<0$ 时,$f(x)=x+\dfrac{1}{x}$ 小于 x,这时 $f(x)$ 的图形在直线 $y=x$ 的下方.类似可以看出,当 $x>0$ 时,$f(x)$ 的图形位于直线 $y=x$ 的上方.于是直线 $y=x$ 成为曲线 $y=f(x)$ 的一条**斜渐近线**(见图 2.12). □

例 2.3.10 中斜渐近线的求法是粗略的.下面我们稍微详细一点介绍斜渐近线的求法.

首先给出斜渐近线的正式定义.设有一伸展到无穷的曲线 $y=f(x)$,当点 (x,y) 沿曲线趋于无穷时,若它到定直线 $y=kx+b$ 的距离趋于零,则称该直线为曲线的**斜渐近线**(见图 2.13).

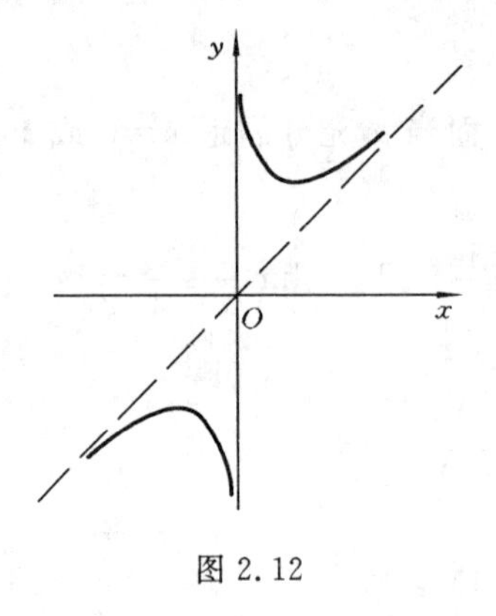

图 2.12

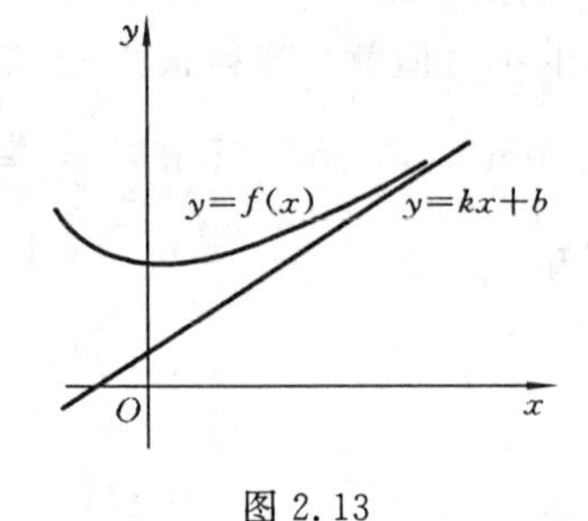

图 2.13

曲线上的点$(x,f(x))$到直线 $y=kx+b$ 的距离为$\frac{|f(x)-kx-b|}{\sqrt{1+k^2}}$,因此,要直线 $y=kx+b$ 是曲线 $y=f(x)$的斜渐近线,当且仅当

$$\lim_{\substack{x\to+\infty\\(x\to-\infty)}}\frac{|f(x)-kx-b|}{\sqrt{1+k^2}}=0$$

或

$$\lim_{\substack{x\to+\infty\\(x\to-\infty)}}[f(x)-(kx+b)]=0.$$

如何求 k 和 b 呢? 由斜渐近线的定义

$$\lim_{x\to+\infty}[f(x)-(kx+b)]=0, \tag{2.3.6}$$

即得

$$\lim_{x\to+\infty}[f(x)-kx]=b. \tag{2.3.7}$$

若知道 k,就可由上式求得 b,又由式(2.3.7),有

$$\lim_{x\to+\infty}\left[\frac{f(x)}{x}-k\right]=\lim_{x\to+\infty}\frac{1}{x}\cdot[f(x)-kx]=0\cdot b=0,$$

故得

$$\lim_{x\to+\infty}\frac{f(x)}{x}=k. \tag{2.3.8}$$

在具体求斜渐近线时,先由式(2.3.8)求 k,再由式(2.3.7)求 b,于是 $y=kx+b$ 就是所要求的斜渐近线.易见,当 $k=0$ 时,$y=b$ 就是水平渐近线.

例 2.3.11　求曲线 $y=\sqrt{1+x^2}$的渐近线.

解　先求 k:

$$k=\lim_{x\to+\infty}\frac{\sqrt{1+x^2}}{x}=\lim_{x\to+\infty}\sqrt{1+\frac{1}{x^2}}=1.$$

再求 b:

$$b=\lim_{x\to+\infty}(\sqrt{1+x^2}-1\cdot x)=\lim_{x\to+\infty}\frac{1}{\sqrt{1+x^2}+x}=0.$$

因此曲线有斜渐近线 $y=x$. 又

$$\lim_{x\to-\infty}\frac{\sqrt{1+x^2}}{x}=\lim_{x\to-\infty}\frac{\sqrt{1+x^2}}{-\sqrt{x^2}}=-1,$$

$$\lim_{x\to-\infty}[\sqrt{1+x^2}-(-1)\cdot x]=\lim_{x\to-\infty}\frac{1}{\sqrt{1+x^2}-x}=0,$$

所以 $y=-x$ 也是渐近线.　□

习　题　2.3

(A)

1. 回答下列问题:

(1) 若 $x\to a$ 时,$f(x)\to0$,$g(x)\to0$,则在求极限$\lim\limits_{x\to a}\frac{f(x)}{g(x)}$时,能否用定理 2.3.1 中的公式(4)?

(2) 若 $x\to\infty$ 时，$f(x)\to\infty$，$g(x)\to\infty$，则对于极限 $\lim\limits_{x\to\infty}\dfrac{f(x)}{g(x)}$，你有什么办法处理？试就一种较简单的情形拿出你的办法来.

(3) 下列说法是否正确：

(i) $y=f(x)$ 有水平渐近线 $\Leftrightarrow$ 当 $|x|$ 充分大后，$|f(x)|$ 有界.

(ii) $y=f(x)$ 在 $x=a$ 点有垂直渐近线 $\Leftrightarrow$ 在 a 点附近，$|f(x)|$ 无界.

(iii) $y=f(x)$ 有斜渐近线 $\Leftrightarrow$ 当 $|x|$ 充分大后，$|f(x)|$ 无界.

(4) 讨论曲线 $y=f(x)$ 的渐近线有何意义？

2. 求下列极限：

(1) $\lim\limits_{x\to 2}(3x^2-5x+2)$； (2) $\lim\limits_{x\to -1}(x^2+1)(1-2x)^2$； (3) $\lim\limits_{x\to +\infty}(x^5-40x^4)$；

(4) $\lim\limits_{x\to -\infty}(6x^5+21x^3)$； (5) $\lim\limits_{x\to 1^-}\dfrac{1}{x-1}$； (6) $\lim\limits_{x\to 1^+}\dfrac{1}{x-1}$；

(7) $\lim\limits_{x\to +\infty}\dfrac{x^3+1}{x^4+2}$； (8) $\lim\limits_{x\to -\infty}\dfrac{5x^3+2x}{x^{10}+x+7}$.

3. 求下列极限：

(1) $\lim\limits_{n\to\infty}\dfrac{(-2)^n+3^n}{(-2)^{n+1}+3^{n+1}}$； (2) $\lim\limits_{n\to\infty}\left(\dfrac{1}{n^2}+\dfrac{2}{n^2}+\cdots+\dfrac{n-1}{n^2}\right)$；

(3) $\lim\limits_{n\to\infty}\left[\dfrac{1}{1\cdot 2}+\dfrac{1}{2\cdot 3}+\cdots+\dfrac{1}{n(n+1)}\right]$； (4) $\lim\limits_{n\to\infty}\left[\dfrac{1}{2!}+\dfrac{2}{3!}+\cdots+\dfrac{n}{(n+1)!}\right]$.

4. 求下列极限：

(1) $\lim\limits_{x\to +\infty}(\sqrt{x^2+x}-x)$； (2) $\lim\limits_{x\to -\infty}\dfrac{\sqrt{3x^2+x}}{x}$；

(3) $\lim\limits_{x\to +\infty}\dfrac{\sqrt{4x^2+2x+1}}{3x}$； (4) $\lim\limits_{x\to -\infty}\dfrac{\sqrt{9x^2+x+3}}{6x}$.

5. 已知 $\lim\limits_{x\to\infty}f(x)=0$，$\lim\limits_{x\to\infty}g(x)=1$，试讨论

(1) $\lim\limits_{x\to\infty}[f(x)+g(x)]$； (2) $\lim\limits_{x\to\infty}\dfrac{f(x)}{g(x)}$； (3) $\lim\limits_{x\to\infty}f(x)g(x)$； (4) $\lim\limits_{x\to\infty}\dfrac{g(x)}{f(x)}$.

6. 试根据函数 $y=\cos x$ 的图像讨论 $\lim\limits_{x\to +\infty}\cos x$.

7. 利用渐近线画出下列函数的图形：

(1) $f(x)=\dfrac{1}{x-2}$； (2) $f(x)=\dfrac{1}{(x+1)^2}$.

8. 求下列函数的图形的渐近线：

(1) $y=\dfrac{x^2-2x-2}{x-1}$； (2) $y=\dfrac{2x^2}{(1-x)^2}$.

(B)

1. 已知 $\lim\limits_{x\to +\infty}f(x)=+\infty$，$\lim\limits_{x\to +\infty}g(x)=+\infty$，试讨论

(1) $\lim\limits_{x\to +\infty}[f(x)+g(x)]$； (2) $\lim\limits_{x\to +\infty}[f(x)-g(x)]$；

(3) $\lim\limits_{x\to +\infty}f(x)g(x)$； (4) $\lim\limits_{x\to +\infty}\dfrac{f(x)}{g(x)}$.

2. 设 $P(x)$ 是 n 次多项式，首项为 ax^n，$a>0$；$Q(x)$ 是 m 次多项式，首项为 bx^m，$b>0$. 试就(1) $m=n$，

(2)$m<n$,(3)$m>n$ 等三种情形讨论 $\lim\limits_{x\to+\infty}\dfrac{P(x)}{Q(x)}$.

3. 设 $f(x)=\begin{cases}x, & \text{当 } x \text{ 是整数时},\\ -x, & \text{当 } x \text{ 不是整数时}.\end{cases}$

(1) 画出 $f(x)$的草图；　　(2) 讨论 $\lim\limits_{x\to+\infty}f(x)$与 $\lim\limits_{x\to+\infty}|f(x)|$.

4. 设$\lim\limits_{x\to\infty}\left(\dfrac{x^2+1}{x+1}-ax-b\right)=0$,试确定常数 a 和 b.

5. 设 a,b,c 是常数,$a\neq0$,证明 $y=\dfrac{ax^2+bx+c}{x+1}$的图形有斜渐近线,并求出渐近线方程.

6. 证明定理 2.3.1 中的(2).

答案与提示

(A)

2. (1) 4； (2) 18； (3) $+\infty$； (4) $-\infty$； (5) $-\infty$； (6) $+\infty$； (7) 0； (8) 0.

3. (1) $\dfrac{1}{3}$； (2) $\dfrac{1}{2}$； (3) 1； (4) 1. $\left(\text{提示}:\dfrac{n}{(n+1)!}=\dfrac{1}{n!}-\dfrac{1}{(n+1)!}\right)$

4. (1) $\dfrac{1}{2}$； (2) $-\sqrt{3}$； (3) $\dfrac{2}{3}$； (4) $-\dfrac{1}{2}$.

5. (1) 1； (2) 0； (3) 0； (4) ∞.

8. (1) $x=1$ 及 $y=x-1$； (2) $x=1$ 及 $y=2$.

(B)

1. (1) $+\infty$； (2) 不定； (3) $+\infty$； (4) 不定.

2. $\lim\limits_{x\to+\infty}\dfrac{P(x)}{Q(x)}=\begin{cases}\dfrac{a}{b}, & m=n,\\ +\infty, & m<n,\\ 0, & m>n.\end{cases}$

3. (2) $\lim\limits_{x\to+\infty}f(x)$不存在,$\lim\limits_{x\to+\infty}|f(x)|=+\infty$.

4. $a=1,b=-1$.

5. $y=ax+b-a$.

2.4　极限的性质与两个重要极限

2.4.1　极限的性质

定理 2.4.1(唯一性)　若极限$\lim\limits_{x\to a}f(x)$存在,则极限值唯一.

证　用反证法证明.假设当 $x\to a$ 时,$f(x)$趋向两个不同的极限值,设为

$$\lim_{x\to a}f(x)=A,\quad \lim_{x\to a}f(x)=B,\quad A\neq B.$$

不妨设 $A<B$,取 $\varepsilon=\dfrac{B-A}{2}>0$,由极限定义,$\exists\,\delta_1>0$,当 $0<|x-a|<\delta_1$ 时,有

$$|f(x)-A|<\varepsilon,\quad f(x)<A+\varepsilon=\frac{A+B}{2}.$$

又 $\exists\,\delta_2>0$，当 $0<|x-a|<\delta_2$ 时，有

$$|f(x)-B|<\varepsilon,\quad f(x)>B-\varepsilon=\frac{A+B}{2},$$

于是，当 $0<|x-a|<\delta=\min(\delta_1,\delta_2)$ 时，就有

$$f(x)<\frac{A+B}{2}<f(x).$$

这就产生了矛盾.这矛盾说明反证法假设不成立，即极限值唯一. □

类似可证如下定理.

定理 2.4.1′ 若数列极限 $\lim\limits_{n\to\infty}x_n$ 存在，则极限值唯一.

定理 2.4.2(局部有界性) 若极限 $\lim\limits_{x\to a}f(x)$ 存在，则 $f(x)$ 在 a 的某个空心邻域 $O_0(a,\delta)$ 上有界.

证 设 $\lim\limits_{x\to a}f(x)=A$，由定义，对于 $\varepsilon=1$，$\exists\,\delta>0$，当 $0<|x-a|<\delta$ 时，有

$$|f(x)-A|<1,\quad |f(x)|<1+|A|,$$

因此 $f(x)$ 在 $O_0(a,\delta)$ 上是有界的. □

对于数列极限，我们有如下定理.

定理 2.4.2′ 若数列 $\{x_n\}$ 有极限，则 $\{x_n\}$ 有界.

证 设 $\lim\limits_{n\to\infty}x_n=a$.由数列极限的定义，对于 $\varepsilon=1$，$\exists\,N$，当 $n>N$ 时，有

$$|x_n-a|<1.$$

而
$$|x_n|-|a|\leqslant|x_n-a|<1,$$

故当 $n>N$ 时，有
$$|x_n|<|a|+1.$$

取
$$M=\max\{1+|a|,|x_1|,|x_2|,\cdots,|x_N|\},$$

则对一切自然数 n，有
$$|x_n|\leqslant M.$$

即数列 $\{x_n\}$ 有界. □

定理 2.4.3(局部保号性) 若极限 $\lim\limits_{x\to a}f(x)=A>0$(或 <0)，则对任意正数 r：$0<r<|A|$，存在 a 的某个空心邻域 $O_0(a,\delta)$，使得 $\forall\,x\in O_0(a,\delta)$，恒有

$$f(x)>r>0\quad(\text{或 } f(x)<-r<0).$$

证 设 $A>0$，令 $\varepsilon=A-r>0$，由于 $\lim\limits_{x\to a}f(x)=A$，故 $\exists\,\delta>0$，使当 $0<|x-a|<\delta$ 时，有

$$|f(x)-A|<\varepsilon=A-r,$$

得
$$0<r=A-(A-r)<f(x).$$

对于 $A<0$ 的情形亦可类似地证明. □

对于数列极限相应的结果，有如下定理.

定理 2.4.3′　若极限$\lim\limits_{n\to\infty}x_n=a>0$(或$<0$),则存在$N$,使当$n>N$时有$x_n>0$(或$<0$).

证明留作习题.

定理 2.4.4(极限不等式)　设极限$\lim\limits_{x\to a}f(x)$与$\lim\limits_{x\to a}g(x)$都存在,且存在a的某个空心邻域$O_0(a,\delta)$,使得$\forall x\in O_0(a,\delta)$,成立

$$f(x)\leqslant g(x),$$

则

$$\lim_{x\to a}f(x)\leqslant\lim_{x\to a}g(x).$$

证　设$\lim\limits_{x\to a}f(x)=A$,$\lim\limits_{x\to a}g(x)=B$,$\forall\varepsilon>0$,由极限定义,$\exists\delta_1>0$,使当$0<|x-a|<\delta_1$时,有

$$A-\varepsilon<f(x)<A+\varepsilon,$$

又$\exists\delta_2>0$,使当$0<|x-a|<\delta_2$时,有

$$B-\varepsilon<g(x)<B+\varepsilon.$$

令$\delta_0=\min(\delta,\delta_1,\delta_2)$,则当$0<|x-a|<\delta_0$时,就有

$$A-\varepsilon<f(x)\leqslant g(x)<B+\varepsilon,$$

由此得

$$A<B+2\varepsilon,$$

由ε的任意性推得$A\leqslant B$,定理结论得证.　□

对于数列极限的极限不等式,有如下定理.

定理 2.4.4′　给定数列$\{x_n\}$,$\{y_n\}$,若

$$x_n\leqslant y_n\quad(n=1,2,\cdots),$$

且

$$\lim_{n\to\infty}x_n=a,\quad\lim_{n\to\infty}y_n=b,$$

则

$$a\leqslant b.$$

证　用反证法证明.假设$a>b$.对于$\varepsilon=\dfrac{a-b}{2}>0$,由$\lim\limits_{n\to\infty}x_n=a$,$\exists N_1$,当$n>N_1$时,有

$$|x_n-a|<\varepsilon,\quad x_n>a-\varepsilon=\frac{a+b}{2}.$$

又由$\lim\limits_{n\to\infty}y_n=b$,$\exists N_2$,当$n>N_2$时,有

$$|y_n-b|<\varepsilon,\quad y_n<b+\varepsilon=\frac{a+b}{2}.$$

令$M=\max\{N_1,N_2\}$,则当$n>N$时,有

$$x_n>\frac{a+b}{2}>y_n.$$

这与条件矛盾.所以$a\leqslant b$.　□

定理 2.4.5(夹逼性)　设$\lim\limits_{x\to a}f(x)=\lim\limits_{x\to a}g(x)=A$,且存在$a$的某个空心邻域$O_0(a,\delta)$,使得$\forall x\in O_0(a,\delta)$,都有

$$f(x) \leqslant h(x) \leqslant g(x),$$

则
$$\lim_{x \to a} h(x) = A.$$

证 $\forall \varepsilon > 0$,由极限定义,分别存在正数 δ_1 和 δ_2,使当 $0<|x-a|<\delta_1$ 时,有

$$A - \varepsilon < f(x),$$

当 $0<|x-a|<\delta_2$ 时,有
$$g(x) < A + \varepsilon.$$

令 $\delta_0 = \min(\delta, \delta_1, \delta_2)$,则当 $0<|x-a|<\delta_0$ 时,就有

$$A - \varepsilon < f(x) \leqslant h(x) \leqslant g(x) < A + \varepsilon,$$

或
$$|h(x) - A| < \varepsilon,$$

这表明
$$\lim_{x \to a} h(x) = A.$$ □

下面是数列极限的夹逼性定理.

定理 2.4.5′ 设数列$\{x_n\}$,$\{y_n\}$和$\{z_n\}$满足下列条件:

$$x_n \leqslant z_n \leqslant y_n \quad (n = 1, 2, \cdots), \quad \lim_{n \to \infty} x_n = a = \lim_{n \to \infty} y_n.$$

则
$$\lim_{n \to \infty} z_n = a.$$

证明留给读者.

例 2.4.1 证明$\lim\limits_{n \to \infty} \sqrt[n]{n} = 1$.

证 令$\sqrt[n]{n} = 1 + h_n$,只要证$\lim\limits_{n \to \infty} h_n = 0$.因为

$$n = (1 + h_n)^n = 1 + nh_n + \frac{n(n-1)}{2} h_n^2 + \cdots + h_n^n \geqslant \frac{n(n-1)}{2} h_n^2,$$

所以
$$0 < h_n < \frac{2}{\sqrt{n-1}} \quad (n > 1).$$

由$\lim\limits_{n \to \infty} \dfrac{2}{\sqrt{n-1}} = 0$及极限的夹逼性,得$\lim\limits_{n \to \infty} h_n = 0$,因此

$$\lim_{n \to \infty} \sqrt[n]{n} = \lim_{n \to \infty} (1 + h_n) = 1.$$ □

2.4.2 两个重要极限

下面我们利用函数极限的性质来讨论两个常用的重要极限公式.

(Ⅰ)
$$\boxed{\lim_{x \to 0} \frac{\sin x}{x} = 1.}$$

这个极限等式的几何解释如下:作单位圆,x 表示以弧度为单位的圆心角$\angle AOB$(见图 2.14),则

$$x = \overset{\frown}{AB}, \quad \sin x = \overline{BC}.$$

在下半圆上取与 B 点对称的点 B',则有

$$2x = 2\,\overset{\frown}{AB} = \overset{\frown}{BB'}, \quad 2\sin x = 2\,\overline{BC} = \overline{BB'},$$

所以 $\lim\limits_{x \to 0} \dfrac{\sin x}{x} = \lim\limits_{x \to 0} \dfrac{2\sin x}{2x} = \lim\limits_{x \to 0} \dfrac{\overline{BB'}}{\widehat{BB'}} = 1.$

即当圆心角趋于零时，对应的弧长与弦长之比趋于 1.

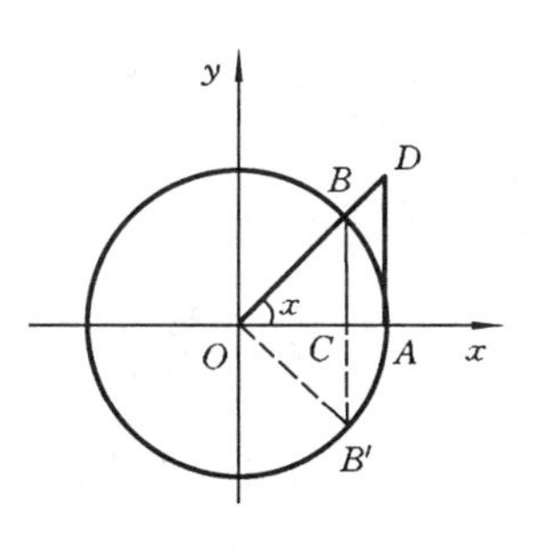

图 2.14

证　设 $0<x<\frac{\pi}{2}$，显然 $\triangle OAB$ 的面积<扇形 OAB 的面积<$\triangle OAD$ 的面积，即

$$\frac{1}{2}\sin x < \frac{1}{2}x < \frac{1}{2}\tan x, \quad \sin x < x < \tan x,$$

因此，当 $0<x<\frac{\pi}{2}$ 时，有

$$\cos x < \frac{\sin x}{x} < 1. \tag{2.4.1}$$

利用偶函数的性质知，上式对 $-\frac{\pi}{2}<x<0$ 也成立. 因此，当 $0<|x|<\frac{\pi}{2}$ 时，式(2.4.1)成立，并且由式(2.4.1)可得不等式

$$|\sin x| < |x| \quad \left(0 < |x| < \frac{\pi}{2}\right). \tag{2.4.2}$$

进一步可推得当 $0<|x|<\frac{\pi}{2}$ 时，有

$$0 < 1-\cos x = 2\sin^2\frac{x}{2} < 2\left(\frac{x}{2}\right)^2 = \frac{x^2}{2},$$

即

$$0 < 1-\cos x < \frac{x^2}{2}. \tag{2.4.3}$$

当 $x\to 0$ 时，$\frac{x^2}{2}\to 0$，由定理 2.4.5(夹逼性)有

$$\lim_{x\to 0}(1-\cos x) = 0,$$

所以

$$\lim_{x\to 0}\cos x = 1.$$

再次运用定理 2.4.5 及式(2.4.1)，即得

$$\lim_{x\to 0}\frac{\sin x}{x} = 1.$$

□

如果 x 的单位用度来表示，则有

$$\lim_{x\to 0}\frac{\sin x}{x} = \frac{\pi}{180}.$$

在高等数学中，凡角度都取弧度为单位，这可使结果简单明了.

例 2.4.2　求极限 $\lim\limits_{x\to 0}\dfrac{\sin 5x}{2x}$.

解　当 $x\to 0$ 时，$5x\to 0$，令 $t=5x$，则

$$\lim_{x\to 0}\frac{\sin 5x}{2x} = \lim_{x\to 0}\left(\frac{\sin 5x}{5x}\cdot\frac{5x}{2x}\right) = \frac{5}{2}\lim_{t\to 0}\frac{\sin t}{t} = \frac{5}{2}.$$

□

例 2.4.3　求极限$\lim\limits_{x\to 0}\dfrac{\sin 3x}{\sin 2x}$.

解　设法化成$\dfrac{\sin t}{t}$的形式求极限.

$$\lim_{x\to 0}\frac{\sin 3x}{\sin 2x}=\frac{3}{2}\lim_{x\to 0}\frac{\sin 3x}{3x}\cdot\frac{2x}{\sin 2x}=\frac{3}{2}\lim_{x\to 0}\frac{\sin 3x}{3x}\cdot\lim_{x\to 0}\frac{2x}{\sin 2x}=\frac{3}{2}.\qquad\square$$

例 2.4.4　求$\lim\limits_{x\to 0}\dfrac{\tan x}{x}$.

解　$\lim\limits_{x\to 0}\dfrac{\tan x}{x}=\lim\limits_{x\to 0}\dfrac{\sin x}{x}\cdot\dfrac{1}{\cos x}=\lim\limits_{x\to 0}\dfrac{\sin x}{x}\cdot\lim\limits_{x\to 0}\dfrac{1}{\cos x}=1\cdot 1=1.$　$\square$

(Ⅱ)
$$\boxed{\lim_{x\to\infty}\left(1+\frac{1}{x}\right)^x=\mathrm{e}}$$

其中,e是指数函数 $y=\mathrm{e}^x$ 以及自然对数 $y=\ln x$ 中的底,它是一个无理数,其值为

$$\mathrm{e}=2.718\,281\,828\,459\,045\cdots$$

证　这里我们要用到一个结果:若 n 为自然数,则有

$$\lim_{n\to\infty}\left(1+\frac{1}{n}\right)^n=\mathrm{e}.\tag{2.4.4}$$

极限(2.4.4)将在本章2.5节中详细证明.在这里我们先承认下来.

先考虑 $x\to+\infty$ 的情形,设 $n\leqslant x<n+1$,n 为自然数,则有

$$1+\frac{1}{n+1}<1+\frac{1}{x}\leqslant 1+\frac{1}{n}$$

及

$$\left(1+\frac{1}{n+1}\right)^n<\left(1+\frac{1}{x}\right)^x<\left(1+\frac{1}{n}\right)^{n+1}.\tag{2.4.5}$$

由于

$$\lim_{n\to\infty}\left(1+\frac{1}{n+1}\right)^n=\lim_{n\to\infty}\frac{\left(1+\dfrac{1}{n+1}\right)^{n+1}}{1+\dfrac{1}{n+1}}=\mathrm{e},$$

$$\lim_{n\to\infty}\left(1+\frac{1}{n}\right)^{n+1}=\lim_{n\to\infty}\left(1+\frac{1}{n}\right)^n\left(1+\frac{1}{n}\right)=\mathrm{e},$$

据定理2.4.5及式(2.4.5),得

$$\lim_{x\to+\infty}\left(1+\frac{1}{x}\right)^x=\mathrm{e}.\tag{2.4.6}$$

再考虑 $x\to-\infty$ 的情形,为此作代换 $x=-y$,则

$$\left(1+\frac{1}{x}\right)^x=\left(1-\frac{1}{y}\right)^{-y}=\left(1+\frac{1}{y-1}\right)^y=\left(1+\frac{1}{y-1}\right)^{y-1}\left(1+\frac{1}{y-1}\right),$$

因此,$x\to-\infty$时,有 $y-1\to+\infty$,故上式右端的极限是e,从而证得

$$\lim_{x\to-\infty}\left(1+\frac{1}{x}\right)^x=\mathrm{e}.\tag{2.4.7}$$

由单侧极限与极限的关系即得

$$\lim_{x\to\infty}\left(1+\frac{1}{x}\right)^x = \mathrm{e}. \tag{2.4.8}$$

极限(2.4.8)还有一种常用的形式：

$$\lim_{t\to 0}(1+t)^{\frac{1}{t}} = \mathrm{e}. \tag{2.4.9}$$

令 $t=\frac{1}{x}$，则 $x\to\infty$ 和 $t\to 0$ 是等价的，所以

$$\lim_{x\to-\infty}\left(1+\frac{1}{x}\right)^x = \lim_{t\to 0}(1+t)^{\frac{1}{t}} = \mathrm{e}. \qquad \square$$

例 2.4.5　求 $\lim\limits_{x\to\infty}\left(1-\frac{1}{x}\right)^x$.

解　令 $x=-t$，则 $x\to\infty\Leftrightarrow t\to\infty$，于是

$$\lim_{x\to\infty}\left(1-\frac{1}{x}\right)^x = \lim_{x\to\infty}\left[1+\frac{1}{(-x)}\right]^{(-x)(-1)} = \lim_{t\to\infty}\left[\left(1+\frac{1}{t}\right)^t\right]^{-1}$$

$$= \frac{1}{\lim\limits_{t\to\infty}\left(1+\frac{1}{t}\right)^t} = \frac{1}{\mathrm{e}}. \qquad \square$$

例 2.4.6　求 $\lim\limits_{x\to 0}(1+2x)^{\frac{1}{x}}$.

解　令 $t=2x$，则 $\frac{1}{x}=\frac{2}{t}$，且 $x\to 0\Leftrightarrow t\to 0$. 因此

$$\lim_{x\to 0}(1+2x)^{\frac{1}{x}} = \lim_{t\to 0}(1+t)^{\frac{2}{t}} = \lim_{t\to 0}\left[(1+t)^{\frac{1}{t}}\right]^2$$

$$= \lim_{t\to 0}(1+t)^{\frac{1}{t}} \cdot \lim_{t\to 0}(1+t)^{\frac{1}{t}} = \mathrm{e}\cdot\mathrm{e} = \mathrm{e}^2. \qquad \square$$

习　题　2.4

(A)

1. 回答下列问题：

(1) 极限有哪些重要性质？

(2) 假设在 a 点的某个空心邻域内有 $f(x)<g(x)$，是否必定有 $\lim\limits_{x\to a}f(x)<\lim\limits_{x\to a}g(x)$？

(3) 将定理 2.4.4′中的条件改为 $x_n<y_n$，问结论能否改为 $a<b$. 为什么？

(4) 能否利用定理 2.4.4′直接推得定理 2.4.5′：$a=\lim\limits_{n\to\infty}x_n\leqslant\lim\limits_{n\to\infty}z_n\leqslant\lim\limits_{n\to\infty}y_n=a$.

(5) 两个重要的极限分别是什么？

2. 证明定理 2.4.1′.

3. 设 $a>0$，$b>0$，证明 $\lim\limits_{n\to\infty}\sqrt[n]{a^n+b^n}=\max(a,b)$.

4. 求极限 $\lim\limits_{n\to\infty}\left(\frac{1}{\sqrt{n^2+1}}+\frac{1}{\sqrt{n^2+2}}+\cdots+\frac{1}{\sqrt{n^2+n}}\right)$.

5. 求下列极限：

(1) $\lim\limits_{x\to 0}\dfrac{\sin x}{2x}$； (2) $\lim\limits_{x\to 0}\dfrac{\sin 2x}{x}$； (3) $\lim\limits_{x\to 0}\dfrac{\sin 3x}{5x}$；

(4) $\lim\limits_{x\to 0}\dfrac{2x}{\sin 3x}$； (5) $\lim\limits_{\theta\to 0}\dfrac{\sin^2\theta}{\theta}$； (6) $\lim\limits_{h\to 0}\dfrac{\tan^2 h}{h}$；

(7) $\lim\limits_{\theta\to 0}\dfrac{1-\cos\theta}{\theta^2}$； (8) $\lim\limits_{x\to 0}\dfrac{\sin^2 x}{x^2}$； (9) $\lim\limits_{x\to 0}\dfrac{\tan x-\sin x}{\sin^3 x}$；

(10) $\lim\limits_{x\to 0}\dfrac{\sin 5x-\sin 3x}{\sin x}$； (11) $\lim\limits_{x\to 0}\dfrac{\cos x-\cos 3x}{x^2}$； (12) $\lim\limits_{x\to a}\dfrac{\sin x-\sin a}{x-a}$；

(13) $\lim\limits_{x\to a}\dfrac{\cos x-\cos a}{x-a}$； (14) $\lim\limits_{x\to a}\dfrac{\tan x-\tan a}{x-a}$.

6. 求下列极限：

(1) $\lim\limits_{x\to\infty}\left(1+\dfrac{3}{x}\right)^{x/2}$； (2) $\lim\limits_{x\to 0}(1-x)^{1/x}$； (3) $\lim\limits_{\Delta x\to 0}\left(1+\dfrac{\Delta x}{x}\right)^{x/\Delta x}(x\neq 0)$；

(4) $\lim\limits_{x\to 0}(1+\alpha x)^{1/x}$； (5) $\lim\limits_{x\to\infty}\left(1-\dfrac{1}{x}\right)^{4x}$.

(B)

1. 证明定理 2.4.3′.
2. 证明定理 2.4.5′.
3. 证明$\lim\limits_{n\to\infty}\dfrac{2^n}{n!}=0$.
4. 求下列极限：

(1) $\lim\limits_{x\to\infty}\dfrac{3x-5}{x^3\sin\dfrac{1}{x^2}}$； (2) $\lim\limits_{x\to\frac{\pi}{6}}\sin\left(\dfrac{\pi}{6}-x\right)\tan 3x$； (3) $\lim\limits_{x\to 0}\dfrac{2\sin x-\sin 2x}{x^3}$；

(4) $\lim\limits_{x\to\frac{\pi}{4}}\dfrac{\tan x-1}{x-\dfrac{\pi}{4}}$； (5) $\lim\limits_{x\to 1}x^{\frac{1}{1-x}}$.

5. 设$\lim\limits_{x\to a}f(x)=A$，$\lim\limits_{x\to a}g(x)=B$.

(1) 问若在 $O_0(a,\delta)$内有 $f(x)<g(x)$，是否必有 $A<B$？为什么？

(2) 证明：若 $A>B$，则存在空心邻域 $O_0(a,\delta)$，使当 $x\in O_0(a,\delta)$时，有$f(x)>g(x)$.

6. 试就 $a=+\infty$的情形叙述并证明定理 2.4.4.

答案与提示

(A)

3. 利用不等式 $\max(a,b)\leqslant\sqrt[n]{a^n+b^n}\leqslant\sqrt[n]{2}\cdot\max(a,b)$及极限的夹逼性.

4. 利用$\dfrac{n}{\sqrt{n^2+n}}\leqslant\dfrac{1}{\sqrt{n^2+1}}+\dfrac{1}{\sqrt{n^2+2}}+\cdots+\dfrac{1}{\sqrt{n^2+n}}\leqslant\dfrac{n}{\sqrt{n^2+1}}$.

5. (1) $\dfrac{1}{2}$； (2) 2； (3) $\dfrac{3}{5}$； (4) $\dfrac{2}{3}$； (5) 0； (6) 0； (7) $\dfrac{1}{2}$； (8) 1； (9) $\dfrac{1}{2}$； (10) 2；

(11) 4； (12) $\cos a$； (13) $-\sin a$； (14) $\sec^2 a$，$a\neq(2k+1)\dfrac{\pi}{2}$，$k=0,\pm 1,\cdots$.

6. (1) $e^{3/2}$； (2) e^{-1}； (3) e； (4) e^{a}； (5) e^{-4}.

(B)

3. 利用 $0<\dfrac{2\cdot 2\cdot \cdots \cdot 2}{1\cdot 2\cdot \cdots \cdot n}<\dfrac{4}{n}$.

4. (1) 3； (2) $\dfrac{1}{3}$； (3) 1； (4) 2； (5) e^{-1}.

5. (1) 不一定有 $A<B$. 例如，$f(x)=|x|$，$g(x)=x^2$. 当 $0<|x|<1$ 时，有 $f(x)>g(x)$，但 $\lim\limits_{x\to 0}f(x)=\lim\limits_{x\to 0}g(x)=0$.

2.5　实数基本定理

我们在第1章1.1节中已学习了实数的一个基本定理——确界原理. 本节将介绍单调有界收敛定理、闭区间套定理、致密性定理和柯西收敛准则等4个实数基本定理. 这些定理从不同的角度刻画了实数集的内在性质，是极限理论的基础.

2.5.1　单调有界收敛定理

下面将利用确界原理来解决单调数列极限的存在问题.

数列 $\{x_n\}$ 若满足

$$x_1\leqslant x_2\leqslant \cdots \leqslant x_n\leqslant \cdots,$$

则称 $\{x_n\}$ 为**单调增加的**；若满足

$$x_1\geqslant x_2\geqslant \cdots \geqslant x_n\geqslant \cdots,$$

则称 $\{x_n\}$ 为**单调减少的**. 若上述条件中仅是严格不等号成立，则称该数列 $\{x_n\}$ 是严格单调增加(或严格单调减少)的.

定理 2.5.1(单调有界收敛定理)　若数列单调增加(或单调减少)，有上(下)界，则数列极限存在.

证　设 $\{x_n\}$ 是单调增加、有上界的数列，则所有的数 x_n 组成的集合 A 是非空、有上界的. 根据确界原理，A 的上确界存在，记为

$$\beta=\sup A=\sup\{x_n\mid n\in \mathbf{N}\}.$$

断定 $\lim\limits_{n\to\infty}x_n=\beta$. 实际上，因为 β 是 A 的最小上界，所以 $\forall \varepsilon>0$，$\exists$ 数 x_N 满足

$$\beta-\varepsilon<x_N.$$

由 $n>N$ 时数列单调增加得

$$\beta-\varepsilon<x_N<x_n,$$

再由上确界的定义，有

$$\beta-\varepsilon<x_n<\beta+\varepsilon\quad (n>N).$$

这就证明了

$$\lim_{n\to\infty}x_n=\beta=\sup\{x_n\mid n\in \mathbf{N}\}.$$

若数列 $\{x_n\}$ 单调减少、有下界，则同样可以证明

$$\lim_{n\to\infty} x_n = \alpha = \inf\{x_n \mid n \in \mathbf{N}\}. \qquad \square$$

在函数极限的情形,可以证明:若函数 $f(x)$ 在区间 $[a,+\infty)$ 上单调增加,则极限 $\lim\limits_{x\to+\infty} f(x)$ 存在的充要条件是 $f(x)$ 在 $[a,+\infty)$ 上有上界.(证明留作习题)

例 2.5.1 证明极限 $\lim\limits_{n\to\infty}\left(1+\frac{1}{n}\right)^n$ 存在.

证 先证数列 $x_n=\left(1+\frac{1}{n}\right)^n (n=1,2,\cdots)$ 单调增加.

$$\begin{aligned}
x_n &= \left(1+\frac{1}{n}\right)^n \\
&= 1+1+\frac{n(n-1)}{2!}\frac{1}{n^2}+\frac{n(n-1)(n-2)}{3!}\frac{1}{n^3}+\cdots \\
&\quad +\frac{n(n-1)\cdots(n-(n-1))}{n!}\frac{1}{n^n} \\
&= 1+1+\frac{1}{2!}\left(1-\frac{1}{n}\right)+\frac{1}{3!}\left(1-\frac{1}{n}\right)\left(1-\frac{2}{n}\right)+\cdots \\
&\quad +\frac{1}{n!}\left(1-\frac{1}{n}\right)\cdots\left(1-\frac{n-1}{n}\right).
\end{aligned}$$

又

$$\begin{aligned}
x_{n+1} &= \left(1+\frac{1}{n+1}\right)^{n+1} \\
&= 1+1+\frac{1}{2!}\left(1-\frac{1}{n+1}\right)+\frac{1}{3!}\left(1-\frac{1}{n+1}\right)\left(1-\frac{2}{n+1}\right)+\cdots \\
&\quad +\frac{1}{n!}\left(1-\frac{1}{n+1}\right)\cdots\left(1-\frac{n-1}{n+1}\right)+\frac{1}{(n+1)!}\left(1-\frac{1}{n+1}\right)\cdots\left(1-\frac{n}{n+1}\right).
\end{aligned}$$

将 x_n 与 x_{n+1} 加以比较,x_n 有 $n+1$ 项,x_{n+1} 有 $n+2$ 项,其中前 $n+1$ 项分别比 x_n 中相应的项要大或相等,最后一项大于 0,所以有 $x_n \leqslant x_{n+1}$,即 $\{x_n\}$ 单调增加.

再证 $\{x_n\}$ 有上界.

$$\begin{aligned}
x_n &\leqslant 1+1+\frac{1}{2!}+\frac{1}{3!}+\cdots+\frac{1}{n!} \leqslant 1+1+\frac{1}{2}+\frac{1}{2^2}+\cdots+\frac{1}{2^{n-1}} \\
&= 1+\frac{1-\frac{1}{2^n}}{1-\frac{1}{2}} < 3.
\end{aligned}$$

根据定理 2.5.1,数列 $\{x_n\}$ 的极限存在,记为 e,它是无理数,即

$$\mathrm{e} = \lim_{n\to\infty}\left(1+\frac{1}{n}\right)^n.$$

这样我们就解决了上节遗留下来的问题. $\square$

例 2.5.2 已知 $y_1=\sqrt{a}, y_2=\sqrt{a+y_1}, \cdots, y_n=\sqrt{a+y_{n-1}}, \cdots$,其中 $a>0$ 是常

数. 证明极限$\lim\limits_{n\to\infty}y_n$存在并求其值.

解　从数列的构造来看,$\{y_n\}$显然是单调增加的. 实际上,$y_1=\sqrt{a}<y_2=\sqrt{a+\sqrt{a}}$. 假设$y_{n-1}<y_n=\sqrt{a+y_{n-1}}$,则有

$$y_n=\sqrt{a+y_{n-1}}<\sqrt{a+y_n}=y_{n+1}.$$

由数学归纳法知,$\forall n$,都有$y_n<y_{n+1}$.

再来证$\{y_n\}$有上界. 由$y_n=\sqrt{a+y_{n-1}}$得

$$y_n^2=a+y_{n-1},$$

因此有

$$y_n^2=a+y_{n-1}<a+y_n,$$

两端除以y_n,得

$$y_n<\frac{a}{y_n}+1.$$

注意到$\forall n,y_n\geqslant\sqrt{a}$,故$\frac{a}{y_n}\leqslant\sqrt{a}$,于是有

$$y_n\leqslant\sqrt{a}+1\quad(\forall n).$$

这样便证明了数列$\{y_n\}$单调增加有上界. 由定理 2.5.1 知,$\lim\limits_{n\to\infty}y_n$存在. 设$\lim\limits_{n\to\infty}y_n=A$. 对等式$y_n^2=a+y_{n-1}$两端取极限,得

$$A^2=a+A,$$

由此解得

$$A=\frac{1+\sqrt{4a+1}}{2}\quad(\text{负根舍去}).$$

□

2.5.2　闭区间套定理与致密性定理

定理 2.5.2(闭区间套定理)　设$[a_n,b_n]$$(n=1,2,\cdots)$是一串闭区间,满足条件:

(1) $a_n\leqslant a_{n+1}<b_{n+1}\leqslant b_n$,即$[a_{n+1},b_{n+1}]\subset[a_n,b_n]$ $(n=1,2,\cdots)$;

(2) 当$n\to\infty$时,区间$[a_n,b_n]$的长度趋于 0,即$\lim\limits_{n\to\infty}(b_n-a_n)=0$.

则存在唯一的实数ξ,使得

$$\lim_{n\to\infty}a_n=\xi=\lim_{n\to\infty}b_n,$$

且ξ是所有闭区间的唯一公共点,即

$$\bigcap_{n=1}^{\infty}[a_n,b_n]=\{\xi\}.$$

证　由条件(1)知,数列$\{a_n\}$单调增加,有上界b_1;数列$\{b_n\}$单调减少,有下界a_1,因而由定理 2.5.1,有

$$\lim_{n\to\infty}a_n=\xi_1,\quad\lim_{n\to\infty}b_n=\xi_2,\quad a_n\leqslant\xi_1\leqslant\xi_2\leqslant b_n\quad(n=1,2,\cdots).$$

又由条件(2)知,

$$\lim_{n\to\infty}(b_n-a_n)=\xi_2-\xi_1=0,$$

记$\xi=\xi_1=\xi_2$,则有

$$\lim_{n\to\infty}a_n=\xi=\lim_{n\to\infty}b_n.$$

如果还有实数 ξ^* 满足 $\quad a_n \leqslant \xi^* \leqslant b_n \quad (n=1,2,\cdots)$,
令 $n\to\infty$,得 $\xi^*=\xi$. 因此 ξ 是所有闭区间$[a_n,b_n]$的唯一公共点,证毕. □

我们知道,定理 2.5.1 只论述一类非常特殊的数列,而对于一般的数列是否收敛的问题,我们还需要作深入的探讨. 为此,先给出子列的概念.

定义 2.5.1 设数列$\{x_n\}$,称形如

$$x_{n_1},x_{n_2},\cdots,x_{n_k},\cdots$$

的数列为$\{x_n\}$的一个**子列**,其中 n_k 是满足

$$n_1<n_2<\cdots<n_k<\cdots,\quad n_k\to\infty(k\to\infty)$$

的自然数.

换句话说,$\{x_n\}$的子列$\{x_{n_k}\}$由原数列$\{x_n\}$中的部分项构成,k 表示 x_{n_k} 在子列中是第 k 项,n_k 表示 x_{n_k} 在原数列中是第 n_k 项. 因此子列$\{x_{n_k}\}$的下标是 k 而不是 n_k.

由子列的定义容易证明下面的结论.

定理 2.5.3 若$\lim\limits_{n\to\infty}x_n=a$,则$\{x_n\}$的任何子列$\{x_{n_k}\}$都收敛,并且$\lim\limits_{k\to\infty}x_{n_k}=a$.

证 $\forall\varepsilon>0$,由$\lim\limits_{n\to\infty}x_n=a$ 知,$\exists N$,当 $n>N$ 时,有

$$|x_n-a|<\varepsilon.$$

取 $K=N$,则当 $k>K$ 时,有

$$n_k>n_K=n_N\geqslant N,$$

这时就有

$$|x_{n_k}-a|<\varepsilon.$$

□

现在,我们利用闭区间套定理来证明实数的基本定理之一——致密性定理.

定理 2.5.4(Bolzano-Weierstrass 致密性定理) 每个有界数列都有收敛的子列.

证 设数列$\{x_n\}$有界,则存在实数 a_1,b_1,使得

$$a_1\leqslant x_n\leqslant b_1\quad(n=1,2,\cdots).$$

将区间$[a_1,b_1]$二等分为两个小区间$\left[a_1,\dfrac{a_1+b_1}{2}\right]$和$\left[\dfrac{a_1+b_1}{2},b_1\right]$,则其中至少有一个含有数列$\{x_n\}$中的无穷多项,记这个小区间为$[a_2,b_2]$. 再将闭区间$[a_2,b_2]$二等分,同样其中至少有一个小区间含有$\{x_n\}$中的无穷多项,记这个小区间为$[a_3,b_3]$,…这样继续做下去就得到一闭区间$[a_k,b_k]$序列,它们满足

$$[a_{k+1},b_{k+1}]\subset[a_k,b_k]\quad(k=1,2,\cdots),\quad \lim_{k\to\infty}(b_k-a_k)=\lim_{k\to\infty}\frac{b_1-a_1}{2^{k-1}}=0,$$

且其中每一个闭区间$[a_k,b_k]$都含有数列$\{x_n\}$中的无穷多项.

根据闭区间套定理,存在实数 ξ,使得

$$\lim_{k\to\infty}a_k=\xi=\lim_{k\to\infty}b_k.$$

下面证明数列$\{x_n\}$必有一子列收敛于实数 ξ.

首先在区间$[a_1,b_1]$中任意选取$\{x_n\}$中的某一项,记作 x_{n_1}. 由于在$[a_2,b_2]$中含

有$\{x_n\}$中的无穷多项，因此总可以选取到位于x_{n_1}后的某一项，记作x_{n_2}，$n_2>n_1$. 继续做下去，即在选取$x_{n_k}\in[a_k,b_k]$后，因为在$[a_{k+1},b_{k+1}]$中仍有$\{x_n\}$中的无穷多项，所以仍能选取到位于x_{n_k}后的某一项，记作$x_{n_{k+1}}$，$n_{k+1}>n_k$. 于是就得到了$\{x_n\}$的一个子列$\{x_{n_k}\}$，满足

$$a_k\leqslant x_{n_k}\leqslant b_k\quad(k=1,2,\cdots).$$

由$\lim\limits_{k\to\infty}a_k=\lim\limits_{k\to\infty}b_k=\xi$以及极限的夹逼性，得

$$\lim_{k\to\infty}x_{n_k}=\xi.$$

□

2.5.3　柯西收敛准则

我们进一步要问：能否给出一个判别数列是否收敛的准则呢？回答是肯定的. 这个准则不仅在现阶段可以帮助我们解决若干问题，而且在今后更高深的研究中也起着重要的作用.

下面先给出一个基本概念.

定义 2.5.2　设$\{x_n\}$是一个数列. 如果$\forall\varepsilon>0$，$\exists N$，$\forall m,n>N$，有

$$|x_n-x_m|<\varepsilon$$

(这个条件通常写成$\lim\limits_{m,n\to\infty}|x_n-x_m|=0$)，则称$\{x_n\}$为**柯西(Cauchy)数列**.

定理 2.5.5(柯西收敛准则)　数列$\{x_n\}$收敛的充要条件是：$\{x_n\}$是柯西数列.

证　必要性. 假设$\lim\limits_{n\to\infty}x_n=a$. 由定义，$\forall\varepsilon>0$，$\exists N$，对于$m>N$及$n>N$，有

$$|x_m-a|<\frac{\varepsilon}{2},\quad |x_n-a|<\frac{\varepsilon}{2}.$$

因此，$\forall m,n>N$，有

$$|x_n-x_m|\leqslant|x_n-a|+|x_m-a|<\frac{\varepsilon}{2}+\frac{\varepsilon}{2}=\varepsilon.$$

这表明$\{x_n\}$是柯西数列.

充分性. 设$\{x_n\}$是柯西数列，要证明$\{x_n\}$收敛，其中的关键在于证明柯西数列有界. 为此，我们在柯西数列的定义中取$\varepsilon=1$，则存在某个N_0，使得对于$m,n>N_0$有

$$|x_n-x_m|<1.$$

特别地，$\forall m>N_0$，有 $$|x_m-x_{N_0+1}|<1,$$

于是当$m>N_0$时，有 $$|x_m|<1+|x_{N_0+1}|.$$

令$M=\max(|x_1|,|x_2|,\cdots,|x_{N_0}|,1+|x_{N_0+1}|)$，则对一切$n$，都有

$$|x_n|\leqslant M,$$

所以柯西数列$\{x_n\}$是有界的. 根据定理 2.5.4，$\{x_n\}$有一个收敛的子列，不妨设为$\{x_{n_k}\}$，且

$$\lim_{k\to\infty}x_{n_k}=a.$$

现证明$\lim\limits_{n\to\infty}x_n=a$. 由条件,$\forall\varepsilon>0$,$\exists N$,当$m,n>N$时,有

$$|x_n-x_m|<\varepsilon,$$

即

$$x_m-\varepsilon<x_n<x_m+\varepsilon.$$

注意当$k>N$时,$n_k\geqslant k>N$,故有

$$x_{n_k}-\varepsilon<x_n<x_{n_k}+\varepsilon,$$

令$k\to\infty$,得

$$a-\varepsilon\leqslant x_n\leqslant a+\varepsilon.$$

根据极限定义,即得

$$\lim_{n\to\infty}x_n=a.$$

□

柯西准则的直观意义是:$\forall\varepsilon>0$,$\exists$序号n,以x_n为中心、以ε为半径的邻域之外,只有数列的有限项,数列的无穷多项都在该邻域内,那么极限点a当然也在该邻域内,所以,以a点为中心、以2ε为半径的邻域外,至多只有数列的有限项. 由此可见,数列的极限应为a.

柯西准则又可表述如下.

数列$\{x_n\}$收敛的充要条件是,$\forall\varepsilon>0$,$\exists N$,当$n>N$时,对一切自然数p,都有

$$|x_n-x_{n+p}|<\varepsilon.$$

例 2.5.3 设$x_n=1+\frac{1}{2^2}+\cdots+\frac{1}{n^2}$ $(n=1,2,\cdots)$,求证$\{x_n\}$收敛.

证 对于$m>n$,

$$\begin{aligned}|x_m-x_n|&=\frac{1}{(n+1)^2}+\frac{1}{(n+2)^2}+\cdots+\frac{1}{m^2}\\&<\left(\frac{1}{n}-\frac{1}{n+1}\right)+\left(\frac{1}{n+1}-\frac{1}{n+2}\right)+\cdots+\left(\frac{1}{m-1}-\frac{1}{m}\right)\\&=\frac{1}{n}-\frac{1}{m}<\frac{1}{n}.\end{aligned}$$

$\forall\varepsilon>0$,取$N=\left[\frac{1}{\varepsilon}\right]$,则当$m>n>N$时,有

$$|x_m-x_n|<\varepsilon,$$

所以数列$\{x_n\}$收敛.

□

例 2.5.4 证明调和数列$x_n=1+\frac{1}{2}+\cdots+\frac{1}{n}(n=1,2,\cdots)$没有有限极限.

证 取$\varepsilon_0>0$,$\forall N$,取$n>N$,$p=n$,则

$$|x_{n+p}-x_n|=\frac{1}{n+1}+\frac{1}{n+2}+\cdots+\frac{1}{2n}>\frac{1}{2n}+\frac{1}{2n}+\cdots+\frac{1}{2n}=\frac{n}{2n}=\frac{1}{2},$$

由柯西准则知,$\{x_n\}$的极限不存在. 由于$\{x_n\}$单调增加,故必有

$$\lim_{n\to\infty}x_n=+\infty.$$

□

到目前为止,已学习了实数的5个基本定理:确界原理,单调有界收敛定理,闭区间套定理,致密性定理和柯西收敛准则,这5个定理是互相等价的,它们从不同的角

度刻画了实数集的内在性质.读者若想对实数基本定理作更深入的了解,可阅读数学专业用的数学分析教材.

习　题　2.5

(A)

1. 回答下列问题:

(1) 什么叫作子列?子列的下标有何特征?

(2) 什么叫作单调数列?

(3) 什么叫作柯西数列?

2. 证明数列$\sqrt{2},\sqrt{2\sqrt{2}},\sqrt{2\sqrt{2\sqrt{2}}},\cdots$收敛,并求其极限值.

3. 设$a>0,0<x_1<\dfrac{1}{a},x_{n+1}=x_n(2-ax_n)$ $(n=1,2,\cdots)$.证明$\{x_n\}$收敛,并求$\lim\limits_{n\to\infty}x_n$.

4. 设$x_1>0$,且$x_{n+1}=\dfrac{3(1+x_n)}{3+x_n}$ $(n=1,2,\cdots)$.证明$\lim\limits_{n\to\infty}x_n$存在且等于$\sqrt{3}$.

(B)

1. 设$x_1=10,x_{n+1}=\sqrt{6+x_n}(n=1,2,\cdots)$,试证明数列$\{x_n\}$极限存在,并求此极限.

2. 利用柯西准则,证明下面各数列的收敛性:

(1) $x_n=a_0+a_1q+\cdots+a_nq^n$,其中$|a_i|\leqslant M(i=0,1,2,\cdots)$,且$|q|<1$;

(2) $x_n=\dfrac{\sin 1}{2}+\dfrac{\sin 2}{2^2}+\cdots+\dfrac{\sin n}{2^n}$.

3. 对于数列$\{x_n\}$,若子列$\{x_{2k}\}$与$\{x_{2k+1}\}$都收敛于a,试用"ε-N"的语言证明$\{x_n\}$也收敛于a.

4. 证明:若$f(x)$为定义于$[a,+\infty)$上的单调增加函数,则极限$\lim\limits_{x\to+\infty}f(x)$存在的充要条件是$f(x)$在$[a,+\infty)$上有上界.

答案与提示

(A)

2. $x_{n+1}=\sqrt{2x_n}$单调增加有上界,$\lim\limits_{n\to\infty}x_n=2$.

3. x_n单调增加有上界,$\lim\limits_{n\to\infty}x_n=\dfrac{1}{a}$.

4. 分$x_1<\sqrt{3},x_1=\sqrt{3}$和$x_1>\sqrt{3}$三种情形讨论.

(B)

1. x_n单调减少有下界,$\lim\limits_{n\to\infty}x_n=3$.

2. (1) 利用$|x_m-x_n|<M|q|^{n+1}\dfrac{1}{1-|q|}(m>n)$;　(2) 利用$|x_m-x_n|<\dfrac{1}{2^n}(m>n)$.

4. 利用函数极限与数列极限的关系,并利用单调有界收敛定理.

2.6 无穷小与无穷大

无穷小与无穷大在极限理论中起着重要作用,本节介绍无穷小与无穷大的概念以及无穷小的比较.

2.6.1 无穷小

定义 2.6.1(无穷小) 如果函数 $f(x)$在 $x\to a$ 时的极限为零,则称函数 $f(x)$是 $x\to a$ **时的无穷小**. 也就是,如果 $\forall\varepsilon>0$,$\exists\delta>0$,使得 $\forall x:0<|x-a|<\delta$,都有

$$|f(x)|<\varepsilon,$$

则称 $f(x)$是 $x\to a$ **时的无穷小量**,简称为**无穷小**.

类似地,若 $x\to\infty$时 $f(x)\to 0$,则称 $f(x)$是 $x\to\infty$时的无穷小. 以 0 为极限的数列$\{x_n\}$是 $n\to\infty$时的无穷小. 对 $x\to a^+$,$x\to a^-$,$x\to+\infty$,$x\to-\infty$等情形可类似定义. 应当注意,说一个函数是无穷小时,必须指出这个函数在自变量 x 的何种极限过程中为无穷小,只简单地说函数是无穷小是不确切的. 例如,

$$\lim_{x\to 0}\sin x = 0,$$

故 $\sin x$ 当 $x\to 0$ 时为无穷小;但是当 $x\to\frac{\pi}{2}$时,$\sin x$ 不趋于 0,此时 $\sin x$ 就不是无穷小了. 另外,无穷小是变量,无穷小不是很小的量,而是极限值为零的变量.

设 $x\to a$ 时函数 $f(x)$以常数 A 为极限,则此函数与其极限的差

$$\alpha(x) = f(x) - A$$

显然为无穷小,因为依定义 2.6.1,

$$|\alpha(x)| = |f(x) - A| < \varepsilon \qquad (0 < |x-a| < \delta);$$

反之,若 $\alpha(x)$在 $x\to a$ 时是无穷小,则 $f(x)\to A(x\to a)$. 这样我们便得到了下面的命题.

定理 2.6.1 $x\to a$ 时函数 $f(x)$以常数 A 为极限的充要条件是:$\alpha(x)=f(x)-A$在 $x\to a$ 时是无穷小.

2.6.2 无穷小的比较

在同一极限过程中,两个无穷小都趋于零,但它们的速度可能相同,也可能不同. 如何加以比较呢? 如

$$\lim_{x\to 0}\frac{\sin x}{x} = 1,$$

可以说,当 $x\to 0$ 时,两个无穷小 $\sin x$ 与 x 趋于零的快慢一样. 例如,

$$\lim_{x\to 0}\frac{1-\cos x}{x^2} = \lim_{x\to 0}\frac{2\sin^2\frac{x}{2}}{x^2} = \frac{1}{2},$$

而当 $x\to 0$ 时，两个无穷小 $1-\cos x$ 与 x^2 趋于零的速度成比例. 又例如，

$$\lim_{x\to 0}\frac{\sin^2 x}{x}=0,$$

则称 $\sin^2 x$ 趋于零的速度比 x 快. 这样便有如下的定义.

定义 2.6.2　设 $x\to x_0$（x_0 有限或为 $\infty,-\infty,+\infty$）时，$f(x)$ 与 $g(x)$ 均为无穷小，$g(x)\neq 0$.

(1) 若 $\lim\limits_{x\to x_0}\dfrac{f(x)}{g(x)}=0$，则称 $x\to x_0$ 时，$f(x)$ 为比 $g(x)$ **高阶的无穷小**，或称 $g(x)$ 为比 $f(x)$ **低阶的无穷小**，记作

$$f(x)=o(g(x))\quad (x\to x_0).$$

特别，当 $x\to x_0$ 时 $f(x)$ 为无穷小可记作

$$f(x)=o(1)\quad (x\to x_0).$$

(2) 若 $\lim\limits_{x\to x_0}\dfrac{f(x)}{g(x)}=c\neq 0$，则称 $x\to x_0$ 时，$f(x)$ 与 $g(x)$ 为**同阶无穷小**，记作

$$f(x)\sim cg(x)\quad (x\to x_0).$$

(3) 若 $\lim\limits_{x\to x_0}\dfrac{f(x)}{g(x)}=1$，则称 $x\to x_0$ 时，$f(x)$ 与 $g(x)$ 为**等价无穷小**，记作

$$f(x)\sim g(x)\quad (x\to x_0).$$

(4) 若无穷小 $f(x)$ 和 $g(x)$ 满足关系式

$$|f(x)|\leqslant M|g(x)|\quad (x\in O_0(x_0)),$$

则记作

$$f(x)=O(g(x))\quad (x\to x_0).$$

特别，任一有界变量 $f(x)$ 总可写成 $f(x)=O(1)$.

例 2.6.1　当 $x\to 0$ 时，有

$$\sin x\sim x,\quad 1-\cos x\sim\frac{1}{2}x^2,$$

$$\sin^2 x=o(x),\quad x^k=o(1)\quad (k>0).$$

□

例 2.6.2　求证：**有界量与无穷小之积为无穷小.**

证　不妨设 $f(x)=o(1)(x\to a)$，$|g(x)|\leqslant M\ (x\in O_0(a))$. 因

$$0\leqslant|f(x)g(x)|\leqslant M|f(x)|\quad (\forall x\in O_0(a)),$$

故由夹逼性定理得知 $|f(x)g(x)|\to 0(x\to a)$，从而

$$f(x)g(x)=o(1)\quad (x\to a).$$

□

注意，并不是任意两个无穷小都可以比较，例如，当 $x\to 0$ 时，无穷小 $x\sin\dfrac{1}{x}$ 与 x 就不能比较.

若 $x\to x_0$ 时，$f(x)$ 与 $(x-x_0)^k$ 是同阶无穷小，则称 $f(x)$ 是关于基本无穷小 $x-x_0$ 的 k **阶无穷小**. 若 k 不是正整数，而是大于零的实数，则极限过程只能考虑 $x\to$

x_0^+ 的情形.

若 $x \to x_0$ 时,$f(x)$是 $x-x_0$ 的 k 阶无穷小,则有

$$\lim_{x\to x_0}\frac{f(x)}{(x-x_0)^k}=c\neq 0,$$

于是有

$$f(x)\sim c(x-x_0)^k \quad (x\to x_0).$$

这时称这个与 $f(x)$等价的最简单的无穷小 $c(x-x_0)^k$ 为 $f(x)$的**主部**.

关于"o"的运算,下面给出两个常用的规则.

定理 2.6.2 (1) $o(g(x))\pm o(g(x))=o(g(x)) \quad (x\to x_0)$.

(2) $k\cdot o(g(x))=o(g(x))$, $o(k\,g(x))=o(g(x))$ ($x\to x_0$,k 为常数).

证 我们只证明(1). 令 $\alpha(x)=o(g(x))$,$\beta(x)=o(g(x))$,即

$$\lim_{x\to x_0}\frac{\alpha(x)}{g(x)}=0,\quad \lim_{x\to x_0}\frac{\beta(x)}{g(x)}=0.$$

则

$$\lim_{x\to x_0}\frac{\alpha(x)\pm\beta(x)}{g(x)}=\lim_{x\to x_0}\frac{\alpha(x)}{g(x)}\pm\lim_{x\to x_0}\frac{\beta(x)}{g(x)}=0,$$

所以

$$\alpha(x)\pm\beta(x)=o(g(x)).$$ □

注意,等式(1)的意义与通常的等式意义不同,应理解为:$g(x)$的两个高阶无穷小的代数和(左端)是 $g(x)$的高阶无穷小(右端),即左端为条件,右端为结论,等式两端的意义是不一样的. 如果把等式两端交换一下,写成

$$o(g(x))=o(g(x))\pm o(g(x)),$$

那么等式就失去了意义. 另外,等式反映的是某种性质,并不是指数值关系,不能说 $o(g(x))-o(g(x))$等于零.

例 2.6.3 试证 $o(x^2)=o(x)$ $(x\to 0)$, $\frac{1}{x}\cdot o(x^2)=o(x)$ $(x\to 0)$.

证 令 $\alpha(x)=o(x^2)$,则有$\lim\limits_{x\to 0}\frac{\alpha(x)}{x^2}=0$,于是

$$\lim_{x\to 0}\frac{\alpha(x)}{x}=\lim_{x\to 0}\frac{\alpha(x)}{x^2}\cdot x=\lim_{x\to 0}\frac{\alpha(x)}{x^2}\cdot\lim_{x\to 0}x=0,$$

因此 $\alpha(x)=o(x)$,亦即 $o(x^2)=o(x)$ $(x\to 0)$. 由

$$\lim_{x\to 0}\frac{\frac{1}{x}\cdot o(x^2)}{x}=\lim_{x\to 0}\frac{o(x^2)}{x^2}=0$$

得

$$\frac{1}{x}\cdot o(x^2)=o(x)\quad (x\to 0).$$ □

现在给出等价无穷小的一个重要性质,它在求极限时有广泛的应用.

定理 2.6.3 设在同一极限过程中,变量 α 和 α',β 和 β'都是无穷小,且 $\alpha\sim\alpha'$,$\beta\sim\beta'$. 又设极限 $\lim\frac{\beta'}{\alpha'}$存在. 则有

$$\lim \frac{\beta}{\alpha} = \lim \frac{\beta'}{\alpha'}.$$

证　$\lim \dfrac{\beta}{\alpha}=\lim\left(\dfrac{\beta}{\beta'}\cdot\dfrac{\beta'}{\alpha'}\cdot\dfrac{\alpha'}{\alpha}\right)=\lim \dfrac{\beta}{\beta'}\cdot\lim \dfrac{\beta'}{\alpha'}\cdot\lim \dfrac{\alpha'}{\alpha}=\lim \dfrac{\beta'}{\alpha'}.$ □

定理 2.6.3 表明,在求两个无穷小之比的极限时,可以利用等价无穷小进行代换,从而使计算简化.

例 2.6.4　求$\lim\limits_{x\to 0}\dfrac{x^3+5x^2}{\sin^2 x}$.

解　当 $x\to 0$ 时,$\sin x\sim x$,$\sin^2 x\sim x^2$,故

$$\lim_{x\to 0}\frac{x^3+5x^2}{\sin^2 x}=\lim_{x\to 0}\frac{x^2(x+5)}{x^2}=\lim_{x\to 0}(x+5)=5.$$ □

例 2.6.5　证明 $x\to 0$ 时,$\arctan x\sim x$,并由此求极限$\lim\limits_{x\to 0}\dfrac{\arctan x}{\sin 4x}$.

解　作代换 $y=\arctan x$,则 $x=\tan y$,且 $x\to 0$ 等价于 $y\to 0$,于是

$$\lim_{x\to 0}\frac{\arctan x}{x}=\lim_{y\to 0}\frac{y}{\tan y}=\lim_{y\to 0}\frac{y}{\sin y}\cdot\cos y=1,$$

所以当 $x\to 0$ 时,$\arctan x\sim x$.利用等价无穷小代换,得

$$\lim_{x\to 0}\frac{\arctan x}{\sin 4x}=\lim_{x\to 0}\frac{x}{\sin 4x}=\lim_{x\to 0}\frac{4x}{\sin 4x}\cdot\frac{1}{4}=\frac{1}{4}.$$ □

2.6.3　无穷大

在本章 2.1.4 小节中,我们曾讨论过函数值趋于无穷的情形.由此给出下面的定义.

定义 2.6.3(无穷大)　设函数 $f(x)$在 $O_0(a)$中有定义,若

$$\lim_{x\to a}f(x)=\infty,$$

则称 $f(x)$**是 $x\to a$ 时的无穷大量,简称无穷大.**

如果 $\lim\limits_{x\to a}f(x)=+\infty$(或 $\lim\limits_{x\to a}f(x)=-\infty$),则称 $f(x)$是$x\to a$时的**正无穷大**(或**负无穷大**).类似地,还可定义当 $x\to\infty$时的无穷大及正(负)无穷大.同样,无穷大是变量,而不是很大的常量.

由极限的性质不难证明如下定理.

定理 2.6.4　若 $f(x)$是无穷小,且 $f(x)\neq 0$,则$\dfrac{1}{f(x)}$是无穷大;若 $f(x)$是无穷大,则$\dfrac{1}{f(x)}$是无穷小.

类似地可进行两个无穷大的比较,如

$$\lim_{x\to+\infty}\frac{x^3+1}{x^3-x+2}=\lim_{x\to+\infty}\frac{\left(1+\dfrac{1}{x^3}\right)x^3}{\left(1-\dfrac{1}{x^2}+\dfrac{2}{x^3}\right)x^3}=1,$$

我们说当 $x\to+\infty$时,两个无穷大 x^3+1 和 x^3-x+2 趋于无穷的速度一样. 又如

$$\lim_{x\to\infty}\frac{x+1}{x^2+x-1}=\lim_{x\to\infty}\frac{\dfrac{1}{x}+\dfrac{1}{x^2}}{1+\dfrac{1}{x}-\dfrac{1}{x^2}}=0,$$

我们说当 $x\to\infty$时,$x+1$ 趋于无穷的速度比 x^2+x-1 的慢,或者说 x^2+x-1 趋于无穷的速度比 $x+1$ 的快.

关于无穷大的比较,有以下定义.

定义 2.6.4 设 $x\to x_0$ 时,$f(x)$与 $g(x)$都是无穷大,则当

$$\lim_{x\to x_0}\frac{f(x)}{g(x)}=\begin{cases}0\text{ 时}, & \text{称 } f(x)\text{ 是比 } g(x)\text{ 低阶的无穷大},\\ c\neq 0\text{ 时}, & \text{称 } f(x)\text{ 与 } g(x)\text{ 为同阶无穷大},\\ 1\text{ 时}, & \text{称 } f(x)\text{ 与 } g(x)\text{ 为等价无穷大}.\end{cases}$$

当 $f(x)$与 $g(x)$为等价无穷大时,亦记作 $f(x)\sim g(x)\ (x\to x_0)$.

例 2.6.6 试确定 k 的值,使 $f(x)=2x+5x^3-x^6$ 在 $x\to\infty$时为 x^k 的同阶无穷大.

解 不难看出,

$$\lim_{x\to\infty}\frac{2x+5x^3-x^6}{-x^6}=1,$$

所以取 $k=6$ 即可. □

例 2.6.7 求极限 $\lim\limits_{x\to+\infty}\dfrac{\sqrt{1+2x^4}}{x^2+x}$.

解 由于 $\sqrt{1+2x^4}\sim\sqrt{2}x^2\ (x\to+\infty)$, $x^2+x\sim x^2\ (x\to+\infty)$,

所以

$$\lim_{x\to+\infty}\frac{\sqrt{1+2x^4}}{x^2+x}=\lim_{x\to+\infty}\frac{\sqrt{2}x^2}{x^2}=\sqrt{2}.$$ □

习 题 2.6

(A)

1. 回答下列问题:

(1) 绝对值非常小的量是无穷小吗? 数 0 是不是无穷小?

(2) $\infty,+\infty,-\infty$ 有什么区别? 它们是实数吗?

(3) 如果说"某函数是无穷小"对不对?

(4) 无穷小的阶的比较是怎样的?

(5) 若在同一极限过程中,$f(x)$与 $g(x)$是等价无穷小,能否说 $f(x)=g(x)$?

(6) 等价无穷小在求极限时有什么用处? 你能收集一些等价无穷小吗?

2. 证明:当 $x\to0$ 时,$\sin^2x$ 是 x 的高阶无穷小.

3. 当 $x\to1$ 时,下列无穷小

(1) $\frac{1}{2}(1-x^2)$；　(2) $1-x^3$；　(3) $(1-x)^2$；　(4) $1-x^2$

中，哪一个与无穷小 $1-x$ 等价？

4. 求下列变量的等价无穷大：

(1) $2x^3+3x^2-5x+6\quad(x\to\infty)$；　(2) $\sqrt{x+\sqrt{x+\sqrt{x}}}\quad(x\to+\infty)$.

(B)

1. 证明：当 $x\to 0$ 时，有

(1) $\tan x-\sin x\sim\frac{1}{2}x^3$；　(2) $\arctan x\sim\frac{1}{4}\sin 4x$.

2. 利用等价无穷小，求下列极限：

(1) $\lim\limits_{x\to 0}\frac{\tan 5x}{2x}$；　(2) $\lim\limits_{x\to 0}\frac{\sin(x^m)}{(\sin x)^n}$　(n,m 为正整数)；

(3) $\lim\limits_{x\to 0}\frac{\tan x-\sin x}{\sin^3 x}$；　(4) $\lim\limits_{x\to 0}\frac{\sqrt{1+x^2}-1}{1-\cos x}$.

3. 证明下列各题：

(1) $2x-x^2=O(x)\ (x\to 0)$；　(2) $\sqrt{1+x}-1=o(1)(x\to 0)$；

(3) $2x^3+2x^2=O(x^3)\ (x\to\infty)$；

(4) $(1+x)^n=1+nx+o(x)\ (x\to 0)$，$n$ 为自然数.

4. 设在某一极限过程中，α 和 β 都是无穷小. 证明：如果 $\alpha\sim\beta$，则 $\beta-\alpha=o(\alpha)$；反之，如果 $\beta-\alpha=o(\alpha)$，则 $\alpha\sim\beta$.

5. 证明当 $x\to 0$ 时，下列关系式成立：

(1) $o(x^n)+o(x^m)=o(x^n)\quad(0<n<m)$；　(2) $o(x^n)\cdot o(x^m)=o(x^{n+m})\quad(m>0,n>0)$.

答案与提示

(A)

3. 当 $x\to 1$ 时，$\frac{1}{2}(1-x^2)\sim(1-x)$.

4. (1) $2x^3$；　(2) $\sqrt{x}$.

(B)

2. (1) $\frac{5}{2}$；　(2) $m>n$ 时为 0，$m=n$ 时为 1，$m<n$ 时为∞；　(3) $\frac{1}{2}$；　(4) 1.

5. (1)考察$\lim\limits_{x\to 0}\frac{o(x^n)+o(x^m)}{x^n}$；　(2)考察$\lim\limits_{x\to 0}\frac{o(x^n)\cdot o(x^m)}{x^{m+n}}$.

2.7　连续与间断

物质世界的运动和变化有两种形式：一种是渐变，一种是突变. 从几何上看，一条连绵不断的曲线就反映某种渐变过程(见图 2.15)，而图 2.16 所示的曲线在 x_0 点有

一个“跳跃”,这表示某个渐变过程在此处发生了突变.这些现象在分析上就表现为某个函数的连续与间断.下面所讨论的连续函数是微积分学研究的主要对象.在研究一个函数的连续性的同时,也要考察它是否会在某处发生不连续的情形.

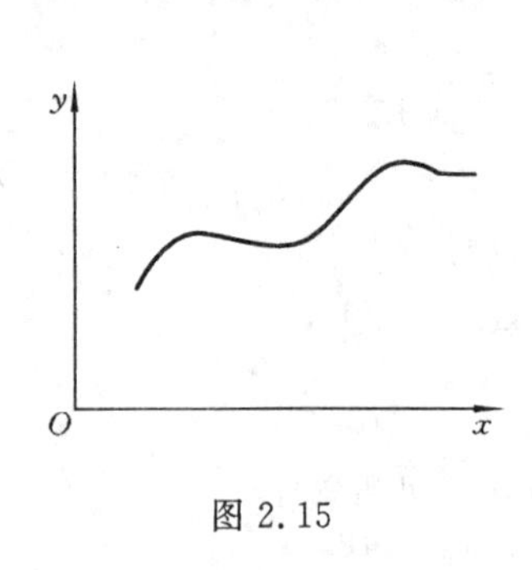

图 2.15

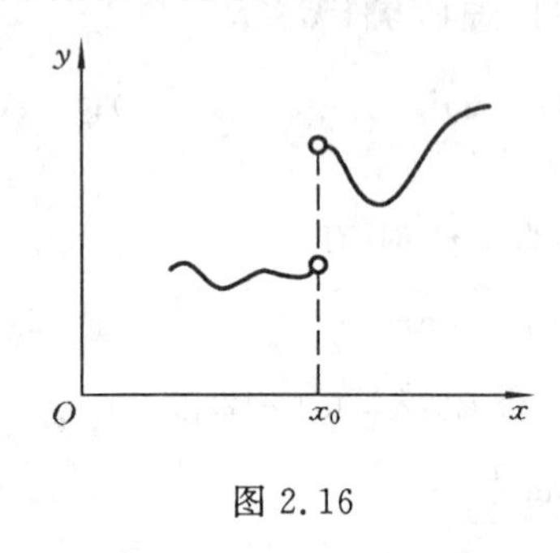

图 2.16

2.7.1 函数的连续性

我们在本章 2.1 节里给函数极限下定义时,曾经强调过这样一点,若 $x\to a$ 时,函数$f(x)$有极限值 A,则表示为$\lim\limits_{x\to a}f(x)=A$,这里与 $f(a)$的大小甚至与 $f(a)$有无意义都毫无关系.这里我们关心的是 x 充分靠近 a 点时,$f(x)$的变化趋势.然而,由几何直观上很容易看出,如果极限值 A 恰好等于函数值 $f(a)$,那么函数 $f(x)$在 $x=a$ 点必定是连续地变化的.下面我们就来刻画这种连续性.

定义 2.7.1(右连续性) 设函数$f(x)$在 a 点的某个右邻域$O^+(a)$及 a 点有定义.如果右极限 $\lim\limits_{x\to a^+}f(x)=f(a)$,则称 $f(x)$在 a 点是**右连续**的.

如图 2.17 所示,$f(x)$在 a 点右连续意味着:

(1) $\lim\limits_{x\to a^+}f(x)$存在;

(2) 极限值为 $f(a)$.

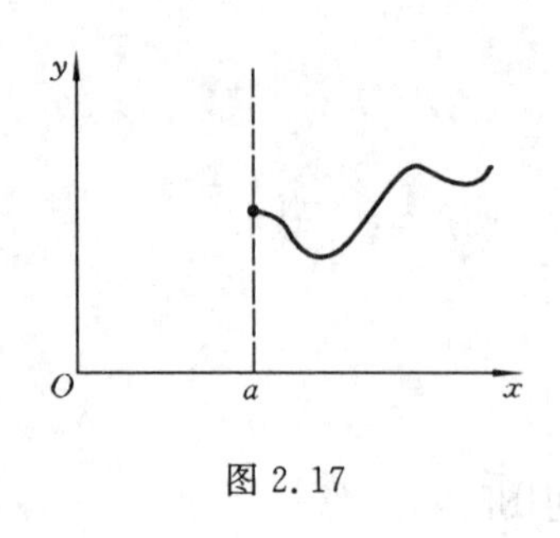

图 2.17

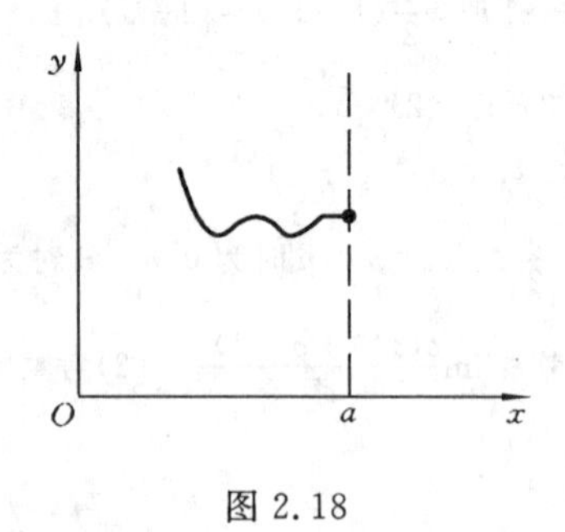

图 2.18

定义 2.7.2(左连续性) 设函数 $f(x)$在 a 点的某个左邻域$O^-(a)$及 a 点有定义.如果左极限 $\lim\limits_{x\to a^-}f(x)=f(a)$,则称 $f(x)$在 a 点是**左连续**的.这将意味着:

(1) $\lim\limits_{x\to a^-} f(x)$存在；

(2) 极限值为 $f(a)$.

左连续的示意图如图 2.18 所示. 左连续、右连续统称为**单侧连续**.

定义 2.7.3(连续性)　设函数 $f(x)$在 a 点的某个邻域 $O(a)$ 内有定义. 如果 $\lim\limits_{x\to a} f(x)=f(a)$，则称 $f(x)$在 a 点是**连续**的. 这意味着：

(1) $\lim\limits_{x\to a} f(x)$存在；

(2) 极限值为 $f(a)$.

其几何意义如图 2.19 所示.

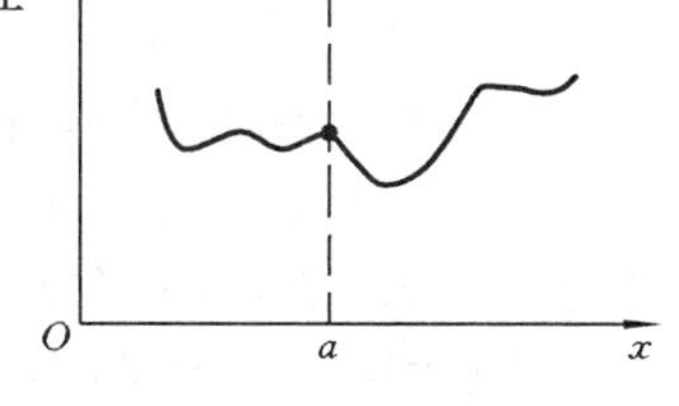

图 2.19

由于 $\lim\limits_{x\to a} f(x)$存在$\Leftrightarrow \lim\limits_{x\to a^-} f(x)$与 $\lim\limits_{x\to a^+} f(x)$存在且相等，所以

$f(x)$在 a 点连续$\Leftrightarrow f(x)$在 a 点左连续且右连续.

例 2.7.1　讨论函数 $f(x)=\begin{cases} x+1, & x\geqslant 0, \\ 2-\cos x, & x<0 \end{cases}$ 在 $x=0$ 处的连续性.

解　由于 $f(0^+)=f(0^-)=f(0)=1$，故 $f(x)$在 $x=0$ 处是连续的. □

例 2.7.2　证明 $f(x)=x^2$ 在 $x=3$ 处连续.

证　由于
$$\lim_{x\to 3} x^2 = (\lim_{x\to 3} x)\cdot(\lim_{x\to 3} x) = 3\cdot 3 = 9,$$
而 $f(3)=3^2=9$，故$\lim\limits_{x\to 3} f(x)$存在且等于 $f(3)$，因此 $f(x)$在 $x=3$ 处是连续的(事实上，函数 $f(x)$在数轴上每一点处都连续). □

与极限的定义那样，函数在一点处连续可以用 ε-δ 语言定义如下.

定义 2.7.4　设函数 $f(x)$在 a 点的某个邻域 $O(a)$内定义. 如果 $\forall \varepsilon>0$，$\exists \delta>0$，使得当$|x-a|<\delta$时，就有
$$|f(x)-f(a)|<\varepsilon,$$
则称 $f(x)$在 a 点连续.

由定义可见，连续性的实质就是：当自变量变化很小时函数的变化也很小.

若 $f(x)$在$[a,b]$上的每一点都连续，则称 $f(x)$是区间$[a,b]$上的连续函数. 在这里，函数 $f(x)$在区间端点处的连续性应理解为单侧连续性，即在 a 点为右连续，在 b 点为左连续. 为方便起见，今后用符号 $C[a,b]$表示区间$[a,b]$上全体连续函数的集合. 设 $f(x)$是$[a,b]$上的连续函数，则常简记为 $f(x)\in C[a,b]$. 类似的记号还有 $C(a,b)$，$C(0,+\infty)$，$C(-\infty,+\infty)$等等.

例 2.7.3　证明：正弦函数 $f(x)=\sin x\in C(-\infty,+\infty)$.

证　任取 $a\in(-\infty,+\infty)$，因为
$$|\sin x-\sin a|=2\left|\cos\frac{a+x}{2}\sin\frac{x-a}{2}\right|\leqslant 2\left|\sin\frac{x-a}{2}\right|\leqslant|x-a|,$$

所以,$\forall \varepsilon>0$,$\exists \delta=\varepsilon$,当$|x-a|<\delta$时,有

$$|\sin x-\sin a| \leqslant |x-a|<\varepsilon.$$

即 $f(x)=\sin x$ 在 a 点连续.由 a 点的任意性知,$\sin x \in C(-\infty,+\infty)$. □

类似可证余弦函数 $f(x)=\cos x \in C(-\infty,+\infty)$.

例 2.7.4 设 $f(x)=\begin{cases} x, x \text{ 是无理数}, \\ 0, x \text{ 是有理数}, \end{cases}$ 证明 $x=0$ 是函数的连续点.

证 $\forall \varepsilon>0$,取 $\delta=\varepsilon$,当$|x-0|=|x|<\delta$时,

$$|f(x)-f(0)|=|f(x)| \leqslant |x|<\varepsilon,$$

由定义 2.7.4 知,$f(x)$在 $x=0$ 点连续. □

由连续函数的定义可立即推得它的两个有用的性质.

定理 2.7.1(连续函数的局部保号性) 若函数 $f(x)$在 a 点连续,且 $f(a) \neq 0$,则$f(x)$在 a 点的某个邻域$O(a,\delta)$内与 $f(a)$同号,并且存在某正数 r,使得

$$|f(x)| \geqslant r>0 \quad (\forall x \in O(a,\delta)).$$

这个定理的结论可利用本章 2.4 节定理 2.4.3(函数极限的局部保号性)得到,请读者自己证明.

定理 2.7.2(连续函数的局部有界性) 若函数 $f(x)$在 a 点连续,则 $f(x)$在 a 点的某个邻域 $O(a,\delta)$内有界.

同样,这个定理可利用函数极限的局部有界性(见本章 2.4 节定理 2.4.2)加以证明.

2.7.2 函数的间断点

设函数 $f(x)$在 x_0 点的某个空心邻域 $O_0(x_0)$内有定义.如果在 x_0 点的连续性条件

$$f(x_0^-)=f(x_0^+)=f(x_0)$$

遭到破坏,则称 x_0 为函数 $f(x)$的**间断点(或不连续点)**.

函数 $f(x)$的间断点可如下分类.

第一类间断点:$f(x_0^-)$与 $f(x_0^+)$都存在的间断点.

第二类间断点:$f(x_0^-)$与 $f(x_0^+)$中至少有一个不存在的间断点(注意,无穷大属于不存在之列).

在第一类间断点中,有以下两种情形.

(1) $f(x_0^-)=f(x_0^+) \neq f(x_0)$(或 $f(x_0)$无定义),

这种间断点称为**可去间断点**.只要重新定义 $f(x_0)$(或补充定义$f(x_0)$),令 $f(x_0)=f(x_0^-)=f(x_0^+)$,则函数 $f(x)$在 x_0 点连续.

(2) $f(x_0^-) \neq f(x_0^+)$,

这种间断点称为**跳跃间断点**.对于跳跃间断点 x_0,数$|f(x_0^+)-f(x_0^-)|$称为函数

$f(x)$在 x_0 点的**跃度**.

例 2.7.5　$x_0=0$ 是函数 $f(x)=\dfrac{\sin x}{x}$的可去间断点，这是因为 $f(0^-)=f(0^+)=1$，而 $f(0)$无定义(见图 2.20)，这时我们可以补充定义 $f(0)=1$，于是便得到一个连续的函数

$$f(x)=\begin{cases}\dfrac{\sin x}{x}, & x\neq 0,\\ 1, & x=0,\end{cases}$$

这样便把间断点 $x_0=0$“去掉”了.　□

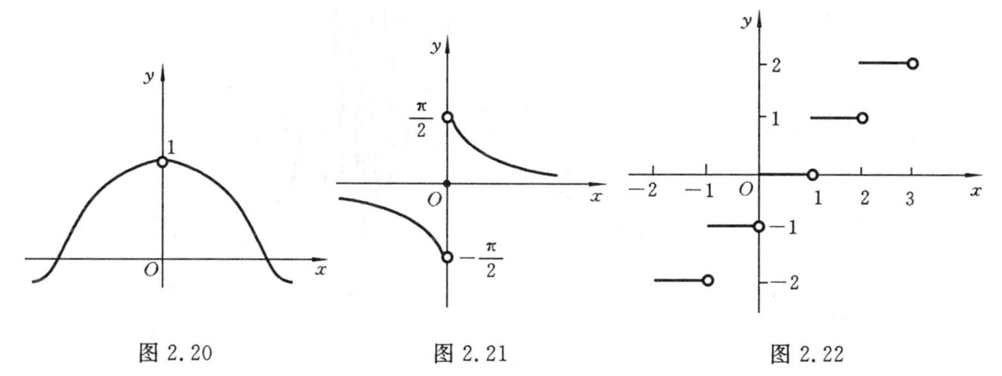

图 2.20　　图 2.21　　图 2.22

例 2.7.6　函数 $f(x)=\begin{cases}\arctan\dfrac{1}{x}, & x\neq 0,\\ 0, & x=0\end{cases}$ 在 $x_0=0$ 点的左、右极限分别为$-\dfrac{\pi}{2}$、$\dfrac{\pi}{2}$，所以 $x_0=0$ 是函数的第一类间断点(见图 2.21).　□

例 2.7.7　讨论函数 $f(x)=[x]$(x 的最大整数部分)的连续性.

解　由函数的定义知，当 $0\leqslant x<1$ 时，$f(x)=0$；当 $1\leqslant x<2$ 时，$f(x)=1$. 于是(见图 2.22)

$$f(1^+)=1,\quad f(1^-)=0.$$

因此 $x=1$ 是 $f(x)=[x]$的第一类间断点，即跳跃间断点，函数的跃度等于 1.

类似可证一切整数点都是函数的跳跃间断点，且跃度都是 1.

再来考察 $x=1/2$ 处的情形. 容易看出

$$\lim_{x\to\frac{1}{2}}f(x)=\lim_{x\to\frac{1}{2}}[x]=0=f\left(\frac{1}{2}\right),$$

所以 $x=1/2$ 是 $f(x)$的连续点. 类似可证所有的非整数点都是$f(x)$的连续点.

可以说在一切整数点处，函数是右连续的，但不左连续.　□

例 2.7.8　函数 $f(x)=\begin{cases}\dfrac{1}{x}, & x\neq 0,\\ 0, & x=0\end{cases}$ 在 $x=0$ 点的左、右极限都不存在(均为无穷

大),所以 $x=0$ 是函数的第二类间断点(亦称**无穷间断点**),如图 2.23 所示. □

例 2.7.9 设 $f(x)=\begin{cases}\sin\dfrac{1}{x}, & x\neq 0,\\ 0, & x=0,\end{cases}$ 当 $x\to 0$ 时,$\dfrac{1}{x}\to\infty$,$\sin\dfrac{1}{x}$不趋向任何数,也不趋向无穷大. 当 x 充分靠近 0 时,$\sin\dfrac{1}{x}$的值在 $+1$ 与 -1 之间无限振荡. 因此 $x=0$ 是 $f(x)$的第二类间断点(亦称**振荡型间断点**),如图 2.24 所示. □

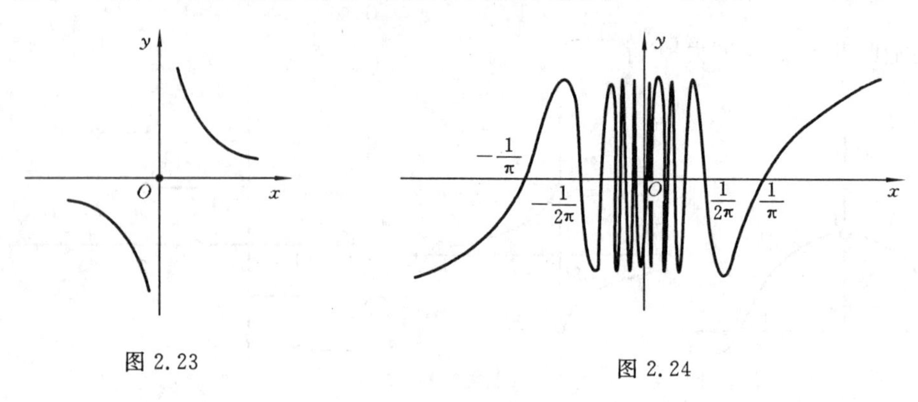

图 2.23　　　　　　　　　　图 2.24

习　题　2.7

(A)

1. 回答下列问题:

(1) 试用 ε-δ 语言叙述函数 $f(x)$在 x_0 点连续的定义.

(2) 对于自变量的改变量 Δx,令 $\Delta y=f(x_0+\Delta x)-f(x_0)$,称 Δy 为 $f(x)$在 x_0 点的改变量. 若 $\lim\limits_{\Delta x\to 0}\Delta y=0$,可否确定 $f(x)$在 $x=x_0$ 点连续?

(3) 什么叫函数的间断点?

(4) 函数的间断点有哪些类型? 分类的依据是什么?

2. 试确定 A 与 B 的值,使函数 $f(x)=\begin{cases}(1-x)^{1/x}, & x>0,\\ B, & x=0,\\ x\sin\dfrac{1}{x}+A, & x<0\end{cases}$ 在 $x=0$ 处连续.

3. 设 $f(x)=\begin{cases}a+bx^2, & x\leqslant 0,\\ \dfrac{\sin bx}{x}, & x>0\end{cases}$ 在 $x=0$ 处连续,问常数 a 与 b 应满足什么关系?

4. 设 $f(x)=\begin{cases}2-x, & x<1,\\ x^2, & x>1.\end{cases}$

(1) 画出 $f(x)$的图形.

(2) 怎样定义 $f(1)$,使得 $f(x)$在整个 x 轴上连续?

5. 设 $f(x)=\begin{cases}0, & x<1,\\ (x-1)^2, & x>1.\end{cases}$

(1) 画出 $f(x)$的图形.

(2) 怎样定义 $f(1)$,使得 $f(x)$在整个 x 轴上连续?

6. 设 $f(x)=x+|x|$.

(1) 画出 $f(x)$的图形.

(2) $f(x)$在 $x=0$ 点是否连续?

7. (1) 设 $f(x)=\begin{cases}\sin\dfrac{1}{x}, & x\neq 0,\\ 1, & x=0,\end{cases}$ 问 $x=0$ 是否为 $f(x)$的可去间断点?

(2) 设 $f(x)=\begin{cases}x\sin\dfrac{1}{x}, & x\neq 0,\\ 1, & x=0,\end{cases}$ 问 $x=0$ 是否为 $f(x)$的间断点?如果是间断点,则指出其类型.

8. 判断下列函数的间断点的类型:

(1) $f(x)=\dfrac{x}{\sqrt{x^2}}$, $x=0$;　　(2) $f(x)=\mathrm{e}^{1/x}$, $x=0$;

(3) $f(x)=\dfrac{1}{x+1}$, $x=-1$;　　(4) $f(x)=\arctan\mathrm{e}^{1/x}$, $x=0$.

9. 设 $x=a$ 是函数 $f(x)$的可去间断点,设 $x\neq a$ 时,$g(x)=f(x)$,并设 $g(a)=\lim\limits_{x\to a}f(x)$. 证明 $g(x)$在 a 处连续.

10. 设法利用补充定义的办法,使下列函数成为$(-\infty,+\infty)$上的连续函数(这种方法叫作**连续延拓方法**):

(1) $f(x)=\dfrac{x^3-27}{x-3}$;　　(2) $f(x)=\dfrac{1-\cos x}{x^2}$.

(B)

1. 证明函数 $f(x)=\cos x\in C(-\infty,+\infty)$.

2. 判断下列函数的间断点的类型:

(1) $f(x)=\begin{cases}\dfrac{\mathrm{e}^{1/x}+1}{\mathrm{e}^{1/x}-1}, & x\neq 0,\\ 0, & x=0,\end{cases}$ $x=0$;　　(2) $f(x)=\lim\limits_{n\to\infty}\dfrac{nx}{1+nx^2}$,　$x=0$.

3. 设函数 $f(x)=\lim\limits_{n\to\infty}\dfrac{1+x}{1+x^{2n}}$,试找出 $f(x)$的间断点.

4. 试确定 a,b 的值,使 $f(x)=\dfrac{\mathrm{e}^x-b}{(x-a)(x-1)}$有无穷间断点 $x=0$,有可去间断点 $x=1$.

答案与提示

(A)

2. $A=B=\mathrm{e}^{-1}$.

3. $a=b$.

4. 定义 $f(1)=1$.

5. 令 $f(1)=0$.

6. (2) 连续.

7. (1) $x=0$ 不是 $f(x)$的可去间断点；(2) $x=0$ 是 $f(x)$的可去间断点.

8. (1) $x=0$ 为跳跃间断点；(2) $x=0$ 为无穷间断点；(3) $x=-1$ 为无穷间断点；(4) $x=0$ 为跳跃间断点.

10. (1) 令 $f(3)=27$；(2) 令 $f(0)=\frac{1}{2}$.

(B)

2. (1) $x=0$ 为跳跃间断点；(2) $x=0$ 为无穷间断点.

3. 有间断点 $x=1$.

4. $a=0,b\neq 1;a\neq 1,b=\mathrm{e}$.

2.8　连续函数的性质

2.8.1　连续函数的运算

连续函数的四则运算、复合运算以及求逆(反函数)运算，在一定的条件下，其结果仍然是连续函数.因连续是极限的一种特殊情形，由极限的四则运算法则可得连续函数的四则运算法则.

定理 2.8.1(连续函数的四则运算)　设 $f(x),g(x)$在 x_0 点连续，α 和 β 为任意常数，则

(1) $\alpha f(x)+\beta g(x)$在 x_0 点连续(称 $\alpha f+\beta g$ 为 f 与 g 的**线性组合**)；

(2) $f(x)g(x)$在 x_0 点连续；

(3) 若 $g(x_0)\neq 0$，$\frac{f(x)}{g(x)}$在 x_0 点连续.

进一步可以推得：若 $f(x),g(x)\in C(a,b)$，则

$$\alpha f(x)+\beta g(x)\in C(a,b),\quad f(x)g(x)\in C(a,b);$$

若 $\forall x\in(a,b),g(x)\neq 0$，则$\frac{f(x)}{g(x)}\in C(a,b)$.

由复合函数极限定理可以推得复合函数连续性定理.

定理 2.8.2(复合函数的连续性)　设 $y=f(t)$在 t_0 点连续，$t=g(x)$在 x_0 点连续，且 $t_0=g(x_0)$，则复合函数 $y=f[g(x)]$在 x_0 点连续.

定理 2.8.2 的结论可以简单地表示如下：

$$\lim_{x\to x_0}f[g(x)]=f[\lim_{x\to x_0}g(x)]=f[g(x_0)].\tag{2.8.1}$$

由定理 2.8.2 还可以推得：若 $g(x)\in C(a,b)$，值域属于(α,β)，$f(t)\in C(\alpha,\beta)$，则

$f[g(x)]\in C(a,b)$.

下面给出反函数连续性定理,证明从略.

定理 2.8.3(反函数的连续性)　设函数 $y=f(x)$在区间 I 上严格递增(或严格递减)且连续,值域为区间 J,则其反函数 $x=\varphi(y)$在 J 上严格递增(或严格递减)且连续.

例 2.8.1　由于 $\sin x$ 和 $\cos x$ 都在$(-\infty,+\infty)$上连续,因此 $\tan x=\dfrac{\sin x}{\cos x}$和 $\cot x=\dfrac{\cos x}{\sin x}$在其定义域内是连续的. □

例 2.8.2　求$\lim\limits_{x\to 0}\cos(1+x)^{\frac{1}{x}}$.

解　函数 $y=\cos(1+x)^{\frac{1}{x}}$可看作由

$$y=\cos u,\quad u=(1+x)^{\frac{1}{x}}$$

复合而成. 由于$\lim\limits_{x\to 0}(1+x)^{\frac{1}{x}}=\mathrm{e}$,而 $\cos u$ 在 $u=\mathrm{e}$ 连续,故由本章 2.3 节定理 2.3.2 可得

$$\lim_{x\to 0}\cos(1+x)^{\frac{1}{x}}=\cos[\lim_{x\to 0}(1+x)^{\frac{1}{x}}]=\cos\mathrm{e}.$$ □

例 2.8.3　求$\lim\limits_{x\to\infty}\sqrt{2-\dfrac{\sin x}{x}}$.

解　等式(2.8.1)对于 $x\to+\infty$,$x\to-\infty$或 $x\to x_0^{\pm}$ 类型的极限也是正确的. 因此

$$\lim_{x\to\infty}\sqrt{2-\frac{\sin x}{x}}=\sqrt{2-\lim_{x\to\infty}\frac{\sin x}{x}}=\sqrt{2-0}=\sqrt{2}.$$ □

例 2.8.4　由于 $y=\sin x$ 在闭区间$\left[-\dfrac{\pi}{2},\dfrac{\pi}{2}\right]$上严格递增且连续,故它的反函数 $y=\arcsin x$ 在闭区间$[-1,1]$上也是严格递增且连续的.

同理可证,$y=\arccos x$ 在$[-1,1]$上严格递减且连续;$y=\arctan x$在$(-\infty,+\infty)$内严格递增且连续.

总之,反三角函数 $\arcsin x$,$\arccos x$,$\arctan x$ 和 $\operatorname{arccot} x$ 在它们的定义域内都是连续的. □

2.8.2　初等函数的连续性

通过前几节的讨论,我们已经知道:

(1) 三角函数和反三角函数在其定义域内是连续的.

下面再讨论其他基本初等函数的连续性.

(2) 指数函数和对数函数的连续性在其定义域内是连续的.

先证明指数函数 $a^x\in C(-\infty,+\infty)$,其中 $a>0$.

当 $a=1$ 时,结论显然成立.当 $a>1$ 时,$\forall x_0\in(-\infty,+\infty)$,$\forall\varepsilon>0$,取 $\delta=\log_a(1+\varepsilon a^{-x_0})>0$,则当 $|x-x_0|<\delta$ 时,有

$$|a^x-a^{x_0}|=a^{x_0}|a^{x-x_0}-1|<a^{x_0}(a^\delta-1)=\varepsilon,$$

所以,当 $a>1$ 时,$\lim\limits_{x\to x_0}a^x=a^{x_0}$,结论成立.当 $a<1$ 时,请读者给出证明.

由 a^x 的连续性及反函数的连续性,立即知道对数函数 $\log_a x$ 在 $(0,+\infty)$ 内连续.

(3) 幂函数的连续性在其定义域内是连续的.

设 $y=x^\alpha$,$0<x<+\infty$,α 为任一实数,这时

$$x^\alpha=e^{\alpha\ln x}\quad(0<x<+\infty),$$

由 e^u 和 $u=\ln x$ 的连续性以及复合函数的连续性定理可知,x^α 是 $(0,+\infty)$ 上的连续函数.

当 α 取不同的值时可以分别加以讨论,可以证明,幂函数在其定义域内是连续的.

(4) 双曲函数在其定义域内是连续的.这可由 e^x 的连续性及连续函数的运算法则推得.

综上所述可以推知,**一切初等函数都在其定义域内连续.**

例 2.8.5 证明 $\lim\limits_{x\to 0}\dfrac{\ln(1+x)}{x}=1$.

证 由对数的性质知

$$\frac{\ln(1+x)}{x}=\ln(1+x)^{1/x},$$

右端可视作 $u=(1+x)^{1/x}$ 和 $\ln u$ 的复合函数,故

$$\lim_{x\to 0}\frac{\ln(1+x)}{x}=\lim_{x\to 0}\ln(1+x)^{1/x}=\ln[\lim_{x\to 0}(1+x)^{1/x}]=\ln e=1.$$ □

例 2.8.6 证明 $\lim\limits_{x\to 0}\dfrac{a^x-1}{x}=\ln a(a>0)$.

证 作代换 $y=a^x-1$,则 $a^x=1+y$,进而得

$$\frac{a^x-1}{x}=\frac{y\ln a}{\ln(1+y)},$$

由于 $x\to 0\Leftrightarrow y\to 0$,所以

$$\lim_{x\to 0}\frac{a^x-1}{x}=\lim_{y\to 0}\frac{y\ln a}{\ln(1+y)}=\ln a.$$

当 $a=e$ 时,有

$$\lim_{x\to 0}\frac{e^x-1}{x}=1.$$ □

利用等价无穷小的记号,我们可以把上面两例的结果表为

$$\ln(1+x)\sim x\ (x\to 0),\quad e^x-1\sim x\ (x\to 0).$$

2.8.3　有界闭区间上连续函数的性质

定义在有界闭区间上的连续函数具有一系列重要的性质,这使得对连续函数的研究及应用比不连续函数的情形要简单得多.

定理 2.8.4(有界性定理)　闭区间$[a,b]$上的连续函数 $f(x)$必定有界.

证　用致密性定理证明.

假设 $f(x)$在闭区间$[a,b]$上无界,即$\forall n$, $\exists x_n\in[a,b]$,使得

$$|f(x_n)|>n.$$

令 n 取遍一切自然数,则相应地可得到一数列$\{x_n\}$,其中,$x_n\in[a,b]$. 且$|f(x_n)|>n(n=1,2,\cdots)$. 于是便有

$$f(x_n)\to\infty\quad(n\to\infty).$$

根据致密性定理(见 2.5 节定理 2.5.4),有界数列$\{x_n\}$必含有一收敛子列,不妨设为$\{x_{n_k}\}$,$x_{n_k}\to x_0\in[a,b](k\to\infty)$. 对于这个子列,显然也有$|f(x_{n_k})|>n_k$,因此亦有$f(x_{n_k})\to\infty(k\to\infty)$.

另一方面,由 $f(x)$在$[a,b]$上的连续性,可知$\lim\limits_{x\to x_0}f(x)=f(x_0)$. 再由函数极限与数列极限的关系得

$$\lim_{k\to\infty}f(x_{n_k})=\lim_{x\to x_0}f(x)=f(x_0).$$

这就产生了矛盾. 因此,$f(x)$在$[a,b]$上无界的假设是错误的,定理得证. □

这个定理的假设有两点,一是$[a,b]$为有界闭区间,一是函数 $f(x)$连续. 这两个条件缺一不可. 例如,函数$\dfrac{1}{x}$在开区间$(0,1)$上连续但无界. 又例如,$[0,2]$上的函数

$$y=\begin{cases}\dfrac{1}{x-1}, & x\neq 1,0\leqslant x\leqslant 2,\\ 0, & x=1\end{cases}$$

在 $x=1$ 处发生间断,且函数在 $x=1$ 附近无界.

定理 2.8.4 可以用数学符号简明地表述如下.

若 $f(x)\in C[a,b]$,则$\exists M>0$,使得 $|f(x)|\leqslant M\quad(\forall x\in[a,b])$.

定理 2.8.5(最大最小值定理)　闭区间$[a,b]$上的连续函数$f(x)$必有最大值和最小值.

证　由有界性定理知,$f(x)$在$[a,b]$上有界. 由确界原理(见第 1 章 1.1.4 小节)知,数集$\{f(x)\mid a\leqslant x\leqslant b\}$有上确界 β 和下确界 α,我们证明 $f(x)$有最大值,也就是 $f(x)$可以达到上确界 β.

根据第 1 章 1.1 节定理 1.1.3,对于 $\varepsilon=\dfrac{1}{n}(n=1,2,\cdots)$,$\exists x_n\in[a,b](n=1,2,\cdots)$,使得

$$\beta-\frac{1}{n}<f(x_n)\leqslant\beta\quad(n=1,2,\cdots)$$

于是有

$$\lim_{n\to\infty}f(x_n)=\beta.$$

由致密性定理知,有界数列$\{x_n\}$有一收敛子列$\{x_{n_k}\}$,设$x_{n_k}\to x_0\in[a,b]$,则由子列的性质知

$$\lim_{k\to\infty}f(x_{n_k})=\beta.$$

再由$f(x)$在x_0点的连续性可推知

$$\beta=\lim_{k\to\infty}f(x_{n_k})=f(x_0).$$

这表明上确界β可以在x_0点达到,亦即$f(x)$在$[a,b]$上有最大值.

同理可证$f(x)$有最小值. □

这个定理是说,若$f(x)\in C[a,b]$,则必$\exists\xi\in[a,b]$及$\eta\in[a,b]$,使得

$$f(\xi)=M=\max_{a\leqslant x\leqslant b}f(x),\quad f(\eta)=m=\min_{a\leqslant x\leqslant b}f(x).$$

这里,假设条件也是一个不能少的.例如,函数$\arctan x$不能达到其上下确界$\pm\frac{\pi}{2}$,因为它的定义域$(-\infty,+\infty)$是一个无穷区间.又如函数$\frac{1}{1+e^{1/x}}$即使在有界闭区间$[-1,1]$上也不能达到其上确界1及下确界0,这是因为函数在这个区间上发生间断.

定理 2.8.6(零点存在定理) 设$f(x)\in C[a,b]$,且$f(a)$与$f(b)$异号,则在(a,b)内至少存在一点ξ,使$f(\xi)=0$.

证 我们用确界原理(见第1章1.1.4小节)证明.不妨设$f(a)<0,f(b)>0$,令

$$E=\{x\in[a,b]\mid f(x)\leqslant 0\},$$

则因$a\in E$,故E非空,且E有上界,如b就是E的一个上界.所以E是一个有上界的非空数集,根据确界原理,E有上确界,记为$\xi=\sup E$.

下面先证明$a<\xi<b$.根据连续函数的保号性质可推知,由$f(a)<0$,$\exists\delta_1>0$,使当$x\in(a,a+\delta_1)$时,有$f(x)<0$;又由$f(b)>0$,$\exists\delta_2>0$,使当$x\in(b-\delta_2,b)$时,$f(x)>0$.因此得

$$a<a+\delta_1\leqslant\xi\leqslant b-\delta_2<b.$$

再证明$f(\xi)=0$,用反证法证明.若$f(\xi)>0$,则$\xi\notin E$,且由连续函数的保号性,$\exists\delta>0$,使当$x\in(\xi-\delta,\xi+\delta)$时,有$f(x)>0$,因此,小区间$(\xi-\delta,\xi+\delta)$内不含集合$E$的点.这显然与$\xi$是$E$的上确界相矛盾.

若$f(\xi)<0$,则$\exists\delta'>0$,使当$x\in(\xi-\delta',\xi+\delta')$时,有$f(x)<0$.因此,小区间$(\xi-\delta',\xi+\delta')\subset E$,于是$\xi$不可能是$E$的上确界,这又产生了矛盾.

总之,$f(\xi)>0$及$f(\xi)<0$都是不可能的,所以必有$f(\xi)=0$,定理证毕. □

定理2.8.6的几何意义是明显的:连续曲线由x轴下方跑到x轴上方,中间至

少要通过 x 轴一次(见图 2.25).

从定理 2.8.6 容易推得下面的结果.

定理 2.8.7(介值定理) 设 $f(x)\in C[a,b]$，η 是介于 $f(a)$ 与 $f(b)$ 之间的某个数，则必存在一点 $\xi\in[a,b]$，使得 $f(\xi)=\eta$.

证 若 η 等于 $f(a)$ 或 $f(b)$，则取 $\xi=a$ 或 b 即可. 若 $f(a)<\eta<f(b)$，或 $f(a)>\eta>f(b)$，作辅助函数 $F(x)=f(x)-\eta$，则 $F(x)\in C[a,b]$，且

$$F(a)\cdot F(b)=[f(a)-\eta]\cdot[f(b)-\eta]<0.$$

由定理 2.8.6 知，$\exists\,\xi\in(a,b)$，使得 $F(\xi)=0$，即 $f(\xi)=\eta$. 证毕. □

这个定理是说连续函数可以取得 $f(a)$ 与 $f(b)$ 之间的一切值. 换句话说，如果 I 是以 $f(a)$ 和 $f(b)$ 为端点的区间，则 $f([a,b])\supset I$. 反过来，若一函数能取到 $f(a)$ 与 $f(b)$ 之间的一切值，它是否连续呢？考察函数

$$f(x)=\begin{cases}x, & 0\leqslant x<1,\\ 3-x, & 1\leqslant x\leqslant 2,\\ x, & 2<x\leqslant 3.\end{cases}$$

这个函数可以取到 $f(0)=0$ 与 $f(3)=3$ 之间的一切值，但它不连续(见图 2.26).

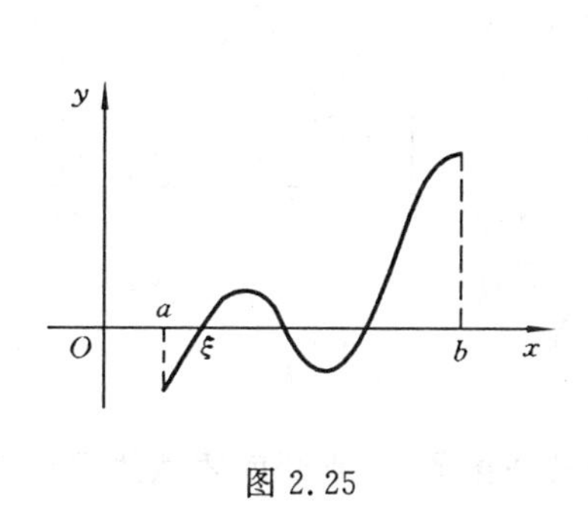

图 2.25

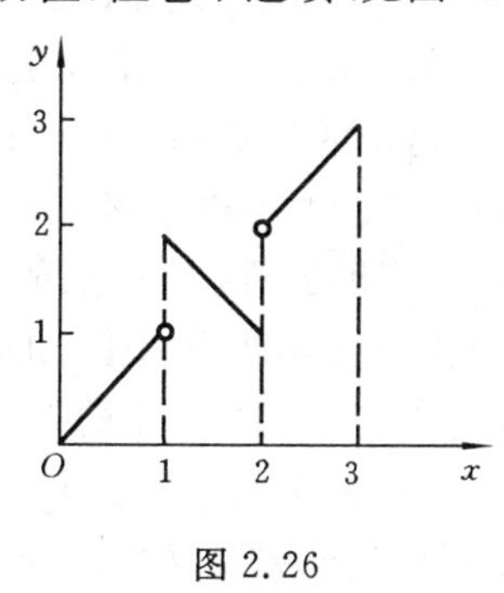

图 2.26

推论 2.8.1 设 $f(x)\in C[a,b]$，则 $f(x)$ 必取得其最大值和最小值之间的任何值.

请读者自己证明.

推论 2.8.2 若 $f(x)\in C[a,b]$，则值域 $J=f([a,b])$ 也是一个闭区间(可以退化为一点).

证 如果 f 是常值函数，则 J 退化为一点. 如果 f 不是常值函数，则 J 自然不是单点集. 由于 $f(x)$ 在闭区间 $[a,b]$ 上连续，故有最大值和最小值，它们必含于 J 中. 在 J 中任取两点 $y_1<y_2$，则在 $[a,b]$ 中有两点 x_1 和 x_2 使 $f(x_1)=y_1$，$f(x_2)=y_2$. 由定理2.8.7易知 $J\supset[y_1,y_2]$. 而 y_1 和 y_2 是任意的，所以 J 必是一个闭区间. □

例 2.8.7 证明方程 $x^3+4x^2-3x-1=0$ 有三个实根.

证 设 $f(x)=x^3+4x^2-3x-1$，则 $f(x)\in C(-\infty,+\infty)$.

因 $f(0)=-1<0, f(1)=1>0$,所以 $f(x)$ 在 $(0,1)$ 内至少有一个零点,即方程 $f(x)=0$ 至少有一实根.

又 $f(-1)=5>0$,所以方程 $f(x)=0$ 在 $(-1,0)$ 内至少有一实根.

又 $\lim\limits_{x\to-\infty} f(x)=-\infty$,由极限性质知,$\exists x_0<0$,使 $f(x_0)<0$,所以方程 $f(x)=0$ 在 $(x_0,-1)$ 内至少有一实根.三次方程至多有三个实根,故方程恰有三个实根. □

例 2.8.8 证明方程 $4-x=2^x$ 在区间 $[1,2]$ 内有一个根.

证 令 $f(x)=4-x-2^x$,易见 $f(x)$ 连续,且

$$f(1)=4-1-2^1=1>0,\quad f(2)=4-2-2^2=-2<0,$$

由定理 2.8.6 知,$\exists c\in(1,2)$,使 $f(c)=0$. □

2.8.4 函数的一致连续性

我们先来回忆一下连续性定义.函数 $f(x)$ 在 x_0 点连续是指:$\forall \varepsilon>0$,$\exists \delta>0$,$\forall x\in O(x_0,\delta)$,有 $|f(x)-f(x_0)|<\varepsilon$.这里的 δ 一般来说不仅依赖于 ε,也依赖于点 x_0.也就是说,当所讨论的点不同时,δ 也会随之而改变(见图 2.27).这就是连续性定义的局部性.至于函数在区间上的连续性,我们是用它在这个区间的每一点的连续性来确定的(即是逐点的).其实,也可以直接定义函数在区间上的连续性,而不必依赖于函数在一点的连续性概念(即不是逐点的).我们的基本出发点是:如果对区间 I 中的所有不同点,能求出一个同样大小的 δ,使 $|f(x)-f(x_0)|<\varepsilon$ 成立,就称 $f(x)$ 在 I 上是一致连续的.

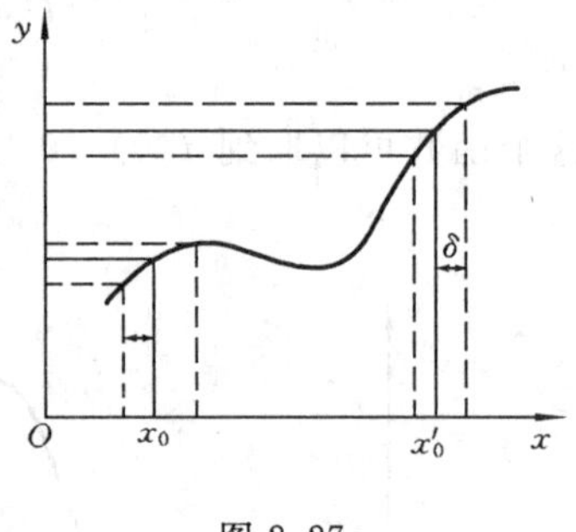

图 2.27

定义 2.8.1(一致连续性) 设函数 $f(x)$ 定义在区间 I(或开或闭或无穷)上.如果 $\forall \varepsilon>0$,$\exists \delta>0$,$\forall x_1,x_2\in I$:$|x_1-x_2|<\delta$,有

$$|f(x_1)-f(x_2)|<\varepsilon,$$

则称 $f(x)$ 在区间 I 上是**一致连续**的.

换句话说,$f(x)$ 在区间 I 上一致连续,是指它在 I 的任意两个彼此充分靠近的点上的值之差,就绝对值来说,可以任意地小.我们之所以称这种连续性是**一致的**,是因为在这里,差 $|f(x_1)-f(x_2)|$ 的任意小并不依赖于点 x_1 和 x_2 在区间 I 上的位置,而只要它们彼此充分接近就行了.简单地说,定义中的 δ 仅与 ε 有关,而与点的位置无关.

一致连续的概念与我们在本章 2.7.1 小节给出的函数在区间上连续的概念有什么联系呢?这几乎是显然的,即从函数在区间上一致连续性可以推出它在该区间的每一点的连续性.事实上,假设 $f(x)$ 在区间 I 上一致连续,又 x_0 是 I 的任一点,则当 x 充分逼近 x_0 时,$|f(x)-f(x_0)|$ 可以任意小,而这正表示 $f(x)$ 在 x_0 点连续.然而,

比这个更加深刻得多的事实是:从函数在一个有界闭区间上的每一点的连续性就足以推出它在这个闭区间上的一致连续性.

定理 2.8.8(一致连续性定理)　闭区间$[a,b]$上的连续函数$f(x)$必定在$[a,b]$上一致连续.

由于这个定理的证明比较困难,在此略去.有兴趣的读者可参看数学专业的数学分析教材.

注意,定理 2.8.8 对开区间(a,b)一般是不成立的.

例 2.8.9　$f(x)=\dfrac{1}{x}$在开区间$(0,1)$的每一点都连续,但在该区间并不一致连续.

证　对于任意小的$\delta>0$,令$x_1=\delta,x_2=2\delta$,则$|x_1-x_2|=\delta$,而

$$|f(x_1)-f(x_2)|=\frac{1}{\delta}-\frac{1}{2\delta}=\frac{1}{2\delta}.$$

这里$|x_1-x_2|$可以任意小,但$|f(x_1)-f(x_2)|$可以任意大.　□

函数$f(x)=\tan x$在开区间$\left(-\dfrac{\pi}{2},\dfrac{\pi}{2}\right)$也有类似的情形.

例 2.8.10　证明函数$f(x)=\sin x$在$(-\infty,+\infty)$上一致连续.

证　$\forall x_1,x_2\in(-\infty,+\infty)$,有不等式

$$|\sin x_1-\sin x_2|=2\left|\cos\frac{x_1+x_2}{2}\right|\cdot\left|\sin\frac{x_1-x_2}{2}\right|\leqslant|x_1-x_2|,$$

$\forall\varepsilon>0$,只要取$\delta=\varepsilon$,则当$|x_1-x_2|<\delta$时,就有

$$|\sin x_1-\sin x_2|\leqslant|x_1-x_2|<\varepsilon,$$

由定义 2.8.1 知,$\sin x$在$(-\infty,+\infty)$上一致连续.　□

习　题　2.8

(A)

1. 回答下列问题:

(1) 连续函数的运算法则有哪些?

(2) 怎样利用这些运算法则求函数极限?

(3) 一致连续是怎样的一个概念?

(4) 连续性与一致连续性的概念有什么区别?有什么联系?

(5) 若$f(x)\in C[a,b]$,c和d是$[a,b]$内任意两点,那么$f(x)$是否可以取到介于$f(c)$和$f(d)$之间的任何值?能证明你的结论吗?

2. 确定下列函数的连续区间:

(1) $f(x)=\dfrac{1}{x^3-x^2-2x}$;　　(2) $f(x)=\dfrac{x-1}{x^2-x^3}$;

(3) $f(x)=\begin{cases}\dfrac{\sin x}{|x|}, & x\neq 0,\\ 1, & x=0;\end{cases}$ (4) $f(x)=\operatorname{sgn}(\sin x)$.

3. 求下列极限：

(1) $\lim\limits_{x\to 1}\dfrac{1-x}{\ln x}$； (2) $\lim\limits_{x\to 1}\cos\dfrac{x^2-1}{x-1}$； (3) $\lim\limits_{x\to a^+}\dfrac{\sqrt{x}-\sqrt{a}}{\sqrt{x^2-a^2}}(a>0)$；

(4) $\lim\limits_{x\to \frac{\pi}{2}}\left(2\cos^2\dfrac{x}{2}\right)^{3\sec x}$； (5) $\lim\limits_{x\to 1}\left(\dfrac{1+x}{2+x}\right)^{\frac{1-\sqrt{x}}{1+x}}$； (6) $\lim\limits_{x\to +\infty}(\arctan x)^{\cos\frac{1}{x}}$；

(7) $\lim\limits_{x\to\infty}\left(\dfrac{x}{1+x}\right)^x$； (8) $\lim\limits_{x\to 0}\left(\dfrac{1}{x+1}\right)^{\frac{1}{3x}}$；

(9) $\lim\limits_{x\to 0}\left[\dfrac{\ln(\cos^2 x+\sqrt{1-x^2})}{e^x+\sin x}+(1+x)^x\right]$.

4. 试利用定理 2.8.7 证明：每一个正数有一个平方根. 换句话说，若 $\alpha>0$，则有一数 x 能满足 $x^2=\alpha$.

5. 证明下列方程在给定区间上至少有一根：

(1) $x2^x=1, 0\leqslant x\leqslant 1$； (2) $x^3+px-q=0\ (p>0), -\infty<x<+\infty$.

6. 设 $f(x)\in C[0,1]$，并且 $\forall x\in[0,1], 0<f(x)<1$（画一图）. 求证：$\exists x_0\in(0,1)$，使得 $f(x_0)=x_0$（称方程 $f(x)=x$ 的根为函数 f 的**不动点**）.

7. 设 $f(x), g(x)\in C[a,b]$，且 $f(a)<g(a), f(b)>g(b)$. 证明：$\exists c\in(a,b)$，使得 $f(c)=g(c)$.

(B)

1. 闭区间 $[a,b]$ 上的连续函数 $f(x)$ 的值域也是一个闭区间吗？试证明你的结论.

2. 证明：若 $f(x)\in C(-\infty,+\infty)$，且 $\lim\limits_{x\to+\infty}f(x)$ 与 $\lim\limits_{x\to-\infty}f(x)$ 都存在，则 $f(x)$ 必有界.

3. 设 $f(x)\in C(a,b)$，且 $f(a^+)$ 与 $f(b^-)$ 都存在. 证明 $f(x)$ 在 (a,b) 一致连续.

4. 设 $f(x)$ 在 $[a,b]$ 上满足李普希兹条件：

$$|f(x)-f(y)|\leqslant L|x-y| \quad (\forall x,y\in[a,b]),$$

其中，L 为常数. 证明 $f(x)$ 在 $[a,b]$ 上一致连续.

答案与提示

(A)

2. (1) $(-\infty,-1),(-1,0),(0,2),(2,+\infty)$； (2) $(-\infty,0),(0,1),(1,+\infty)$；

(3) $(-\infty,0),(0,+\infty)$； (4) $(k\pi,(k+1)\pi), k=0,\pm 1,\pm 2,\cdots$.

3. (1) -1； (2) $\cos 2$； (3) 0； (4) e^3； (5) 1； (6) $\dfrac{\pi}{2}$；

(7) e^{-1}； (8) $e^{-\frac{1}{3}}$； (9) $1+\ln 2$.

4. 令 $f(x)=x^2$，取区间 $[0,b]$，使 $f(b)>a>f(0)$.

5. (1) 在 $[0,1]$ 上考察 $f(x)=x2^x-1$； (2) 令 $f(x)=x^3+px-q$，考察 $f(0)$ 与 $f(q^{1/3})$ 的符号.

6. 对 $\varphi(x)=f(x)-x$ 在 $[0,1]$ 上应用定理 2.8.7.

7. 对 $\varphi(x)=f(x)-g(x)$ 在 $[a,b]$ 上应用定理 2.8.7.

(B)

1. 是的.利用介值定理证明.
2. 利用极限定义证.
3. 补充定义 $f(a)=f(a^+)$,$f(b)=f(b^-)$.
4. $\forall \varepsilon>0$,取 $\delta=\dfrac{\varepsilon}{L}$.

总 习 题 (2)

1. 选择题(正确答案只有一个):

(1) 函数 $f(x)=x\sin x$(　　).

(A) 当 $x\to\infty$ 时为无穷大　　(B) 在$(-\infty,+\infty)$内有界

(C) 在$(-\infty,+\infty)$内无界　　(D) 在 $x\to\infty$ 时有有限极限

(2) 曲线 $y=\dfrac{1+e^{-x^2}}{1-e^{-x^2}}$(　　).

(A) 没有渐近线　　(B)仅有水平渐近线

(C) 仅有垂直渐近线　　(D) 既有水平渐近线又有垂直渐近线

(3) 当 $x\to1$ 时,函数 $f(x)=\dfrac{x^2-1}{x-1}e^{\frac{1}{x-1}}$ 的极限(　　).

(A) 等于2　　(B) 等于0　　(C) 为∞　　(D) 不存在但不为∞

(4) 曲线 $y=e^{1/x^2}\arctan\dfrac{x^2+x+1}{(x-1)(x+2)}$的渐近线有(　　)条.

(A) 1　　(B) 2　　(C) 3　　(D) 4

2. 在极限$\lim\limits_{n\to\infty}x_n=a$ 或 $\lim\limits_{x\to x_0}f(x)=A$ 的精确定义中,

(1) 先有 $\varepsilon(>0)$,还是先有 N(或 δ)?

(2) 为什么 ε 要任意给定?

(3) 对于给定的 ε,对应的 N(或 δ)是否唯一?

(4) 当 ε 减小时,N(或 δ)一般会怎样变化?

(5) $0<|x-x_0|<\delta$ 中为什么要取绝对值?不取绝对值可以吗?不取绝对值表示什么意思?只写$|x-x_0|<\delta$ 可以吗?$|x-x_0|>0$ 表示什么意思?

(6) $f(x_0)\neq A$,或 $f(x_0)$没有意义,对 $\lim\limits_{x\to x_0}f(x)=A$ 有无影响?为什么?

(7) 定义中的两个不等式表示什么意思?

3. 用极限的精确定义证明:

(1) 若 $\lim\limits_{x\to x_0}f(x)=A$,则 $\lim\limits_{x\to x_0}f^2(x)=A^2$;

(2) 若 $\lim\limits_{x\to x_0}f(x)=A>0$,则 $\lim\limits_{x\to x_0}\sqrt{f(x)}=\sqrt{A}$.

4. 计算下列极限:

(1) $\lim\limits_{x\to 4}\dfrac{\sqrt{2x+1}-3}{\sqrt{x-2}-\sqrt{2}}$；　　(2) $\lim\limits_{x\to 0}\dfrac{5x}{\sqrt[3]{1+x}-\sqrt[3]{1-x}}$；

(3) $\lim\limits_{x\to\infty}\dfrac{(x+1)(x^2+1)\cdots(x^n+1)}{[(nx)^n+1]^{\frac{n+1}{2}}}$；　　(4) $\lim\limits_{n\to\infty}\dfrac{1-x^{2n+1}}{2+x^{2n}}$；

(5) 若$-1\leqslant x\leqslant 1$，求$\lim\limits_{n\to\infty}\dfrac{x(1+\sin\pi x)^n+\sin\pi x}{(1+\sin\pi x)^n+1}$；

(6) $\lim\limits_{x\to 0}\dfrac{\sqrt{1+x\sin x}-\cos x}{\sin^2\dfrac{x}{2}}$；　　(7) $\lim\limits_{x\to 0}(1+3\tan^2 x)^{\cot^2 x}$；　　(8) $\lim\limits_{\alpha\to\pi}\dfrac{\sin\alpha}{1-\left(\dfrac{\alpha}{\pi}\right)^2}$；

(9) $\lim\limits_{x\to\infty}\left(\dfrac{x^2}{x^2-1}\right)^x$；　　(10) $\lim\limits_{n\to\infty}n\sqrt{n}\left(\tan\dfrac{x}{\sqrt{n}}-\sin\dfrac{x}{\sqrt{n}}\right)$；

(11) $\lim\limits_{n\to\infty}(\sin\sqrt{n+1}-\sin\sqrt{n})$；　　(12) $\lim\limits_{n\to\infty}\cos\dfrac{x}{2}\cos\dfrac{x}{2^2}\cdots\cos\dfrac{x}{2^n}$.

5. 设$[x]$表示不超过x的最大整数部分，求$\lim\limits_{x\to 0}x\left[\dfrac{1}{x}\right]$.

6. 求$\lim\limits_{x\to 0^+}\left(\dfrac{2^x+3^x}{5}\right)^{\frac{1}{x}}$.

7. 设x为任意实数，求$\lim\limits_{n\to\infty}\underbrace{\sin\sin\cdots\sin}_{n个}x$.

8. 设$x_1=4$，$x_n=\dfrac{1}{x_{n-1}}+\dfrac{x_{n-1}}{2}(n=2,3,\cdots)$，求$\lim\limits_{n\to\infty}x_n$.

9. 当$x\to 0$时，试确定下列无穷小对于x的阶数：

(1) $\sqrt{1+\tan x}-\sqrt{1-\sin x}$；　　(2) $\sqrt{x^2+\sqrt[3]{x^4}}$；

(3) $\dfrac{1}{1-x}-1-x-x^2$；　　(4) $2\sin x-\sin 2x$.

10. 证明：若$\lim\limits_{x\to x_0}\dfrac{f(x)}{g(x)}=A\neq 0$，且$\lim\limits_{x\to x_0}f(x)=0$，则$\lim\limits_{x\to x_0}g(x)=0$.

11. 已知$\lim\limits_{x\to\infty}\left(\dfrac{x^2}{x+1}-ax-b\right)=0$，求常数$a$，$b$.

12. 已知$\lim\limits_{x\to 1}\dfrac{x^2+bx+c}{1-x}=5$，求常数$b$，$c$.

13. 试利用等价无穷小代换求极限$\lim\limits_{x\to 0}\dfrac{x^2}{\sqrt{1+x\sin x}-\sqrt{\cos x}}$.

14. 设$x\to x_0$(或$x\to\infty$)时，$\alpha(x)\to 0$，$\beta(x)\to 0$，且$\beta(x)$是$\alpha(x)$的高阶无穷小. 证明：存在x_0的一个空心邻域$O_0(x_0)$，在此邻域内表达式$\alpha(x)+\beta(x)$的正负号由$\alpha(x)$确定(或存在充分大的$X>0$，使当$|x|>X$时，表达式$\alpha(x)+\beta(x)$的正负号由$\alpha(x)$确定).

15. 指出下列函数的间断点(若有的话)及其类型. 如果是可去间断点，则补充函数的定义使之连续.

(1) $y=\dfrac{x^2-x}{|x|(x^2-1)}$；　　(2) $y=\dfrac{e^2+e^{\frac{1}{x}}}{e^2-e^{\frac{1}{x}}}$；　　(3) $y=\begin{cases}\cos\dfrac{\pi x}{2}, & |x|\leqslant 1,\\ |x-1|, & |x|>1;\end{cases}$

(4) $y=\begin{cases}\dfrac{\ln(1+x)}{x}, & x>0,\\ 0, & x=0,\\ \dfrac{\sqrt{1+x}-\sqrt{1-x}}{x}, & -1\leqslant x<0;\end{cases}$　(5) $y=\lim\limits_{n\to\infty}\dfrac{3nx}{1-nx}$.

16. 设函数 $f(x)=\begin{cases}\dfrac{\sin ax}{\sqrt{1-\cos x}}, & x<0,\\ b, & x=0,\\ \dfrac{1}{x}[\ln x-\ln(x^2+x)], & x>0.\end{cases}$ 试问 a,b 为何值时，$f(x)$为连续函数.

17. 设 $f(x)=\lim\limits_{n\to\infty}\dfrac{x^{2n-1}+ax^2+bx}{x^{2n}+1}$为连续函数，试确定常数 a 和 b.

18. 设有函数 $f(x)=\begin{cases}x, x<1,\\ a, x\geqslant 1,\end{cases}$ $g(x)=\begin{cases}b, x<0,\\ x+2, x\geqslant 0.\end{cases}$ 问当 a,b 为何值时，$F(x)=f(x)+g(x)\in C(-\infty,+\infty)$.

19. 设 $y=\begin{cases}x^{\alpha}\sin\dfrac{1}{x}, x>0,\\ e^x+\beta, x\leqslant 0.\end{cases}$ 试根据不同的 α 和 β，讨论函数 y 在 $x=0$ 处的连续性(包括左、右连续性以及间断点的类型).

20. 设函数 $\varphi(x)$在 $x=0$ 处连续，且 $\varphi(0)=0$，$|f(x)|\leqslant\varphi(x)$. 证明 $f(x)$在 $x=0$ 处连续.

21. 设 $f(x)$满足 $f(x+y)=f(x)+f(y)$，且 $f(x)$在 $x=0$ 处连续. 证明 $f(x)$在任意 x 处都连续.

22. 设 $f(x)$是周期函数，且 $\lim\limits_{x\to+\infty}f(x)=0$. 试证明 $f(x)\equiv 0$.

23. 设 $f(x)$为连续函数，x_1 和 x_2 $(x_1<x_2)$是方程 $f(x)=0$ 的相邻的两个根. 又存在点 $c\in(x_1,x_2)$，使 $f(c)>0$. 证明在区间(x_1,x_2)内有 $f(x)>0$.

24. 证明方程 $\dfrac{5}{x-1}+\dfrac{7}{x-2}+\dfrac{16}{x-3}=0$ 有一根介于 1 与 2 之间，另有一根介于 2 与 3 之间.

25. 求下列极限：

(1) $\lim\limits_{x\to 0}\dfrac{\ln\cos ax}{\ln\cos bx}$；　(2) $\lim\limits_{x\to 0}\dfrac{\sqrt{1+x\sin x}-1}{e^{x^2}-1}$；　(3) $\lim\limits_{x\to 0}\dfrac{\sqrt[n]{1+\alpha x}-\sqrt[m]{1+\beta x}}{x}$ $\left(\dfrac{\alpha}{n}\neq\dfrac{\beta}{m}\right)$；

(4) $\lim\limits_{x\to 0}\left(\dfrac{a^x+b^x+c^x}{3}\right)^{\frac{1}{x}}$ $(a>0,b>0,c>0)$；　(5) $\lim\limits_{x\to 0}\dfrac{xe^{2x}(e^{2x}-1)^2\arcsin x^2}{(\sqrt[4]{1+x^4}-1)\ln(1+8x)}$.

答案与提示

1. (1) (C)；　(2) (D)；　(3) (D)；　(4) (B).

4. (1) $\dfrac{2}{3}\sqrt{2}$；　(2) $\dfrac{15}{2}$；　(3) $n^{-\frac{n(n+1)}{2}}$；

(4) 原式$=\begin{cases}\dfrac{2}{3}, x=-1,\\ 0, x=1,\\ \dfrac{1}{2}, |x|<1,\\ -x, |x|>1;\end{cases}$　(5) 原式$=\begin{cases}\sin\pi x, & -1<x\leqslant 0,\\ -\dfrac{1}{2}, x=-1,\\ \dfrac{1}{2}, & x=1,\\ x, & 0<x<1;\end{cases}$

(6) 4； (7) e^3； (8) $\frac{\pi}{2}$； (9) 1； (10) $\frac{x^3}{2}$； (11) 0； (12) $\frac{\sin x}{x}$.

5. 利用$\frac{1}{x}-1<\left[\frac{1}{x}\right]\leqslant\frac{1}{x}(x\neq0)$，$\lim\limits_{x\to0}x\left[\frac{1}{x}\right]=1$.

6. 利用$0\leqslant\left(\frac{2^x+3^x}{5}\right)^{\frac{1}{x}}\leqslant\left(\frac{3^x+3^x}{5}\right)^{\frac{1}{x}}$，原式$=0$.

7. 先对$0\leqslant x\leqslant\pi$证明 $y_n=\sin\sin\cdots\sin x$ 单调减少有下界. 从而$\lim\limits_{n\to\infty}y_n=0$.

8. 先证$\{x_n\}$单调减少有下界，再求出$\lim\limits_{n\to\infty}x_n=\sqrt{2}$.

9. (1) 1； (2) $\frac{2}{3}$； (3) 3； (4) 3.

11. $a=1,b=-1$.

12. $b=-7,c=6$.

13. $\frac{4}{3}$.

15. (1) $x=0$ 为跳跃间断点；$x=1$ 为可去间断点，可补充定义 $y(1)=\frac{1}{2}$；$x=-1$ 为无穷间断点；

(2) $x=0$ 为跳跃间断点，$x=\frac{1}{2}$为无穷间断点； (3) $x=-1$ 为跳跃间断点；

(4) $x=0$ 为可去间断点，令 $y(0)=1$； (5) $x=0$ 为可去间断点，令 $y(0)=-3$.

16. $a=\frac{\sqrt{2}}{2},b=-1$.

17. $a=0,b=1$.

18. $a=1,b=2$.

19. 当$\alpha>0,\beta=-1$时，y 在 $x=0$ 连续；当$\alpha>0,\beta\neq-1$时，$x=0$ 为第一类间断点；当$\alpha\leqslant0$时，y 在 $x=0$ 为左连续，右间断(第二类).

25. (1) $\frac{a^2}{b^2}$； (2) $\frac{1}{2}$； (3) $\frac{\alpha}{n}-\frac{\beta}{m}$； (4) $\sqrt[3]{abc}$； (5) 2.

第3章　一元函数微分学

在根据需要研究那些变化着的量时，其变化的**快慢**，即**速度**问题，常常是主要的问题之一．飞机或火车运动的速度是它们的工作效能的重要标志．经济增长的快慢反映出一个国家的经济实力．一条由比较低的地方上升到较高地方的公路，它的险峻程度直接与这条路在当地升高的快慢密切相关．变化的速度（即**变化率**）涉及广阔的领域．研究这类问题的工具就是函数的导数．知道了函数在各个点上的变化趋势，就可以在一点估计函数的微小改变量．这微小的改变量就是函数的微分．

本章将学习如何求导数和微分，并将进一步研究导数与微分的一些更深刻的性质，这些性质是微分学的理论基础，其中有一系列定理起着基础的作用，把这些定理都叫作“微分中值定理”．之所以这样称呼，是因为在某种条件下，在给定的区间(a,b)上可以找到这样一ξ点，使$f(x)$在闭区间$[a,b]$上的某些性质可以用它的导数在ξ点的值$f'(\xi)$来表示．这些定理还有一个很好的功用，那就是沟通函数f及其导数f'之间的信息，从而可以利用导数来研究函数．本章还将介绍如何利用导数来研究函数的性态，并给出导数在一些实际问题中的应用．

3.1　导数概念

3.1.1　导数的定义

导数概念是17世纪时由两个问题产生的，这两个问题就是速度问题和切线问题．我们先考察瞬时速度问题．

非匀速运动的瞬时速度　假定知道物体的运动规律为$s=f(t)$，其中，t表示时间，距离s是t的函数．我们希望确定t时刻物体运动的瞬时速度．当时间从t变化到$t+\Delta t$时，时间的改变量为Δt，在这段时间内物体经过的距离为

$$\Delta s = f(t+\Delta t) - f(t),$$

于是，物体在时间间隔Δt内运动的**平均速度**是

$$\frac{\Delta s}{\Delta t} = \frac{f(t+\Delta t) - f(t)}{\Delta t}. \tag{3.1.1}$$

很显然，当改变量Δt很小时，速度变化不大，可近似地看作匀速运动，$\frac{\Delta s}{\Delta t}$可以看成物体在时刻$t$的瞬时速度的近似值．说得确切一些，就是，只要把$\Delta t$取得充分小，$\frac{\Delta s}{\Delta t}$就

可以任意地逼近所要找的瞬时速度.用极限的语言说,就是,当 $\Delta t\to 0$ 时,所要找的瞬时速度 $v(t)$ 就是式(3.1.1)的极限,即

$$v(t)=\lim_{\Delta t\to 0}\frac{\Delta s}{\Delta t}=\lim_{\Delta t\to 0}\frac{f(t+\Delta t)-f(t)}{\Delta t}. \tag{3.1.2}$$

因此,可以给瞬时速度下一个定义:运动着的物体的瞬时速度就是它所走过的路程与时间之比在时间趋于零时的极限(如果这个极限存在的话).瞬时速度是一个理论概念,一个抽象概念,它与任何观测得出的量都不同,领会这一点是重要的.然而,认为瞬时速度与平均速度无关也是不对的.请记住瞬时速度 $v(t)$ 不等于 Δt 的任何特定值时的平均速度 $\dfrac{f(t+\Delta t)-f(t)}{\Delta t}$,而是当 $\Delta t\to 0$ 时这些平均速度的极限.

例 3.1.1 真空中的自由落体的运动规律为

$$s=f(t)=\frac{1}{2}gt^2,$$

其中,g 是重力加速度.考虑时间间隔 $[t,t+\Delta t]$,在 Δt 很小时,在局部上可以把变速运动近似看作匀速运动,得到在 Δt 时间内的平均速度

$$\frac{\Delta s}{\Delta t}=\frac{f(t+\Delta t)-f(t)}{\Delta t}=gt+\frac{1}{2}g\Delta t,$$

于是在时刻 t,落体的瞬时速度为

$$v(t)=\lim_{\Delta t\to 0}\frac{\Delta s}{\Delta t}=\lim_{\Delta t\to 0}\left(gt+\frac{1}{2}g\Delta t\right)=gt. \qquad \square$$

在上面求运动物体的瞬时速度时,也遇到求改变量之比的极限的问题.由此引入下面的定义.

定义 3.1.1(导数) 设 $y=f(x)$ 在 (a,b) 上定义,$x\in(a,b)$.若极限

$$\lim_{\Delta x\to 0}\frac{\Delta y}{\Delta x}=\lim_{\Delta x\to 0}\frac{f(x+\Delta x)-f(x)}{\Delta x},\quad x+\Delta x\in(a,b)$$

存在,则称函数 $f(x)$ 在 x 点**可导**,称极限值为 $f(x)$ 在 x 点的**导数**,记作

$$y'=f'(x)=\lim_{\Delta x\to 0}\frac{f(x+\Delta x)-f(x)}{\Delta x}.$$

如果 $f(x)$ 在 (a,b) 内每一点都有导数,则 $f'(x)$ 也是 x 的函数,它是由 $f(x)$ 导出的一个新函数,称为 $f(x)$ 的**导函数**,简称**导数**,常记为 f'.

在前面讨论的问题中,瞬时速度是距离对时间的导数,记成

$$v(t)=s'(t)=\lim_{\Delta t\to 0}\frac{f(t+\Delta t)-f(t)}{\Delta t}.$$

导数的记号 $f'(x)$ 或 y' 是拉格朗日引入的.牛顿用 $\dot{y}$ 表示导数,在一般物理书中常用 $\dot{s}$ 表示瞬时速度.莱布尼兹则引入记号

$$\frac{\mathrm{d}y}{\mathrm{d}x}=\lim_{\Delta x\to 0}\frac{\Delta y}{\Delta x}$$

来表示导数，象征着导数是改变量之比的极限，并把导数称为“微商”. 现在只能把$\dfrac{\mathrm{d}y}{\mathrm{d}x}$作为一个整体记号来理解，等到学过微分后，也可以作为比式来理解.

例 3.1.2　设 $f(x)=c$（常数），则 $f'(x)=0$.

证　因为
$$\frac{f(x+\Delta x)-f(x)}{\Delta x}=\frac{c-c}{\Delta x}=0,$$
所以
$$f'(x)=\lim_{\Delta x\to 0}\frac{c-c}{\Delta x}=0.$$
由于常数函数是不变的，因此结论 $(c)'=0$ 是毫不奇怪的. □

例 3.1.3　设 $I(x)$是恒等函数，即 $I(x)=x$，则
$$I'(x)=\lim_{\Delta x\to 0}\frac{I(x+\Delta x)-I(x)}{\Delta x}=\lim_{\Delta x\to 0}\frac{x+\Delta x-x}{\Delta x}=1.$$
此外，很容易算出，若 f 是线性函数
$$f(x)=ax+b,$$
则
$$f'(x)=a.$$ □

下面我们举一个不可导函数的例子.

例 3.1.4　设 $f(x)=|x|$，则 $f'(0)$不存在.

证　差商
$$\frac{f(0+\Delta x)-f(0)}{\Delta x}=\frac{|\Delta x|}{\Delta x}=\begin{cases}1, & \Delta x>0,\\ -1, & \Delta x<0.\end{cases}$$
因此
$$\lim_{\Delta x\to 0^-}\frac{|\Delta x|}{\Delta x}=-1,\quad \lim_{\Delta x\to 0^+}\frac{|\Delta x|}{\Delta x}=1.$$
从而$\lim\limits_{\Delta x\to 0}\dfrac{|\Delta x|}{\Delta x}$不存在，即 $f'(0)$不存在. □

由例 3.1.4 可知，**不是所有的连续函数都可导**. 但是，由定义 3.1.1 可以推知，**可导函数一定连续**（请读者自己证明）.

利用单侧极限可以定义函数的单侧导数. 如果左（右）极限
$$\lim_{\Delta x\to 0^-}\frac{f(x+\Delta x)-f(x)}{\Delta x}\quad\left(\lim_{\Delta x\to 0^+}\frac{f(x+\Delta x)-f(x)}{\Delta x}\right)$$
存在，则称此极限值为函数 $f(x)$在 x 点的**左导数（右导数）**，记作
$$f'_-(x)=\lim_{\Delta x\to 0^-}\frac{f(x+\Delta x)-f(x)}{\Delta x}\quad\left(f'_+(x)=\lim_{\Delta x\to 0^+}\frac{f(x+\Delta x)-f(x)}{\Delta x}\right).$$
利用极限与左、右极限的关系立即可得：

$f(x)$在 x_0 点可导$\Leftrightarrow$$f(x)$在 x_0 点的左、右导数存在且相等.

例 3.1.4 中的函数 $f(x)=|x|$在 $x=0$ 点的左、右导数分别为-1和 1，所以 $f'(0)$不存在.

我们说函数 $f(x)$在闭区间$[a,b]$上可导，是指它在$[a,b]$的每一点的导数存在，区间端点的导数理解为单侧导数.

例 3.1.5 设 $f(x)=\begin{cases}x^2, x\leqslant 0,\\ x, x>0,\end{cases}$则

$$\frac{f(0+\Delta x)-f(0)}{\Delta x}=\begin{cases}\Delta x, & \Delta x<0,\\ 1, & \Delta x>0.\end{cases}$$

因此
$$\lim_{\Delta x\to 0^-}\frac{f(0+\Delta x)-f(0)}{\Delta x}=0.$$

但
$$\lim_{\Delta x\to 0^+}\frac{f(0+\Delta x)-f(0)}{\Delta x}=1,$$

故 $f'(0)$不存在.不过,当 $x\neq 0$ 时 $f'(x)$是存在的,不难算出

$$f'(x)=\begin{cases}2x, & x<0,\\ 1, & x>0.\end{cases}$$ □

下面把例 3.1.4 和例 3.1.5 中的函数 f 及其导数 f'的图像画出来,如图 3.1 和图 3.2 所示.

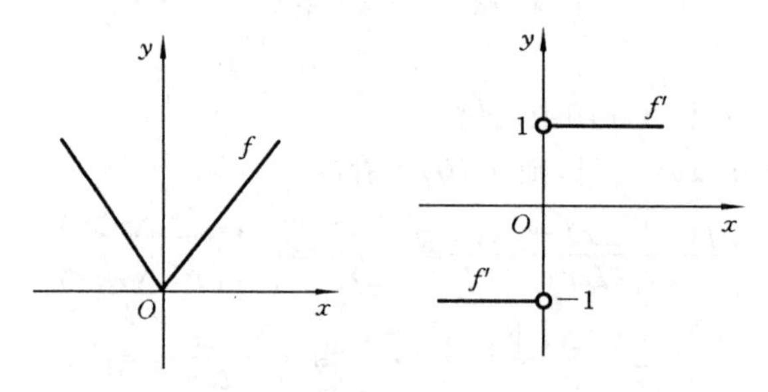

图 3.1

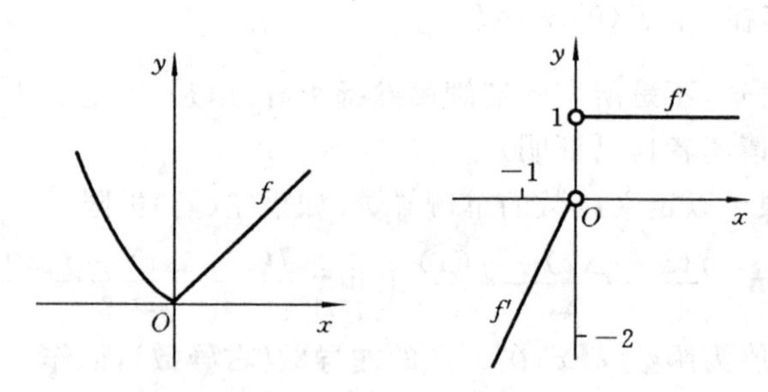

图 3.2

由图 3.1 和图 3.2 可以看出,在 $x=0$ 这个不可导点处,函数 f 的图形是“不光滑”的——有一个尖点.有趣的是,在尖点出现的地方,即 $x=0$ 处,两个函数的导函数均发生间断.

下面我们再给出几个简单函数的导数.

例 3.1.6 正弦函数和余弦函数的导数.设 $f(x)=\sin x, g(x)=\cos x$,则

$$f'(x)=\cos x,\quad g'(x)=-\sin x.$$

证　因为 $\dfrac{f(x+\Delta x)-f(x)}{\Delta x}=\dfrac{\sin(x+\Delta x)-\sin x}{\Delta x}$

$$=\frac{2\cos\left(x+\frac{\Delta x}{2}\right)\sin\frac{\Delta x}{2}}{\Delta x}=\cos\left(x+\frac{\Delta x}{2}\right)\frac{\sin\frac{\Delta x}{2}}{\frac{\Delta x}{2}},$$

所以
$$f'(x)=\lim_{\Delta x\to 0}\left[\cos\left(x+\frac{\Delta x}{2}\right)\frac{\sin\frac{\Delta x}{2}}{\frac{\Delta x}{2}}\right]=\cos x.$$

对于 $(\cos x)'=-\sin x$ 可类似证明. □

例 3.1.7　对数函数的导数. 设 $f(x)=\log_a x\ (x>0)$，则

$$f'(x)=\frac{1}{x}\log_a \mathrm{e}.$$

证　因为 $\dfrac{f(x+\Delta x)-f(x)}{\Delta x}=\dfrac{\log_a(x+\Delta x)-\log_a x}{\Delta x}=\dfrac{1}{x}\log_a\left(1+\dfrac{\Delta x}{x}\right)^{\frac{x}{\Delta x}}$，

所以
$$f'(x)=\lim_{\Delta x\to 0}\frac{1}{x}\log_a\left(1+\frac{\Delta x}{x}\right)^{\frac{x}{\Delta x}}=\frac{1}{x}\log_a \mathrm{e}.$$

特别地，以 e 为底的自然对数，有

$$(\ln x)'=\frac{1}{x}.$$

此时导数形式最简单，这也是高等数学常用自然对数的理由. □

例 3.1.8　设 $f(x)=x^{\frac{1}{n}}$（n 为正整数，$x>0$），则

$$f'(x)=\frac{1}{n}x^{\frac{1}{n}-1}.$$

证　因为

$$\frac{f(x+\Delta x)-f(x)}{\Delta x}=\frac{(x+\Delta x)^{\frac{1}{n}}-x^{\frac{1}{n}}}{\Delta x}=\frac{(x+\Delta x)^{\frac{1}{n}}-x^{\frac{1}{n}}}{[(x+\Delta x)^{\frac{1}{n}}]^n-(x^{\frac{1}{n}})^n}$$

$$=\frac{1}{\sum\limits_{k=0}^{n-1}[(x+\Delta x)^{\frac{1}{n}}]^k(x^{\frac{1}{n}})^{n-1-k}},$$

所以
$$f'(x)=\lim_{\Delta x\to 0}\frac{1}{\left[\sum\limits_{k=0}^{n-1}[(x+\Delta x)^{\frac{1}{n}}]^k(x^{\frac{1}{n}})^{n-1-k}\right]}=\frac{1}{\sum\limits_{k=0}^{n-1}x^{1-\frac{1}{n}}}$$

$$=\frac{1}{n}x^{\frac{1}{n}-1}.$$ □

对于 $(x^n)'=nx^{n-1}$（n 为非负整数），请读者自行给出证明.

3.1.2　导数的几何意义

导数概念的另一个来源是几何方面的问题. 在天文观察中离不开望远镜，伽利略

发明了第一架天文望远镜,为了改进望远镜,就需要研究曲线的法线,而求曲线的法线引出了求曲线的切线的问题.

设 $y=f(x)$表示一条平面曲线,$P_0(x_0,f(x_0))$表示曲线 $y=f(x)$上的一定点,$P(x,f(x))$表示曲线上一动点.曲线上过 P_0,P 两点的割线的斜率为$\dfrac{f(x)-f(x_0)}{x-x_0}$.由图 3.3 知,

$$\frac{f(x)-f(x_0)}{x-x_0}=\tan\alpha.$$

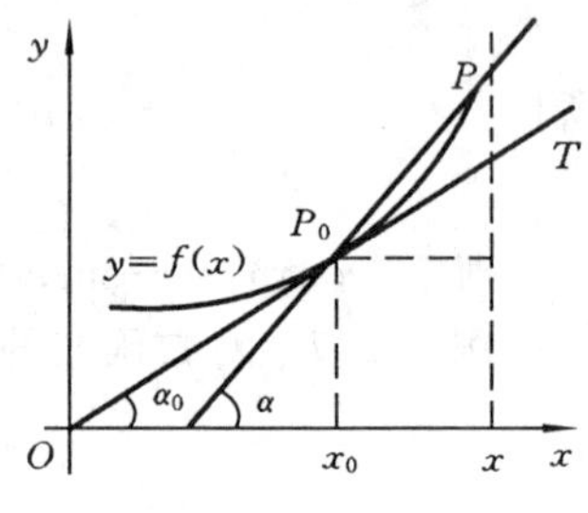

图 3.3

当 $x\to x_0$ 时,点 P 沿曲线趋向点 P_0,同时割线$\overline{P_0P}$也随之绕着 P_0 点转动,当 P 移向 P_0 时,若割线$\overline{P_0P}$趋向于某一极限位置(即某一直线),则称割线的极限位置为曲线在 P_0 点的**切线**.若 $f(x)$在 $x=x_0$ 可导,则 $x\to x_0$ 时,割线的斜率

$$\frac{f(x)-f(x_0)}{x-x_0}=\tan\alpha$$

的极限为 $f'(x_0)$,即

$$\tan\alpha_0=\lim_{x\to x_0}\tan\alpha=\lim_{x\to x_0}\frac{f(x)-f(x_0)}{x-x_0}=f'(x_0).$$

这表明割线$\overline{P_0P}$的极限位置就是过 P_0 点并以 $\tan\alpha_0$ 为斜率的直线 T.根据切线的定义,T 就是曲线在 P_0 点的切线.

因此,函数 $y=f(x)$在 x_0 点可导,在几何上表示曲线 $y=f(x)$在 $P_0(x_0,f(x_0))$点的切线存在;导数 $f'(x_0)$就是曲线 $y=f(x)$在 $P_0(x_0,f(x_0))$点的切线的斜率.由直线的点斜式方程,可以写出曲线过 P_0 点的切线方程

$$y-f(x_0)=f'(x_0)(x-x_0)$$

及过 P_0 点的法线方程

$$y-f(x_0)=-\frac{1}{f'(x_0)}(x-x_0)\quad (设\ f'(x_0)\neq 0).$$

反过来,如果曲线 $y=f(x)$在 $P_0(x_0,f(x_0))$点的切线存在,则函数 $y=f(x)$在 x_0 点导数 $f'(x_0)$或者存在,或者为$+\infty$、$-\infty$、∞.例如,函数 $y=\sqrt[3]{x}$在$(0,0)$点的切线存在,而在 $x=0$ 的导数为$+\infty$.

例 3.1.9 求抛物线 $y=x^2$ 过点(x_0,x_0^2)的切线方程.

解 因 $y'=2x$,$y'(x_0)=2x_0$,所以切线方程为

$$y-x_0^2=2x_0(x-x_0),$$

化简得

$$y=2x_0\left(x-\frac{x_0}{2}\right).\tag{3.1.3}$$

□

下一个例题讨论光在镜面的反射.我们先叙述光的反射定律.

① 在均匀介质中光沿直线传播.

② 当光线碰到平镜时,光线要反射.入射线与镜面垂线的夹角(记作 i)等于反射线与镜面垂线的夹角(记作 r),如图 3.4 所示.角 i 称为**入射角**,角 r 称为**反射角**.

③ 光在曲面镜上的反射也遵守同样的法则,即

$$入射角=反射角$$

此时镜面的垂线定义为与镜面在入射点的切线相垂直的直线(即法线,见图 3.4 中的虚线).

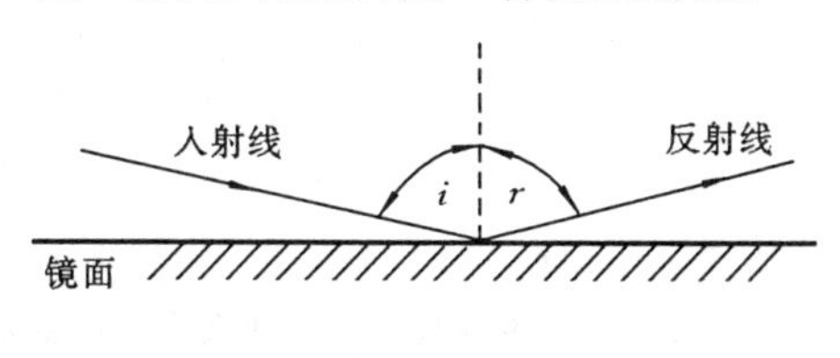

图 3.4

例 3.1.10　研究光线从位于 xOy 平面上一抛物镜面的反射,这个抛物镜面由抛物线 $y=x^2$ 绕 y 轴旋转而成.我们要计算当入射线与 y 轴平行时,反射线的轨迹,特别希望求出反射线与 y 轴交点 F 的位置(见图 3.5).令 P 表示入射点,G 表示过 P 点的切线与 y 轴的交点.从图上可得以下的几何关系:因为 $r=i$,所以 ΔFGP 是等腰三角形,因而

$$\overline{PF}=\overline{FG}. \tag{3.1.4}$$

设 $P=(a,a^2)$,$F=(0,k)$.由勾股定理知

$$\overline{PF}^2=a^2+(a^2-k)^2. \tag{3.1.5}$$

下面计算 G 点的 y 坐标.由于 G 点是切线与 y 轴的交点,所以 G 的 y 坐标是切线方程在 $x=0$ 的值.根据例 3.1.9 中的切线方程(3.1.3)可知,G 的坐标是$(0,-a^2)$.于是

$$\overline{FG}=k-(-a^2)=k+a^2. \tag{3.1.6}$$

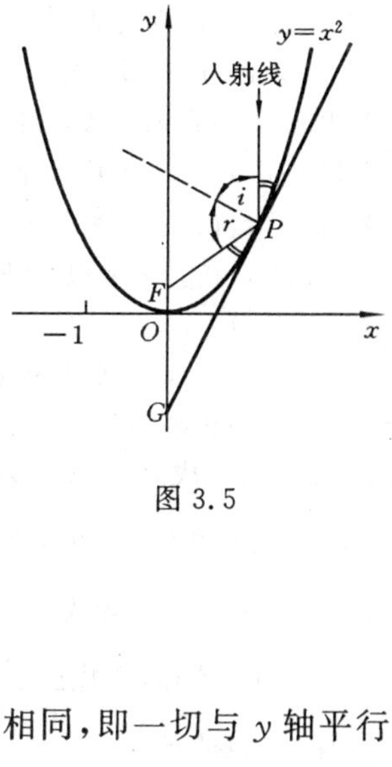

由式(3.1.4)、式(3.1.5)、式(3.1.6)得

$$a^2+(a^2-k)^2=(k+a^2)^2,$$

从而求得

$$k=\frac{1}{4}.$$

图 3.5

这就得出了一个有趣的结论:对所有 P 点,F 点的位置都相同,即一切与 y 轴平行的入射线的反射线都经过点$\left(0,\dfrac{1}{4}\right)$.这个点称为曲线 $y=x^2$ 的**焦点**.

从很远的物体如一颗星星上发来的射线是非常接近于平行线的.因此,若抛物镜的轴指向这颗星星,那么所有射线都反射到焦点.利用这个原理可以制造望远镜.由于太阳光线几乎是平行的,因此可以用一个抛物镜很好地聚焦.我们知道,1990 年北京亚运会的圣火以及 1996 年第 26 届奥运会的圣火,都是利用这个原理点燃的.

如果把上述问题反推回去,就可得出这样的结论:当我们把光源放置在焦点

$\left(0,\frac{1}{4}\right)$处时，光线经抛物镜面反射后成平行光束. 而这一点正是制造探照灯的根据.

□

习　题　3.1

(A)

1. 回答下列问题：

(1) 导数是描述客观世界中什么现象的变量？你能举几个例子吗？

(2) 连续函数是否可导？用例子说明你的结论.

(3) 如果 $f'(x_0)=\lim\limits_{\Delta x\to 0}\frac{f(x_0+\Delta x)-f(x_0)}{\Delta x}=\lim\limits_{\Delta x\to 0}\frac{\Delta y}{\Delta x}$存在，那么是否有

$$\frac{\Delta y}{\Delta x}=f'(x_0)+o(1)\quad(\Delta x\to 0)?$$

(4) 什么叫左导数和右导数？它与导数有什么区别和联系？

(5) 符号 $f'_+(x_0)$与 $f'(x_0^+)$是一回事吗？为什么？

(6) 导数的几何意义是什么？

(7) 曲线 $y=f(x)$过点$(x_0,f(x_0))$的切线方程和法线方程是怎样的？

2. 试判断下列命题的真假，并说明理由.

(1) 设 $f(x)$在 $x=0$ 可导，若 $f(0)=0$，则 $f'(0)=0$，反之也成立；

(2) 若 $f(x)$在 x_0 点可导，且在 $O(x_0)$内 $f(x)>0$，则有 $f'(x_0)>0$；

(3) 若 $f(x)$在$[-a,a]$上为偶函数，且 $f'(0)$存在，则 $f'(0)=0$；

(4) 设 $\varphi(x)=f(x)+g(x)$，若 $\varphi(x)$在 x_0 点可导，则 f,g 中至少有一个在 x_0 点可导；

(5) 设 $\varphi(x)=f(x)g(x)$，若 $\varphi(x)$在 x_0 点可导，则 f,g 中至少有一个在 x_0 点可导；

(6) 若 $f(x)$在 x_0 点可导，则$|f(x)|$在 x_0 点也可导，反之也成立.

3. 下列各式可否成为 $f(x)$在 x_0 点的导数的定义？请说明理由.

(1) $y=f(x)$在(a,b)内定义，$x_0\in(a,b)$. 若极限$\lim\limits_{\Delta x\to 0}\frac{f(x_0)-f(x_0-\Delta x)}{\Delta x}$存在，则称该极限为 $f(x)$在 x_0 点的导数.

(2) $y=f(x)$在(a,b)内定义，$x,x_0\in(a,b)$，若极限$\lim\limits_{x\to x_0}\frac{f(x)-f(x_0)}{x-x_0}$存在，则称该极限为 $f(x)$ 在 x_0 点的导数.

(3) $y=f(x)$在(a,b)内定义，$x_0\in(a,b)$，若极限$\lim\limits_{\Delta x\to 0}\frac{f(x_0+\Delta x)-f(x_0-\Delta x)}{2\Delta x}$存在，则称该极限为 $f(x)$在 x_0 点的导数.

4. 设 $f(x),\varphi(x)$在(a,b)内定义，$x_0\in(a,b)$. 并且对任何 $x\in(a,b)$，有(1) $f(x)-f(x_0)=\varphi(x)(x-x_0)$；(2) $\varphi(x)$在 x_0 点连续. 求证：$f(x)$在 x_0 点可导，且 $f'(x_0)=\varphi(x_0)$.

5. 设 $f(x)$在 a 点可导，求极限$\lim\limits_{h\to 0}\frac{f(a+nh)-f(a-mh)}{h}$.

6. 已知物体的运动规律为 $s=t^3$(m)，求该物体在 $t=3$ s 时的速度.

7. 工厂生产 x 件某产品的总成本 y 用函数 $y=C(x)$ 表示，即总成本是产品数量的函数. 希望知道总成本随产出增加(或减少)而变化的变化率. 显然，每件产品的平均成本为 $\frac{C(x)}{x}$. 如果产出从某一水平 x 增加一个量 Δx，相应地，总成本就增加 $\Delta y=C(x+\Delta x)-C(x)$. 于是每单位产出增量的平均成本就是 $\frac{\Delta y}{\Delta x}=\frac{C(x+\Delta x)-C(x)}{\Delta x}$. 试求产品数量为 x_0 时总成本关于产品数量的变化率，经济学中称之为产品的**边际成本**.

8. 设有需求函数 $y=f(x)$，其中 x 表示产品件数，y 表示单价，则总收益 R 为 x 与 y 的乘积，即 $R(x)=xy=xf(x)$. 总收益随需求变化而变化的变化率即总收益对 x 的导数，称之为**边际收益**. 现在考虑需求函数为 $3x+4y=10$，即 $y=\frac{5}{2}-\frac{3}{4}x$ 时的边际收益 $R'(x)$.

9. 利用定义求下列函数在 $x=0$ 处的导数：

$$f(x)=\begin{cases}x^2\sin\frac{1}{x}, & x\neq 0,\\ 0, & x=0.\end{cases}$$

10. 在曲线 $y=2+x-x^2$ 上的哪些点其切线

(1) 平行于 x 轴?

(2) 平行于第一象限角的平分线?

11. 求曲线 $y=\frac{1}{x}$ 过点(1,1)的切线.

12. 给定抛物线 $y=x^2-x+3$，求过点(2,5)的切线与法线方程.

13. 在曲线 $y=2\sin x(-\pi\leqslant x\leqslant\pi)$ 上求出“曲线的坡度”(指 $|y'|$)大于1的区域.

(B)

1. 试确定常数 a 与 b 的值，使下列函数在 $x=1$ 处可导：

(1) $f(x)=\begin{cases}x^2-1, & x>1,\\ ax+b, & x\leqslant 1;\end{cases}$　　(2) $f(x)=\begin{cases}\frac{2}{1+x^2}, & x\leqslant 1,\\ ax+b, & x>1.\end{cases}$

2. 设 $f(x)=x(x-1)(x-2)\cdots(x-10000)$，求 $f'(0)$.

3. 证明：(1) 偶函数的导数是奇函数；(2) 奇函数的导数是偶函数.

4. 证明周期函数的导数仍为周期函数.

5. 设 $f(x)=|x-a|\varphi(x)$，$\varphi(x)$连续且 $\varphi(a)\neq 0$. 证明 $f(x)$在 a 点不可导.

6. 给定曲线 $y=x^2+5x+4$.

(1) 确定 b，使直线 $y=3x+b$ 为曲线的切线；

(2) 确定 m，使直线 $y=mx$ 为曲线的切线.

7. 求曲线 $y=x^2-2x$ 和 $y=-x^2+1$ 分别在(2,0)与(1,0)点的切线的交点.

8. 求一条直线，使它与两个函数 $f(x)=x^2$ 和 $g(x)=x^2-2x$ 的图形相切.

9. 曲线 $y=\ln x$ 与 x 轴的交角如何?

10. 证明抛物线 $y=a(x-x_1)(x-x_2)(a\neq 0, x_1<x_2)$ 与 x 轴相交所成两角 α 及 β $\left(0<\alpha<\frac{\pi}{2}, 0<\beta<\frac{\pi}{2}\right)$彼此相等.

答案与提示

(A)

2. (1) 错; (2) 错; (3) 对; (4) 错; (5) 错; (6) 错.
3. (1) 可以; (2) 可以; (3) 不能.
5. $(m+n)f'(a)$.
6. 27 m/s.
8. $\frac{5}{2}-\frac{3}{2}x$.
9. $f'(0)=0$.
10. (1) 点$\left(\frac{1}{2},\frac{9}{4}\right)$; (2) 点$(0,2)$.
11. $y=2-x$.
12. 切线 $y=3x-1$,法线 $x+3y-17=0$.
13. $|x|<\frac{\pi}{3}$及$\frac{2\pi}{3}<|x|<\pi$.

(B)

1. (1) $a=2,b=-2$; (2) $a=-1,b=2$.
2. 10000!.
5. $f'_-(a)=-\varphi(a),f'_+(a)=\varphi(a)$.
6. (1) $b=3$; (2) $m=9$ 和 $m=1$.
7. $\left(\frac{3}{2},-1\right)$.
8. $y+x=-\frac{1}{4}$.
9. $\theta=45°$.

3.2 求导法则

我们将证明,可导函数的和、差、积、商、复合及反函数同样是可导的,并且给出相应的求导法则.

3.2.1 函数和、差、积、商的导数

定理 3.2.1(和的导数) 设 f 和 g 是可导函数,则它们的和函数是可导的,且

$$(f+g)'=f'+g'. \tag{3.2.1}$$

证 令 $y(x)=f(x)+g(x)$,则差商

$$\frac{\Delta y}{\Delta x}=\frac{[f(x+\Delta x)+g(x+\Delta x)]-[f(x)+g(x)]}{\Delta x}$$

$$=\frac{f(x+\Delta x)-f(x)}{\Delta x}+\frac{g(x+\Delta x)-g(x)}{\Delta x},$$

因 f 与 g 均可导,所以当 $\Delta x\to 0$ 时,上式后端两项分别趋向于 $f'(x)$ 和 $g'(x)$,故得

$$\lim_{\Delta x\to 0}\frac{\Delta y}{\Delta x}=\lim_{\Delta x\to 0}\frac{f(x+\Delta x)-f(x)}{\Delta x}+\lim_{\Delta x\to 0}\frac{g(x+\Delta x)-g(x)}{\Delta x}$$
$$=f'(x)+g'(x),$$

即
$$(f+g)'=f'+g'.$$
□

完全类似地,任何有限个可导函数之和的导数等于它们的导数之和.

定理 3.2.2(积的导数)　设 f 和 g 是可导函数,则它们的乘积也是可导的,且

$$(fg)'=f'g+fg'. \tag{3.2.2}$$

证　令 $y(x)=f(x)g(x)$,则差商

$$\frac{\Delta y}{\Delta x}=\frac{f(x+\Delta x)g(x+\Delta x)-f(x)g(x)}{\Delta x}$$
$$=\frac{f(x+\Delta x)-f(x)}{\Delta x}\cdot g(x+\Delta x)+f(x)\frac{g(x+\Delta x)-g(x)}{\Delta x}.$$

令 $\Delta x\to 0$,并利用可导必连续的性质,得

$$\lim_{\Delta x\to 0}\frac{\Delta y}{\Delta x}=\lim_{\Delta x\to 0}\left[\frac{f(x+\Delta x)-f(x)}{\Delta x}\cdot g(x+\Delta x)\right]$$
$$+\lim_{\Delta x\to 0}\left[f(x)\cdot\frac{g(x+\Delta x)-g(x)}{\Delta x}\right]$$
$$=f'(x)g(x)+f(x)g'(x),$$

即
$$(fg)'=f'g+fg'.$$
□

当 $f=k$ 为常数时,因 $f'=0$,由式(3.2.2)有

$$(kg)'=kg',\quad k\text{ 为常数}. \tag{3.2.3}$$

根据这两个法则,若我们知道一些函数的导数,就能够求出由这些函数经过加法和乘法运算所产生的新函数的导数.

例如,在本章 3.1.1 小节中已得到求导公式:

$$(x^n)'=nx^{n-1}\quad(n\text{ 为非负整数}).$$

这样一来,对多项式

$$P(x)=a_nx^n+a_{n-1}x^{n-1}+\cdots+a_0,$$

应用求导的和、积法则以及 x^n 的导数公式,就可得到

$$P'(x)=na_nx^{n-1}+(n-1)a_{n-1}x^{n-2}+\cdots+a_1.$$

例 3.2.1　若 $P(x)=x^5+3x^2-2x+7$,则

$$P'(x)=5x^4+6x-2.$$
□

公式(3.2.2)还可推广到有限个函数的情形:

$$(f_1f_2\cdots f_n)'=f_1'f_2\cdots f_n+f_1f_2'\cdots f_n+\cdots+f_1f_2\cdots f_n'. \tag{3.2.4}$$

定理 3.2.3(商的导数) 设 f 和 g 是可导函数,并且对于 g 的定义域中的每个 x,$g(x)\neq 0$. 则商 $\frac{f}{g}$ 也是可导的,且

$$\left(\frac{f}{g}\right)'=\frac{f'g-fg'}{g^2}. \tag{3.2.5}$$

证 我们先证明

$$\left(\frac{1}{g}\right)'=-\frac{g'}{g^2}. \tag{3.2.6}$$

为此,令 $y(x)=\frac{1}{g(x)}$,则

$$\frac{\Delta y}{\Delta x}=\frac{1}{\Delta x}\left[\frac{1}{g(x+\Delta x)}-\frac{1}{g(x)}\right]=-\frac{g(x+\Delta x)-g(x)}{\Delta x}\cdot\frac{1}{g(x+\Delta x)g(x)}.$$

令 $\Delta x\to 0$,得

$$\lim_{\Delta x\to 0}\frac{\Delta y}{\Delta x}=-\lim_{\Delta x\to 0}\left[\frac{g(x+\Delta x)-g(x)}{\Delta x}\cdot\frac{1}{g(x+\Delta x)g(x)}\right]=-\frac{g'(x)}{g^2(x)}.$$

所以式(3.2.6)成立. 再利用公式(3.2.2)得

$$\left(\frac{f}{g}\right)'=\left(f\cdot\frac{1}{g}\right)'=f'\cdot\frac{1}{g}+f\cdot\left(\frac{1}{g}\right)'=\frac{f'}{g}-\frac{fg'}{g^2}=\frac{f'g-fg'}{g^2}.$$ □

例 3.2.2 若 n 为负整数,则

$$(x^n)'=nx^{n-1}.$$

证 令 $n=-m$,则 m 为正整数. 于是

$$(x^n)'=(x^{-m})'=\left(\frac{1}{x^m}\right)'=\frac{-(x^m)'}{(x^m)^2}$$

$$=\frac{-mx^{m-1}}{x^{2m}}=-mx^{-m-1}=nx^{n-1}.$$ □

3.2.2 复合函数的导数

定理 3.2.4(复合函数的导数) 若 f 与 g 可导,则复合函数 $f\circ g$ 可导,且有

$$(f\circ g)'=(f'\circ g)g'. \tag{3.2.7}$$

这个公式称为**链式法则**.

证 设 $f'(u_0)$ 与 $g'(x_0)$ 存在,且 $u_0=g(x_0)$. 定义一个函数 φ 如下:

$$\varphi(u)=\begin{cases}\frac{f(u)-f(u_0)}{u-u_0}, & u\neq u_0,\\ f'(u_0), & u=u_0.\end{cases}$$

因为

$$\lim_{u\to u_0}\varphi(u)=f'(u_0)=\varphi(u_0),$$

故 $\varphi(u)$ 在 u_0 点是连续的. 在恒等式

$$f(u)-f(u_0)=\varphi(u)(u-u_0)$$

中将 $u=g(x)$ 代入，得

$$f[g(x)]-f[g(x_0)]=\varphi[g(x)][g(x)-g(x_0)],$$

上式除以 $x-x_0$，得

$$\frac{f[g(x)]-f[g(x_0)]}{x-x_0}=\varphi[g(x)]\cdot\frac{g(x)-g(x_0)}{x-x_0},$$

记 $F(x)=f[g(x)]$，则有

$$\frac{F(x)-F(x_0)}{x-x_0}=\varphi[g(x)]\cdot\frac{g(x)-g(x_0)}{x-x_0}.$$

由复合函数的连续性，有

$$\lim_{x\to x_0}\varphi[g(x)]=\varphi[g(x_0)]=\varphi(u_0)=f'(u_0),$$

又

$$\lim_{x\to x_0}\frac{g(x)-g(x_0)}{x-x_0}=g'(x_0),$$

所以，令 $x\to x_0$ 得

$$F'(x_0)=f'(u_0)g'(x_0)=f'[g(x_0)]g'(x_0).$$

因此式(3.2.7)成立. □

使用符号

$$F'(x)=\frac{\mathrm{d}F(x)}{\mathrm{d}x},$$

可以把复合函数 $F(x)=f[g(x)]$ 的链式法则改写为

$$\frac{\mathrm{d}F}{\mathrm{d}x}=\frac{\mathrm{d}f}{\mathrm{d}g}\cdot\frac{\mathrm{d}g}{\mathrm{d}x}.$$

例 3.2.3　设 $y=\sin x^2$，求 y'.

解　令 $u=x^2$，则 $y=\sin u$. 由链式法则

$$y'=\frac{\mathrm{d}y}{\mathrm{d}u}\frac{\mathrm{d}u}{\mathrm{d}x}=\cos u\cdot(2x)=2x\cos x^2.$$ □

例 3.2.4　设 $y=\sin^2 3x$，求 y'.

解　函数可以写成　$y=u^2,\quad u=\sin v,\quad v=3x.$

链式法则可以推广成

$$y'=\frac{\mathrm{d}y}{\mathrm{d}u}\frac{\mathrm{d}u}{\mathrm{d}v}\frac{\mathrm{d}v}{\mathrm{d}x},$$

因此

$$y'=\frac{\mathrm{d}}{\mathrm{d}x}(\sin^2 3x)=\frac{\mathrm{d}}{\mathrm{d}u}(u^2)\frac{\mathrm{d}}{\mathrm{d}v}(\sin v)\frac{\mathrm{d}}{\mathrm{d}x}(3x)=(2u)(\cos v)(3)$$

$$=6u\cos v=6\sin 3x\cos 3x.$$ □

例 3.2.5　计算 $\dfrac{\mathrm{d}}{\mathrm{d}x}(x^2\sin^5 2x)$.

解　首先，由求导的乘积公式(3.2.2)，有

$$\frac{\mathrm{d}}{\mathrm{d}x}(x^2\sin^5 2x)=\frac{\mathrm{d}}{\mathrm{d}x}(x^2)\cdot\sin^5 2x+x^2\frac{\mathrm{d}}{\mathrm{d}x}(\sin^5 2x),$$

而

$$\frac{\mathrm{d}}{\mathrm{d}x}(\sin^5 2x)=(5\sin^4 2x)(\cos 2x)(2)=10\sin^4 2x\cos 2x,$$

于是 $$\frac{\mathrm{d}}{\mathrm{d}x}(x^2\sin^5 2x)=2x\sin^5 2x+10x^2\sin^4 2x\cos 2x.$$ □

例 3.2.6　设 $y=\ln|x|$，求 y'.

解　当 $x>0$ 时，有 $$y'=(\ln x)'=\frac{1}{x};$$

当 $x<0$ 时，有 $$y'=[\ln(-x)]'=\frac{1}{(-x)}\cdot(-x)'=\frac{1}{x}.$$

所以，只要 $x\neq 0$，总有 $$(\ln|x|)'=\frac{1}{x}.$$ □

3.2.3　反函数的导数

定理 3.2.5(反函数的导数)　若区间 I 上的严格单调连续函数 $y=f(x)$ 在 x 处可导，且 $f'(x)\neq 0$，则它的反函数 $x=\varphi(y)$ 在对应的 y 点处可导，并且

$$\varphi'(y)=\frac{1}{f'(x)}\quad 或\quad \frac{\mathrm{d}y}{\mathrm{d}x}=1\Big/\frac{\mathrm{d}x}{\mathrm{d}y}.\tag{3.2.8}$$

证　由第 2 章定理 2.8.3，f 的反函数 φ 也是严格单调的连续函数，故当 $\Delta y\neq 0$ 时，$\Delta x=\varphi(y+\Delta y)-\varphi(y)\neq 0$，并且 $\Delta y\to 0$ 时必有 $\Delta x\to 0$. 从而又有 $\varphi(y+\Delta y)=\varphi(y)+\Delta x=x+\Delta x$，故 $y+\Delta y=f(x+\Delta x)$ 或 $\Delta y=f(x+\Delta x)-f(x)$. 因此

$$\begin{aligned}\varphi'(y)&=\lim_{\Delta y\to 0}\frac{\varphi(y+\Delta y)-\varphi(y)}{\Delta y}=\lim_{\Delta x\to 0}\frac{\Delta x}{f(x+\Delta x)-f(x)}\\&=\lim_{\Delta x\to 0}\frac{1}{\dfrac{f(x+\Delta x)-f(x)}{\Delta x}}=\frac{1}{f'(x)}.\end{aligned}$$ □

后面将会证明，若在区间 I 上 $f'(x)\neq 0$，则 $f(x)$ 是 I 上的严格单调的连续函数. 因此，在定理 3.2.5 中，$f(x)$ 在 I 上严格单调连续的条件可以不强调.

下面利用公式(3.2.8)计算几个基本初等函数的导数.

例 3.2.7　指数函数的导数. 设 $y=a^x$，则 $y'=a^x\ln a$.

证　$y=a^x$ 的反函数是 $x=\log_a y$，所以

$$(a^x)'=\frac{1}{(\log_a y)'}=1\Big/\frac{\log_a \mathrm{e}}{y}=\frac{y}{\log_a \mathrm{e}}=\frac{a^x}{\log_a \mathrm{e}}=a^x\ln a.$$

特别地，有 $$(\mathrm{e}^x)'=\mathrm{e}^x.$$ □

例 3.2.8　反正弦函数的导数. 设 $y=\arcsin x$，则 $y'=\dfrac{1}{\sqrt{1-x^2}}$.

证　$y=\arcsin x$ 的反函数为 $x=\sin y$，所以

$$\begin{aligned}(\arcsin x)'&=\frac{1}{(\sin y)'}=\frac{1}{\cos y}=\frac{1}{\cos(\arcsin x)}\\&=\frac{1}{\sqrt{1-\sin^2(\arcsin x)}}=\frac{1}{\sqrt{1-x^2}}.\end{aligned}$$

这里由于 $\arcsin x$ 取值在 $\left(-\frac{\pi}{2},\frac{\pi}{2}\right)$，因此 $\cos(\arcsin x)$ 应取正值，故根式前取正号.

□

例 3.2.9　反余弦函数的导数. 设 $y=\arccos x$，则 $y'=-\frac{1}{\sqrt{1-x^2}}$.

证　$y=\arccos x$，则 $x=\cos y$，所以

$$(\arccos x)'=\frac{1}{(\cos y)'}=\frac{1}{-\sin y}=-\frac{1}{\sin(\arccos x)}$$
$$=-\frac{1}{\sqrt{1-\cos^2(\arccos x)}}=-\frac{1}{\sqrt{1-x^2}}.$$

这里由于 $\arccos x$ 在 $(0,\pi)$ 内取值时，$\sin(\arccos x)$ 应取正值，所以根式前应取正号.

□

例 3.2.10　反正切函数的导数. 设 $y=\arctan x$，则 $y'=\frac{1}{1+x^2}$.

证　$y=\arctan x$，则 $x=\tan y$. 所以

$$(\arctan x)'=\frac{1}{(\tan y)'}=\frac{1}{\sec^2 y}=\frac{1}{\sec^2(\arctan x)}$$
$$=\frac{1}{1+\tan^2(\arctan x)}=\frac{1}{1+x^2}.$$

□

例 3.2.11　幂函数的导数. 设 $y=x^\alpha$，α 为任意实数，则 $y'=\alpha x^{\alpha-1}$.

证　$y=e^{\alpha\ln x}$，由链式法则知，$y'=e^{\alpha\ln x}\cdot(\alpha\ln x)'=\frac{\alpha}{x}e^{\alpha\ln x}=\alpha x^{\alpha-1}$.　□

为今后使用方便，我们列出常用的导数公式表（见表 3.1）. 表中未推导的公式，请读者自行推导.

表 3.1

导数公式	导数公式	导数公式
$(C)'=0$，C 是常数	$(x^\alpha)'=\alpha x^{\alpha-1}$	$(a^x)'=a^x\ln a$
$(e^x)'=e^x$	$(\log_a x)'=\frac{1}{x\ln a}$	$(\ln x)'=\frac{1}{x}$
$(\sin x)'=\cos x$	$(\cos x)'=-\sin x$	$(\tan x)'=\sec^2 x$
$(\cot x)'=-\csc^2 x$	$(\sec x)'=\tan x\sec x$	$(\csc x)'=-\cot x\csc x$
$(\arcsin x)'=\frac{1}{\sqrt{1-x^2}}$	$(\arccos x)'=-\frac{1}{\sqrt{1-x^2}}$	$(\arctan x)'=\frac{1}{1+x^2}$
$(\mathrm{arccot} x)'=-\frac{1}{1+x^2}$	$(\sinh x)'=\cosh x$	$(\cosh x)'=\sinh x$

3.2.4　高阶导数

对于任何函数 $f(x)$，取其导数，我们就得到一个新函数 $f'(x)$（它的定义域可以远小于 $f(x)$ 的定义域）. 可导性的概念当然可应用于函数 $f'(x)$，得到另一函数 $(f'(x))'$. 函数 $(f'(x))'$ 通常简写成 $f''(x)$，并称为 $f(x)$ 的**二阶导数**，而 $f'(x)$ 称为**一阶导数**. 二阶导数的常用记号有

$$f''(x),\ f^{(2)}(x)\quad 或\quad \frac{\mathrm{d}^2y}{\mathrm{d}x^2}.$$

如果 $f(x)$ 在 (a,b) 的每一点二阶导数存在，则称 $f(x)$ 在 (a,b) 上**二阶可导**. 类似可定义**三阶导数**

$$f'''(x),f^{(3)}(x)\quad 或\quad \frac{\mathrm{d}^3y}{\mathrm{d}x^3},$$

及 **n 阶导数**

$$f^{(n)}(x)\quad 或\quad \frac{\mathrm{d}^ny}{\mathrm{d}x^n}.$$

有时为了统一起见，也把函数本身称为零阶导数，记作

$$f(x)=f^{(0)}(x).$$

我们用记号 $C^{(k)}(a,b)$ 表示 (a,b) 上所有 k 阶可导且 $f^{(k)}(x)\in C(a,b)$ 的函数的集合. 记号 $f(x)\in C^{(k)}(a,b)$ 表示 $f(x)$ 在 (a,b) 上 k 阶可导，且 $f^{(k)}(x)\in C(a,b)$. 记号 $f(x)\in C^{(k)}[a,b]$ 作类似的理解.

在物理学中，二阶导数特别重要. 设 $s(t)$ 为沿直线运动的质点在时刻 t 的位置，则 $s''(t)$ 为在时刻 t 的**加速度**.

通过下面一个例子，可以看到高阶导数与原来的函数的一些关系. 例如，函数 $f(x)=x^2$ 及其一阶、二阶、三阶导函数的图形如图 3.6 所示. 再看函数（见图 3.7(a)）

$$g(x)=\begin{cases} x^2, & x\geqslant 0,\\ -x^2, & x<0.\end{cases}$$

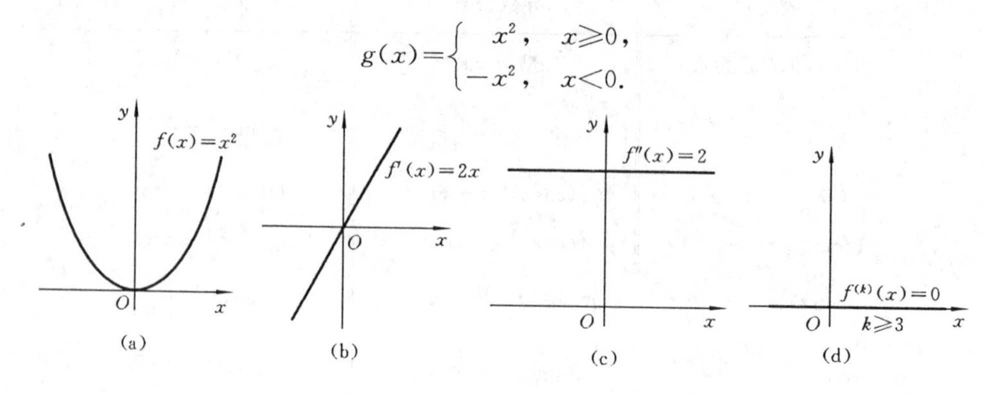

图 3.6

容易得出
$$g'(x)=\begin{cases}2x, & x>0,\\ -2x, & x<0,\end{cases}$$
而
$$g'(0)=\lim_{\Delta x\to 0}\frac{g(\Delta x)-g(0)}{\Delta x}=\lim_{\Delta x\to 0}\frac{g(\Delta x)}{\Delta x},$$
由于
$$\lim_{\Delta x\to 0^+}\frac{g(\Delta x)}{\Delta x}=\lim_{\Delta x\to 0^+}\frac{(\Delta x)^2}{\Delta x}=0,\quad \lim_{\Delta x\to 0^-}\frac{g(\Delta x)}{\Delta x}=\lim_{\Delta x\to 0^-}\frac{-(\Delta x)^2}{\Delta x}=0,$$
所以
$$g'(0)=\lim_{\Delta x\to 0}\frac{g(\Delta x)}{\Delta x}=0.$$
我们将上述讨论归结成 $g'(x)=2|x|$（见图 3.7(b)），可见 $g''(0)$不存在（见图 3.7(c)）.

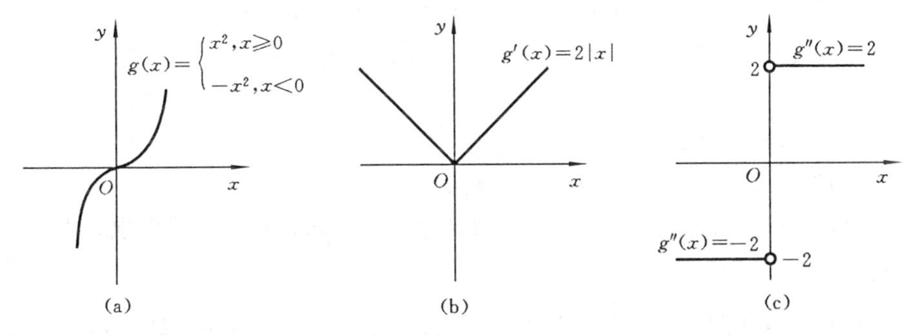

图 3.7

从图 3.7(a)看，$g(x)$"好像是光滑"的，但当用二阶导数来检查时，也呈现出某种不规则性.读者可用类似的步骤来研究下列函数：
$$h(x)=\begin{cases}x^2\sin\dfrac{1}{x}, & x\neq 0,\\ 0, & x=0.\end{cases}$$

可以进一步指出，二阶导数在几何上的重要意义丝毫不亚于它在物理上的重要意义.例如，线性函数
$$f(x)=ax+b$$
的一阶导数 $f'(x)=a$，而它的二阶导数 $f''(x)=0$.又因为线性函数的图形是一条直线，所以如果 $f''(x)\neq 0$，那么$f(x)$的图形就不会是直线.这个事实启发人们在某种意义下用 $f''(x)$的大小去度量函数图形在 x 点的弯曲程度.例如，函数
$$y=f(x)=r-\sqrt{r^2-x^2}\qquad(-r<x<r)$$
的图形是半径为 r 的半圆（见图 3.8），r 值越大，半圆靠近 x 轴的部分越多.而这个函数的二阶导数为

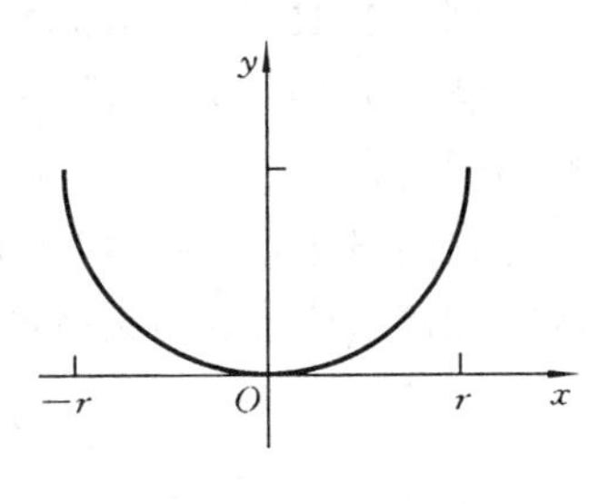

图 3.8

$$f'(x)=\frac{x}{\sqrt{r^2-x^2}},\quad f''(x)=\frac{r^2}{(r^2-x^2)^{3/2}},\quad f''(0)=\frac{r^2}{(r^2)^{3/2}}=\frac{1}{r}.$$

因此，r 值越大，$f''(0)$ 的值越小. 在这种情形中，$f''(0)$ 很小则表示 $f(x)$ 的图形在 $x=0$ 邻近接近于直线.

下面给出几个计算高阶导数的例子.

例 3.2.12 设 $y=x^\alpha$，求 $y^{(n)}$.

解 $y'=\alpha x^{\alpha-1}, y''=\alpha(\alpha-1)x^{\alpha-2},\cdots,y^{(n)}=\alpha(\alpha-1)\cdots(\alpha-n+1)x^{\alpha-n}(n\geqslant 1)$.

当 α 是正整数 n 时，$y^{(n)}=n!$；当 α 是小于 n 的正整数时，$y^{(n)}=0$. 因此，n 次多项式

$$P_n(x)=a_nx^n+a_{n-1}x^{n-1}+\cdots+a_1x+a_0\quad(a_n\neq 0)$$

的各阶导数分别为

$$\begin{aligned}&P_n'(x)=na_nx^{n-1}+(n-1)a_{n-1}x^{n-2}+\cdots+2a_2x+a_1,\\&P_n''(x)=n(n-1)a_nx^{n-2}+(n-1)(n-2)a_{n-1}x^{n-3}+\cdots+2a_2,\\&\vdots\\&P_n^{(n)}(x)=n!a_n,\\&P_n^{(n+1)}(x)=P_n^{(n+2)}(x)=\cdots=0.\end{aligned}$$

令 $x=0$，得 $P_n'(0)=a_1, P_n''(0)=2a_2,\cdots,P_n^{(n)}(0)=n!\,a_n$. 于是，$n$ 次多项式 $P_n(x)$ 可以写成

$$P_n(x)=P_n^{(0)}(0)+\frac{1}{1!}P_n^{(1)}(0)x+\frac{1}{2!}P_n^{(2)}(0)x^2+\cdots+\frac{1}{n!}P_n^{(n)}(0)x^n.$$ □

例 3.2.13 $y=a^x$，求 $y^{(n)}$.

解 $y'=a^x\ln a,\quad y''=a^x(\ln a)^2,\quad\cdots,\quad y^{(n)}=a^x(\ln a)^n$.

特别地， $$(\mathrm{e}^x)^{(n)}=\mathrm{e}^x.$$ □

例 3.2.14 $y=\ln(1+x)$，求 $y^{(n)}$.

解 $y'=\dfrac{1}{1+x},\quad y''=-\dfrac{1}{(1+x)^2},\quad y'''=(-1)^2\dfrac{1\cdot 2}{(1+x)^3},\quad\cdots,$

$$y^{(n)}=(-1)^{n-1}\frac{(n-1)!}{(1+x)^n}\quad(n\geqslant 1).$$ □

例 3.2.15 $y=\sin x$，求 $y^{(n)}$.

解 $y'=\cos x,\quad y''=-\sin x,\quad y'''=-\cos x,\quad y^{(4)}=\sin x,$

容易看出， $$y^{(2n-1)}(x)=(-1)^{n-1}\cos x,\quad y^{(2n)}(x)=(-1)^n\sin x.$$

这样归纳当然是对的，但需要用两个式子给出高阶导数公式，能否统一成一个式子呢？利用正弦函数与余弦函数的关系，有

$$y'=\cos x=\sin\left(x+\frac{\pi}{2}\right),$$

$$y''=\cos\left(x+\frac{\pi}{2}\right)=\sin\left(x+2\cdot\frac{\pi}{2}\right),$$

$$\vdots$$

$$y^{(n)}=\sin\left(x+n\cdot\frac{\pi}{2}\right).$$

同理可得
$$(\cos x)^{(n)}=\cos\left(x+n\cdot\frac{\pi}{2}\right).$$
□

从以上几例中我们看出,求函数的高阶导数的基本方法是先求出前二、三阶导数,然后找出规律,再运用归纳的方法得到 n 阶导数公式. 利用数学归纳法,还可以得到下面一般的 n 阶导数计算公式(证明略).

定理 3.2.6　设函数 u,v 是 n 阶可导函数,则有 $u\pm v,cu$ 及 uv 也是 n 阶可导函数,并且有

(1) $(u\pm v)^{(n)}=u^{(n)}\pm v^{(n)}$;

(2) $(cu)^{(n)}=cu^{(n)}$(c 为常数);

(3) $(uv)^{(n)}=\sum\limits_{k=0}^{n}C_n^k u^{(n-k)}v^{(k)}$　**(莱布尼兹公式)**,

其中,
$$C_n^k=\frac{n!}{k!(n-k)!}.$$

例 3.2.16　$y=x^2e^{3x}$,求 $y^{(n)}$.

解　令 $u=e^{3x},v=x^2$,则

$$u'=3e^{3x},\quad u''=3^2e^{3x},\quad \cdots,\quad u^{(n)}=3^ne^{3x};$$
$$v'=2x,\quad v''=2,\quad v'''=v^{(4)}=\cdots=v^{(n)}=0.$$

由莱布尼兹公式得

$$\begin{aligned}y^{(n)}&=(e^{3x})^{(n)}x^2+n(e^{3x})^{(n-1)}(x^2)'+\frac{n(n-1)}{2!}(e^{3x})^{(n-2)}(x^2)''\\&=3^{n-2}e^{3x}[9x^2+6nx+n(n-1)].\end{aligned}$$
□

例 3.2.16 给我们一个提示:当 u 和 v 中有一个为低次多项式时,用莱布尼兹公式求 uv 的 n 阶导数是特别简便的.

例 3.2.17　$y=\arctan x$,求 $y^{(n)}(0)$.

解　$y'=\dfrac{1}{1+x^2}$,如果再依次求导,发现越求项数越多,无法归纳出一般公式. 这时我们可以把等式 $y'=\dfrac{1}{1+x^2}$ 写成

$$y'\cdot(1+x^2)=1,$$

然后对这个等式两端取 n 阶导数,并利用莱布尼兹公式,得

$$(1+x^2)y^{(n+1)}+2nxy^{(n)}+n(n-1)y^{(n-1)}=0,$$

令 $x=0$,得
$$y^{(n+1)}(0)=-n(n-1)y^{(n-1)}(0).$$

这是一个递推公式. 由 $y'(0)=1,y''(0)=0$ 及上式可推得

$$y^{(2k)}(0)=0,\quad y^{(2k+1)}(0)=(-1)^k(2k)!.$$
□

习　题　3.2

(A)

1. 熟记求导的基本法则.设 $f(x)=x^2$,$g(x)=\mathrm{e}^x$,试应用有关导数公式计算下列函数的导数:

(1) $f+g$; (2) $f-2g$; (3) fg; (4) $\dfrac{f}{g}$; (5) $f(1-x)$; (6) $f\circ g$;

(7) $g\circ f$; (8) $f\circ g\circ f$; (9) $|f(x)-1|$; (10) $\mathrm{sgn}f(x)$.

2. 求下列函数的导数:

(1) $y=x^5-2x^2+1$; (2) $y=x^4-x+\sqrt{2}$; (3) $y=(x^2+3x+1)(x^3-2x)$;

(4) $y=7\sqrt[3]{x}$; (5) $y=\dfrac{5}{x^3}$; (6) $y=\dfrac{3+x}{3+x^2}$;

(7) $y=\dfrac{t^2-3t+1}{t^3+1}$; (8) $y=x^3(1+\sqrt{x})$; (9) $y=\dfrac{2}{x}+\sqrt[3]{x}$;

(10) $y=1-\dfrac{1}{x}+\dfrac{1}{x^2}$; (11) $y=\dfrac{1}{x^3+2x+1}$; (12) $y=\dfrac{1}{x+\sqrt{x}}$.

3. 求下列函数的导数:

(1) $y=\cos 2x-2\sin x$; (2) $y=(2-x^2)\cos x$; (3) $y=\sin(x+x^2)$;

(4) $y=\sin x+\sin x^2$; (5) $y=\sin(\cos x)$; (6) $y=\sin(\sin x)$;

(7) $y=\sin(x+\sin x)$; (8) $y=\sin(\cos(\sin x))$; (9) $y=\tan\dfrac{x}{2}-\cot\dfrac{x}{2}$;

(10) $y=\sin^n x\sin nx$; (11) $y=\sec x$; (12) $y=\csc x$.

4. 求下列函数的导数:

(1) $y=x\ln x$; (2) $y=\left(x+\dfrac{1}{x}\right)\ln x$; (3) $y=\ln^3 x^2$;

(4) $y=\ln\tan\dfrac{x}{2}$; (5) $y=\ln(\ln x)$; (6) $y=\sin\sqrt{1+x^2}$;

(7) $y=\ln(x+\sqrt{1+x^2})$; (8) $y=\dfrac{1}{4}\ln\dfrac{x^2-1}{x^2+1}$; (9) $y=\sqrt{x+\sqrt{x+\sqrt{x}}}$;

(10) $y=\dfrac{x}{\sqrt{a^2-x^2}}$; (11) $y=x+\sqrt{x}+\sqrt[3]{x}$; (12) $y=\dfrac{1}{x}+\dfrac{1}{\sqrt{x}}+\dfrac{1}{\sqrt[3]{x}}$.

5. 求下列函数的导数:

(1) $y=\mathrm{e}^{\sqrt{x}}$; (2) $y=\mathrm{e}^{-\frac{1}{x^2}}$; (3) $y=\arcsin\sqrt{1-x^2}$;

(4) $y=\arcsin\dfrac{1}{x}$; (5) $y=\arccos(\sin x)$; (6) $y=x^2\arctan x$;

(7) $y=\mathrm{e}^{ax}\cos bx$; (8) $y=\mathrm{e}^{ax}\sin bx$; (9) $y=\arctan\dfrac{2x}{1-x^2}$;

(10) $y=\mathrm{arccot}2x$; (11) $y=\arctan\mathrm{e}^x-\dfrac{1}{2}\ln(1+x^2)$;

(12) $y=\dfrac{x}{4}\sqrt{a^2-x^2}+\dfrac{a^2}{2}\arcsin\dfrac{x}{a}\ (a>0)$.

6. 求下列函数的二阶导数：

(1) $y=3x^2+\ln x$；　(2) $y=x\cos x$；　(3) $y=a^{2x}$；

(4) $y=e^{ax}\sin x$；　(5) $y=xe^x$；　(6) $y=x\sqrt{1+x^2}$；

(7) $y=\tan x$；　(8) $y=x\ln x$；　(9) $y=\dfrac{\arcsin x}{\sqrt{1-x^2}}$；

(10) $y=\dfrac{x}{\sqrt{1-x^2}}$.

7. 设 $f(x)$是三阶可导函数，求 y''，y'''，设：

(1) $y=f(x^2)$；　(2) $y=f\left(\dfrac{1}{x}\right)$；

(3) $y=f(e^x)$；　(4) $y=f(\ln x)$.

(B)

1. 设 $y=f(x)$为严格递增的可导函数，$x=\varphi(y)$是它的反函数. 证明：

(1) 当 $h\neq 0$ 时，$f(x+h)-f(x)=k\neq 0$. 若记 $f(x+h)=y+k$，则 $\varphi(y+k)=x+h$.

(2) 当 $k\to 0$ 时，$\dfrac{\varphi(y+k)-\varphi(y)}{k}=\dfrac{h}{k}=\dfrac{h}{y+k-y}=\dfrac{h}{f(x+h)-f(x)}$趋于$\dfrac{1}{f'(x)}$.

2. 设 $f(x)=x^3+2x^2+3x+1$，用 φ 表示 f 的反函数. 求证：$f(1)=7$，$\varphi(7)=1$. 并计算$\varphi'(7)$.

3. 设 $y=(\arcsin x)^2$，证明$(1-x^2)y''-xy'=2$.

4. 求下列函数的 n 阶导数 $y^{(n)}$：

(1) $y=\dfrac{1}{1-x^2}$；　(2) $y=\sin^2 x$.

答案与提示

(A)

1. (1) $2x+e^x$；(2) $2x-2e^x$；(3) $(2x+x^2)e^x$；(4) $e^{-x}(2x-x^2)$；

(5) $2(x-1)$；(6) $2e^{2x}$；(7) $2xe^{x^2}$；(8) $4xe^{2x^2}$；

(9) 当$|x|>1$ 时为 $2x$；当$|x|<1$时为$-2x$；当$|x|=1$ 时导数不存在；

(10) 在 $x=0$ 处函数不可导；$x\neq 0$ 时，$(\mathrm{sgn}f(x))'=0$.

2. (1) $5x^4-4x$；(2) $4x^3-1$；(3) $5x^4+12x^3-3x^2-12x-2$；(4) $\dfrac{7}{3}x^{-2/3}$；(5) $-15x^{-4}$；

(6) $\dfrac{3-6x-x^2}{(3+x^2)^2}$；(7) $(t^3+1)^{-2}(2t^4-6t^3+9t^2-t-3)$；(8) $3x^2+\dfrac{7}{2}x^{5/2}$；

(9) $-2x^{-2}+\dfrac{1}{3}x^{-\frac{2}{3}}$；(10) $\dfrac{1}{x^2}-\dfrac{2}{x^3}$；(11) $-\dfrac{3x^2+2}{(x^3+2x+1)^2}$；(12) $-\dfrac{1+2\sqrt{x}}{2\sqrt{x}(x+\sqrt{x})^2}$.

3. (1) $-2\sin 2x-2\cos x$；(2) $-2x\cos x-(2-x^2)\sin x$；(3) $(1+2x)\cos(x+x^2)$；

(4) $\cos x+2x\cos x^2$；(5) $-\sin x\cos(\cos x)$；(6) $\cos x\cos(\sin x)$；

(7) $(1+\cos x)\cos(x+\sin x)$；(8) $-\cos x\cdot\cos(\cos(\sin x))\sin(\sin x)$；

(9) $2\csc^2 x$；(10) $n\sin^{n-1}x\cos x\sin nx+n\sin^n x\cos nx$；(11) $\tan x\sec x$；(12) $-\cot x\csc x$.

4. (1) $1+\ln x$；(2) $1+\dfrac{1}{x^2}+\left(1-\dfrac{1}{x^2}\right)\ln x$；(3) $\dfrac{6}{x}\ln^2 x^2$；(4) $\dfrac{1}{\sin x}$；(5) $\dfrac{1}{x\ln x}$；

(6) $\frac{x}{\sqrt{1+x^2}}\cos\sqrt{1+x^2}$； (7) $\frac{1}{\sqrt{1+x^2}}$； (8) $\frac{x}{x^4-1}$；

(9) $\frac{1+2\sqrt{x}+4\sqrt{x}\sqrt{x+\sqrt{x}}}{8\sqrt{x}\sqrt{x+\sqrt{x}}\sqrt{x+\sqrt{x+\sqrt{x}}}}$； (10) $\frac{a^2}{(a^2-x^2)^{3/2}}$；

(11) $1+\frac{1}{2\sqrt{x}}+\frac{1}{3x^{2/3}}$； (12) $-x^{-2}-\frac{1}{2}x^{-3/2}-\frac{1}{3}x^{-4/3}$.

5. (1) $\frac{1}{2\sqrt{x}}e^{\sqrt{x}}$； (2) $\frac{2}{x^3}e^{-\frac{1}{x^2}}$； (3) $-\frac{\operatorname{sgn}x}{\sqrt{1-x^2}}$； (4) $\frac{-1}{|x|\sqrt{x^2-1}}$；

(5) $-\operatorname{sgn}(\cos x), x\neq\frac{2k-1}{2}\pi$，$k$ 为整数； (6) $2x\arctan x+\frac{x^2}{1+x^2}$；

(7) $ae^{ax}\cos bx-be^{ax}\sin bx$； (8) $ae^{ax}\sin bx+be^{ax}\cos bx$； (9) $\frac{2}{1+x^2}$；

(10) $\frac{-2}{1+4x^2}$； (11) $\frac{e^x}{1+e^{2x}}-\frac{x}{1+x^2}$； (12) $\frac{3a^2-2x^2}{4\sqrt{a^2-x^2}}$.

6. (1) $6-\frac{1}{x^2}$； (2) $-x\cos x-2\sin x$； (3) $4(\ln a)^2a^{2x}$； (4) $(a^2-1)e^{ax}\sin x+2ae^{ax}\cos x$；

(5) $(2+x)e^x$； (6) $\frac{3x+2x^3}{(1+x^2)^{3/2}}$； (7) $\frac{2\tan x}{\cos^2 x}$； (8) $\frac{1}{x}$；

(9) $\frac{3x}{(1-x^2)^2}+\frac{(1+2x^2)\arcsin x}{(1-x^2)^{5/2}}\ (|x|<1)$； (10) $3x(1-x^2)^{-\frac{5}{2}}\ (|x|<1)$.

7. (1) $y''=2f'(x^2)+4x^2f''(x^2)$，$y'''=12xf''(x^2)+8x^3f'''(x^2)$；

(2) $y''=\frac{2}{x^3}f'\left(\frac{1}{x}\right)+\frac{1}{x^4}f''\left(\frac{1}{x}\right)$，$y'''=-\frac{6}{x^4}f'\left(\frac{1}{x}\right)-\frac{6}{x^5}f''\left(\frac{1}{x}\right)-\frac{1}{x^6}f'''\left(\frac{1}{x}\right)$；

(3) $y''=e^xf'(e^x)+e^{2x}f''(e^x)$，$y'''=e^xf'(e^x)+3e^{2x}f''(e^x)+e^{3x}f'''(e^x)$；

(4) $y''=\frac{1}{x^2}[f''(\ln x)-f'(\ln x)]$，$y'''=\frac{1}{x^3}[f'''(\ln x)-3f''(\ln x)+2f'(\ln x)]$.

(B)

2. $\frac{1}{10}$.

3. 将 $y'=(2\arcsin x)\frac{1}{\sqrt{1-x^2}}$ 写成 $y'\sqrt{1-x^2}=2\arcsin x$，两边对 x 求导.

4. (1) $\frac{1}{2}\left[\frac{(-1)^n n!}{(1+x)^{n+1}}+\frac{n!}{(1-x)^{n+1}}\right]$； (2) $2^{n-1}\sin\left(2x+(n-1)\frac{\pi}{2}\right)$.

3.3 隐函数的导数和参数式求导

3.3.1 隐函数的导数

前面讨论的许多具体函数都是**显函数**，即因变量 y 可以用自变量 x 的一个明确的式子表达.但是在许多场合，得到的是 x 和 y 的关系式，如

$$e^y + xy - e = 0,\quad x^2 - y^2 = 0,\quad x - y + \frac{1}{2}\sin y = 0$$

等等.有些关系式可以把 y 解出来,得到显函数 $y=y(x)$;有些关系式则不能把 y 解出来写成 x 的函数(指初等函数),但这不等于说 y 与 x 之间不存在函数关系.把这种解不出来或没有解出来,而由方程所确定的函数 $y=y(x)$ 称为**隐函数**.

一般地,设有函数方程

$$F(x,y) = 0.$$

如果当 x 取某区间内的任一确定值时,相应地总有满足这个方程的 y 值存在,那么我们就说方程 $F(x,y)=0$ 在该区间上确定了 x 的隐函数 y.

在实际问题中,常会碰到计算隐函数的导数的问题.下面我们假定所遇到的方程都确定连续可导的隐函数,我们将通过具体的例子来说明隐函数的导数的求法.

例 3.3.1　求开普勒(Kepler)方程 $x=y-\varepsilon\sin y$ $(0<\varepsilon<1)$所确定的隐函数 $y=y(x)$的导数 $y'(x)$.

解　将隐函数 $y=y(x)$代入方程,得恒等式

$$x \equiv y(x) - \varepsilon\sin y(x).$$

恒等式求导仍为恒等式,故得

$$1 \equiv y'(x) - \varepsilon\cos y(x)\cdot y'(x).$$

所以

$$y'(x) = \frac{1}{1-\varepsilon\cos y}.$$

在这里虽然隐函数没有解出来,但它的导数求出来了.当然,结果中仍含有隐函数 $y(x)$.一般来说,隐函数的导数含有 x 和 $y(x)$.　□

例 3.3.2　求由方程 $e^y+xy-e=0$ 所确定的隐函数 $y(x)$的导数 $y'(x)$.

解　对方程的两边关于 x 求导数,记住式中的 y 是 x 的函数,得

$$\frac{d}{dx}(e^y + xy - e) = 0,$$

即

$$e^y\frac{dy}{dx} + y + x\frac{dy}{dx} = 0,$$

从而得

$$y'(x) = \frac{dy}{dx} = -\frac{y}{x+e^y}\quad (x+e^y\neq 0).$$

□

例 3.3.3　求过圆周 $x^2+y^2=a^2$ 上一点$(x_0,y_0)$$(y_0\neq 0)$处的切线方程.

解　对所给方程两边关于 x 求导,得

$$2x + 2yy' = 0,\quad y'(x) = -\frac{x}{y}.$$

所以过(x_0,y_0)点的切线的斜率为

$$y'(x_0) = -\frac{x_0}{y_0}.$$

于是得切线方程 $$y-y_0=-\frac{x_0}{y_0}(x-x_0),$$

化简整理得 $$xx_0+yy_0=a^2.$$ □

当一个函数是若干个函数的乘积,或函数为幂指函数 $y=u(x)^{v(x)}$ 的形式时,利用两边取对数的方法求导,往往比较方便.我们称这种求导方法为**对数求导法**.

例 3.3.4 设 $y=x^x$,求 y'.

解 两边取对数,得 $$\ln y=x\ln x,$$

两边对 x 求导,得 $$\frac{y'}{y}=\ln x+\frac{1}{x}\cdot x,$$

所以得 $$y'=y(\ln x+1)=x^x(\ln x+1).$$ □

例 3.3.5 求 $y=\frac{(x+1)(x-3)}{(x+3)(x-1)}$的导数.

解 两边取对数,得

$$\ln y=\ln(x+1)+\ln(x-3)-\ln(x+3)-\ln(x-1),$$

然后按隐函数求导,得

$$\frac{y'}{y}=\frac{1}{x+1}+\frac{1}{x-3}-\frac{1}{x+3}-\frac{1}{x-1},$$

整理化简得 $$y'=\frac{4(x^2+3)}{(x+3)^2(x-1)^2}.$$ □

读者可以比较对 y 加绝对值取对数后求导的结果与以上结果是否一致.

例 3.3.6 求 $y=\sqrt{\frac{x^3}{x-1}}$的导数.

解 函数定义域为$(-\infty,0)\cup(1,+\infty)$.两边取对数,得

$$\ln y=\frac{1}{2}\ln\frac{x^3}{x-1}=\frac{3}{2}\ln|x|-\frac{1}{2}\ln|x-1|.$$

两边对 x 求导,得 $$\frac{y'}{y}=\frac{3}{2}\cdot\frac{1}{x}-\frac{1}{2}\cdot\frac{1}{x-1}=\frac{2x-3}{2x(x-1)},$$

故 $$y'=\frac{2x-3}{2x(x-1)}\sqrt{\frac{x^3}{x-1}}.$$ □

下面我们通过具体例子来介绍隐函数高阶导数的计算方法.

例 3.3.7 设$\frac{x^2}{a^2}+\frac{y^2}{b^2}=1$,求 $y''(x)$.

解 对方程两边关于 x 求导,并消去 2,得

$$\frac{x}{a^2}+\frac{y}{b^2}\cdot y'=0,\quad y'=-\frac{b^2x}{a^2y}.$$

上式再对 x 求一次导,得 $$\frac{1}{a^2}+\frac{1}{b^2}y'^2+\frac{y}{b^2}\cdot y''=0,$$

将 y'代入，有
$$\frac{a^2y^2+b^2x^2}{a^4y^2}+\frac{y}{b^2}y''=0,$$

利用 $a^2y^2+b^2x^2=a^2b^2$，得
$$\frac{b^2}{a^2y^2}+\frac{y}{b^2}y''=0,$$

所以
$$y''(x)=-\frac{b^4}{a^2y^3}.$$
□

3.3.2 参数式求导

平面上的曲线方程
$$F(x,y)=0 \tag{3.3.1}$$
常可参数化，即用参数 t 将方程(3.3.1)分解成参数方程
$$\begin{cases}x=\varphi(t),\\ y=\psi(t)\end{cases}\quad(\alpha\leqslant t\leqslant\beta). \tag{3.3.2}$$

定理 3.3.1(参数方程的导数) 假设函数 $x=\varphi(t)$和 $y=\psi(t)$在$[\alpha,\beta]$上可导，且 $\varphi'(t)\neq0$，则
$$\frac{dy}{dx}=\frac{\psi'(t)}{\varphi'(t)}. \tag{3.3.3}$$

证 由于 $x=\varphi(t)$可导，且 $\varphi'(t)\neq0$，由本章定理 3.2.5，它的反函数 $t=t(x)$在与 t 对应的 x 处可导，且
$$t'(x)=\frac{1}{\varphi'(t)}.$$
这时 y 可看成是 x 的复合函数：
$$y=\psi(t)=\psi[t(x)],$$
由链式法则，有
$$\frac{dy}{dx}=\frac{dy}{dt}\frac{dt}{dx}=\frac{\frac{dy}{dt}}{\frac{dx}{dt}}=\frac{\psi'(t)}{\varphi'(t)}.$$
□

例 3.3.8 求椭圆$\begin{cases}x=a\cos t,\\ y=b\sin t\end{cases}$在 $t=\frac{\pi}{4}$处的切线方程(见图 3.9).

解 当 $t=\frac{\pi}{4}$时，椭圆上对应点 M_0 的坐标为
$$x_0=a\cos\frac{\pi}{4}=\frac{a\sqrt{2}}{2},\quad y_0=b\sin\frac{\pi}{4}=\frac{b\sqrt{2}}{2}.$$
曲线在 M_0 点的切线斜率为
$$\left.\frac{dy}{dx}\right|_{t=\frac{\pi}{4}}=\left.\frac{(b\sin t)'}{(a\cos t)'}\right|_{t=\frac{\pi}{4}}=\left.\frac{b\cos t}{-a\sin t}\right|_{t=\frac{\pi}{4}}=-\frac{b}{a}.$$
于是椭圆在 M_0 点处的切线方程为
$$y-\frac{b\sqrt{2}}{2}=-\frac{b}{a}\left(x-\frac{a\sqrt{2}}{2}\right).$$

化简得
$$bx+ay-\sqrt{2}ab=0.$$
□

例 3.3.9　一轮子沿一直线滚动,轮子上一定点的轨迹曲线(见图 3.10)的参数方程为

$$\begin{cases} x=a(t-\sin t), \\ y=a(1-\cos t) \end{cases} \quad (0\leqslant t\leqslant 2\pi).$$

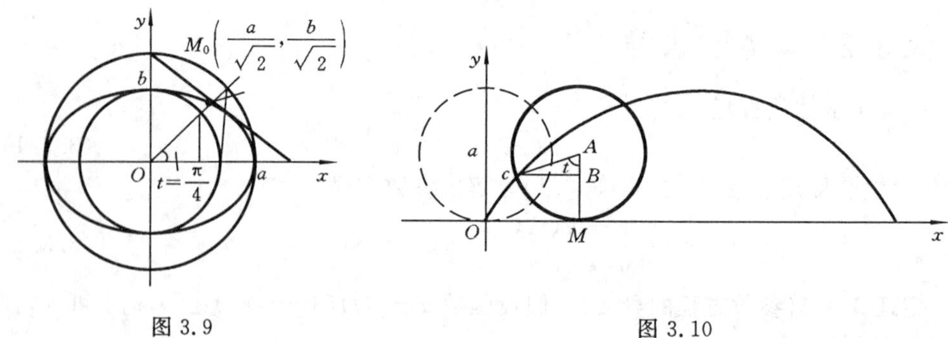

图 3.9　　图 3.10

这条曲线称为**旋轮线**.在研究单摆的等时性问题时,也遇到这条曲线,所以又称它为**摆线**.在研究物体在重力作用下,沿什么曲线下滑时间最短时,也遇到这条曲线,所以也称它为**速降线**.

这里要求出旋轮线上斜率为 1 的切线.当 $0<t<2\pi$ 时,旋轮线的切线斜率为

$$\frac{\mathrm{d}y}{\mathrm{d}x}=\frac{(a(1-\cos t))'}{(a(t-\sin t))'}=\frac{a\sin t}{a(1-\cos t)}=\cot\frac{t}{2}.$$

令 $\cot\frac{t}{2}=1$,解出 $t=\frac{\pi}{2}$,把它代入参数方程得

$$x=a\left(\frac{\pi}{2}-1\right),\quad y=a.$$

所以斜率为 1 的切线为
$$y-a=x-a\left(\frac{\pi}{2}-1\right),$$

化简得
$$y=x+a\left(2-\frac{\pi}{2}\right).$$
□

下面仍通过具体例子来介绍参数式高阶导数的计算方法.

例 3.3.10　设 $x=a(t-\sin t)$,$y=a(1-\cos t)$,求 $y''(x)$.

解　我们知道(见例 3.3.9)$y'(x)=\cot\frac{t}{2}$,按照式(3.3.3),有

$$y''(x)=\frac{\mathrm{d}(y')}{\mathrm{d}x}=\frac{\mathrm{d}(y')}{\mathrm{d}t}\cdot\frac{\mathrm{d}t}{\mathrm{d}x}=\frac{\frac{\mathrm{d}(y')}{\mathrm{d}t}}{\frac{\mathrm{d}x}{\mathrm{d}t}}=\left(\cot\frac{t}{2}\right)'\cdot\frac{1}{(a(t-\sin t))'}$$

$$=-\csc^2\frac{t}{2}\cdot\frac{1}{2}\cdot\frac{1}{a(1-\cos t)}=-\frac{1}{4a\sin^4\frac{t}{2}}.$$
□

3.3.3 极坐标式求导

1）极坐标系

直角坐标系是最常用的一种坐标系，但它不是用来描述点的位置的唯一办法. 这里介绍另一种坐标系——极坐标系，其基本思想是用方向和距离来描写点的位置.

在平面上取一定点 O，由 O 点出发的一条射线 Ox，一个长度单位，及计算角度的一个正方向（通常取逆时针方向），合称为一个**极坐标系**. O 点称为极坐标系的**极点**，Ox 称为**极轴**. 平面上任一 P 点的位置可以由 OP 的长度 r 和从 Ox 到 OP 的角度 θ 来刻画（见图 3.11）. 数对 (r,θ) 称为 P 点在此极坐标系中的**极坐标**，r 称为 P 点的**极径**，θ 称为 P 点的**极角**.

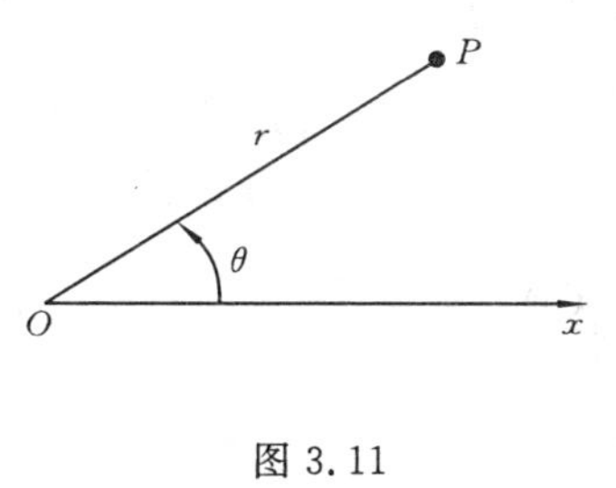

图 3.11

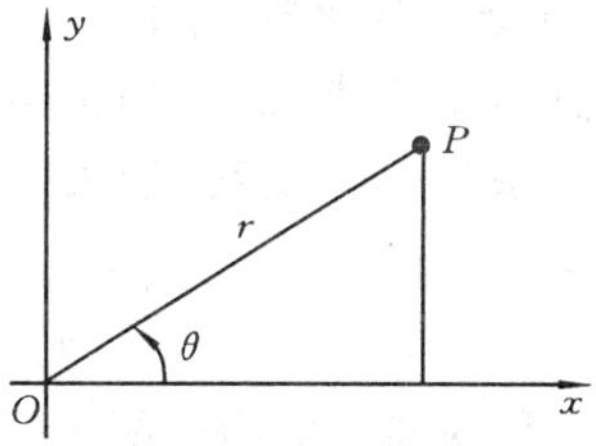

图 3.12

设在平面上取定了一个极坐标系，以极轴为 x 轴，$\theta=\dfrac{\pi}{2}$ 的射线为 y 轴，得到一个直角坐标系（见图 3.12）. 于是平面上任一 P 点的直角坐标 (x,y) 与极坐标之间有下列关系：

$$\begin{cases} x=r\cos\theta, \\ y=r\sin\theta, \end{cases} \tag{3.3.4}$$

因此

$$\begin{cases} r=\sqrt{x^2+y^2}, \\ \cos\theta=\dfrac{x}{\sqrt{x^2+y^2}}, \\ \sin\theta=\dfrac{y}{\sqrt{x^2+y^2}}, \\ \tan\theta=\dfrac{y}{x}\text{（如果 } P \text{ 不在 } y \text{ 轴上）}. \end{cases} \tag{3.3.5}$$

例 3.3.11 在极坐标系中，画出点 $A\left(4,\dfrac{3\pi}{2}\right)$，$B\left(3,-\dfrac{\pi}{4}\right)$，$C\left(2,\dfrac{7\pi}{4}\right)$ 的位置.

解 如图 3.13 所示. □

注意，P 点的极径 r 总是非负的，当 $r=0$ 时，P 点与极点重合. 所以极点的特征

是 $r=0$,θ 不定. 由于绕 O 点转一圈的角度是 2π,所以,在极坐标系中 (r,θ) 与 $(r,\theta+2k\pi)$ 代表同一个点. 由此可见,点与它的极坐标的关系不是一对一的,这是极坐标与直角坐标不同的地方.

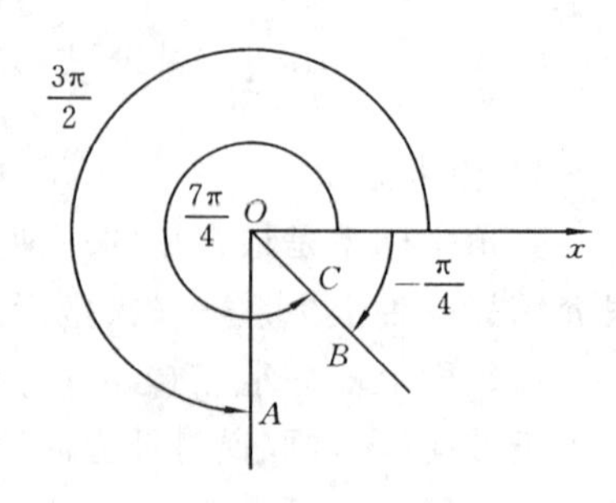

图 3.13

有时也容许 r 取负值,当 $r<0$ 时,极坐标为 (r,θ) 的 M 点的位置按以下规则确定:将极轴 Ox 旋转 θ 的一射线,M 在此射线的延长线上,到 O 的距离为 $-r>0$,亦即规定 $(r,\theta)=(-r,\theta+\pi)$(见图 3.14). 极坐标 (r,θ) 中的极角 θ 可以取任何实数值.

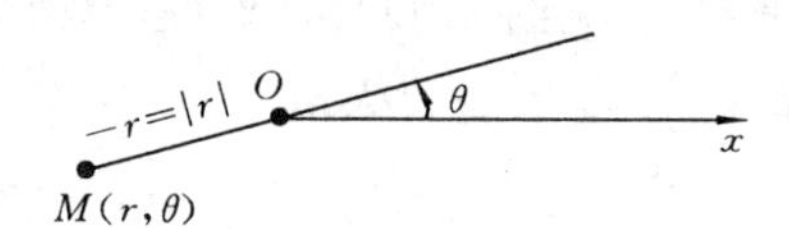

图 3.14

2) 曲线的极坐标方程

与直角坐标类似,极坐标也能建立方程和图形之间的一种对应关系. 如果曲线上每一点的极坐标都满足方程

$$F(r,\theta)=0 \quad (\text{或 } r=r(\theta)) \tag{3.3.6}$$

则称此方程为**曲线的极坐标方程**.

例 3.3.12 直线的极坐标方程.

解 直线的直角坐标方程是

$$ax+by+c=0, \quad c<0. \tag{3.3.7}$$

根据式(3.3.4),用 r,θ 代替 x,y,代入到上述方程中去,即得

$$r(a\cos\theta+b\sin\theta)+c=0.$$

再令
$$\frac{a}{\sqrt{a^2+b^2}}=\cos\alpha, \quad \frac{b}{\sqrt{a^2+b^2}}=\sin\alpha, \quad \frac{c}{\sqrt{a^2+b^2}}=-r_0,$$

就可得到形如

$$r\cos(\alpha-\theta)=r_0 \tag{3.3.8}$$

的直线的极坐标方程. 当直线通过原点时,$c=0$,从而 $r_0=0$,于是通过极点的直线的极坐标方程化为

$$\theta=\varphi_0, \tag{3.3.9}$$

其中,φ_0 为某常数(见图 3.15). □

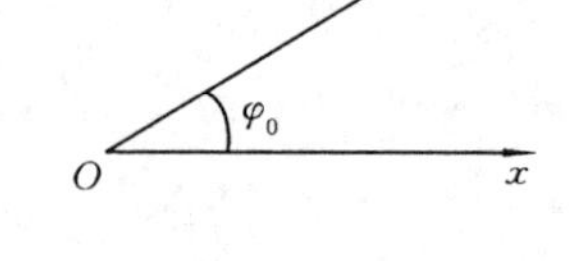

图 3.15

例 3.3.13 圆的极坐标方程.

解 圆心在原点的圆的直角坐标方程为

$$x^2+y^2=a^2 \tag{3.3.10}$$

我们仍可利用式(3.3.4)将其化为

$$r=a, \tag{3.3.11}$$

这就是圆心在极点的圆的极坐标方程(见图 3.16). □

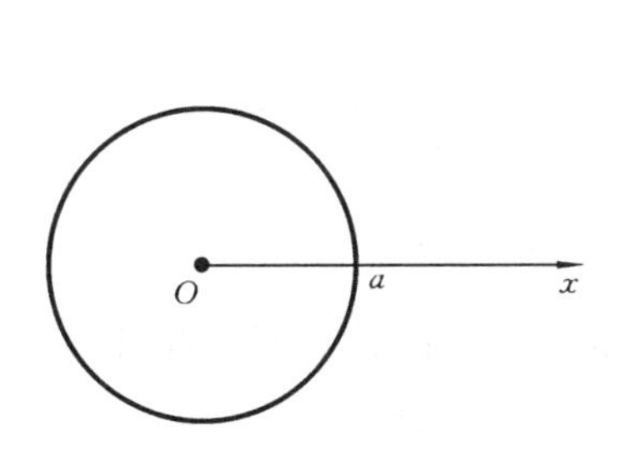

图 3.16

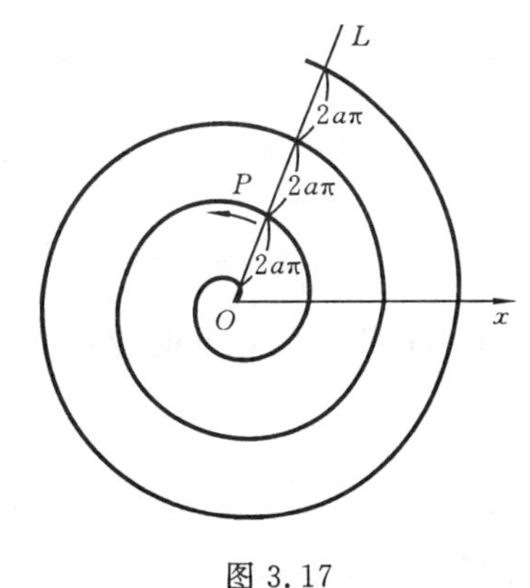

图 3.17

例 3.3.14　阿基米德螺线.

解　设直线 L 绕其上一定点作等速转动,同时有一 P 点从 O 点出发沿直线 L 作等速移动. 则动点 P 的轨迹称为**阿基米德螺线**(见图 3.17). 下面求这条曲线的方程.

取 O 为极点,L 的初始位置为极轴. 设 P 点沿 L 移动的速度与直线 L 绕 O 转动的角速度之比为 a,则不难看出,阿基米德螺线的方程为

$$r=a\theta.$$

当 $\theta=0$ 时,$r=0$;当 θ 不断增加时,r 按比例增加. 直线 L 每转过角度 2π,就回到原位,但这时 P 已向前移了一段距离 $2a\pi$. 由此可见,阿基米德螺线的形状是螺旋状,过 O 点的每一条射线被它截成无穷多个线段,每个线段的长度都是 $2a\pi$.

3) 极坐标式求导

设曲线方程由极坐标方程

$$r = r(\theta) \tag{3.3.12}$$

给出,其中,r 称**极径**,θ 称**极角**. 求曲线在(r,θ)点处切线的斜率.

方程(3.3.12)可化为参数方程

$$\begin{cases} x = r(\theta)\cos\theta, \\ y = r(\theta)\sin\theta, \end{cases} \tag{3.3.13}$$

因此

$$\frac{\mathrm{d}y}{\mathrm{d}x}=\frac{\dfrac{\mathrm{d}y}{\mathrm{d}\theta}}{\dfrac{\mathrm{d}x}{\mathrm{d}\theta}}=\frac{r'(\theta)\sin\theta+r(\theta)\cos\theta}{r'(\theta)\cos\theta-r(\theta)\sin\theta}$$

$$=\frac{\tan\theta+\dfrac{r(\theta)}{r'(\theta)}}{1-\tan\theta\cdot\dfrac{r(\theta)}{r'(\theta)}}.$$

设切线与 x 轴的夹角为 α,由导数的几何意义知,

$$\frac{\mathrm{d}y}{\mathrm{d}x} = \tan\alpha,$$

因此

$$\frac{\tan\theta+\dfrac{r(\theta)}{r'(\theta)}}{1-\tan\theta\cdot\dfrac{r(\theta)}{r'(\theta)}}=\tan\alpha,$$

$$\frac{r(\theta)}{r'(\theta)}=\frac{\tan\alpha-\tan\theta}{1+\tan\alpha\tan\theta}=\tan(\alpha-\theta).$$

令 β 表示向径沿逆时针方向转到切线位置的夹角，则由图 3.18 可以看出，$\beta=\alpha-\theta$. 所以

$$\frac{r(\theta)}{r'(\theta)}=\tan\beta.$$

这就是 $\dfrac{r(\theta)}{r'(\theta)}$ 的几何意义.

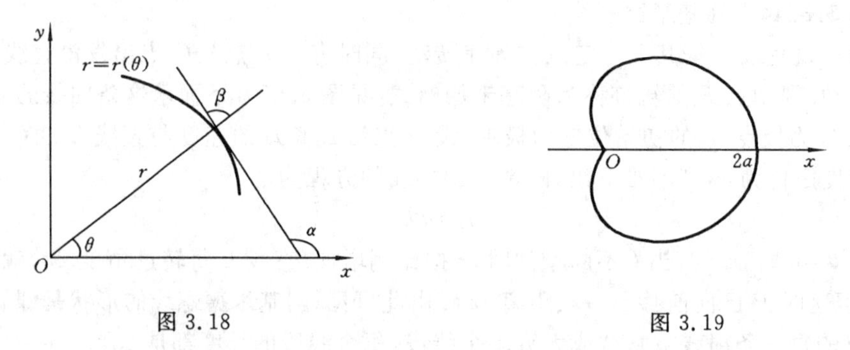

图 3.18　　图 3.19

例 3.3.15　设心脏线(见图 3.19)方程为 $r=a(1+\cos\theta)$，其中，$r=\sqrt{x^2+y^2}$，$\theta=\arctan\dfrac{y}{x}$ 为极坐标，求 $\dfrac{dy}{dx}$.

解　$r'(\theta)=-a\sin\theta$，则

$$\frac{dy}{dx}=\frac{r'(\theta)\sin\theta+r(\theta)\cos\theta}{r'(\theta)\cos\theta-r(\theta)\sin\theta}=\frac{-a\sin\theta\sin\theta+a(1+\cos\theta)\cos\theta}{-a\sin\theta\cos\theta-a(1+\cos\theta)\sin\theta}=-\frac{\cos2\theta+\cos\theta}{\sin2\theta+\sin\theta}$$

$$=-\frac{2\cos\dfrac{3\theta}{2}\cos\dfrac{\theta}{2}}{2\sin\dfrac{3\theta}{2}\cos\dfrac{\theta}{2}}=-\cot\frac{3\theta}{2}\quad\left(\theta\neq0,\theta\neq\pm\frac{2\pi}{3}\right).$$

□

3.3.4　相关变化率

在很多问题中常常由一个固定的条件联系着几个变量，这些变量又都随着时间变化而变化，因此它们的变化率之间必然也有一定的关系. 有这种连带关系的变化率称为**相关变化率**.

例 3.3.16　钓鱼者站在离水面高 10 m 的桥上，他的鱼线末端有一条鱼. 设鱼在水的表面，若钓鱼者以每秒 2 m 的速率卷起他的鱼线. 试问当鱼线的长度为 15 m

时,鱼在水面移动的速率是多少(见图 3.20)?

解　令 s 表示鱼线的长度,x 表示鱼到桥的水平距离. 依题设有 $\frac{\mathrm{d}s}{\mathrm{d}t}=-2$. 鱼在水面移动的速率用导数 $\frac{\mathrm{d}x}{\mathrm{d}t}$ 表示. 问题归结为:当 $s=15$ 时,$\frac{\mathrm{d}x}{\mathrm{d}t}$ 为多少?

x 和 s 都是时间 t 的函数,它们之间的关系可由勾股定理给出,即

$$x^2+10^2=s^2.$$

对这个等式两端关于 t 求导数,得

$$2x\frac{\mathrm{d}x}{\mathrm{d}t}=2s\frac{\mathrm{d}s}{\mathrm{d}t},$$

因此有

$$\frac{\mathrm{d}x}{\mathrm{d}t}=\frac{-2s}{x}.$$

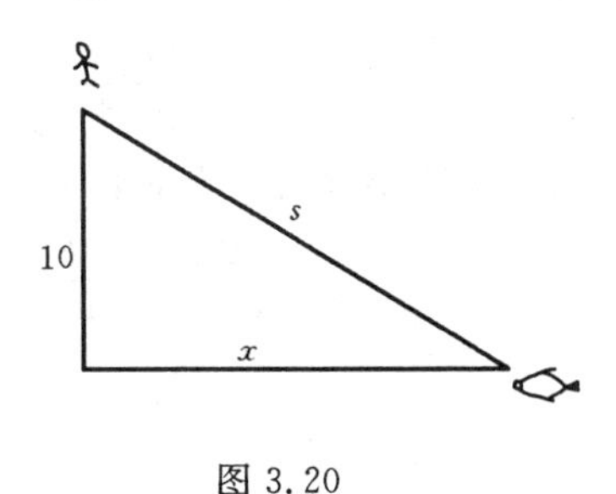

图 3.20

当 $s=15$ 时,由 $x^2+10^2=15^2$ 得 $x=5\sqrt{5}$. 所以,当鱼线长 15 m 时,所求速率为

$$\frac{2s}{x}=\frac{6\sqrt{5}}{5}\approx 2.7\ (\mathrm{m/s}).$$ □

例 3.3.16 的方法可用于许多相关变化率的问题. 我们把一般的解题步骤叙述如下.

① 求出关联各个量的等式.

② 对所得等式两端关于时间 t(或者其他适当的变量)求导数.

③ 利用第②步得到的等式,由已知的变化率求出未知的变化率.

例 3.3.17　一个小孩站在地面上用望远镜观察一架飞机,该飞机的高度为 11 km,正以 16 km/min 的速度向小孩水平地飞过来. 试问当飞机离小孩的水平距离为 38 km 时,望远镜视角改变的速率是多少? 当飞机就在小孩的头顶时又如何?

解　首先根据题意画出草图,设定一些有意义的量(见图3.21). 依题意有

$$\frac{\mathrm{d}x}{\mathrm{d}t}=-16\ (\mathrm{km/min}).$$

视角 θ 的变化率 $\frac{\mathrm{d}\theta}{\mathrm{d}t}$ 是待求的.

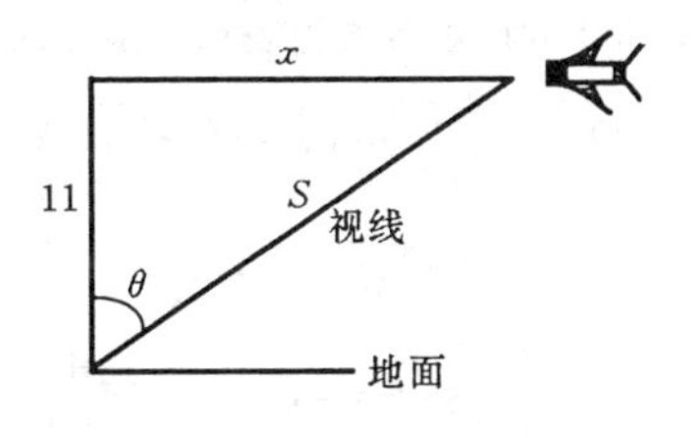

图 3.21

(1) 求关于 θ 与 x 的一个方程. 这个方程是

$$\theta=\arctan\frac{x}{11}.$$

(2) 对这个方程两端关于 t 求导数,得

$$\frac{\mathrm{d}\theta}{\mathrm{d}t}=\frac{1}{1+\left(\frac{x}{11}\right)^2}\cdot\frac{1}{11}\cdot\frac{\mathrm{d}x}{\mathrm{d}t}.$$

因为$\frac{\mathrm{d}x}{\mathrm{d}t}=-16$,故

$$\frac{\mathrm{d}\theta}{\mathrm{d}t}=\frac{-176}{121+x^2}\ (\mathrm{rad/min}).$$

最后,令 $x=38$,得

$$\frac{\mathrm{d}\theta}{\mathrm{d}t}=\frac{-176}{121+38^2}=\frac{-176}{1565}\ (\mathrm{rad/min})\quad(约相当于每分钟-6°).$$

当飞机在小孩头顶上时,$x=0$,得

$$\frac{\mathrm{d}\theta}{\mathrm{d}t}=\frac{-16}{11}\ (\mathrm{rad/min})\quad(约相当于每分钟-83°).$$ □

习　题　3.3

(A)

1. 回答下列问题:

(1) 极坐标系是怎样定义的? 它与直角坐标系有何不同?

(2) 什么叫相关变化率?

(3) 求相关变化率的一般步骤是什么?

2. 方程 $xy+\mathrm{e}^y+y=2$ 确定隐函数 $y=y(x)$,求 $y'(x)$.

3. 求下列方程所确定的隐函数 $y=y(x)$的导数 $y'(x)$:

(1) $\mathrm{e}^x-\mathrm{e}^y+xy=0$;　(2) $x^2+y^2-\arcsin y=0$;　(3) $x^y=y^x$;

(4) $\arctan\frac{y}{x}=\ln\sqrt{x^2+y^2}$;　(5) $x^2-2xy+y^2=2x$;　(6) $\sqrt{x}+\sqrt{y}=1$;

(7) $xy^2+\mathrm{e}^y=\cos(x+y^2)$;　(8) $\ln y-\sqrt{\frac{1-x}{1+x}}=0$.

4. 求下列由参数方程表示的函数的导数:

(1) $x=\sqrt[3]{1-\sqrt{t}},y=\sqrt{1-\sqrt[3]{t}}$,求$\frac{\mathrm{d}y}{\mathrm{d}x}$;　(2) $x=\sin^2 t,y=\cos^2 t$,求$\frac{\mathrm{d}y}{\mathrm{d}x}$;

(3) $x=1+t^3,y=\mathrm{e}^{2t}$,求$\left.\frac{\mathrm{d}y}{\mathrm{d}x}\right|_{x=2}$;　(4) $x=1+t^2,y=\cos t$,求$\frac{\mathrm{d}y}{\mathrm{d}x}$;

(5) $x=\mathrm{e}^t\sin t,y=\mathrm{e}^{-t}\cos t$,求$\frac{\mathrm{d}y}{\mathrm{d}x}$.

5. 用对数求导法求下列函数的导数:

(1) $y=x^{\sin x}\ (x>0)$;　(2) $y=(\sqrt{x})^{\ln x}\ (x>0)$;　(3) $y=a^{\sin x}\ (a>0)$;

(4) $y=(1+x)^{\frac{1}{x}}\ (x>0)$;　(5) $y=\frac{(x+5)^2(x-4)^{\frac{1}{3}}}{(x+2)^5(x+4)^{\frac{1}{2}}}$;　(6) $y=x\sqrt{\frac{1-x}{1+x}}$.

6. 下列参数方程给出函数 $y=y(x)$,求$\frac{\mathrm{d}^2y}{\mathrm{d}x^2}$:

(1) $x=a\cos t,y=a\sin t$;　(2) $x=2t-t^2,y=3t-t^3$;

(3) $x=\ln(1+t^2)$, $y=\arctan t$;　　(4) $x=\ln(t+\sqrt{t^2+1})$, $y=t^2$.

7. 求下列隐函数的二阶导数 y''：

(1) $x^3+y^3-3axy=0(a>0)$;　　(2) $y^2+2\ln y=x^4$;

(3) $xy=e^{x+y}$;　　(4) $y=1-xe^y$.

8. 在极坐标系(r,θ)中作出函数 $r=r(\theta)$的图形. 设：

(1) $r=2(1+\cos\theta)$（心形线）；　　(2) $r=a\cos3\theta$（三叶玫瑰线）.

9. 求$\dfrac{dy}{dx}$,设

(1) $r^2=2a^2\cos2\theta$(双纽线)在 $\theta=\dfrac{\pi}{6}$处；

(2) $r=ae^{m\theta}$(对数螺线),其中 $r=\sqrt{x^2+y^2}$及 $\theta=\arctan\dfrac{y}{x}$为极坐标.

10. 身高 5 尺(1 尺=0.333 m)的人在路灯一旁沿着一条水平直线 L 行走(见图 3.22),电灯杆 AA'到 L 的距离是 8 尺,杆足 A'在 L 上的正投影是 O 点. 灯高 20 尺. 如果人行走的速度为每秒钟 1.5 尺,求当人离 O 点 6 尺时,人影长度的变化率.

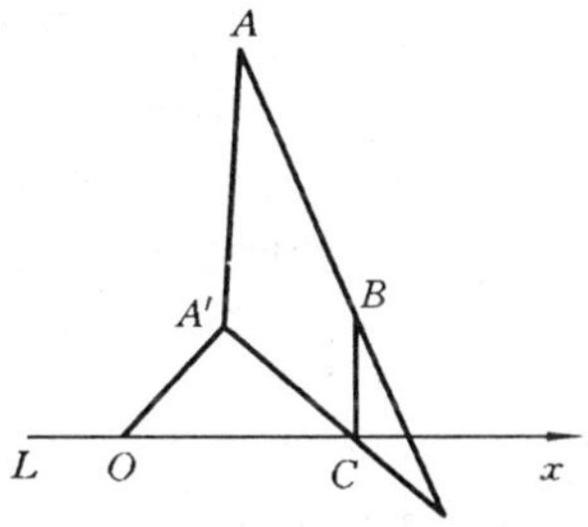

图 3.22

11. 在中午正 12 点,甲船以 6 km/h 的速率向东行驶,乙船在甲船之北 16 km 处,以 8 km/h 的速率向南行驶. 问下午 1 点整,两船相离的速率为多少?

12. 设有一段直径为 200 mm,长为 600 mm 的圆钢,放在加热炉加热,直径增大的速率为 0.08 mm/min,长度增大的速率为0.25 mm/min. 求加热开始时体积增大的速率.

(B)

1. 求下列函数的导数：

(1) $y=e^x+e^{e^x}$;　　(2) $y=a^{x^a}+a^{a^x}\ (a>0)$;

(3) $y=2^{\tan\frac{1}{x}}$;　　(4) $y=\left(\dfrac{a}{b}\right)^x\left(\dfrac{b}{x}\right)^a\left(\dfrac{x}{a}\right)^b(a>0,b>0)$;

(5) $y=e^x\left(1+\cot\dfrac{x}{2}\right)$;　　(6) $y=3^x\ln x$.

2. 在距海岸 5 km 处有一灯塔,它的灯每分钟转动一周,试求光束与岸边成60°角时,光束沿岸边滑动的速度(km/min).

答案与提示

(A)

2. $-\dfrac{y}{1+x+e^y}$.

3. (1) $\dfrac{e^x+y}{e^y-x}$;　(2) $\dfrac{2x\sqrt{1-y^2}}{1-2y\sqrt{1-y^2}}$;　(3) $\dfrac{y(x\ln y-y)}{x(y\ln x-x)}$;　(4) $\dfrac{x+y}{x-y}$;　(5) $\dfrac{1-x+y}{y-x}$;

(6) $-\sqrt{\dfrac{y}{x}}$； (7) $-\dfrac{y^2+\sin(x+y^2)}{e^y+2xy+2y\sin(x+y^2)}$； (8) $-\dfrac{y}{(1+x)^2}\sqrt{\dfrac{1+x}{1-x}}$.

4. (1) $\dfrac{\sqrt{t}\cdot\sqrt[3]{(1-\sqrt{t})^2}}{\sqrt[3]{t^2}\cdot\sqrt{1-\sqrt[3]{t}}}$； (2) -1； (3) $\dfrac{2}{3}e^2$； (4) $-\dfrac{\sin t}{2t}$； (5) $-e^{-2t}$.

5. (1) $x^{\sin x}\left(\cos x\ln x+\dfrac{\sin x}{x}\right)$； (2) $\dfrac{y}{x}\ln x$； (3) $a^{\sin x}\ln a\cos x$；

(4) $(1+x)^{\frac{1}{x}}\left[\dfrac{1}{x(x+1)}-\dfrac{\ln(1+x)}{x^2}\right]$； (5) $y\left(\dfrac{2}{x+5}-\dfrac{5}{x+2}+\dfrac{1}{3(x-4)}-\dfrac{1}{2(x+4)}\right)$；

(6) $y\left(\dfrac{1}{x}-\dfrac{1}{2(1-x)}-\dfrac{1}{2(1+x)}\right)$.

6. (1) $-\dfrac{1}{a\sin^3 t}$； (2) $\dfrac{3}{4(1-t)}$； (3) $-\dfrac{1+t^2}{4t^3}$； (4) $4t^2+2$.

7. (1) $\dfrac{1}{y^2-ax}\left[\dfrac{2a(ay-x^2)}{y^2-ax}-2y\left(\dfrac{ay-x^2}{y^2-ax}\right)^2-2x\right]$； (2) $\dfrac{2x^2y}{(1+y^2)^3}[3(1+y^2)^2+2x^4(1-y^2)]$；

(3) $\dfrac{y}{x-xy}+\dfrac{(x+y-2)(xy-y)}{(x-xy)^2}+\dfrac{x(xy-y^2)}{(x-xy)^3}$； (4) $\dfrac{2e^{2y}}{(1+xe^y)^2}-\dfrac{xe^{3y}}{(1+xe^y)^3}$.

9. (1) 0； (2) $\dfrac{m\sin\theta+\cos\theta}{m\cos\theta-\sin\theta}=\tan\left(\theta+\arctan\dfrac{1}{m}\right)$.

10. ± 0.3 (尺/s).

11. -2.8 (km/h).

12. 7300π (mm^3/min).

(B)

1. (1) $e^x(1+e^{e^x})$； (2) $a\ln a\cdot a^{x^a}\cdot x^{a-1}+a^x\cdot a^{a^x}(\ln a)^2$；

(3) $-\dfrac{1}{x^2}\sec^2\dfrac{1}{x}\cdot 2^{\tan\frac{1}{x}}\cdot\ln 2$ $(x\neq 0)$； (4) $y\left(\ln\dfrac{a}{b}-\dfrac{a}{x}+\dfrac{b}{x}\right)$ $(x>0)$；

(5) $\dfrac{e^x(\sin x-\cos x)}{2\sin^2\dfrac{x}{2}}$ $(x\neq 2k\pi, k$ 为整数)； (6) $3^x\ln x\cdot\ln 3+\dfrac{1}{x}3^x$.

2. $\dfrac{40}{3}\pi$ km/min.

3.4 微　　分

3.4.1 局部线性化与微分

由导数的几何意义知，曲线 $y=f(x)$ 上过 $(x_0,f(x_0))$ 点的切线方程为 $y=f(x_0)+f'(x_0)(x-x_0)$. 由图 3.23 可以看出，当 $\Delta x=x-x_0$ 充分小时，$KN\approx PN$，其中 $KN=\tan\alpha\cdot MN$ 是切线的改变量，而 $PN=f(x_0+\Delta x)-f(x_0)$ 是曲线的改变量. 我们不妨来研究一个具体例子. 设 $f(x)=\sqrt{x}$，则曲线 $y=\sqrt{x}$ 在 $x=4$ 处的切线方程为 $y=\dfrac{x}{4}+1$. 表 3.2 是函数值对照表，由表 3.2 可看出，当 $\Delta x=0.001$ 时，函数 $\sqrt{x}$ 的改

变量约为0.000 250 1，而切线 $y=\frac{x}{4}+1$ 的改变量为0.000 250 0，这两个改变量的差值是十分微小的.这使我们很自然地想到：在 x_0 点附近，是否可以用切线来近似地代替曲线？即用切线上的函数值近似代替曲线上的函数值.

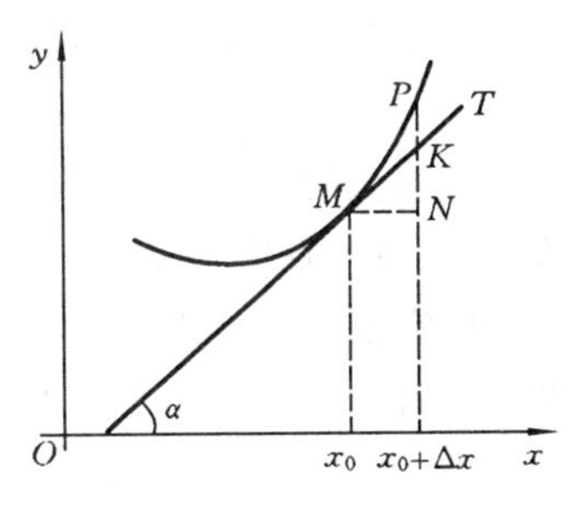

图 3.23

$$f(x)\approx f(x_0)+f'(x_0)(x-x_0).$$

这就是所谓**局部线性化**.切线方程的一般形式为

$$y=ax+b.$$

表 3.2

x	$y=\sqrt{x}$	$y=\frac{x}{4}+1$
3.996	1.998 999 7	1.999 000 0
3.997	1.999 249 8	1.999 250 0
3.998	1.999 499 9	1.999 500 0
3.999	1.999 750 0	1.999 750 0
4.000	2.000 000 0	2.000 000 0
4.001	2.000 250 1	2.000 250 0
4.002	2.000 499 9	2.000 500 0
4.003	2.000 749 9	2.000 750 0
4.004	2.000 999 8	2.001 000 0

用这样简单的线性函数在局部范围内去逼近一个相对来说较复杂的函数 $y=f(x)$，无论在理论上还是在计算上都是十分有价值的事情.用简单的东西逼近更复杂的东西，这在数学上是十分深刻的思想.由前面所讨论的局部线性化问题，引进微分的概念.

定义 3.4.1(微分)　设 $y=f(x)$在(a,b)上定义，且有

$$\Delta y=f(x+\Delta x)-f(x)=A\Delta x+o(\Delta x)\quad(\Delta x\to 0),\tag{3.4.1}$$

其中，A 与 Δx 无关(可以依赖于 x)，则称函数 $f(x)$在 x 点**可微**，并称 $A\Delta x$ 为函数在该点的**微分**，记作

$$\mathrm{d}y=A\Delta x\quad\text{或}\quad\mathrm{d}f(x)=A\Delta x.$$

在 Δy 的分解式(3.4.1)中，第一项 $A\Delta x$ 是 Δx 的线性函数，第二项是 Δx 的高阶无穷小量，因此 Δy 的值主要取决于第一项.称 $A\Delta x$ 为函数改变量 Δy 的**线性主部**，即微分是函数改变量的线性主部.因此，当 $\Delta x\to 0$ 时，可以写

$$\Delta y\approx\mathrm{d}y=A\Delta x.\tag{3.4.2}$$

联系到本节开始的讨论,在那里我们指出当 Δx 充分小时,有

$$PN=\Delta y\approx KN=\tan\alpha\cdot\Delta x=f'(x_0)\Delta x.$$

这里自然会问:如果 $f(x)$ 在 x_0 点可微,那么 A 是否就是导数 $f'(x_0)$ 呢?回答是肯定的,下面就来证明这一点.

假定函数 $y=f(x)$ 在 x_0 点可微,由定义知,式(3.4.1)成立.在式(3.4.1)两边除以 Δx,得

$$\frac{\Delta y}{\Delta x}=A+\frac{o(\Delta x)}{\Delta x},\tag{3.4.3}$$

因 A 与 Δx 无关,所以当 $\Delta x\to 0$ 时,式(3.4.3)右端第一项极限为 A,而第二项按高阶无穷小量的定义,极限为零.既然式(3.4.3)右端的极限存在,故式(3.4.3)左端的极限也存在,且有

$$f'(x_0)=\lim_{\Delta x\to 0}\frac{\Delta y}{\Delta x}=A.$$

这样就证明了:可微必可导,且 $f(x)$ 在 x_0 点的微分

$$\mathrm{d}y\big|_{x=x_0}=f'(x_0)\Delta x.$$

反过来,若函数 $f(x)$ 在 x_0 点可导,则它在 x_0 点也可微.事实上,由

$$f'(x_0)=\lim_{\Delta x\to 0}\frac{\Delta y}{\Delta x},$$

可推得

$$\lim_{\Delta x\to 0}\left(\frac{\Delta y}{\Delta x}-f'(x_0)\right)=0,$$

或

$$\lim_{\Delta x\to 0}\frac{\Delta y-f'(x_0)\Delta x}{\Delta x}=0.$$

由高阶无穷小的定义,得

$$\Delta y-f'(x_0)\Delta x=o(\Delta x)\quad(\Delta x\to 0),$$

也就有

$$\Delta y=f'(x_0)\Delta x+o(\Delta x)\quad(\Delta x\to 0),$$

故函数可微.

综上所述,我们得到下面的结论.

定理 3.4.1 函数 $y=f(x)$ 在 x_0 点可微的充要条件是:函数 $f(x)$ 在 x_0 点可导.

由此,对于一元函数来说,可微与可导是同义词.Δy 的分解式是唯一的,且微分总可写成

$$\mathrm{d}y=f'(x)\Delta x\quad 或\quad \mathrm{d}f(x)=f'(x)\Delta x.$$

对特殊的函数 $y=x$,因 $y'=1$,所以

$$\mathrm{d}y=\mathrm{d}x=1\cdot\Delta x,$$

把 x 看成函数时,它的微分就是自变量的改变量.定义自变量的微分就是自变量的改变量

$$\mathrm{d}x=\Delta x.$$

于是 $\mathrm{d}y$ 又可写成

$$\mathrm{d}y = f'(x)\mathrm{d}x, \tag{3.4.4}$$

或

$$\frac{\mathrm{d}y}{\mathrm{d}x} = f'(x).$$

导数现在可以表示成两个微分之商,所以导数亦称为**微商**.

3.4.2 微分的运算法则

由式(3.4.4)可知,要计算函数的微分,只要计算函数的导数,再乘以自变量的微分即可.因此,可直接推得下面的微分公式及微分的运算法则.

$\mathrm{d}(C)=0$；　　$\mathrm{d}(\tan x)=\dfrac{\mathrm{d}x}{\cos^2 x}$；　　$\mathrm{d}(x^\alpha)=\alpha x^{\alpha-1}\mathrm{d}x$；

$\mathrm{d}(\arcsin x)=\dfrac{\mathrm{d}x}{\sqrt{1-x^2}}$；　　$\mathrm{d}(\mathrm{e}^x)=\mathrm{e}^x\mathrm{d}x$；　　$\mathrm{d}(\arctan x)=\dfrac{\mathrm{d}x}{1+x^2}$；

$\mathrm{d}(\sin x)=\cos x\mathrm{d}x$；　　$\mathrm{d}(\cos x)=-\sin x\mathrm{d}x$；　　$\mathrm{d}(\ln|x|)=\dfrac{\mathrm{d}x}{x}$.

设 u,v 是 x 的函数,则

$$\mathrm{d}(u\pm v) = \mathrm{d}u \pm \mathrm{d}v;\quad \mathrm{d}(uv) = v\mathrm{d}u + u\mathrm{d}v;\quad \mathrm{d}\left(\frac{u}{v}\right) = \frac{v\mathrm{d}u - u\mathrm{d}v}{v^2};$$

$$\mathrm{d}f(u) = f'(u)\mathrm{d}u. \tag{3.4.5}$$

这里要对式(3.4.5)作一些说明.若 $y=f(u)$,$u=g(x)$,则复合函数 $y=f[g(x)]$ 的微分为

$$\mathrm{d}y = \{f[g(x)]\}'\mathrm{d}x = f'[g(x)]g'(x)\mathrm{d}x = f'(u)\mathrm{d}u.$$

这个结果与把 u 看作自变量求微分的结果相同,即是说,对 $y=f(u)$ 求微分时,不论 u 是自变量还是函数,所得结果是相同的.这个性质叫作**一阶微分形式的不变性**.但要注意,u 是自变量时,$\mathrm{d}u=\Delta u$;而 u 是函数时,$\mathrm{d}u$ 和 Δu 一般来说是不同的.

例 3.4.1　设 $y=\mathrm{e}^{-x^2/2}$,求 $\mathrm{d}y$.

解　利用微分的定义,有

$$\mathrm{d}y = (\mathrm{e}^{-x^2/2})'\mathrm{d}x = -x\mathrm{e}^{-x^2/2}\mathrm{d}x.$$

也可利用一阶微分形式的不变性来做,即

$$\mathrm{d}y = \mathrm{d}(\mathrm{e}^{-x^2/2}) = \mathrm{e}^{-x^2/2}\mathrm{d}\left(\frac{-x^2}{2}\right) = -x\mathrm{e}^{-x^2/2}\mathrm{d}x.$$

□

例 3.4.2　设 $y=\ln(x+\sqrt{1+x^2})$,求 $\mathrm{d}y$.

解　令 $u=x+\sqrt{1+x^2}$,则 $y=\ln u$,于是

$$\mathrm{d}y = \frac{1}{u}\mathrm{d}u = \frac{\mathrm{d}x + \mathrm{d}(\sqrt{1+x^2})}{x+\sqrt{1+x^2}} = \frac{1+\dfrac{x}{\sqrt{1+x^2}}}{x+\sqrt{1+x^2}}\mathrm{d}x = \frac{\mathrm{d}x}{\sqrt{1+x^2}}.$$

□

例 3.4.3 $d(xe^x)=xd(e^x)+e^x dx=e^x(x+1)dx$. □

3.4.3 高阶微分

与高阶导数相仿,可以定义函数的高阶微分. 函数$y=f(x)$的**二阶微分**是一阶微分 dy 的微分 $d(dy)$,记作 d^2y. 而$f(x)$的 n **阶微分**则定义为$(n-1)$阶微分的微分,记作

$$d^n y = d(d^{n-1}y).$$

由于 $y=f(x)$的一阶微分是

$$dy = f'(x)dx,$$

故二阶微分为

$$d^2y = d(dy) = (f'(x)dx)'dx = (f''(x)dx + f'(x)(dx)')dx = f''(x)dx^2,$$

这里,由于 x 与 dx 是互相独立的,因此 dx 对 x 的导数$(dx)'=0$. 上式中$(dx)^2$ 记成 dx^2. 如果孤立地看 dx^2,也可理解为 x^2 求微分,但是在这个等式中,左端为 d^2y,自然应将 dx^2 理解为$(dx)^2$.

类似有　　$d^3y=d(d^2y)=f'''(x)dx^3$.

一般地有　　$d^ny=d(d^{n-1}y)=f^{(n)}(x)dx^n$.

高阶导数也可表示为

$$f^{(n)}(x) = \frac{d^n y}{dx^n}.$$

注意,高阶微分不再具有形式不变性.

例 3.4.4 设 $y=\sin x^2$,求 d^2y.

解

$$dy=(\sin x^2)'dx=2x\cos x^2 dx,$$

$$d^2y = (\sin x^2)''dx^2 = (2\cos x^2 - 4x^2\sin x^2)dx^2.$$ □

3.4.4 误差估计

利用微分可以作误差估计和近似计算. 如果函数$y=f(x)$在 x_0 点的导数$f'(x_0)\neq 0$,且$|\Delta x|$很小时,有

$$\Delta y = f(x_0+\Delta x) - f(x_0) \approx f'(x_0)\Delta x,$$

若记 $x=x_0+\Delta x$,则有

$$f(x) \approx f(x_0) + f'(x_0)(x-x_0). \tag{3.4.6}$$

这就是**局部线性逼近**,当 $f(x_0)$,$f'(x_0)$比较容易计算时,可以通过式(3.4.6)近似地得到$f(x)$的值.

例 3.4.5 计算 $\sqrt[3]{29}$的近似值.

解 令 $f(x)=\sqrt[3]{x}$,由式(3.4.6),得

$$\sqrt[3]{29} = \sqrt[3]{27+2} \approx \sqrt[3]{27} + f'(27)(29-27)$$

$$= 3 + \frac{1}{3} \cdot \frac{1}{27^{2/3}} \cdot 2 = 3 + \frac{2}{27} \approx 3.0741,$$

所以
$$\sqrt[3]{29} \approx 3.0741.$$
□

我们把例 3.4.5 中的方法总结如下.

计算 $f(b)$ 近似值的步骤如下.

① 找一个与 b 很接近的数 a，且 $f(a)$ 与 $f'(a)$ 都比较容易计算.

② 计算 $\Delta x = b - a$（Δx 可以为正也可以为负）.

③ 计算 $f(a) + f'(a)\Delta x$，于是 $f(b) \approx f(a) + f'(a)(b-a)$.

例 3.4.6 求 $\sin 31°$ 的近似值.

解 令 $f(x) = \sin x$，$b = 31° = \frac{\pi}{6} + \frac{\pi}{180}$. 取 $a = 30° = \frac{\pi}{6}$，则 $\Delta x = 1° = \frac{\pi}{180}$. 所以

$$\sin 31° = \sin\left(\frac{\pi}{6} + \frac{\pi}{180}\right) \approx \sin\frac{\pi}{6} + \cos\frac{\pi}{6} \cdot \frac{\pi}{180}$$

$$\approx \frac{1}{2} + \frac{\sqrt{3}}{2} \cdot 0.01745 \approx 0.5151.$$

注意，计算时必须把角度的单位化为弧度，因 x 以弧度为单位时，才有 $(\sin x)' = \cos x$. 若 x 以度为单位，则 $(\sin x)' \neq \cos x$. □

下面利用微分作误差估计.

求 $y = f(x)$ 时，由于仪器的精度问题，测得的自变量恰好不是真值 x，而是近似值 x_0，记 $x - x_0 = \Delta x$. 实际上 Δx 也是未知的，否则由 $x_0 + \Delta x$ 即得真值 x. 但根据仪器的质量，可以知道 $|\Delta x|$ 的上界，这个上界称为 x **的绝对误差**，记作 δ_x，而称 $\frac{\delta_x}{|x_0|}$ 为 x **的相对误差**. 于是有

$$|x - x_0| \leqslant \delta_x.$$

x 的误差会引起 $f(x)$ 的误差，即

$$\Delta y = f(x) - f(x_0) = f(x_0 + \Delta x) - f(x_0),$$

误差 $|\Delta y|$ 的上界，称为 y **的绝对误差**，记作 δ_y，而称 $\frac{\delta_y}{|f(x_0)|}$ 为 y **的相对误差**.

在实际问题中，高阶无穷小量总是可以忽略不计的，所以

$$\Delta y \approx f'(x_0)\Delta x,$$

于是
$$|\Delta y| \approx |f'(x_0)||\Delta x| \leqslant |f'(x_0)|\delta_x,$$

即得 y 的绝对误差为

$$\delta_y = |f'(x_0)|\delta_x,$$

而 y 的相对误差为

$$\frac{\delta_y}{|f(x_0)|} = \left|\frac{f'(x_0)}{f(x_0)}\right|\delta_x = \left|\frac{\mathrm{d}}{\mathrm{d}x}\ln f(x_0)\right|\delta_x.$$

例 3.4.7 设测量圆的半径 r 时绝对误差是 0.1 cm,测得的 r 值为 11.5 cm. 问圆面积的绝对误差和相对误差各是多少?

解 圆面积的公式为 $A=\pi r^2$,则 $A'(r)=2\pi r$. 由于 $r_0=11.5$ cm,$\delta_r=0.1$ cm,故 A 的绝对误差和相对误差分别为

$$\delta_A = A'(r_0)\delta_r = 2\pi\times 11.5\times 0.1\ \text{cm}^2 = 2.3\pi\ \text{cm}^2,$$

$$\frac{\delta_A}{|A(r_0)|} = \frac{A'(r_0)}{A(r_0)}\cdot\delta_r = \frac{2}{r_0}\times 0.1 = \frac{0.2}{11.5}\approx 1.74\%.$$

注意,相对误差通常用百分数表示. □

习　题　3.4

(A)

1. 回答下列问题:

(1) 函数 $f(x)$在 x_0 点的微分如何定义?

(2) 局部线性化的含义是什么?

(3) 函数的可微与可导是一回事吗?

(4) 什么叫一阶微分形式不变性?

(5) 什么叫作测量一个量的绝对误差和相对误差?

2. 计算下列各题:

(1) $\mathrm{d}(x^2\mathrm{e}^x)$;　(2) $\mathrm{d}(\sin x - x\cos x)$;　(3) $\mathrm{d}\left(\frac{1}{x^2}\right)$;

(4) $\mathrm{d}(\sqrt{a^2+x^2})$;　(5) $\mathrm{d}(\ln(1-x^2))$;　(6) $\mathrm{d}\left(\frac{\ln x}{\sqrt{x}}\right)$.

3. 在下列等式的括号中填上适当的函数:

(1) $\mathrm{d}(\quad)=\frac{\mathrm{d}x}{x}$;　(2) $\mathrm{d}(\quad)=\mathrm{e}^x\mathrm{d}x$;　(3) $\mathrm{d}(\quad)=\cos x\mathrm{d}x$;

(4) $\mathrm{d}(\quad)=\sin x\mathrm{d}x$;　(5) $\mathrm{d}(\quad)=\frac{\mathrm{d}x}{1+x^2}$;　(6) $\mathrm{d}(\quad)=\frac{\mathrm{d}x}{\sqrt{1-x^2}}$;

(7) $\mathrm{d}(\quad)=\sqrt{x}\mathrm{d}x$;　(8) $\mathrm{d}(\quad)=\frac{\mathrm{d}x}{2x}$;　(9) $\mathrm{d}(\quad)=4x^3\mathrm{d}x$;

(10) $\mathrm{d}(\quad)=\frac{\mathrm{d}x}{\cos^2 x}$.

4. 求下列函数的微分:

(1) $y=x\ln x - x$;　(2) $y=\arcsin\sqrt{1-x^2}$;　(3) $y=x^2\cos 2x$;　(4) $y=5^x+\frac{1}{2}$.

5. 利用一阶微分形式的不变性求微分:

(1) $y=\arctan \mathrm{e}^x$;　(2) $y=\mathrm{e}^{\sin x}$.

6. 求下列近似值:

(1) $\sin 29°$;　(2) $\sqrt[3]{1.02}$.

7. 有一立方体的铁箱，其边长为(70 ± 0.1) cm，求出它的体积，并估计绝对误差和相对误差.

(B)

1. 求下列函数的二阶微分 d^2y：

(1) $y=\sqrt{1+x^2}$；　　(2) $y=\dfrac{\ln x}{x}$.

2. 计算球体体积时，要求精确度在2%以内. 问这时测量直径D的相对误差不能超过多少？

答案与提示

(A)

2. (1) $e^x(2x+x^2)dx$；　(2) $x\sin x dx$；　(3) $-\dfrac{2}{x^3}dx$；　(4) $\dfrac{x}{\sqrt{a^2+x^2}}dx$；

(5) $\dfrac{2x}{x^2-1}dx$；　(6) $\dfrac{1-\ln\sqrt{x}}{x\sqrt{x}}dx$.

3. (1) $\ln x$；　(2) e^x；　(3) $\sin x$；　(4) $-\cos x$；　(5) $\arctan x$；　(6) $\arcsin x$；　(7) $\dfrac{2}{3}x\sqrt{x}$；

(8) $\ln\sqrt{x}$；　(9) x^4；　(10) $\tan x$.

4. (1) $\ln x dx$；　(2) $-\dfrac{\mathrm{sgn}x}{\sqrt{1-x^2}}dx$；　(3) $(2x\cos 2x-2x^2\sin 2x)dx$；　(4) $5^x\ln 5dx$.

5. (1) $\dfrac{e^x}{1+e^{2x}}dx$；　(2) $\cos x e^{\sin x}dx$.

6. (1) 0.484 9；　(2) 1.007.

7. 体积$V=x^3$，相对误差为0.4%，绝对误差为1 470 cm^3.

(B)

1. (1) $\dfrac{dx^2}{(1+x^2)^{3/2}}$；　(2) $\dfrac{2\ln x-3}{x^3}dx^2$.

2. 6.7%.

3.5　微分中值定理

3.5.1　极值概念与费马定理

图3.24所示的$f(x_1)$虽然不是$[a,b]$上的最大值，但x_1却是研究函数性态时的一类重要的点，欲描述它，需引进两个基本概念.

定义3.5.1　设函数$f(x)$定义于区间I，x_0是I上的一点. 如果$\forall x\in I$，都有

$$f(x)\leqslant f(x_0)\quad(\text{或 } f(x)\geqslant f(x_0)),$$

则称x_0点为$f(x)$在区间I上的**最大点**(或**最小点**). 数$f(x_0)$称为$f(x)$在I上的**最大值**(或**最小值**).

定义3.5.2　若存在x_0点的一个邻域$O(x_0)$，使$\forall x\in O(x_0)$，都有

$$f(x) \leqslant f(x_0) \quad (\text{或 } f(x) \geqslant f(x_0)),$$

则称 x_0 是 $f(x)$ 的**极大点(或极小点)**，$f(x_0)$ 为**极大值(或极小值)**；极大值与极小值统称为**极值**.

若上面不等式中，当 $x \neq x_0$ 时有严格不等号成立，则称 $f(x_0)$ 为**严格极值**. 极值是一个局部概念，极值定义中只要存在一个邻域，至于邻域有多大是无关紧要的. 因此我们又说极值是局部的最大、最小值. 而定义 3.5.1 所说的区间 I 上的最大、最小值是一个整体概念，是相对于区间而言的. 若最大、最小值在区间内部达到，则它也是极大、极小值；若最大、最小值在区间端点达到，则它不算极大、极小值. 如图 3.24 中 x_1, x_3 是极大点，x_2, x_4 是极小点，x_3 是最大点，a 是最小点.

定理 3.5.1(费马定理)　设 $f(x)$ 在 x_0 点有极值，且 $f'(x_0)$ 存在，则

$$f'(x_0) = 0.$$

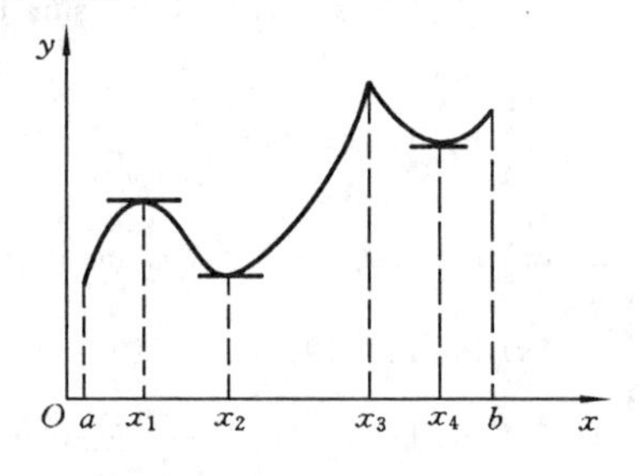

图 3.24

证　考虑 $f(x)$ 在 x_0 点有极大值的情形.

取 $\Delta x > 0$，且 $x_0 + \Delta x \in O(x_0)$，则有

$$f(x_0) \geqslant f(x_0 + \Delta x),$$

从而有

$$\frac{f(x_0 + \Delta x) - f(x_0)}{\Delta x} \leqslant 0,$$

因此得

$$f'(x_0) = \lim_{\Delta x \to 0^+} \frac{f(x_0 + \Delta x) - f(x_0)}{\Delta x} \leqslant 0.$$

另一方面，若 $\Delta x < 0$，则有

$$f'(x_0) = \lim_{\Delta x \to 0^-} \frac{f(x_0 + \Delta x) - f(x_0)}{\Delta x} \geqslant 0,$$

所以得

$$f'(x_0) = 0. \qquad \square$$

对 x_0 为极小点的情形可类似证明.

费马(Fermat)定理的几何意义是非常明显的. 例如，在图 3.24 中，函数在 x_1, x_2, x_4 处有极值，且函数在这三个点处可微，因此在这三个点处导数取零值，即曲线在对应的点处有水平切线. 但是我们也要注意到，导数 $f'(x_3)$ 不存在，而 x_3 是函数的极大点. 这个事实告诉我们，在寻找函数的极值点时，除了在使得 $f'(x)=0$ 的点中去找之外，还应当在使得 $f'(x)$ 不存在的点中去找. 由于这个缘故，我们给这种点如下一个名称.

定义 3.5.3　使得 $f'(x)=0$ 或 $f'(x)$ 不存在的点 x_0 称为函数 $f(x)$ 的**临界点**，其中使 $f'(x)=0$ 的点 x_0 称为 $f(x)$ 的**驻点**，而数 $f(x_0)$ 本身称为 $f(x)$ 的**临界值**.

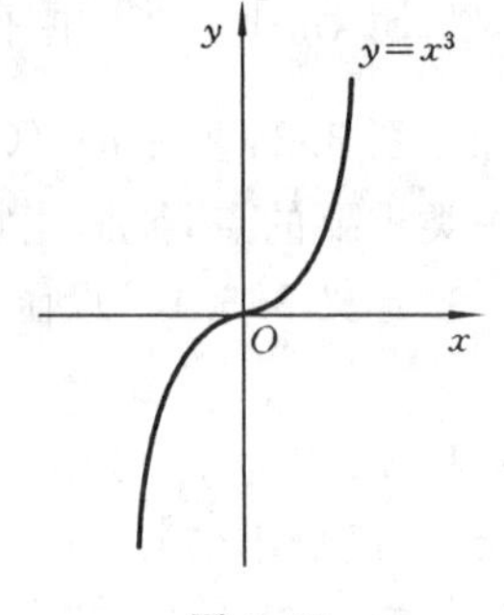

图 3.25

这里要强调指出：费马定理的逆定理不成立，即条件 $f'(x)=0$ 并不意味着 x 为 $f(x)$ 的极值点. 例如，图 3.25 中的函数 $f(x)=x^3$，$f'(0)=0$. 但 $x=0$ 显然不是极值点.

实际问题中要找的通常是最大值或最小值.根据上面的讨论,可得下面的推论.

推论 3.5.1　设 $f(x)$在$[a,b]$上可微,且在$[a,b]$内部达到最大(最小)值,又$f(x)$在$[a,b]$内部只有一个临界点,则该临界点就是函数的最大(最小)点.

许多实际问题都符合推论中的条件.若函数不是由实际问题提出来的,而是由式子给出的,那么为了找出$[a,b]$上 $f(x)$的最大点和最小点,必须考虑以下两种点:

① $[a,b]$内部 $f(x)$的临界点;

② 端点 a,b.

设 x_0 为 $f(x)$在$[a,b]$上的最大点或最小点,则 x_0 必为上述两种点的一种.如果有许多属于这两种类型的点,则求 $f(x)$的最大值与最小值仍可能是一个无希望的问题.但若只有几个临界点,那么求最大值与最小值的步骤是:先求出 $f(x)$的上述两种点,再算出这些点处的函数值,这些值中的最大者就是 $f(x)$的最大值,而最小者就是最小值.

例 3.5.1　求 $f(x)=x^3-x$ 在区间$[-1,2]$的最大值和最小值.

解　由 $f'(x)=3x^2-1=0$ 求得临界点

$$x_1=\frac{1}{\sqrt{3}},\quad x_2=-\frac{1}{\sqrt{3}},$$

它们都在$[-1,2]$内部.又因为 $f(x)$处处可微,所以没有导数不存在的点.最后计算函数值:

$$f\left(\frac{1}{\sqrt{3}}\right)=-\frac{2}{3\sqrt{3}},\quad f\left(-\frac{1}{\sqrt{3}}\right)=\frac{2}{3\sqrt{3}},\quad f(-1)=0,\quad f(2)=6.$$

显然最小值是$-\dfrac{2}{3\sqrt{3}}$,最大值是 6.　□

到目前为止,我们的讨论都是用关于 f 的信息给出关于 f' 的信息,例如,费马定理,尽管这个定理有时能用来确定关于 f 的某种信息,如极值点的位置,然而,利用 f' 的信息来确定 f 的信息仍然是有待我们去探讨的一个重要问题,我们将在后面展开这方面的讨论.

3.5.2　微分中值定理

由导数定义知道,切线是割线的极限位置.现在我们将割线 AB 固定,让切线 T 自 A 至 B 变动,便会发现一个有趣的事实:总存在一条切线 T_0,它与割线 AB(或称弦 AB)是平行的(见图3.26).下面要讨论的微分中值定理,就是反映上述平行性质的定理.

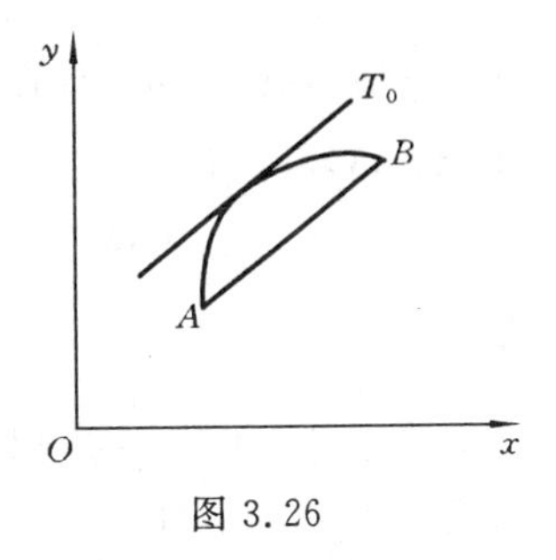

图 3.26

定理 3.5.2(罗尔定理)　设 $f(x)\in C[a,b]$,$f(x)$在(a,b)内可导,且 $f(a)=f(b)$.则 $\exists\xi\in(a,b)$,使得

$$f'(\xi) = 0.$$

证 因 $f(x) \in C[a,b]$,根据连续函数的性质,$f(x)$在$[a,b]$上有最大值 M,最小值 m.

若 $M=m$,即 $f(x)$恒为常数,这时 $f'(x)=0$,于是(a,b)内任何一点都可取作 ξ;

若 $M \neq m$,M 与 m 中至少有一个不等于 $f(a)=f(b)$,不妨设$M \neq f(a)$,且设 $f(\xi)=M$(见图 3.27).由于 $f(a) \neq M$,故 $\xi \in (a,b)$,即 ξ 为极值点,且 $f'(\xi)$ 存在.由费马定理知

$$f'(\xi) = 0.$$ □

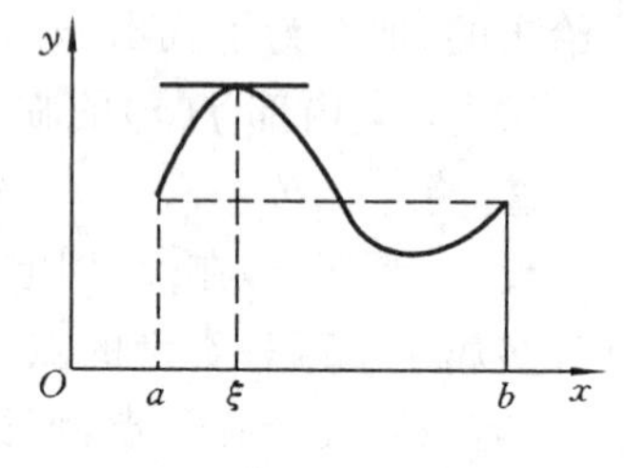

图 3.27

罗尔(Rolle)定理的几何意义是:若连接曲线两端的弦是水平的,则曲线上必有一点,该点的切线是水平的.当把曲线转一角度时,弦与切线的水平特性被破坏了,但切线与弦互相平行的特性仍保持着.换句话说,曲线上总存在一点,该点的切线与连接曲线两端的弦平行.这就是下面的定理.

定理 3.5.3(拉格朗日 Lagrange 中值定理) 设 $f(x) \in C[a,b]$,$f(x)$在(a,b)内可导,则$\exists \xi \in (a,b)$,使得

$$f'(\xi) = \frac{f(b)-f(a)}{b-a}. \tag{3.5.1}$$

式(3.5.1)称为**拉格朗日中值公式**.

证 弦 AB 的方程是

$$y = f(a) + \frac{f(b)-f(a)}{b-a}(x-a),$$

因此,曲线的纵坐标与弦 AB 的纵坐标之差为(见图 3.28)

$$f(x) - \left[f(a) + \frac{f(b)-f(a)}{b-a}(x-a)\right].$$

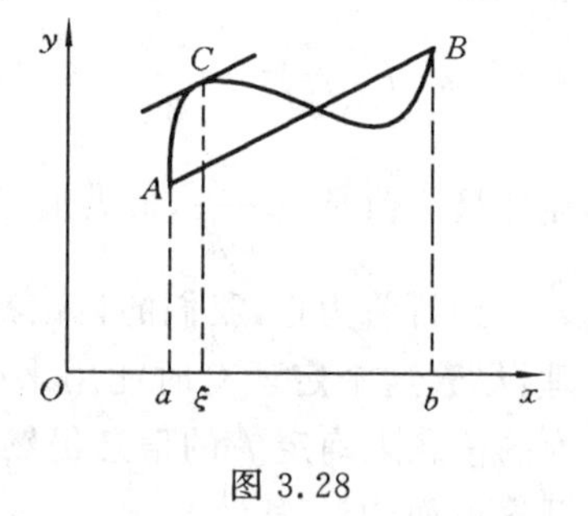

图 3.28

构造辅助函数

$$\varphi(x) = f(x) - \left[f(a) + \frac{f(b)-f(a)}{b-a}(x-a)\right],$$

显然 $\varphi(x) \in C[a,b]$,且在(a,b)内可导,$\varphi(a)=\varphi(b)=0$.对 $\varphi(x)$应用罗尔定理,则$\exists \xi \in (a,b)$,使得

$$\varphi'(\xi) = 0,$$

即得

$$f'(\xi) = \frac{f(b)-f(a)}{b-a}.$$ □

当 $f(b)=f(a)$时,拉格朗日中值定理即为罗尔定理.图 3.28 给出了拉格朗日中值定理的几何解释.

拉格朗日定理中的 ξ 常可表示为

$$\xi = a + \theta(b-a),\ 0 < \theta < 1,$$

因此定理中的公式常写成

$$f(b) - f(a) = f'[a + \theta(b-a)](b-a),\quad 0 < \theta < 1, \tag{3.5.2}$$

或

$$f(x+h) - f(x) = f'(x + \theta h)h,\quad 0 < \theta < 1. \tag{3.5.3}$$

我们知道常数函数的导数恒为零,其逆命题也成立.

推论 3.5.2 若函数 $f(x)$ 的导数 $f'(x)$ 在 (a,b) 内恒为零,则 $f(x)=C$ (C 为常数),$x\in(a,b)$.

证 在 (a,b) 内任取两点 x_1,x_2,且 $x_1<x_2$. 由拉格朗日中值定理,$\exists\,\xi\in(x_1,x_2)$,使得

$$f'(\xi) = \frac{f(x_2)-f(x_1)}{x_2-x_1},$$

由假设知,$f'(\xi)=0$,所以 $f(x_2)=f(x_1)$. 这表明在区间 (a,b) 内任意两点,$f(x)$ 的值是相同的,即 $f(x)$ 在 (a,b) 上为常数:$f(x)=C$(C 为常数).

推论 3.5.3 若在 (a,b) 上成立 $f'(x)=g'(x)$,则 $f(x)=g(x)+C$(C 为常数).

这显然是推论 3.5.2 的直接推论.

例 3.5.2 对函数 $f(x)=\sqrt{1-x^2}$ 在区间 $[-1,1]$ 上验证罗尔定理.

解 $f(-1)=0=f(1)$,$f(x)\in C[-1,1]$,而 $f'(x)=-\dfrac{x}{\sqrt{1-x^2}}$ 在 $(-1,1)$ 内存在. 因此,由罗尔定理知,$\exists\,\xi\in(-1,1)$,使得 $f'(\xi)=0$. 可以求出这个 ξ:

$$-\frac{\xi}{\sqrt{1-\xi^2}} = 0 \Rightarrow \xi = 0.$$

□

例 3.5.3 设 $f(x)\in C[0,1]$,在开区间 $(0,1)$ 内可导,且 $f(0)=1$,$f(1)=0$. 证明:至少存在一点 $x_0\in(0,1)$,使得 $f'(x_0)=-\dfrac{f(x_0)}{x_0}$.

证 作辅助函数 $F(x)=xf(x)$,则 $F(x)\in C[0,1]$,在 $(0,1)$ 内可导,且 $F(0)=F(1)=0$,故 $F(x)$ 在区间 $[0,1]$ 上满足罗尔定理的条件,因此,存在 $x_0\in(0,1)$ 点,使得 $F'(x_0)=0$. 而

$$F'(x) = xf'(x) + f(x),$$

故

$$x_0 f'(x_0) + f(x_0) = 0.$$

即得所证. □

例 3.5.4 证明:对任何实数 a,b,恒有

$$|\arctan a - \arctan b| \leqslant |a-b|. \tag{3.5.4}$$

证 设 $f(x)=\arctan x$,容易验证 $f(x)$ 在区间 $[a,b]$ 上满足拉格朗日中值定理的条件,从而存在一点 $\xi=a+\theta(b-a)$,$0<\theta<1$,使得

$$\arctan a - \arctan b = \frac{1}{1+\xi^2}(a-b). \tag{3.5.5}$$

因为 $1+\xi^2 \geqslant 1$，所以由式(3.5.5)能推得式(3.5.4)成立. □

注意，在证明过程中，不需确定 a,b 中哪一个大，哪一个小，这是拉格朗日中值公式的特点之一. 事实上，不论 a 与 b 的大小如何，量

$$\frac{f(b)-f(a)}{b-a}$$

总是表示连接 $A(a,f(a))$ 与 $B(b,f(b))$ 的弦的斜率. 所以拉格朗日中值定理也可以叙述成：$f(x)$ 在区间上连续、可导，a,b 为区间上任意两点，则有

$$\frac{f(b)-f(a)}{b-a} = f'(\xi) \quad 或 \quad f(b)-f(a) = f'(\xi)(b-a),$$

这里 ξ 介于 a 和 b 之间.

定理 3.5.4 设 $f(x)\in C(a,b)$，除 $x_0\in(a,b)$ 外，导数 $f'(x)$ 存在，且 $\lim\limits_{x\to x_0} f'(x)=A$ 也存在，则 $f'(x_0)$ 也存在，且

$$f'(x_0) = \lim_{x\to x_0} f'(x) = A.$$

证 由定义 $f'(x_0)=\lim\limits_{h\to 0}\dfrac{f(x_0+h)-f(x_0)}{h}$，要证明右端的极限存在且等于 A. 对于充分小的 $h>0$，$f(x)$ 在 $[x_0,x_0+h]$ 上连续，在 (x_0,x_0+h) 内可微（对于充分小的 $h<0$，类似的结论也成立）. 由拉格朗日中值定理知，$\exists\, \xi\in(x_0,x_0+h)$，使得

$$f'(\xi) = \frac{f(x_0+h)-f(x_0)}{h}.$$

因为 $\lim\limits_{x\to x_0} f'(x)=A$ 存在，故 $\forall\, \varepsilon>0$，$\exists\, \delta>0$，使当 $0<|x-x_0|<\delta$ 时，有

$$|f'(x)-A| < \varepsilon.$$

又因 $h\to 0$ 时，$\xi\to x_0$，所以对上述 δ，当 $|h|$ 充分小时，必有 $0<|\xi-x_0|<\delta$，从而有

$$|f'(\xi)-A| < \varepsilon.$$

这表明

$$\lim_{h\to 0} f'(\xi) = A,$$

也就有

$$f'(x_0) = \lim_{h\to 0}\frac{f(x_0+h)-f(x_0)}{h} = \lim_{h\to 0} f'(\xi) = A.$$ □

由定理 3.5.4 可知，连续函数 $f(x)$ 的导函数 $f'(x)$ 在 x_0 点有极限，则 $f(x)$ 在 x_0 的导数 $f'(x_0)$ 存在并且就等于该极限值. 但反过来是不对的，即若 $f'(x_0)$ 存在，但 $\lim\limits_{x\to x_0} f'(x)$ 未必存在. 读者可以通过例子

$$f(x) = \begin{cases} x^2\sin\dfrac{1}{x}, & x\neq 0, \\ 0, & x=0 \end{cases}$$

来检验.

定理 3.5.5(柯西中值定理)　设 $f(x),g(x)\in C[a,b]$，且在(a,b)内可导，$g'(x)\neq 0$. 则 $\exists\xi\in(a,b)$，使得

$$\frac{f(b)-f(a)}{g(b)-g(a)}=\frac{f'(\xi)}{g'(\xi)}.$$

证　首先由拉格朗日中值定理知，

$$g(b)-g(a)=g'(\eta)(b-a)\neq 0,$$

故定理中的公式有意义. 构造辅助函数

$$\varphi(x)=f(x)[g(b)-g(a)]-g(x)[f(b)-f(a)],$$

显然 $\varphi(x)\in C[a,b]$，在(a,b)内可导，且

$$\varphi(a)=\varphi(b)=f(a)g(b)-g(a)f(b).$$

由罗尔定理知，$\exists\xi\in(a,b)$，使得

$$\varphi'(\xi)=0,$$

或

$$f'(\xi)[g(b)-g(a)]-g'(\xi)[f(b)-f(a)]=0.$$

整理即得

$$\frac{f(b)-f(a)}{g(b)-g(a)}=\frac{f'(\xi)}{g'(\xi)}.$$

□

例 3.5.5　设 $f(x)\in C[a,b](a>0)$，且在(a,b)内可导. 证明存在 $\xi\in(a,b)$，使得

$$f(b)-f(a)=\xi\ln\frac{b}{a}\cdot f'(\xi).$$

证　令 $g(x)=\ln x$，则 $g\in C[a,b]$，在(a,b)内可导，且 $g'(x)=\frac{1}{x}\neq 0$，$g(a)\neq g(b)$. 由柯西中值定理推得必存在一点 $\xi\in(a,b)$，使得

$$\frac{f(b)-f(a)}{\ln b-\ln a}=\frac{f'(\xi)}{1/\xi}.$$

上式整理后即得所要证的等式.

□

3.5.3　洛必达法则

如果当 $x\to a$(或 $x\to\infty$)时，$f(x)$与 $g(x)$都趋于零或都趋于无穷大，则极限$\lim\limits_{x\to a}\frac{f(x)}{g(x)}$(或$\lim\limits_{x\to\infty}\frac{f(x)}{g(x)}$)可能存在，也可能不存在. 我们称这种类型的极限为$\frac{0}{0}$型或$\frac{\infty}{\infty}$型的不定式. 由柯西中值定理可推出求这类极限的洛必达(L' Hospital)法则.

定理 3.5.6(洛必达法则)　设

(1) $f(x),g(x)$ 在 a 的某空心邻域 $O_0(a,\delta)$ 上连续，且 $\lim\limits_{x\to a}f(x)=\lim\limits_{x\to a}g(x)=0$(或 ∞)；

(2) $f(x),g(x)$在 $O_0(a,\delta)$上可导，且 $g'(x)\neq 0$；

(3) $\lim\limits_{x\to a}\frac{f'(x)}{g'(x)}=l$($l$为有限或$\pm\infty$),则$\lim\limits_{x\to a}\frac{f(x)}{g(x)}=\lim\limits_{x\to a}\frac{f'(x)}{g'(x)}=l$.

证　只证不定式为$\frac{0}{0}$型的情形.补充定义

$$f(a)=g(a)=0,$$

则函数$f(x),g(x)\in C(a-\delta,a]$,且在$(a-\delta,a)$上可导.$\forall x\in(a-\delta,a)$,对函数$f(x),g(x)$在区间$[x,a]$上应用柯西中值定理,存在$\xi\in(x,a)$,使得

$$\frac{f(x)}{g(x)}=\frac{f(x)-f(a)}{g(x)-g(a)}=\frac{f'(\xi)}{g'(\xi)}.$$

当$x\to a$时,显然$\xi\to a$,由条件(3)知

$$\lim_{x\to a}\frac{f'(\xi)}{g'(\xi)}=l,$$

因此

$$\lim_{x\to a^-}\frac{f(x)}{g(x)}=l.$$

同理可证

$$\lim_{x\to a^+}\frac{f(x)}{g(x)}=l.$$

合起来得

$$\lim_{x\to a}\frac{f(x)}{g(x)}=l.$$

□

我们指出,洛必达法则对于a取a^+、a^-,或者a取∞、$+\infty$、$-\infty$均成立.下面通过例子说明洛必达法则的应用.

例 3.5.6　求$\lim\limits_{x\to 1}\frac{\ln x}{x-1}$.

解　这是$\frac{0}{0}$型.用洛必达法则得

$$\lim_{x\to 1}\frac{\ln x}{x-1}=\lim_{x\to 1}\frac{1/x}{1}=1.$$

□

例 3.5.7　求$\lim\limits_{x\to+\infty}x\left(\frac{\pi}{2}-\arctan x\right)$.

解　$$\lim_{x\to+\infty}x\left(\frac{\pi}{2}-\arctan x\right)=\lim_{x\to+\infty}\frac{\frac{\pi}{2}-\arctan x}{\frac{1}{x}}=\lim_{x\to+\infty}\frac{-\frac{1}{1+x^2}}{-\frac{1}{x^2}}=\lim_{x\to+\infty}\frac{x^2}{1+x^2}=1.$$

□

例 3.5.7 给出的极限是$\infty\cdot 0$型的,把它转化为$\frac{0}{0}$型之后便可以应用洛必达法则.

例 3.5.8　求$\lim\limits_{x\to+\infty}\frac{\ln x}{x^\alpha}(\alpha>0)$.

解　这是$\frac{\infty}{\infty}$型的极限,用洛必达法则得

$$\lim_{x\to+\infty}\frac{\ln x}{x^{\alpha}}=\lim_{x\to+\infty}\frac{1/x}{\alpha x^{\alpha-1}}=\lim_{x\to+\infty}\frac{1}{\alpha x^{\alpha}}=0. \qquad \square$$

例 3.5.9 求 $\lim\limits_{x\to+\infty}\frac{x^n}{e^x}$($n$ 为正整数).

解 $\lim\limits_{x\to+\infty}\frac{x^n}{e^x}=\lim\limits_{x\to+\infty}\frac{nx^{n-1}}{e^x}=\cdots=\lim\limits_{x\to+\infty}\frac{n!}{e^x}=0.$ $\square$

除了$\frac{0}{0}$与$\frac{\infty}{\infty}$这两种基本的不定式外,还有其他类型的不定式,如$\infty\cdot 0,\infty-\infty$,$0^0,1^\infty,\infty^0$ 等,我们总可以将它们化为$\frac{0}{0}$型或$\frac{\infty}{\infty}$型不定式,再利用洛必达法则求极限.

例 3.5.10 求 $\lim\limits_{x\to0^+}x\ln x$.

解 这是 $0\cdot\infty$型不定式,将其转化为$\frac{\infty}{\infty}$型不定式来计算极限.

$$\lim_{x\to0^+}x\ln x=\lim_{x\to0^+}\frac{\ln x}{1/x}=\lim_{x\to0^+}\frac{1/x}{-1/x^2}=\lim_{x\to0^+}(-x)=0. \qquad \square$$

例 3.5.11 求$\lim\limits_{x\to\frac{\pi}{2}}(\sec x-\tan x)$.

解 这是$\infty-\infty$型不定式,由

$$\sec x-\tan x=\frac{1-\sin x}{\cos x},$$

可把原式化为$\frac{0}{0}$型不定式极限. 于是得

$$\lim_{x\to\frac{\pi}{2}}(\sec x-\tan x)=\lim_{x\to\frac{\pi}{2}}\frac{1-\sin x}{\cos x}=\lim_{x\to\frac{\pi}{2}}\frac{-\cos x}{-\sin x}=0. \qquad \square$$

例 3.5.12 求 $\lim\limits_{x\to0^+}x^x$.

解 这是 0^0 型不定式. 函数 $f(x)=x^x$ 可写成

$$f(x)=x^x=e^{x\ln x},$$

由例 3.5.10 的结果及函数 e^u 的连续性,得

$$\lim_{x\to0^+}x^x=\lim_{x\to0^+}e^{x\ln x}=\exp\{\lim_{x\to0^+}x\ln x\}=e^0=1. \qquad \square$$

这里记号 $\exp\{x\}$表示函数 e^x.

例 3.5.13 求$\lim\limits_{x\to0}\left(\frac{a_1^x+a_2^x+\cdots+a_n^x}{n}\right)^{\frac{1}{x}}$,其中 $a_i>0,i=1,2,\cdots,n$.

解 这是 1^∞ 型不定式,用取对数的方法化为$\frac{0}{0}$型,再用洛必达法则求极限. 因

$$\lim_{x\to0}\frac{1}{x}\ln\left(\frac{a_1^x+a_2^x+\cdots+a_n^x}{n}\right)$$

$$=\lim_{x\to 0}\left(\frac{n}{a_1^x+a_2^x+\cdots+a_n^x}\cdot\frac{a_1^x\ln a_1+a_2^x\ln a_2+\cdots+a_n^x\ln a_n}{n}\right)$$

$$=\lim_{x\to 0}\frac{\ln(a_1\cdot a_2\cdot\cdots\cdot a_n)}{n},$$

故
$$\lim_{x\to 0}\left(\frac{a_1^x+a_2^x+\cdots+a_n^x}{n}\right)^{\frac{1}{x}}=\sqrt[n]{a_1\cdot a_2\cdots a_n}.$$
□

习 题 3.5

(A)

1. 回答下列问题：

(1) 极值与最大、最小值有什么区别？

(2) 什么叫作函数的临界点？临界点一定是极值点吗？为什么？

(3) 函数的临界值与极值有什么区别？

(4) 求函数在区间上的最大、最小值有哪几个基本步骤？

(5) 罗尔定理中的条件可以去掉其中的一条吗？若不能，你能否举个例子说明？

(6) 拉格朗日中值定理中的"中值"是指什么？

(a) 中值是指区间$[a,b]$的中点$\left(\xi=\dfrac{a+b}{2}\right)$吗？

(b) 中值是 f 在$[a,b]$上的平均变化率吗？

(7) 拉格朗日中值定理结论中的中值点 ξ 是唯一的吗？当区间端点 a 或 b 改变时，中值点 ξ 是否一定随之改变？

(8) 若 $f'(x_0)$存在，那么极限$\lim\limits_{x\to x_0}f'(x)$是否必存在？为什么？

(9) 哪些类型的极限是称为不定式的？这里的"不定"是指什么？

(10) 满足什么条件的极限问题，可应用洛必达法则求解？

(11) 怎样把求下列类型不定式极限：$\infty-\infty,0\cdot\infty,1^\infty,0^0,\infty^0$ 转化为求$\dfrac{0}{0}$型或$\dfrac{\infty}{\infty}$型不定式极限问题？

2. 求出下列函数的临界点：

(1) $y=2x^3+3x^2-36x+5$；　(2) $y=3x^4-4x^3+6$；　(3) $y=(x^2-4)^7$；

(4) $y=(x^3-8)^4$；　(5) $y=\dfrac{x}{x^2+1}$；　(6) $y=2x^2e^{5x}+1$.

3. 求下列函数在指定区间上的最大值：

(1) $f(x)=x^2-4x+6$，　$-3\leqslant x\leqslant 10$；　(2) $f(x)=|x^2-3x+2|$，　$-10\leqslant x\leqslant 10$；

(3) $f(x)=x^2\sqrt{a^2-x^2}$，　$0\leqslant x\leqslant a$；　(4) $f(x)=x^n(1-x)^m$，　$0\leqslant x\leqslant 1$，n 和 m 为正整数；

(5) $f(x)=x^2e^{-3x}$，　$x\geqslant 0$；　(6) $f(x)=x^2\ln\dfrac{1}{x}$，　$x>0$.

4. 求下列函数在指定区间上的最小值：

(1) $f(x)=x^2-3x-7$，$-1\leqslant x\leqslant 5$；　(2) $f(x)=2^x$，$-1\leqslant x\leqslant 5$；

(3) $f(x)=x+\dfrac{1}{x}$，$0.01\leqslant x\leqslant 100$；　(4) $f(x)=\sqrt{5-4x}$，$-1\leqslant x\leqslant 1$；

(5) $f(x)=x^2-\dfrac{16}{x}$，$x<0$；　(6) $f(x)=x+\sqrt{1-x}$，$-1\leqslant x\leqslant 1$.

5. 拉格朗日中值定理证明的关键是构造辅助函数，试利用下列辅助函数来证明这个定理：

(1) $\Phi(x)=[f(x)-f(a)](b-a)-(x-a)[f(b)-f(a)]$；

(2) $\Phi(x)=f(x)(b-a)-x[f(b)-f(a)]$.

6. (1) 证明：如果 $\forall x\in[a,b]$，有 $f'(x)\geqslant m$，m 是某常数，则有 $f(b)\geqslant f(a)+m(b-a)$；

(2) 证明：如果 $\forall x\in[a,b]$，有 $f'(x)\leqslant M$，M 是某常数，则有 $f(b)\leqslant f(a)+M(b-a)$；

(3) 如果 $\forall x\in[a,b]$，有 $|f'(x)|\leqslant M$，试写出一个类似的定理.

7. 证明：无论 m 是什么数，多项式函数 $f(x)=x^3-3x+m$ 在 $[0,1]$ 内决不会有两个零点.

8. 设 $f(x)\in C[0,1]$ 且可微；对于每个 x，$f(x)$ 的值都在 $(0,1)$ 内；并且 $\forall x\in(0,1)$，$f'(x)\neq 1$. 求证：存在唯一的一个数 $x_0\in(0,1)$，使得 $f(x_0)=x_0$.（这一题有一半在习题 2.8(A)第 6 题中已完成.）

9. 设对一切实数 x，有 $f'(x)>g'(x)$，且 $f(a)=g(a)$. 证明：当 $x>a$ 时，$f(x)>g(x)$；而当 $x<a$ 时，$f(x)<g(x)$.

10. 证明不等式：

(1) $|\sin b-\sin a|\leqslant|b-a|$；　(2) $\dfrac{a-b}{a}<\ln\dfrac{a}{b}<\dfrac{a-b}{b}$　$(a>b>0)$.

11. 证明：若 $f(x)\in C[a,b]$，在 (a,b) 内可导，则必存在一点 $\xi\in(a,b)$，使得

$$2\xi[f(b)-f(a)]=(b^2-a^2)f'(\xi).$$

12. 设 $f(x)\in C[a,b]$，在 (a,b) 内可导，$0<a<b$. 求证：存在一点 $\xi\in(a,b)$，使得

$$\frac{af(b)-bf(a)}{a-b}=f(\xi)-\xi f'(\xi).$$

13. 设 $ab>0$，证明 $a\mathrm{e}^b-b\mathrm{e}^a=(1-\xi)\mathrm{e}^\xi(a-b)$，其中 ξ 介于 a 和 b 之间.

14. 求下列极限：

(1) $\lim\limits_{x\to 0}\dfrac{\tan x-x}{x-\sin x}$；　(2) $\lim\limits_{x\to 0}\dfrac{1-\cos x^2}{x^2\sin x^2}$；　(3) $\lim\limits_{x\to+\infty}\dfrac{x^n}{\mathrm{e}^{ax}}(a>0,n>0)$；

(4) $\lim\limits_{x\to 0}\dfrac{x-\ln(1+x)}{x^2}$；　(5) $\lim\limits_{x\to\pi}\dfrac{\tan nx}{\tan mx}$（$n,m$ 为自然数）；　(6) $\lim\limits_{x\to a}\dfrac{\sin x-\sin a}{x-a}$；

(7) $\lim\limits_{x\to a}\dfrac{x^m-a^m}{x^n-a^n}$；　(8) $\lim\limits_{x\to+\infty}\dfrac{\mathrm{e}^x+\mathrm{e}^{-x}}{\mathrm{e}^x-\mathrm{e}^{-x}}$.

15. 求下列极限：

(1) $\lim\limits_{x\to 0}\left(\dfrac{1}{\sin x}-\dfrac{1}{x}\right)$；　(2) $\lim\limits_{x\to 0}\left[\dfrac{1}{\ln(1+x)}-\dfrac{1}{x}\right]$；　(3) $\lim\limits_{x\to 1}(1-x)\tan\dfrac{\pi x}{2}$；

(4) $\lim\limits_{x\to 0^+}x^{\sin x}$；　(5) $\lim\limits_{x\to 1}\dfrac{x-x^x}{1-x+\ln x}$；　(6) $\lim\limits_{x\to 0}\left[\dfrac{(1+x)^{\frac{1}{x}}}{\mathrm{e}}\right]^{\frac{1}{x}}$；

(7) $\lim\limits_{x\to+\infty}\left(\dfrac{\pi}{2}-\arctan x\right)^{\frac{1}{x}}$；(8) $\lim\limits_{x\to 0}x\cot 2x$.

16. 下面各题应用洛必达法则错在何处：

(1) $\lim\limits_{x\to 1}\dfrac{x^3+x-2}{x^2-3x+2}=\lim\limits_{x\to 1}\dfrac{3x^2+1}{2x-3}=\lim\limits_{x\to 1}\dfrac{6x}{2}=3$；

(2) $\lim\limits_{x\to +\infty}\dfrac{x+\sin x}{x-\sin x}=\lim\limits_{x\to +\infty}\dfrac{1+\cos x}{1-\cos x}=\lim\limits_{x\to +\infty}\dfrac{-\sin x}{\sin x}=-1$；

(3) $\lim\limits_{x\to +\infty}\dfrac{x+\sin x}{x}=\lim\limits_{x\to +\infty}\dfrac{1+\cos x}{1}$不存在. 所以 $\lim\limits_{x\to +\infty}\dfrac{x+\sin x}{x}$不存在.

(B)

1. 求下列函数的极值点：

(1) $f(x)=\begin{cases} x, & x\neq 3,5,7,9, \\ 5, & x=3, \\ -3, & x=5, \\ 9, & x=7, \\ 7, & x=9; \end{cases}$

(2) $f(x)=\begin{cases} x, & x\text{ 为有理数}, \\ 0, & x\text{ 为无理数}; \end{cases}$

(3) $f(x)=\begin{cases} 1, & x=\dfrac{1}{n}, n\text{ 为自然数}, \\ 0, & x\neq\dfrac{1}{n}; \end{cases}$

(4) $f(x)=\begin{cases} 1, & \text{当 } x \text{ 的十进制小数表示包含一个 5 时}, \\ 0, & \text{其他地方}. \end{cases}$

2. 设函数 $f(x)$满足$|f(x)-f(y)|\leqslant|x-y|^n$，$n>1$，通过考虑 f'证明 f 是常数.

3. 证明：若$\dfrac{a_0}{1}+\dfrac{a_1}{2}+\cdots+\dfrac{a_n}{n+1}=0$，则对于区间$[0,1]$内的某个 x，有 $a_0+a_1x+\cdots+a_nx^n=0$.

4. 求证：方程 $\mathrm{e}^x=ax^2+bx+c$ 的根不超过三个.

5. 设不恒为常数的函数 $f(x)\in C[a,b]$，在(a,b)内可导，且 $f(a)=f(b)$. 证明：至少有一点 $\xi\in(a,b)$，使 $f'(\xi)>0$.

6. 设 $f(x)$可导，求证：在 $f(x)$的两个零点之间必有 $f(x)+f'(x)$的零点.

7. 设函数 $f(x)\in C[0,1]$，在$(0,1)$内可导，且 $f(0)=0$，$f(1)=1$. 又设$f(x)$是 x 的非线性函数. 求证：在$(0,1)$内至少存在一点 ξ，使得 $f'(\xi)>1$.

8. 证明拉格朗日中值定理的一个推广：设 $f(x)$在(a,b)上连续且可微，并且 $f(a^+)=\lim\limits_{x\to a^+}f(x)$与 $f(b^-)=\lim\limits_{x\to b^-}f(x)$均存在，则必存在一点 $\xi\in(a,b)$，使得

$$f'(\xi)=\frac{f(b^-)-f(a^+)}{b-a}.$$

9. 设 $f(x),g(x)\in C[a,b]$，在(a,b)内可微，并且$\forall x\in(a,b)$，$g'(x)\neq 0$. 求证：$\exists\xi\in(a,b)$，使得

$$\frac{f'(\xi)}{g'(\xi)}=\frac{f(\xi)-f(a)}{g(b)-g(\xi)}.$$

10. 设 $h>0$，$f'(x)$在$(a-h,a+h)$内存在. 求证：

(1) $\dfrac{f(a+h)-f(a-h)}{h}=f'(a+\theta h)+f'(a-\theta h)\quad(0<\theta<1)$；

(2) $\dfrac{f(a+h)-2f(a)+f(a-h)}{h}=f'(a+\theta h)-f'(a-\theta h)\quad(0<\theta<1)$.

11. 由拉格朗日中值定理知,$\ln(1+x)-0=x\cdot\dfrac{1}{1+\theta x}\ (0<\theta<1)$,证明 $\lim\limits_{x\to0}\theta=\dfrac{1}{2}$.

12. 设 $f(x)=\begin{cases}\dfrac{g(x)}{x},x\neq0,\\0,x=0.\end{cases}$ 并设 $g(0)=g'(0)=0,g''(0)=17$.求 $f'(0)$.

13. 利用本节定理3.5.4证明:在导数处处存在的前提下,一个函数的导函数不可能有第一类间断点.

14. 设 $f(x)$ 一阶可导,且 $f''(x_0)$ 存在.求证:

$$\lim_{h\to0}\frac{f(x_0+2h)-2f(x_0+h)+f(x_0)}{h^2}=f''(x_0).$$

答案与提示

(A)

2. (1) $x_1=2,x_2=-3$;　(2) $x_1=0,x_2=1$;　(3) $x_1=0,x_2=2,x_3=-2$;
(4) $x_1=0,x_2=2$;　(5) $x_1=-1,x_2=1$;　(6) $x_1=0,x_2=-\dfrac{2}{5}$.

3. (1) 66;　(2) 132;　(3) $\dfrac{2a^3}{3\sqrt{3}}$;　(4) $\dfrac{m^n n^n}{(m+n)^{m+n}}$;　(5) $\dfrac{4}{9e^2}$;　(6) $\dfrac{1}{2e}$.

4. (1) $-\dfrac{37}{4}$;　(2) $\dfrac{1}{2}$;　(3) 2;　(4) 1;　(5) 12;　(6) $\sqrt{2}-1$.

7. 用反证法及罗尔定理.

10. 分别对函数 $\sin x,\ln x$ 在适当的区间上用拉格朗日中值定理.

12. 对 $F(x)=\dfrac{f(x)}{x},G(x)=\dfrac{1}{x}$ 在适当的区间上用柯西中值定理.

14. (1) 2;　(2) $\dfrac{1}{2}$;　(3) 0;　(4) $\dfrac{1}{2}$;　(5) $\dfrac{n}{m}$;　(6) $\cos a$;　(7) $\dfrac{m}{n}a^{m-n}$;　(8) 1.

15. (1) 0;　(2) $\dfrac{1}{2}$;　(3) $\dfrac{2}{\pi}$;　(4) 1;　(5) 2;　(6) $e^{-\frac{1}{2}}$;　(7) 1;　(8) $\dfrac{1}{2}$.

(B)

1. (1) 3,7为极大点;5,9为极小点;　(2) 一切正无理数为极小点;一切负无理数为极大点;
(3) $\forall n,\dfrac{1}{n}$ 为极大点;其余的 x 为极小点;　(4) 当 x 的十进制小数表示包含数字5时 x 为极大点,当 x 的十进制小数表示不包含数字5时 x 为极小点.

2. 考虑 $0\leqslant\dfrac{|f(x)-f(y)|}{|x-y|}\leqslant(x-y)^{n-1}$.

7. 注意到在(0,1)内至少有一点 c,使 $f(c)\neq c$.

10. (1) 考虑辅助函数 $g(x)=f(a+x)-f(a-x)$.

12. $f'(0)=\dfrac{17}{2}$.

3.6 泰勒公式

局部线性化只给出了函数的一阶多项式逼近.本节将介绍用高阶多项式来逼近具有一定可微性的函数,即泰勒(Taylor)公式,它在理论研究和近似计算中都有广泛的应用.

3.6.1 泰勒公式

我们在本章3.4.1小节中已经指出,如果函数 $f(x)$在 x_0 点有导数,则当 $x-x_0\to0$ 时,

$$f(x)=f(x_0)+f'(x_0)(x-x_0)+o(x-x_0). \tag{3.6.1}$$

当$|x-x_0|$很小时,根据这个公式,就可以把 $f(x)$近似地表示为 x 的线性函数:

$$f(x)\approx f(x_0)+f'(x_0)(x-x_0),$$

并且这个近似等式的误差就是 $o(x-x_0)$.换句话说,当$|x-x_0|$充分小时,不仅这个误差本身很小,而且它与$|x-x_0|$比起来也非常小.这一点对于近似计算有相当大的价值.我们马上就要看到,上述事实还是今后理论的进一步发展的出发点.

让我们还是再回到计算 $f(x)$的近似值的问题上来.对式(3.6.1)中的量 $o(x-x_0)$,我们没有关于它的更精确的信息,只知道它是比 $x-x_0$ 更高阶的无穷小量.那么,在略去 $o(x-x_0)$时,所得到的近似值是否符合预先的精确程度的要求呢?有时会遇到这种情形,比如说,必须计算到与 $x-x_0$ 相比是二阶的无穷小量(也就是必须计算到$(x-x_0)^2$),但是高于二阶的量(也就是$o((x-x_0)^2)$)倒可以忽略不计.于是,我们就想到,是否可以建立一个更精确的公式:

$$f(x)=a_0+a_1(x-x_0)+a_2(x-x_0)^2+o((x-x_0)^2),$$

其中,a_0,a_1,a_2 都是与 $x-x_0$ 无关的常数.换句话说,就是要用一个二次三项式来逼近 $f(x)$:

$$f(x)\approx a_0+a_1(x-x_0)+a_2(x-x_0)^2,$$

并且其误差是一个 $o((x-x_0)^2)$形式的量.

很自然地,可以提出一个更一般的问题:是否可以找到一个 n 次多项式

$$P_n(x)=a_0+a_1(x-x_0)+a_2(x-x_0)^2+\cdots+a_n(x-x_0)^n$$

(其系数与 $x-x_0$ 无关),使当 $x-x_0\to0$ 时,有

$$f(x)-P_n(x)=o((x-x_0)^n). \tag{3.6.2}$$

如果 $P_n(x)$存在,那么它的系数怎样求?如果以上两个问题能够得到肯定的解决,则多项式 $P_n(x)$就是对 $f(x)$的一个很好的逼近,并且可以精确到我们所需要的程度.

考虑代数多项式

$$P_n(x)=a_n(x-x_0)^n+a_{n-1}(x-x_0)^{n-1}+\cdots+a_1(x-x_0)+a_0.$$

仿照本章例 3.2.12 的做法,可以将这个多项式表示成

$$P_n(x) = P_n(x_0) + \frac{1}{1!}P_n'(x_0)(x-x_0) + \frac{1}{2!}P_n''(x_0)(x-x_0)^2 + \cdots + \frac{1}{n!}P_n^{(n)}(x_0)(x-x_0)^n.$$

于是,如果给定了一个在 x_0 点处有 n 阶导数的函数 $f(x)$,那么就可以随即写出多项式

$$P_n(x) = f(x_0) + \frac{1}{1!}f'(x_0)(x-x_0) + \frac{1}{2!}f''(x_0)(x-x_0)^2 + \cdots + \frac{1}{n!}f^{(n)}(x_0)(x-x_0)^n, \tag{3.6.3}$$

这个多项式在 x_0 点处的不超过 n 阶的导数与 $f(x)$在 x_0 点处的同阶导数相同.

定义 3.6.1　由关系式(3.6.3)给出的多项式称为函数 $f(x)$在 x_0 点处的 n 阶**泰勒多项式.**

我们感兴趣的是量

$$f(x) - P_n(x) = R_n(x-x_0), \tag{3.6.4}$$

即多项式 $P_n(x)$与函数 $f(x)$的偏差. 我们称公式

$$f(x) = f(x_0) + \frac{1}{1!}f'(x_0)(x-x_0) + \frac{1}{2!}f''(x_0)(x-x_0)^2 + \cdots + \frac{1}{n!}f^{(n)}(x_0)(x-x_0)^n + R_n(x-x_0) \tag{3.6.5}$$

为 n 阶**泰勒公式**,称 $R_n(x-x_0)$为 n 阶余项.

下面给出带皮亚诺(Peano)余项的泰勒公式.

定理 3.6.1(带皮亚诺余项的泰勒公式)　假设:

(1) 函数 $f(x)$在 x_0 点的某个邻域 $O(x_0)$内有定义;

(2) 在此邻域内 $f(x)$有直到$(n-1)$阶导数;

(3) $f(x)$在 x_0 点的 n 阶导数存在.

则

$$f(x) = f(x_0) + \frac{f'(x_0)}{1!}(x-x_0) + \frac{f''(x_0)}{2!}(x-x_0)^2 + \cdots + \frac{f^{(n)}(x_0)}{n!}(x-x_0)^n + o((x-x_0)^n). \tag{3.6.6}$$

证　令 $h=x-x_0$,证明式(3.6.6)等价于证明极限

$$\lim_{h\to 0}\frac{1}{h^n}\left\{f(x_0+h) - \left[f(x_0) + \frac{f'(x_0)}{1!}h + \frac{f''(x_0)}{2!}h^2 + \cdots + \frac{f^{(n)}(x_0)}{n!}h^n\right]\right\} = 0. \tag{3.6.7}$$

为此,根据定理的假设条件,可以对式(3.6.7)左端连续应用$(n-1)$次洛必达法则:

$$\begin{aligned}
\text{左端} &= \lim_{h\to 0}\frac{1}{nh^{n-1}}\left\{f'(x_0+h)-\left[f'(x_0)+\frac{f''(x_0)}{1!}h+\cdots+\frac{f^{(n)}(x_0)}{(n-1)!}h^{n-1}\right]\right\}\\
&= \cdots\\
&= \lim_{h\to 0}\frac{f^{(n-1)}(x_0+h)-[f^{(n-1)}(x_0)+f^{(n)}(x_0)h]}{n!h}\\
&= \frac{1}{n!}\lim_{h\to 0}\left[\frac{f^{(n-1)}(x_0+h)-f^{(n-1)}(x_0)}{h}-f^{(n)}(x_0)\right]=0.
\end{aligned}$$

最后一个等号成立可以根据导数定义得到. 证毕. □

式(3.6.6)称为**带皮亚诺余项的泰勒公式**,其中的系数

$$a_k=\frac{f^{(k)}(x_0)}{k!}\quad(k=0,1,2,\cdots,n)$$

称为**泰勒系数**. 定理 3.6.1 给出了函数在一点附近用多项式逼近的问题,对于误差只给出了定性的描述,不能具体估计误差的大小. 如果要具体计算函数值并达到预先给定的误差,就需要进一步讨论函数在区间上用多项式逼近,并给出误差项一个定量的公式. 下面带拉格朗日余项的泰勒公式就可解决这个问题.

定理 3.6.2(带拉格朗日余项的泰勒公式) 假设:

(1) 函数 $f(x)$在$[a,b]$上有定义;

(2) 在闭区间$[a,b]$上有直到 n 阶的连续导数;

(3) 在开区间(a,b)内有$(n+1)$阶导数.

则 $\forall\, x_0\in[a,b]$,有

$$\begin{aligned}
f(x)=f(x_0)&+\frac{f'(x_0)}{1!}(x-x_0)+\frac{f''(x_0)}{2!}(x-x_0)^2\\
&+\cdots+\frac{f^{(n)}(x_0)}{n!}(x-x_0)^n+\frac{f^{(n+1)}(\xi)}{(n+1)!}(x-x_0)^{n+1},
\end{aligned}\tag{3.6.8}$$

其中,ξ 介于 x 与 x_0 之间.

证明(梗概) 对辅助函数

$$F(t)=f(x)-\left[f(t)+\frac{f'(t)}{1!}(x-t)+\frac{f''(t)}{2!}(x-t)^2+\cdots+\frac{f^{(n)}(t)}{n!}(x-t)^n\right],$$

$$G(t)=(x-t)^{n+1}$$

在区间$[x_0,x]$上应用柯西中值定理即得. 证明的细节留作习题请读者完成. □

当 $n=0$ 时,式(3.6.8)变成拉格朗日中值公式:

$$f(x)-f(x_0)=f'(\xi)(x-x_0).$$

因此,定理 3.6.2 是拉格朗日中值定理的推广,常称为**泰勒中值定理**.

当 $x_0=0$ 时,泰勒公式(3.6.8)变成

$$f(x)=f(0)+\frac{f'(0)}{1!}x+\frac{f''(0)}{2!}x^2+\cdots+\frac{f^{(n)}(0)}{n!}x^n+\frac{f^{(n+1)}(\theta x)}{(n+1)!}x^{n+1}\quad(0<\theta<1).\tag{3.6.9}$$

式(3.6.9)常称为**带拉格朗日余项的麦克劳林(Maclaurin)公式**.

而当 $x_0=0$ 时,泰勒公式(3.6.6)变成

$$f(x)=f(0)+\frac{f'(0)}{1!}x+\frac{f''(0)}{2!}x^2+\cdots+\frac{f^{(n)}(0)}{n!}x^n+o(x^n). \quad (3.6.10)$$

式(3.6.10)称为**带皮亚诺余项的麦克劳林公式**.

3.6.2　几个基本初等函数的麦克劳林公式

下面利用式(3.6.9)或式(3.6.10)求出几个常用初等函数的麦克劳林公式.

例 3.6.1　设 $f(x)=\mathrm{e}^x$,求它的麦克劳林公式.

解　因

$$f^{(k)}(x)=\mathrm{e}^x,\quad f^{(k)}(0)=1,$$

$$a_k=\frac{f^{(k)}(0)}{k!}=\frac{1}{k!}\quad(k=0,1,2,\cdots,n).$$

所以

$$\mathrm{e}^x=1+\frac{x}{1!}+\frac{x^2}{2!}+\cdots+\frac{x^n}{n!}+o(x^n).$$

□

例 3.6.2　设 $f(x)=\sin x$,求麦克劳林公式.

解　因 $f^{(k)}(x)=\sin\left(x+k\dfrac{\pi}{2}\right)$,故

$$f^{(2k)}(0)=0,\quad f^{(2k+1)}(0)=(-1)^k\quad(k=0,1,2,\cdots,n).$$

于是得

$$\sin x=x-\frac{x^3}{3!}+\frac{x^5}{5!}-\cdots+(-1)^{n-1}\frac{x^{2n-1}}{(2n-1)!}+o(x^{2n}).$$

类似可得

$$\cos x=1-\frac{x^2}{2!}+\frac{x^4}{4!}-\cdots+(-1)^n\frac{x^{2n}}{(2n)!}+o(x^{2n+1}).$$

□

例 3.6.3　设 $f(x)=\ln(1+x)$,求麦克劳林公式.

解　因为 $f^{(k)}(x)=(-1)^{k-1}\dfrac{(k-1)!}{(1+x)^k}$,故

$$a_k=\frac{f^{(k)}(0)}{k!}=\frac{(-1)^{k-1}}{k}\quad(k=1,2,\cdots,n).$$

所以

$$\ln(1+x)=x-\frac{x^2}{2}+\frac{x^3}{3}-\cdots+(-1)^{n-1}\frac{x^n}{n}+o(x^n).$$

□

例 3.6.4　设 $f(x)=(1+x)^\alpha$,求麦克劳林公式.

解　$f^{(k)}(x)=\alpha(\alpha-1)\cdots(\alpha-k+1)(1+x)^{\alpha-k}$,故

$$a_0=1,\quad a_k=\frac{f^{(k)}(0)}{k!}=\frac{\alpha(\alpha-1)\cdots(\alpha-k+1)}{k!}(k=1,2,\cdots,n).$$

因此

$$(1+x)^\alpha=1+\alpha x+\frac{\alpha(\alpha-1)}{2!}x^2+\cdots+\frac{\alpha(\alpha-1)\cdots(\alpha-n+1)}{n!}x^n+o(x^n).$$

□

例 3.6.5　将函数 $f(x)=\ln(1+\sin^2x)$ 在 $x=0$ 点展开到 x^4 次项.

解　利用 $\ln(1+x)$ 的展开式可得

$$\ln(1+\sin^2 x)=\sin^2 x-\frac{1}{2}\sin^4 x+o(\sin^4 x),$$

再将 $\sin x$ 的展开式代入上式得

$$\ln(1+\sin^2 x)=\left[x-\frac{1}{3!}x^3+o(x^3)\right]^2-\frac{1}{2}[x+o(x)]^4+o(x^4)$$
$$=x^2-\frac{5}{6}x^4+o(x^4).$$
□

从上面几个例子中可以看出,利用带皮亚诺余项的麦克劳林公式,可以分离出无穷小量的主部,例如,当 $x\to 0$ 时,

$$e^x-1\sim x,\quad 1-\cos x\sim\frac{x^2}{2},\quad \ln(1+\sin^2 x)\sim x^2,$$
$$\sin x\sim x,\quad \ln(1+x)\sim x,\quad (1+x)^\alpha-1\sim\alpha x,$$

等等.利用这些事实,我们可以很方便地计算某些极限.

例 3.6.6　求极限 $I=\lim\limits_{x\to 0}\frac{(1+\alpha x)^\beta-(1+\beta x)^\alpha}{x^2}$.

解　由例 3.6.4 中的公式,有

$$(1+\alpha x)^\beta=1+\beta\alpha x+\frac{\beta(\beta-1)}{2}\alpha^2x^2+o(x^2),$$
$$(1+\beta x)^\alpha=1+\alpha\beta x+\frac{\alpha(\alpha-1)}{2}\beta^2x^2+o(x^2).$$

因此有

$$I=\lim_{x\to 0}\left[\frac{1+\beta\alpha x+\frac{\beta(\beta-1)}{2}\alpha^2x^2+o(x^2)}{x^2}-\frac{1+\alpha\beta x+\frac{\alpha(\alpha-1)}{2}\beta^2x^2+o(x^2)}{x^2}\right]$$
$$=\frac{1}{2}[\beta(\beta-1)\alpha^2-\alpha(\alpha-1)\beta^2]=\frac{\alpha\beta(\beta-\alpha)}{2}.$$
□

例 3.6.7　求极限 $I=\lim\limits_{x\to+\infty}(\sqrt[3]{x^3+3x}-\sqrt{x^2-2x})$.

解
$$I=\lim_{x\to+\infty}\left[x\left(1+\frac{3}{x^2}\right)^{\frac{1}{3}}-x\left(1-\frac{2}{x}\right)^{\frac{1}{2}}\right]$$
$$=\lim_{x\to+\infty}\left\{x\left[1+\frac{1}{3}\cdot\frac{3}{x^2}+o\left(\frac{1}{x^2}\right)\right]-x\left[1-\frac{1}{2}\cdot\frac{2}{x}+o\left(\frac{1}{x}\right)\right]\right\}$$
$$=\lim_{x\to+\infty}\left[\frac{1}{x}+o\left(\frac{1}{x}\right)+1-o(1)\right]=1.$$
□

例 3.6.8　求极限 $\lim\limits_{x\to 0}x^{(x^x-1)}$.

解
$$\lim_{x\to 0}x^{(x^x-1)}=\lim_{x\to 0}\exp[(x^x-1)\ln x]=\exp[\lim_{x\to 0}(e^{x\ln x}-1)\ln x]$$
$$=\exp[\lim_{x\to 0}(x\ln x+o(x\ln x))\ln x]=e^0=1.$$
□

以上的麦克劳林公式均采用皮亚诺余项，若采用拉格朗日余项，相应的麦克劳林公式为

$$e^x = 1 + \frac{x}{1!} + \frac{x^2}{2!} + \cdots + \frac{x^n}{n!} + \frac{e^{\theta x}}{(n+1)!}x^{n+1}$$

$$(-\infty < x < +\infty, 0 < \theta < 1); \tag{3.6.11}$$

$$\sin x = x - \frac{x^3}{3!} + \frac{x^5}{5!} - \cdots + (-1)^{n-1}\frac{x^{2n-1}}{(2n-1)!} + (-1)^n\frac{\cos\theta x}{(2n+1)!}x^{2n+1}$$

$$(-\infty < x < +\infty, 0 < \theta < 1); \tag{3.6.12}$$

$$\cos x = 1 - \frac{x^2}{2!} + \frac{x^4}{4!} - \cdots + (-1)^n\frac{x^{2n}}{(2n)!} + (-1)^{n+1}\frac{\cos\theta x}{(2n+2)!}x^{2n+2}$$

$$(-\infty < x < +\infty, 0 < \theta < 1); \tag{3.6.13}$$

$$\ln(1+x) = x - \frac{x^2}{2} + \frac{x^3}{3} - \cdots + (-1)^{n-1}\frac{x^n}{n} + (-1)^n\frac{x^{n+1}}{(n+1)(1+\theta x)^{n+1}}$$

$$(x > -1, 0 < \theta < 1); \tag{3.6.14}$$

$$(1+x)^\alpha = 1 + \alpha x + \frac{\alpha(\alpha-1)}{2!}x^2 + \cdots + \frac{\alpha(\alpha-1)\cdots(\alpha-n+1)}{n!}x^n$$

$$+ \frac{\alpha(\alpha-1)\cdots(\alpha-n)}{(n+1)!}(1+\theta x)^{\alpha-n-1}x^{n+1} \quad (x > -1, 0 < \theta < 1). \tag{3.6.15}$$

例 3.6.9　记式(3.6.8)中的余项为

$$R_n(x) = \frac{f^{(n+1)}(\xi)}{(n+1)!}(x-x_0)^{n+1},$$

则由 $\sin x$ 的展开式(3.6.12)知，其余项有如下的估计：

$$|R_{2m}(x)| \leqslant \frac{|x|^{2m+1}}{(2m+1)!}. \tag{3.6.16}$$

当 $m=1$ 时，有

$$\sin x \approx x,$$

其误差为

$$|\sin x - x| = |R_2(x)| \leqslant \frac{|x|^3}{3!} = \frac{|x|^3}{6}.$$

如要求误差不超过 10^{-3}，即要求$\frac{|x|^3}{6} < 10^{-3}$，只要

$$|x| < 0.1817.$$

这就是说，大约在原点左右 10°范围内用 x 来逼近 $\sin x$ 时，其误差不超过 10^{-3}.

当 $m=2$ 时，即在式(3.6.12)中用三次多项式逼近正弦函数：

$$\sin x \approx x - \frac{x^3}{6}, \tag{3.6.17}$$

如果仍然要求误差不超过 10^{-3}，那么由式(3.6.16)应有

$$\frac{|x|^5}{5!} < 10^{-3},$$

因此有
$$|x|<0.6544.$$
即在原点左右 $37°30'$范围内式(3.6.17)的误差不超过 10^{-3}.

进一步讨论还可说明,用高阶泰勒多项式逼近函数时,不仅能提高精确度,而且能在更大范围内表示所讨论的函数.图 3.29 给出了正弦函数 $\sin x$ 与其泰勒多项式($m=1,2,3,4,5$)在原点附近的差异情况. □

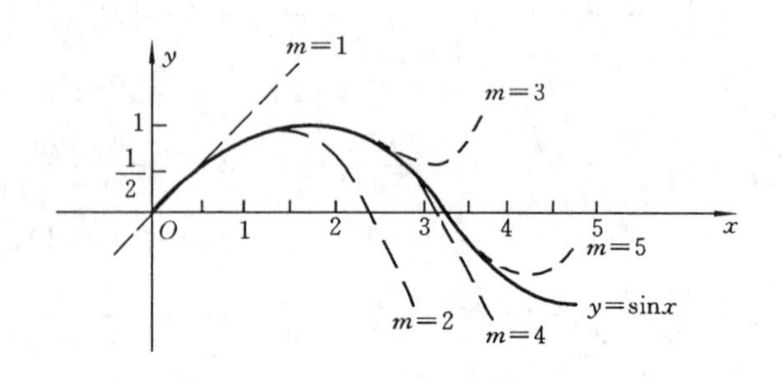

图 3.29

习 题 3.6

(A)

1. 回答下列问题:

(1) 泰勒公式与拉格朗日中值公式有什么关系?

(2) 泰勒公式的皮亚诺余项与拉格朗日余项有什么差别?

(3) 什么叫麦克劳林公式?

2. 按 x 的正整数幂,写出下列函数的展开式至含有指定阶数的项(带皮亚诺余项):

(1) $\dfrac{1}{1-x}$到含 x^7 的项; (2) $\arctan x$ 到含 x^4 的项;

(3) $\dfrac{1}{\sqrt{1+x}}$到含 x^4 的项; (4) $\tan x$ 到含 x^4 的项.

3. 按$(x+1)$的乘幂展开多项式 $P(x)=1+3x+5x^2-2x^3$.

4. 写出 $f(x)=\dfrac{1}{x}$在 $x_0=-1$ 的 n 阶泰勒公式,要求写出拉格朗日余项.

5. 求函数 $f(x)=xe^x$ 的 n 阶麦克劳林公式,带拉格朗日余项.

6. 求下列极限:

(1) $\lim\limits_{x\to0}\dfrac{e^x-1-x}{x^2}$; (2) $\lim\limits_{x\to0}\dfrac{e^x-1-x-\dfrac{x^2}{2}}{x^3}$; (3) $\lim\limits_{x\to0}\dfrac{e^{x^3}-1-x^3}{(\sin2x)^6}$;

(4) $\lim\limits_{x\to+\infty}\left(x+\dfrac{1}{2}\right)\ln\left(1+\dfrac{1}{x}\right)$; (5) $\lim\limits_{x\to0}\left(\dfrac{1}{x}-\dfrac{1}{e^x-1}\right)$; (6) $\lim\limits_{x\to0^+}\dfrac{e^x-1-x}{\sqrt{1-x}-\cos\sqrt{x}}$.

(B)

1. 对于下列各题,假定 $P_2(x)=a+bx+cx^2$ 是函数 $f(x)$在 $x=0$ 附近的二阶泰勒多项式.若 $f(x)$ 的图形如图 3.30 所示,能说出 a,b,c 的符号吗?

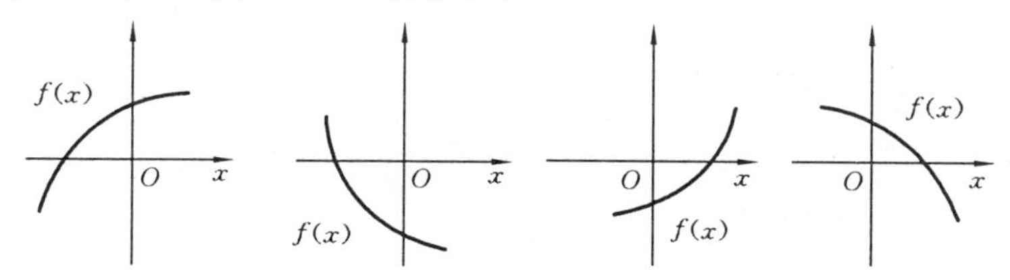

图 3.30

2. 钟摆运动的模型为$\frac{d^2\theta}{dt^2}=-\frac{g}{l}\sin\theta$,其中,$\theta$ 为钟摆与垂直方向的夹角.这个方程可以用下列方程代替:$\frac{d^2\theta}{dt^2}=-\frac{g}{l}\theta$.试说明在何种条件下,作这样的代换是合理的.

3. 利用三阶泰勒公式求下列各数的近似值,并估计误差:

   (1) $\sqrt[3]{30}$;　　(2) $\sin18°$.

4. 验证当 $0<x\leqslant\frac{1}{2}$时,按公式 $e^x\approx1+x+\frac{x^2}{2}+\frac{x^3}{6}$计算 e^x 的近似值时,所产生的误差小于 0.01,并求$\sqrt{e}$的近似值,使误差小于 0.01.

5. 试完成定理 3.6.2 的证明.

6. 试在区间$[0,\frac{3\pi}{2}]$上画出用泰勒多项式 $P_2(x)$及 $P_8(x)$逼近 $y=\cos x$ 的大致图形.

答案与提示

(A)

2. (1) $1+x+x^2+x^3+x^4+x^5+x^6+x^7+o(x^7)$;　(2) $\arctan x=x-\frac{1}{3}x^3+o(x^4)$;

   (3) $\frac{1}{\sqrt{1+x}}=1-\frac{1}{2}x+\frac{3\cdot1}{2^3}x^2-\frac{5\cdot3\cdot1}{2^4\cdot3}x^3+\frac{7\cdot5\cdot3\cdot1}{2^5\cdot4\cdot3}x^4+o(x^4)$;

   (4) $\tan x=x+\frac{1}{3}x^3+o(x^6)$.

3. $P(x)=5-13(x+1)+11(x+1)^2-2(x+1)^3$.

4. $\frac{1}{x}=-1-(x+1)-(x+1)^2-\cdots-(x+1)^n+\frac{(-1)^{n+1}}{\xi^{n+2}}(x+1)^{n+1}$($\xi$ 介于 x 与-1 之间).

5. $xe^x=x+x^2+\frac{x^3}{2!}+\cdots+\frac{x^n}{(n-1)!}+\frac{n+1+\theta x}{(n+1)!}e^{\theta x}x^{n+1}(0<\theta<1)$.

6. (1) $\frac{1}{2}$;　(2) $\frac{1}{6}$;　(3) $\frac{1}{128}$;　(4) 1;　(5) $\frac{1}{2}$;　(6) -3.

(B)

3. (1) $\sqrt[3]{30}\approx3.1072$,$\Delta<1.88\times10^{-5}$;　(2) $\sin18°\approx0.308991$,$\Delta<2.55\times10^{-6}$.

4. $\sqrt{e}\approx1.645$.

3.7　函数性态的研究

3.7.1　函数的单调性

曲线的升降与切线的斜率密切相关.曲线沿 x 轴正向上升时,切线的斜率为正;而当曲线沿 x 轴正向下降时,切线的斜率为负(见图 3.31).因此,可以用导数的符号来判定函数的单调性.

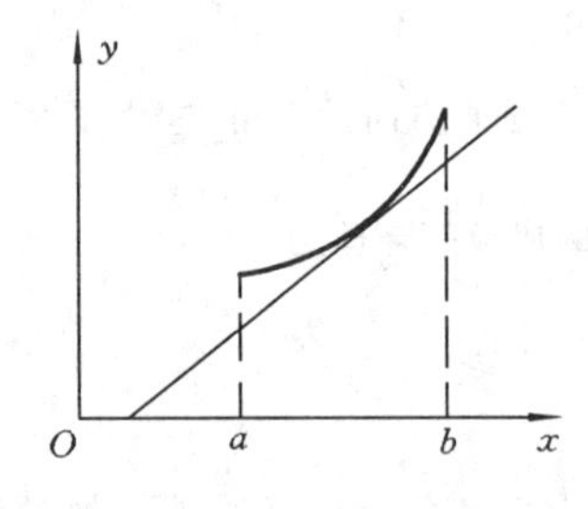

曲线上升时,切线斜率为正

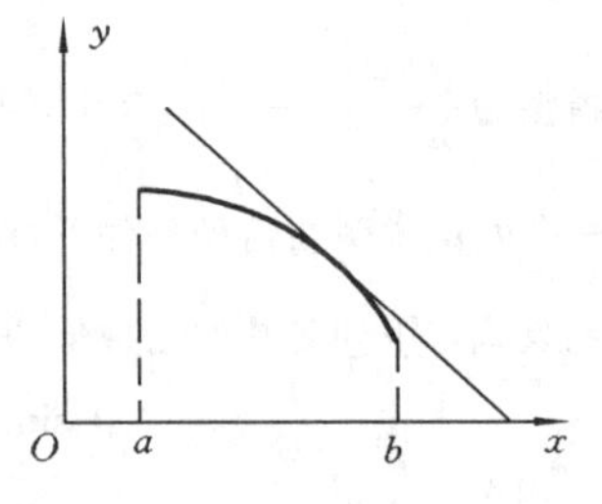

曲线下降时,切线斜率为负

图 3.31

定理 3.7.1　设 $f(x)\in C[a,b]$,在 (a,b) 内可导,则

(1) $f(x)$ 在 $[a,b]$ 上单调增加的充要条件是 $f'(x)\geqslant 0, x\in(a,b)$;

(2) $f(x)$ 在 $[a,b]$ 上单调减少的充要条件是 $f'(x)\leqslant 0, x\in(a,b)$.

证　只证明(1).对(2)可类似证明.

必要性.设 $f(x)$ 在 $[a,b]$ 上单调增加,则 $\forall x, x+\Delta x\in(a,b)$,有

$$\frac{f(x+\Delta x)-f(x)}{\Delta x}\geqslant 0,$$

所以

$$f'(x)=\lim_{\Delta x\to 0}\frac{f(x+\Delta x)-f(x)}{\Delta x}\geqslant 0.$$

充分性.$\forall x_1,x_2\in[a,b]$,且 $x_1<x_2$,在 $[x_1,x_2]$ 上应用拉格朗日中值定理得

$$f(x_2)-f(x_1)=f'(\xi)(x_2-x_1)\quad (x_1<\xi<x_2).$$

因 $f'(\xi)\geqslant 0$,所以有

$$f(x_2)\geqslant f(x_1).$$

这正说明 $f(x)$ 在 $[a,b]$ 上单调增加.　□

推论 3.7.1　设 $f(x)\in C[a,b]$,在 (a,b) 内可导,且 $f'(x)\geqslant 0$ ($f'(x)\leqslant 0$),又设 $f'(x)$ 在 (a,b) 的任一子区间上不恒为零,则函数在 $[a,b]$ 上严格递增(严格递减).

证　由定理 3.7.1 知,$f(x)$ 单调增加,因此对一切 $x_1<x<x_2$,有

$$f(x_1)\leqslant f(x)\leqslant f(x_2).$$

如果 $f(x_1)=f(x_2)$,则 $f(x)\equiv f(x_1), x\in(x_1,x_2)$.于是,$\forall x\in(x_1,x_2)$,有 $f'(x)=0$.这说明 $f'(x)$ 在子区间 (x_1,x_2) 上恒为零,这与假设矛盾.矛盾说明,$\forall x\in(x_1,x_2)$

有 $f(x_1)<f(x_2)$，即 $f(x)$ 在 $[a,b]$ 上严格递增.

对于 $f(x)$ 严格递减的情形，可类似证明. □

例 3.7.1　判定函数 $f(x)=x+\cos x$ 在区间 $[0,2\pi]$ 上的单调性.

解　显然 $f(x)\in C[0,2\pi]$，且

$$f'(x)=1-\sin x\geqslant 0,\quad x\in(0,2\pi),$$

由定理 3.7.1 的(1)知，$x+\cos x$ 在 $[0,2\pi]$ 上单调增加. □

例 3.7.2　讨论函数 $f(x)=e^x-x-1$ 的单调性.

解　$f'(x)=e^x-1$，$f'(0)=0$.

当 $x\leqslant 0$ 时，$f'(x)\leqslant 0$，函数在 $(-\infty,0]$ 上单调减少；

当 $x\geqslant 0$ 时，$f'(x)\geqslant 0$，函数在 $[0,+\infty)$ 上单调增加.

由于 $f'(x)$ 仅在 $x=0$ 处等于零，故由推论可知，$f(x)=e^x-x-1$ 在 $(-\infty,0]$ 上严格递减，在 $[0,+\infty)$ 上严格递增. □

例 3.7.3　确定函数 $f(x)=3x-x^3$ 的单调区间.

解　$f'(x)=3-3x^2=3(1-x)(1+x)$，$f'(x)=0$ 的根为 $x=\pm 1$. 因此，$f'(x)$ 分别在区间 $(-\infty,-1)$，$(-1,1)$，$(1,+\infty)$ 保持定号. 为了确定 $f(x)$ 在 $(-\infty,-1)$ 中的符号，可采用所谓代点法，即在 $(-\infty,-1)$ 中任取一点，例如，$x=-2$，代入得 $f'(-2)=-9<0$，因此，$f'(x)$ 在 $(-\infty,-1)$ 内小于零，从而 $f(x)$ 在 $(-\infty,-1]$ 上严格递减. 类似可推知，$f(x)$ 在 $[-1,1]$ 上严格递增，在 $[1,+\infty)$ 上严格递减. 于是 $f(x)$ 的单调区间为 $(-\infty,-1]$，$[-1,1]$ 和 $[1,+\infty)$（见图 3.32）. □

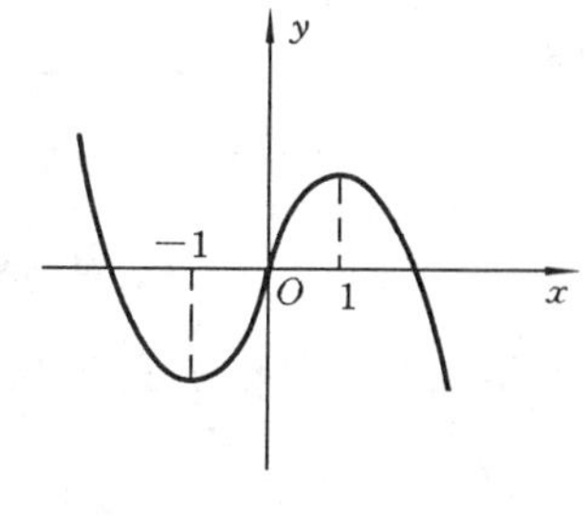

图 3.32

例 3.7.4　证明 $e^x>1+x(x\neq 0)$.

证　令 $f(x)=e^x-(1+x)$，要证明 $f(x)>0=f(0)$. 根据例 3.7.2 的结论知，

$$x>0 \text{ 时 } f(x)>f(0),\quad x<0 \text{ 时 } f(x)>f(0),$$

即当 $x\neq 0$ 时，恒有 $e^x>1+x$. □

例 3.7.5　证明方程 $x-\frac{1}{2}\sin x=0$ 只有一个根 $x=0$.

证　令 $f(x)=x-\frac{1}{2}\sin x$，则 $f(0)=0$. 而

$$f'(x)=1-\frac{1}{2}\cos x>0\quad(-\infty<x<+\infty),$$

所以 $f(x)$ 在 $(-\infty,+\infty)$ 上严格单调上升，故 $x=0$ 是它的唯一零点. □

3.7.2　函数极值的判定

由费马定理可知，若函数在 x_0 处可导，则在 x_0 处取得极值的必要条件是 $f'(x_0)$

$=0$,但这不是一个充分条件.下面给出判定极值的两个充分条件.

定理 3.7.2(极值的第一充分条件)　设函数 $f(x)$在 x_0 的某邻域 $O(x_0,\delta)$上定义且连续,$f'(x)$在空心邻域 $O_0(x_0,\delta)$上存在,则

(1) 若 $f'(x)(x-x_0)<0$,则 $f(x_0)$为严格极大值;

(2) 若 $f'(x)(x-x_0)>0$,则 $f(x_0)$为严格极小值.

证　(1)由条件 $f'(x)(x-x_0)<0$,得出 $f'(x)$的符号左正右负(以 x_0 为分界点),所以函数 $f(x)$为左增右减,故 $f(x_0)$为严格极大值.

同理可证(2)(见图 3.33).　□

若定理 3.7.2 中的严格小于号改为小于或等于号,则结论中的严格极值相应地改为极值.

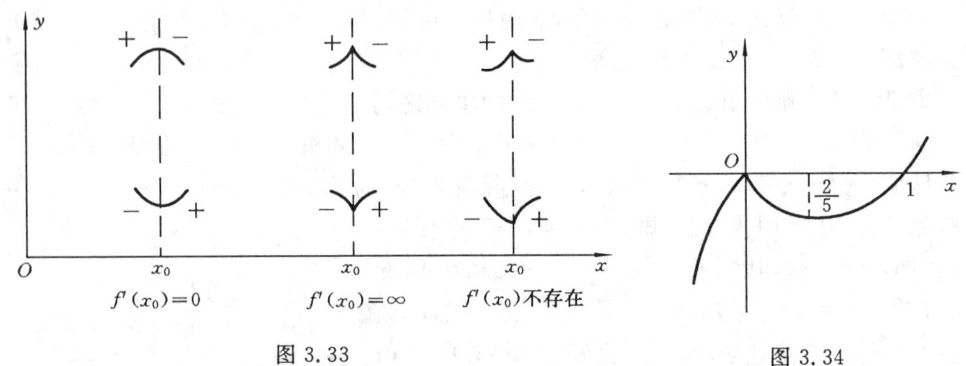

图 3.33　　图 3.34

例 3.7.6　求 $f(x)=(x-1)\sqrt[3]{x^2}$的极值点和极值.

解　$f'(x)=x^{\frac{2}{3}}+\frac{2}{3}(x-1)x^{-\frac{1}{3}}=\frac{5x-2}{3x^{\frac{1}{3}}}$,

$x=\frac{2}{5}$是 $f(x)$的驻点,而 $x=0$ 是 $f'(x)$不存在的点.所以函数只可能在这两点有极值.下面列表讨论(见图3.34):

x	$(-\infty,0)$	0	$\left(0,\frac{2}{5}\right)$	$\frac{2}{5}$	$\left(\frac{2}{5},+\infty\right)$
$f'(x)$	+	不存在	−	0	+
$f(x)$	↗	极大值 0	↘	极小值$-\frac{3}{5}\sqrt[3]{\frac{4}{25}}$	↗

因此,函数的极大点为 $x=0$,极小点为 $x=\frac{2}{5}$,而极大值和极小值分别为

$$f(0)=0,\quad f\left(\frac{2}{5}\right)=-\frac{3}{5}\sqrt[3]{\frac{4}{25}}.$$

□

定理 3.7.3(极值的第二充分条件)　设函数 $f(x)$在 x_0 的某邻域 $O(x_0,\delta)$上可

导，且$f'(x_0)=0$，$f''(x_0)$存在.

(1) 若 $f''(x_0)<0$，则 $f(x_0)$为严格极大值；

(2) 若 $f''(x_0)>0$，则 $f(x_0)$为严格极小值.

证　由泰勒公式，有

$$f(x)=f(x_0)+f'(x_0)(x-x_0)+\frac{f''(x_0)}{2!}(x-x_0)^2+o((x-x_0)^2),$$

再由 $f'(x_0)=0$，得

$$f(x)=f(x_0)+\left[\frac{f''(x_0)}{2}+o(1)\right](x-x_0)^2.$$

因 $x\to x_0$ 时，$o(1)$是无穷小量，因此$\exists\,\delta_1>0$，当 $x\in O_0(x_0,\delta_1)$时，因子$\frac{f''(x_0)}{2}+o(1)$的符号与 $f''(x_0)$的符号相同. 故当 $f''(x_0)>0$ 时，有

$$f(x)>f(x_0),\quad \forall\,x\in O_0(x_0,\delta_1),$$

即 $f(x_0)$为严格极小值；当 $f''(x_0)<0$ 时，有

$$f(x)<f(x_0),\quad \forall\,x\in O_0(x_0,\delta_1),$$

即 $f(x_0)$为严格极大值. 证毕.　□

对于例 3.7.6，我们也可以用二阶导数来判定驻点 $x=\frac{2}{5}$的性质：

$$f''(x)=\frac{10x+2}{9x^{4/3}},\quad f''\left(\frac{2}{5}\right)=\frac{5}{3}\left(\frac{5}{2}\right)^{1/3}>0,$$

所以 $x=\frac{2}{5}$是函数的极小点.

3.7.3　函数的凹凸性

在中学，我们讨论二次函数图形时，很重要一点是判定它的“口”的朝向. 虽然“口”的朝向的说法不规范，但它却决定了抛物线的形状及极值点的类型. 因此，对于一般函数，数学中也相应地给出函数凸性的概念，它在函数的作图、极值判定及其他方面都有重大作用.

定义 3.7.1　设 $f(x)$定义于区间$[a,b]$，若$\forall\,x_1,x_2\in[a,b]$，连接$(x_1,f(x_1))$和$(x_2,f(x_2))$两点的线段在 $f(x)$的图形的上方(或下方)，则称函数 $f(x)$在$[a,b]$上是**凸函数(或凹函数)**(见图 3.35).

连接点 x_1 与 x_2 的直线段上的点可以表示为

$$x=tx_1+(1-t)x_2\quad(0\leqslant t\leqslant 1).$$

因此，上述几何上的凹凸定义可以等价地叙述如下.

定义 3.7.2　设 $f(x)$定义于区间$[a,b]$. 若$\forall\,x_1,x_2\in[a,b]$，有

$$f(tx_1+(1-t)x_2)\leqslant tf(x_1)+(1-t)f(x_2)\quad(0<t<1),\tag{3.7.1}$$

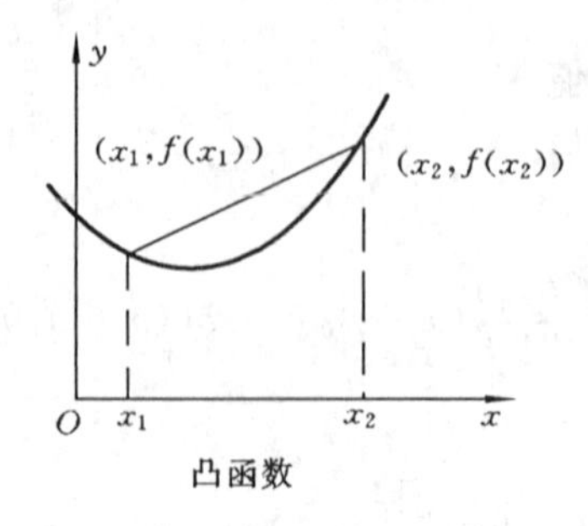

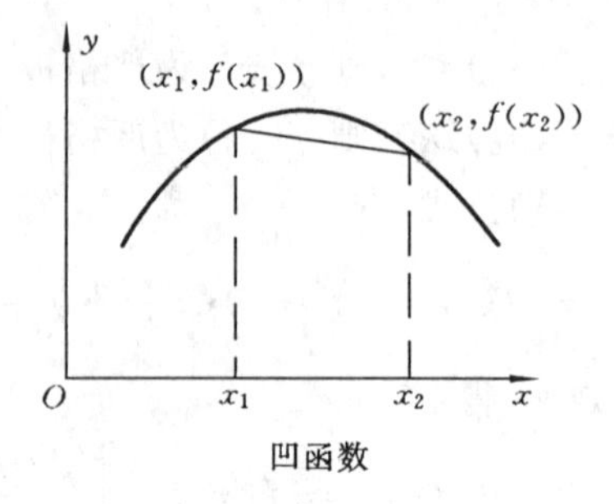

图 3.35

则称$f(x)$是$[a,b]$上的**凸函数**.若式(3.7.1)为严格不等号,则称$f(x)$为$[a,b]$上的**严格凸函数**.

类似可以定义**凹函数**和**严格凹函数**.

对于连续函数,其凸性定义较为简单.

定义 3.7.3 设 $f(x)\in C[a,b]$,若 $\forall x_1,x_2\in[a,b]$,有

$$f\left(\frac{x_1+x_2}{2}\right)\leqslant\frac{1}{2}[f(x_1)+f(x_2)]\quad\left(\text{或 } f\left(\frac{x_1+x_2}{2}\right)\geqslant\frac{1}{2}[f(x_1)+f(x_2)]\right)\tag{3.7.2}$$

则称 $f(x)$是$[a,b]$上的**凸(或凹)函数**.

对于可微函数,我们可以利用二阶导数刻画其凸性.

定理 3.7.4 设 $f(x)\in C[a,b]$,在(a,b)内二阶可导,则

(1) 若在(a,b)内,$f''(x)\geqslant 0$,则 $f(x)$是$[a,b]$上的凸函数;

(2) 若在(a,b)内,$f''(x)\leqslant 0$,则 $f(x)$是$[a,b]$上的凹函数.

证 根据定义 3.7.3,在情形(1),我们只要证明$\forall x_1,x_2\in[a,b]$,不等式

$$f\left(\frac{x_1+x_2}{2}\right)\leqslant\frac{1}{2}[f(x_1)+f(x_2)]\tag{3.7.3}$$

成立.为此,不妨设 $x_1<x_2$,令 $x_0=\dfrac{x_1+x_2}{2}$,$h=x_2-x_0=x_0-x_1$,则 $x_1=x_0-h$,$x_2=x_0+h$.于是,所要证的不等式变形为

$$f(x_0)\leqslant\frac{1}{2}[f(x_0-h)+f(x_0+h)],$$

或

$$[f(x_0+h)-f(x_0)]+[f(x_0-h)-f(x_0)]\geqslant 0.\tag{3.7.4}$$

根据拉格朗日中值公式,有

$$f(x_0+h)-f(x_0)=f'(\xi_1)h\qquad(x_0<\xi_1<x_0+h),$$
$$f(x_0-h)-f(x_0)=-f'(\xi_2)h\quad(x_0-h<\xi_2<x_0),$$

于是得

$$[f(x_0+h)-f(x_0)]+[f(x_0-h)-f(x_0)]=[f'(\xi_1)-f'(\xi_2)]h,$$

再用一次拉格朗日中值公式，得

$$[f'(\xi_1)-f'(\xi_2)]h=f''(\eta)(\xi_1-\xi_2)h\quad(\xi_2<\eta<\xi_1).$$

依假设，$f''(\eta)\geqslant 0$，而$\xi_1-\xi_2>0,h>0$，所以可以推得式(3.7.4)成立，也就是式(3.7.3)成立.

对情形(2)可类似证明. □

函数图形的凸性常会随区间发生变化，下面给出对这种变化的一种刻画.

定义 3.7.4(拐点)　设 $f(x)$在 x_0 的某个邻域内连续，如果$f(x)$在 x_0 的左、右侧的凹凸性正好相反，则称 x_0 为函数$f(x)$的**拐点**，而点$(x_0,f(x_0))$则称为曲线 $y=f(x)$上的拐点(图 3.36).

如果函数 $f(x)$在(a,b)上定义，那么根据拐点的定义及定理 3.7.4，我们可以按以下步骤来求出 $f(x)$的拐点.

① 求出 $f''(x)$在所给区间(a,b)内的所有零点以及 $f''(x)$不存在的点.

② 对于上述的每一个点 x_0，考察 $f''(x)$在 x_0 左、右侧邻近的符号. 如果 $f''(x)$在 x_0 左右两侧邻近分别保持一定的符号，则当两侧的符号相反时，x_0 是 $f(x)$的拐点；当两侧的符号相同时，x_0 不是 $f(x)$的拐点.

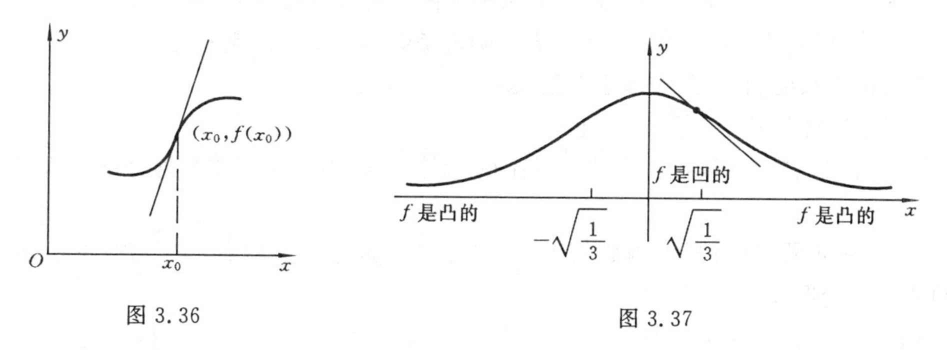

图 3.36　　　　图 3.37

例 3.7.7　求函数 $f(x)=\dfrac{1}{1+x^2}$的凹凸区间及拐点.

解　$f'(x)=\dfrac{-2x}{(1+x^2)^2}$，$f''(x)=\dfrac{2(3x^2-1)}{(1+x^2)^3}$.

显然 $f''(x)$是连续的，$f''(x)=0$ 的根只有两个，即 $x=1/\sqrt{3}$和 $x=-1/\sqrt{3}$. 于是$f''(x)$必在下列每一区间内保持相同的符号：$(-\infty,-1/\sqrt{3})$，$(-1/\sqrt{3},1/\sqrt{3})$，$(1/\sqrt{3},+\infty)$. 由于 $f''(-1)=1/2>0$，$f''(0)=-2<0$，$f''(1)=1/2>0$，所以可以断定，在$(-\infty,-1/\sqrt{3})$与$(1/\sqrt{3},+\infty)$上，$f''>0$，$f(x)$是凸函数；在$(-1/\sqrt{3},1/\sqrt{3})$上，$f''<0$，$f(x)$是凹函数. 在点 $x=-1/\sqrt{3}$及 $x=1/\sqrt{3}$的左、右两侧，函数的凸性发生改变，因此这两个点都是$f(x)$的拐点(见图 3.37).

我们还注意到一个特点：在拐点处的切线穿过图形，使得曲线在切线的两侧的凹

凸方向正好相反. □

应当指出,条件 $f''(x_0)=0$ 并不保证 x_0 是 $f(x)$的拐点. 比如 $f(x)=x^4$, $f''(0)=0$,但$f(x)$的图形在整个区间$(-\infty,+\infty)$上都是凸的.

例 3.7.8 求 $f(x)=\sqrt[3]{x}$的拐点.

解 显然 $f(x)\in C(-\infty,+\infty)$. 当 $x\neq 0$ 时,

$$f'(x)=\frac{1}{3\sqrt[3]{x^2}},\quad f''(x)=-\frac{2}{9x\sqrt[3]{x^2}},$$

当 $x=0$ 时,f',f''都不存在,因此二阶导数在$(-\infty,+\infty)$上不连续且没有零点. 但是,容易算出:在$(-\infty,0)$上,$f''>0$, $f(x)$是凸函数;在$(0,+\infty)$上,$f''<0$, $f(x)$是凹函数,$x=0$ 是 $f(x)$的一个拐点. □

根据以上对函数性态的研究,可以作出具体函数的图形,这对分析问题和解决问题会有很大帮助. 函数作图大致可按以下几个主要步骤进行.

① 求出函数的定义域;

② 考察函数的奇偶性、周期性;

③ 求出 $f(x)$的所有临界点,用列表法确定函数的升降区间与极值点;

④ 求出方程 $f''(x)=0$ 的根,用列表法确定函数的凹凸区间与拐点;

⑤ 求出函数的斜渐近线、水平渐近线与垂直渐近线;

⑥ 必要时计算几个点的函数值.

注意,如果函数有间断点,或导数不存在的点,则这些点也要作为划分部分区间的分点.

通过上述步骤,即可画出函数的大致图形. 并不是每个函数都必须有这几个步骤,可视具体情况灵活掌握.

最后以一个例子结束本节.

例 3.7.9 画出函数 $y=(2+x)e^{\frac{1}{x}}$的图形.

解 函数的定义域为$(-\infty,0)\cup(0,+\infty)$. 由

$$y'=\frac{1}{x^2}e^{\frac{1}{x}}(x+1)(x-2)=0,$$

求得临界点 $x=-1$,$x=2$. 列表如下.

x	$(-\infty,-1)$	-1	$(-1,0)$	$(0,2)$	2	$(2,+\infty)$
y'	+	0	−	−	0	+
y	↗	极大点,e^{-1}	↘	↘	极小点,$4\sqrt{e}$	↗

由 $y''=\frac{1}{x^4}e^{\frac{1}{x}}(5x+2)=0$,求得 $x=-\frac{2}{5}$. 列表如下.

x	$\left(-\infty,-\frac{2}{5}\right)$	$-\frac{2}{5}$	$\left(-\frac{2}{5},0\right)$	$(0,+\infty)$
y''	$-$	0	$+$	$+$
y	凹	拐点，$\frac{8}{5}e^{-\frac{5}{2}}$	凸	凸

由
$$\lim_{x\to 0^+}(2+x)e^{\frac{1}{x}}=+\infty$$
得出 $x=0$ 为垂直渐近线. 由
$$\lim_{x\to\infty}\frac{(2+x)e^{\frac{1}{x}}}{x}=1,$$
$$\lim_{x\to\infty}[f(x)-x]=3$$
得出斜渐近线 $y=x+3$. 没有水平渐近线.

再算几个点的函数值：
$$y(-1)=\frac{1}{e},\quad y(2)=4\sqrt{e},$$
$$\lim_{x\to 0^-}(2+x)e^{\frac{1}{x}}=0.$$
这样便可画出函数的图形，如图 3.38 所示. □

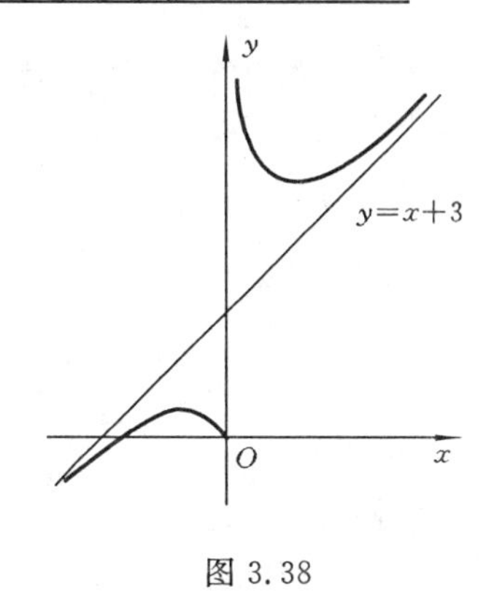

图 3.38

习　题　3.7

(A)

1. 回答下列问题：

(1) 若在(a,b)内 $f'(x)\geqslant 0$，且 $f'(x)=0$ 的根至多有限个，则 $f(x)$是否必在(a,b)严格单调？

(2) 函数的单调性与其导数的单调性一致吗？

(3) 怎样利用 $f(x)$的一阶导数判定 $f(x)$的极值？

(4) 凸函数与凹函数是怎样定义的？

(5) 什么是拐点？其几何特征如何？

(6) 怎样利用二阶导数判定函数的极值？

(7) 你能总结出函数取极值的必要条件和充分条件吗？

2. 求下列函数的严格单调区间：

(1) $y=2x^3-9x^2+12x-3$；　(2) $y=2x+\frac{8}{x}$ $(x>0)$；

(3) $y=xe^{-x}$ $(x\geqslant 0)$；　(4) $y=x^2-\ln x^2$.

3. 证明函数 $y=x+\sin x$ 严格上升.

4. 图 3.39 是导函数 $f'(x)$的图形，试指出哪些点是 $f(x)$的临界点，其中又有哪些临界点是极大点或极小点？

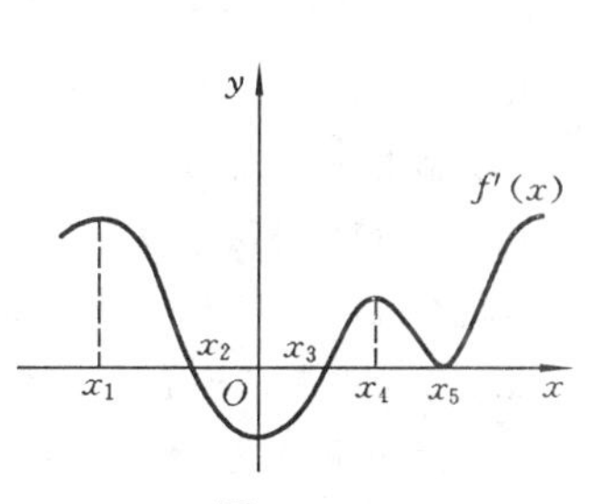

图 3.39

5. 在下列各题中，求出函数的一切临界点，并利用一阶导数判定这些临界点是否为极大点或极小点.

(1) $f(x)=2x^3+3x^2-36x+5$； (2) $f(x)=3x^4-4x^3+6$；

(3) $f(x)=(x^2-4)^7$； (4) $f(x)=(x^3-8)^4$；

(5) $f(x)=\dfrac{x}{x^2+1}$； (6) $f(x)=2x^2\mathrm{e}^{5x}+1$.

6. 设 $f(x)=x-\ln x\ (0.1\leqslant x\leqslant 2)$.

(1) 求 $f(x)$的极值点,并指出是极大点还是极小点；

(2) 求 $f(x)$在所给区间上的最大值及最小值(如果存在的话).

7. 设 $f(x)=ax\mathrm{e}^{bx}$,试确定常数 a,b,使得 $f(\frac{1}{3})=1$,且函数在 $x=\frac{1}{3}$处有极大值.

8. 证明下列不等式：

(1) $\sin x>\dfrac{2}{\pi}x\quad(0<x<\dfrac{\pi}{2})$； (2) $\cos x>1-\dfrac{x^2}{2}\quad(x\neq 0)$；

(3) $x>\ln(1+x)>x-\dfrac{x^2}{2}\quad(x>0)$； (4) $\ln(1+x)\geqslant\dfrac{\arctan x}{1+x}\quad(x\geqslant 0)$.

9. (1) 证明：$\forall x>0,x>2\ln x$；

(2) 利用上述结果证明：$\forall x>0,\mathrm{e}^x>x^2$；

(3) 不等式 $x>3\ln x$ 是否对一切 $x>0$ 成立？

10. 图 3.40 是二阶导函数 $f''(x)$的图形.根据这个图形指出函数 $f(x)$的拐点.

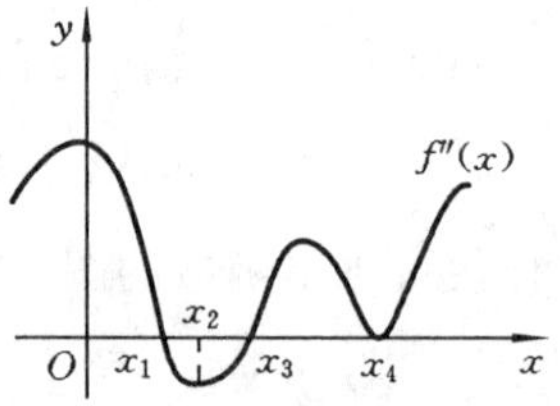

图 3.40

11. 根据图 3.39,指出函数$f(x)$的拐点.

12. 判定下列函数的凹凸性：

(1) $y=x^\alpha(\alpha>1$ 及 $0<\alpha<1,x>0)$； (2) $y=\mathrm{e}^x\ (x>0)$；

(3) $y=\ln x\ (x>0)$； (4) $y=x\ln x\ (x>0)$.

13. 讨论下列函数的凹凸区间及拐点：

(1) $y=3x^2-x^3$； (2) $y=\dfrac{4}{4+x^2}$；

(3) $y=x\mathrm{e}^{-x}$； (4) $y=x+\sin x$.

14. 设 $f(x)=x^3+3ax^2+3bx+c$.若已知 $x=-1$ 为函数的极大点,$(0,3)$是曲线 $y=f(x)$上的拐点.a,b,c 应取何值？

15. 找出下列函数的一切临界点,并利用二阶导数判定这些临界点是否为极大点或极小点.

(1) $f(x)=x^3-9x^2-48x+52$； (2) $g(x)=x\mathrm{e}^{-x}$； (3) $h(x)=x+\dfrac{1}{x}$.

16. 图 3.41 给出了函数 $f(x)$的图形：

(1) 画出 $f'(x)$的图形；

(2) $f'(x)$在什么地方变号？

(3) $f'(x)$在什么地方有局部极大值或极小值？

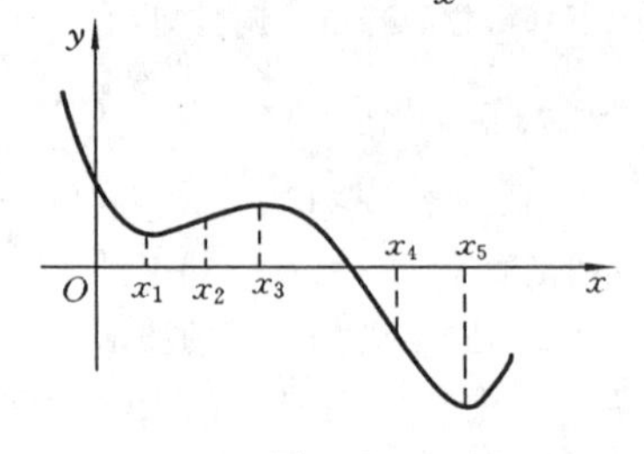

图 3.41

17. 指出下列函数的极值点及拐点：

(1) $y=0.5x\mathrm{e}^{-10x}$；

(2) $y=2+3\cos x\ (0\leqslant x\leqslant 6\pi)$；

(3) $y=3x^5-5x^3$ $(|x|\leqslant 1.5)$；

(4) $y=\sin x+\cos x$ $(0\leqslant x\leqslant 6\pi)$.

18. 试画出下列函数的图形：

(1) $y=\dfrac{x^2}{1+x}$；　　(2) $y=\mathrm{e}^{-x^2}$.

(B)

1. 方程 $x^5+x+7=0$ 有多少个实根？你是怎样知道的？

2. 设 $f(x)$处处可微，且恰有一个临界点 $x=3$. 在下面(1)～(4)中，附加一些条件. 试在每一种情况中判定 $x=3$ 是否为极大点，或极小点，或不是极值点. 并画出这四种情况的可能的图形.

(1) $f'(1)=3$ 且 $f'(5)=-1$；

(2) $f(1)=1, f(2)=2, f(4)=4, f(5)=5$；

(3) $\lim\limits_{x\to+\infty} f(x)=+\infty$，$\lim\limits_{x\to-\infty} f(x)=+\infty$；

(4) $f'(2)=-1, f(3)=1$，$\lim\limits_{x\to+\infty} f(x)=3$.

3. 利用函数的凹凸性证明下列不等式：

(1) $\ln x\leqslant x-1$ $(x>0)$；

(2) $2\arctan\dfrac{a+b}{2}\geqslant \arctan a+\arctan b$ $(a,b\geqslant 0)$；

(3) $1+x^2\leqslant 2^x$ $(0\leqslant x\leqslant 1)$；

(4) $\dfrac{x^n+y^n}{2}>\left(\dfrac{x+y}{2}\right)^n$ $(x>0, y>0, x\neq y, n>1)$.

4. 设 $y=f(x)$在 $x=x_0$ 的某邻域内有三阶连续导数，若 $f'(x_0)=0, f''(x_0)=0$，而 $f'''(x_0)\neq 0$，试问 $x=x_0$ 是否为极值点？是否为拐点？为什么？

5. 设函数 $p(x)=x^3-ax$，其中 $a>0$ 是常数.

(1) 求出 $p(x)$的极大值和极小值.

(2) 当参数 a 的值增加时，对极大值和极小值的位置有什么影响？

(3) 在同一坐标系下，对 a 的三个正值画出函数 $p(x)$的图形.

6. 设函数 $f(x)=x^2+2ax$，当 a 的值增加时，对 $f(x)$的图形有什么影响？考虑 $f(x)$的零点、极大值、极小值的变化情况，a 取正或负值两种情形都讨论.

7. 设有曲线族 $y=a(1-\mathrm{e}^{-bx})$，a 与 b 均取正值.

(1) 画出 $y=2(1-\mathrm{e}^{-x})$的图形；

(2) 固定 a，让 b 变化，试画出 b 很小以及 b 很大时的函数图形.

答案与提示

(A)

2. (1) 在$(-\infty,1)\cup(2,+\infty)$严格上升，在$(1,2)$内严格下降；

(2) 在$(2,+\infty)$内严格上升，在$(0,2)$内严格下降；

(3) 在$(0,1)$内严格上升，在$(1,+\infty)$内严格下降；

(4) 在$(-1,0)\cup(1,+\infty)$内严格上升，在$(-\infty,-1)\cup(0,1)$内严格下降.

4. x_2 是极大点，x_3 是极小点，x_5 不是极值点.

5. (1) $x_1=-3$ 是极大点,$x_2=2$ 是极小点； (2) $x_2=1$ 是极小点,$x_1=0$ 不是极值点；
 (3) $x_1=0$ 是极小点,$x_2=-2$ 与 $x_3=2$ 不是极值点； (4) $x_1=2$ 是极小点,$x_2=0$ 不是极值点；
 (5) $x_1=-1$ 是极小点,$x_2=1$ 是极大点； (6) $x_1=-\dfrac{2}{5}$是极大点,$x_2=0$ 是极小点.

6. (1) $x=1$ 是极小点； (2) 最小值为 1,最大值为 $0.1+\ln 10$.

7. $a=3\mathrm{e}, b=-3$.

10. x_1, x_3 是拐点,x_4 不是拐点.

11. x_1, x_4, x_5 是拐点.

12. (1) $\alpha>1$ 时凸,$0<\alpha<1$ 时凹； (2) 凸； (3) 凹； (4) 凸.

13. (1) 在$(-\infty,1)$内凸,在$(1,+\infty)$内凹,$x=1$ 是拐点；
 (2) $|x|<\dfrac{2}{\sqrt{3}}$时凹,$|x|>\dfrac{2}{\sqrt{3}}$时凸,$x=\pm\dfrac{2}{\sqrt{3}}$是拐点；
 (3) 在$(-\infty,2)$内凹,在$(2,+\infty)$内凸,$x=2$ 是拐点；
 (4) 当 $2k\pi<x<(2k+1)\pi$ 时凹,当$(2k+1)\pi<x<(2k+2)\pi$ 时凸,$x=k\pi$是拐点,k 为整数.

14. $a=0, b=-1, c=3$.

15. (1) $x_1=8$ 为极小点,$x_2=-2$ 为极大点； (2) $x=1$ 为极大点； (3) $x_1=-1$ 为极大点,$x=1$ 为极小点.

17. (1) $x_1=0.1$ 为极大点,$x_2=0.2$ 为拐点；
 (2) $x=\pi, 3\pi, 5\pi$ 为极小点,$x_2=2\pi, 4\pi$ 为极大点；$x=\dfrac{\pi}{2}+k\pi(k=0,1,2,\cdots,5)$为拐点；
 (3) $x=-1$ 为极大点,$x=1$ 为极小点；$x=0$ 及 $x=\pm\dfrac{1}{\sqrt{2}}$为拐点；
 (4) $x=\dfrac{\pi}{4},\dfrac{9\pi}{4},\dfrac{17\pi}{4}$为极大点,$x=\dfrac{5\pi}{4},\dfrac{13\pi}{4},\dfrac{21\pi}{4}$为极小点；$x=k\pi-\dfrac{\pi}{4}(k=1,2,\cdots,6)$均为拐点.

(B)

1. 只有一个实根.

2. (1) $x=3$ 是极大点； (2) $x=3$ 不是极值点； (3) $x=3$ 是极小点； (4) $x=3$ 是极小点.

5. (1) 极小值为 $p\left(\sqrt{\dfrac{a}{3}}\right)=\left(\dfrac{a}{3}\right)^{3/2}-\dfrac{a\sqrt{a}}{\sqrt{3}}$,极大值为 $p\left(-\sqrt{\dfrac{a}{3}}\right)=-\left(\dfrac{a}{3}\right)^{3/2}+\dfrac{a\sqrt{a}}{\sqrt{3}}$；
 (2) 当 a 值增加时,极小点往右移,极大点往左移.

3.8 最优化问题数学模型

在实际应用中到处都可以碰到求某些量的最大值与最小值的问题. 例如,工程师想从一根圆木上切割一根强度最大的梁；科学家想计算在给定的温度下,什么样的波长使辐射最强；而城市的设计者则希望设计出一种使得阻塞达到最低程度的交通模式. 这类问题称为**最优化问题**. 在数学上,这类问题常归结为求某函数(称为**目标函数**)的最大值或最小值的问题. 本节将通过具体实例讨论如何利用导数来解决这类最优化问题.

3.8.1　横梁强度模型

从直径为 d 的圆形树干上切出横断面为矩形的梁，此矩形的底等于 b，高等于 h. 若梁的强度与 bh^2 成比例，问梁的尺寸为何时，其强度最大(见图 3.42)?

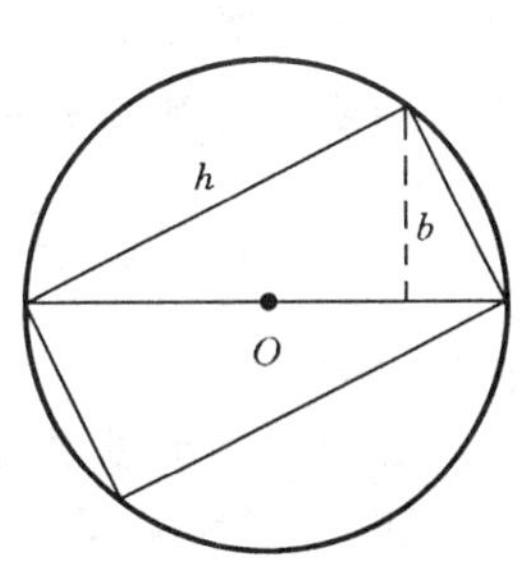

图 3.42

解　因为 $h^2=d^2-b^2$，所以问题就是求目标函数

$$f(b)=bh^2=b(d^2-b^2)\quad(0<b<d)$$

的最大值.

根据本章 3.5.1 小节中所指出的求函数最大值和最小值的方法，我们首先计算导数

$$f'(b)=d^2-3b^2,$$

由 $f'(b)=0$ 求得区间 $(0,d)$ 内部唯一的临界点 $b=\dfrac{d}{\sqrt{3}}$.

由

$$f(0)=f(d)=0,\quad f\left(\frac{d}{\sqrt{3}}\right)=\frac{2d^3}{3\sqrt{3}}>0,$$

可知 $b=\dfrac{d}{\sqrt{3}}$是函数 $f(b)$的最大点，此时 $h=d\sqrt{\dfrac{2}{3}}$. 因此，所求的矩形的底 $b=\dfrac{d}{\sqrt{3}}$，高 $h=d\sqrt{\dfrac{2}{3}}$. □

3.8.2　用料最省模型

要生产一种容积为 100 cm^3 的圆柱形有盖罐头盒，问怎样设计罐头盒的尺寸可使用料最省?

解　设圆柱形罐头盒的高为 h，底半径为 r. 那么整个罐头盒的表面积就是(见图 3.43)

$$S=2\times\text{底面积}+\text{侧面积}=2\pi r^2+2\pi rh.$$

而罐头盒的体积为 πr^2h，依题意，有

$$\pi r^2h=100,$$

故

$$h=\frac{100}{\pi r^2},$$

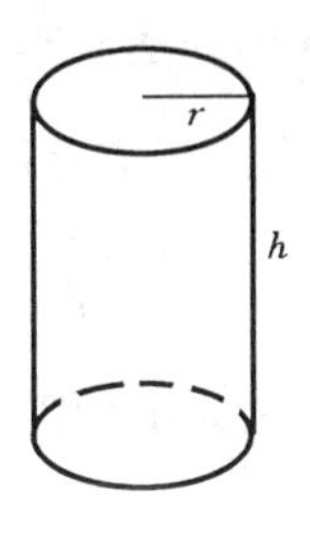

图 3.43

于是表面积 S 是 r 的函数:

$$S=2\pi r^2+2\pi r\cdot\frac{100}{\pi r^2},$$

或

$$S=S(r)=2\pi r^2+\frac{200}{r}\quad(r>0)$$

问题归结为求目标函数 $S(r)$ 的最小值. 先求临界点. 由

$$S'(r) = 4\pi r - \frac{200}{r^2} = 0$$

求得唯一的临界点 $r=\sqrt[3]{50/\pi}$. 由实际问题的意义知,这就是 $S(r)$ 的最小点. 因此,当罐头盒的底半径和高分别为

$$r = \sqrt[3]{\frac{50}{\pi}} \approx 2.52\ (\text{cm}), \quad h = \frac{100}{\pi(2.52)^2} \approx 5.01\ (\text{cm})$$

时,用料最省. □

从上面的例子可以看出,一个最优化问题首先需要解决的是建立数学模型,给出目标函数. 一旦明确了是某个目标函数的最大值或最小值问题,后面的步骤就是直截了当的. 但是怎样建立最优化问题的数学模型呢?

最优化问题建模的几个步骤:

① 仔细考察给出的问题,弄清楚什么量或函数是最优化的对象.

② 如果可能,画出草图,并标明问题中出现的一些量,考察它们之间的关系.

③ 利用前面步骤中给出的量,设法写出最优化的目标函数. 如果必要,则把目标函数写成一个变量的函数,并验明这个变量的变化范围——即目标函数的定义域.

④ 应用本章 3.5.1 小节的方法求出目标函数的最大值或最小值.

3.8.3　最优路径模型

小张想尽可能快地走到公共汽车站,这个公共汽车站在一个公园的另一侧,从小张所在的位置算起,往西走有 60 m 长,往北走有 20 m 宽. 小张可沿着公园边上的人行道行走,速度是 0.2 m/s;她也可以穿过公园走到汽车站去,但速度只有 0.12 m/s. 试问小张沿着什么样路径行走可以最快地到达公共汽车站?

解　假定小张选择走一条最短的路径,由于这条路径完全位于公园之中,这样她走得是比较慢的(见图 3.44(a)). 这样走的距离是 $\sqrt{60^2+20^2}$ m≈63.24 m,大约需走 527 s. 她也可以像图 3.44(b)所示那样,先在公园边的人行道上走 60 m,然后往北穿过公园到达汽车站. 这样走则需要 $\left(\frac{60}{0.2}+\frac{20}{0.12}\right)$ s≈467 s. 还可以选择这样的路径:先在人行道上往西走 30 m,再穿过公园径直走到汽车站(见图 3.44(c)). 不难算出,这样走所需时间为 450 s.

现在我们对这个问题建立一个数学模型. 设小张沿人行道往西走的距离是 x,穿过公园所走的距离为 y,如图 3.45 所示. 那么,到达汽车站所需的总时间为

$$t = t_{\text{人行道}} + t_{\text{公园}}.$$

因此

$$t = \frac{x}{0.2} + \frac{y}{0.12},$$

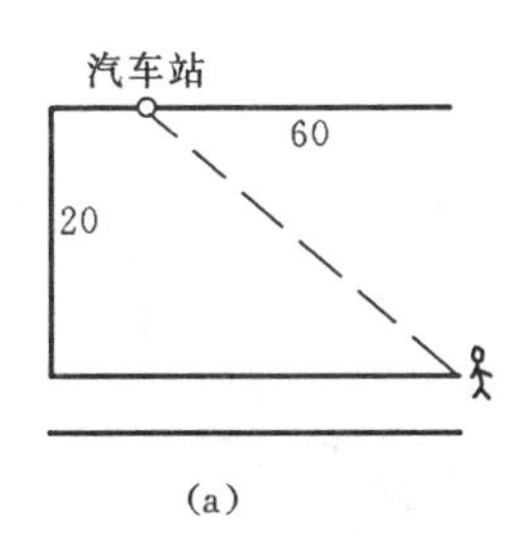

(a)

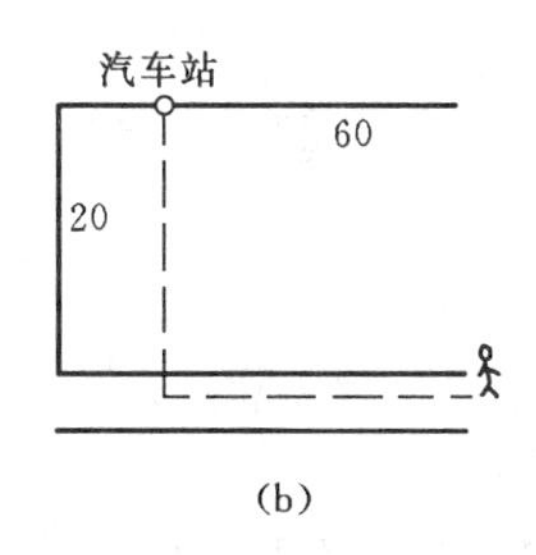

(b)

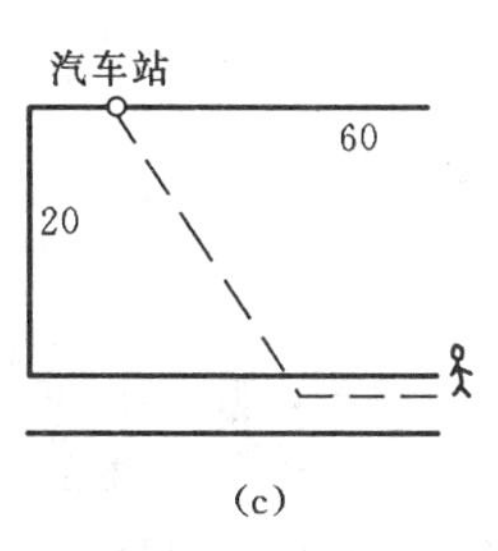

(c)

图 3.44　到达公共汽车站的三种可能路径

即

$$t=\frac{x}{0.2}+\frac{\sqrt{(60-x)^2+20^2}}{0.12}\quad(0<x<60).$$

这就是这个问题的最优化模型，即时间 t 表示为 x 的函数. 我们要求目标函数 $t=t(x)$ 的最小点. 剩下的问题请读者自己完成. 解答是 $x=45$ (m). □

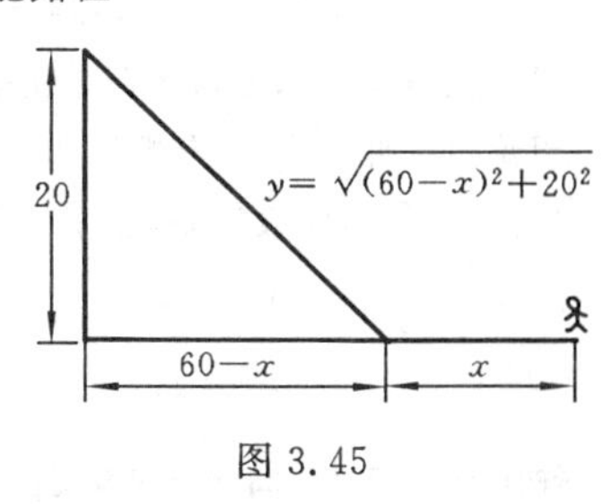

图 3.45

3.8.4　运河行船模型

向宽为 a (m)的河修建一宽为 b (m)的运河，二者成直角相交. 问能驶进这运河的船，其最大长度是多少？

解　我们先来画图分析一下. 直线段$\overline{BAC}$表示船体. 从图 3.46 可以观察到，当$\overline{BAC}$转过拐角 A 处时，$\overline{BAC}$的长度由递减变成递增，能容许这线段通过的最小长度正是能驶进运河的船的最大长度. 于是问题转化成求$\overline{BAC}$的最小长度. 如图 3.46(a)所示设置 θ 角，则$\overline{BAC}$的长 l 可表示为 θ 的函数：

$$l=\frac{a}{\sin\theta}+\frac{b}{\cos\theta},\ 0<\theta<\frac{\pi}{2}.$$

问题就是求目标函数 $l(\theta)$ 在区间 $(0,\frac{\pi}{2})$ 上的最小值. 求解的细节仍然留给读者，答案是：船的最大长度为 $(a^{\frac{2}{3}}+b^{\frac{2}{3}})^{\frac{3}{2}}$. □

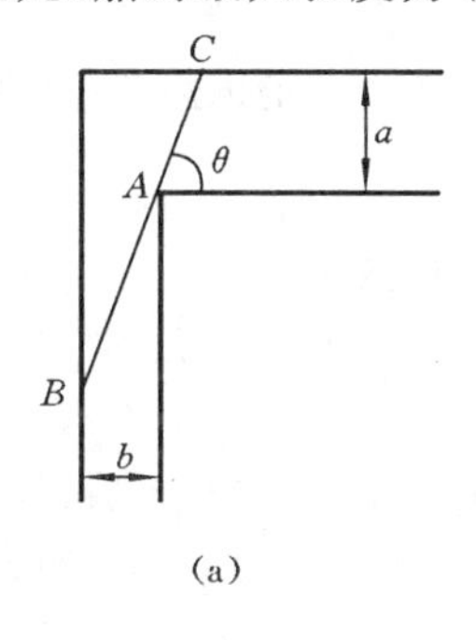

(a)

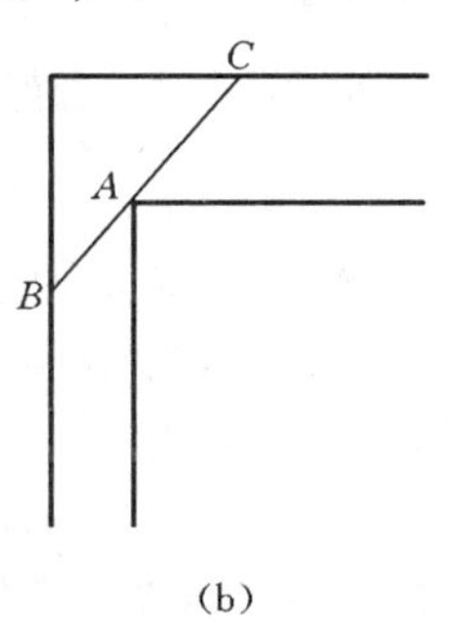

(b)

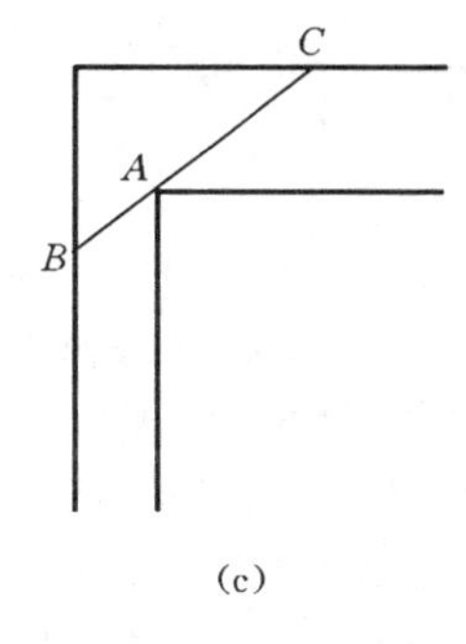

(c)

图 3.46

习 题 3.8

(A)

1. 铁路上 AB 段的距离为 100 km,工厂 C 与 A 相距 40 km,AC 垂直于 AB. 今要在 AB 之间一点 D 向工厂 C 修一条公路(见图 3.47),使从原料供应站 B 运货到工厂 C 所用运费最省. 问 D 点应该设在何处? 已知每公里的铁路运费和公路运费之比是 3∶5.

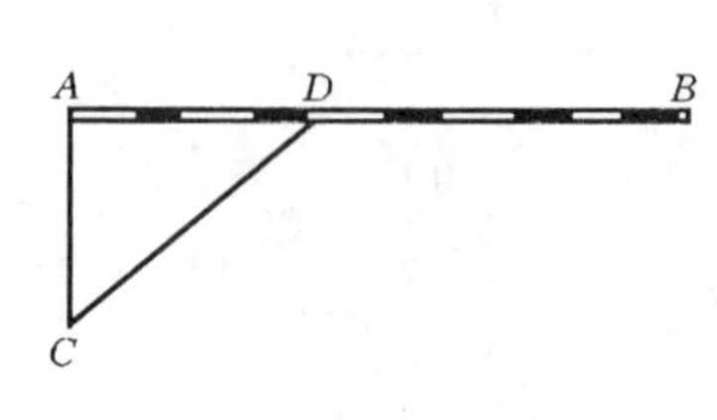

图 3.47

2. 设炮口的仰角为 α,炮弹的初速为 v_0(m/s),炮口取作原点,发炮时间取作 $t=0$,不计空气阻力时,炮弹的运动方程为

$$\begin{cases} x = tv_0\cos\alpha, \\ y = tv_0\sin\alpha - \dfrac{1}{2}gt^2. \end{cases}$$

若初速 v_0 不变,问如何调整炮口的仰角 α,使炮弹射程最远.

3. 设在 4 m 高的石柱上有一高为 3 m 的塑像. 试问一人应离石柱多远才能使塑像对此人的眼睛所张的角(此人的眼睛离地面 1.7 m 高)为最大.

4. 在某产品的制造过程中,次品率 y 依赖于日产量 x,即 $y=y(x)$. 已知

$$y(x)=\begin{cases} \dfrac{1}{101-x} & (0\leqslant x\leqslant 100), \\ 1 & (x>100), \end{cases}$$

其中,x 为正整数. 又该厂每生产出一件产品可得盈利 A(元),但每生产出一件次品就要损失 $\dfrac{A}{3}$(元). 问为了获得最大盈利,该厂的日产量应定为多少?

5. 轮船的燃料成本(元/小时)与速度的立方成正比. 假设某轮船时速为 10 海里,燃料成本为每小时 100 元. 如果除开燃料成本之外,其他成本为每小时 675 元. 问什么时速可使每海里的总成本达到最小?

6. 求从点 $M(p,p)$ 到抛物线 $y^2=2px$ 的最短距离.

7. 从面积为常数 S 的一切矩形中,求其周长为最小者.

8. 在椭圆 $\dfrac{x^2}{a^2}+\dfrac{y^2}{b^2}=1$ 中,嵌入有最大面积而边平行于椭圆轴的矩形,求此矩形的边长.

(B)

1. 设有光强度为 a 与 b 的两个光源,它们之间的距离是 d. 假定照度与光强度成正比而与距离的平方成反比. 试问在两光源的连接线上什么地方其光的照度最小?

2. 小王在水里游泳,想在最短时间到达岸边某一指定地点. 假定此岸是直线,游速为常值 a,他沿岸跑动的速度为常值 b,且 $b>a$. 试求小王在最短时间到达目的地的路径(讨论一切可能的情形).

3. 从南至北的铁路经过 B 城,某工厂 A 距此铁路的最短距离为 a(km),距北面之 B 城为 b(km). 为了从 A 到 B 运输货物最经济,从工厂建设一条侧轨(见图 3.48),若每吨货物沿侧轨运输的价

格是 p(元/km)，而沿铁路的为 q(元/km). 问侧轨应向铁路取怎样的角度 φ？

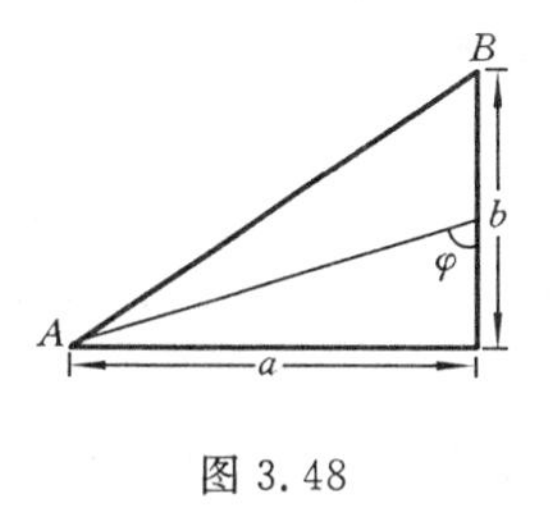

图 3.48

4. 将长为 a 的铁丝切成两段，一段围成正方形，另一段围成圆形. 问这两段铁丝各长为多少时，正方形与圆形的面积之和为最小？
5. 求由 y 轴上的一个给定点 $(0,b)$ 到抛物线 $x^2=4y$ 上的点的最短距离.

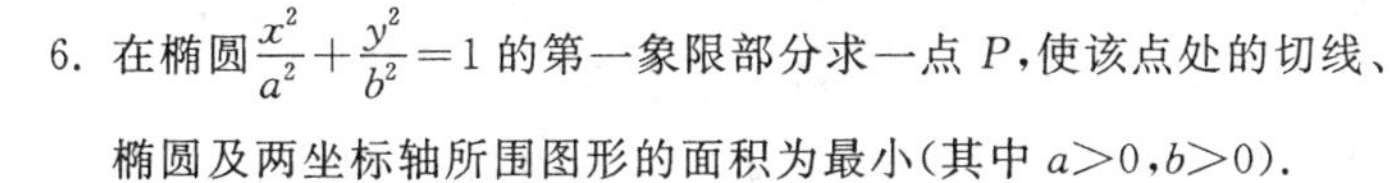

6. 在椭圆 $\frac{x^2}{a^2}+\frac{y^2}{b^2}=1$ 的第一象限部分求一点 P，使该点处的切线、椭圆及两坐标轴所围图形的面积为最小(其中 $a>0,b>0$).

答案与提示

(A)

1. D 点应设在距 A 点 30 km 处.
2. $\alpha=\frac{\pi}{4}$.
3. 此人离石柱应约 3.5 m 远.
4. 每天生产 89 件产品可获得最大盈利.
5. 时速为 15 海里/小时.
6. $p(\sqrt[3]{2}-1)\sqrt{\frac{\sqrt[3]{2}+2}{2}}$.
7. 一边长为 $\sqrt{S}$ 的正方形.
8. 矩形的边长分别为 $a\sqrt{2}$ 和 $b\sqrt{2}$.

(B)

1. 设两光源所在点分别为 A,B,M 为连接线上一点. 当 $AM=d\left(1+\sqrt[3]{\frac{b}{a}}\right)^{-1}$ 时，M 处的照度最小.
2. 令 P 为岸边的目的地，O 是离小王最近的靠岸处. 若 OP 对小王的眼睛所张的角为 φ，且 $\sin\varphi<\frac{a}{b}$，则最短时间是直线游向 P 处. 若 $\sin\varphi>\frac{a}{b}$，则最短时间的路径分为两段：第一段先游至岸上 Q 处，其中 OQ 对眼睛所张的角为 $\arcsin\frac{a}{b}$；然后从 Q 沿岸跑至 P.
3. 所需运费为 $M=(b-a\cot\varphi)q+\sqrt{a^2+a^2\cot^2\varphi}\cdot p$，当 $\arccos\frac{q}{p}\geqslant\arctan\frac{a}{b}$ 时，$\varphi_0=\arccos\frac{q}{p}$，相应的运费最省；当 $\arccos\frac{q}{p}<\arctan\frac{a}{b}$ 时，$\varphi_0=\arctan\frac{a}{b}$，相应的运费最省.
4. 令 x 表示圆形的周长，则目标函数为 $A(x)=\left(\frac{a-x}{4}\right)^2+\pi\left(\frac{x}{2\pi}\right)^2$. 当 $x=\frac{\pi a}{4+\pi}$ 时，A 的值最小.
5. 设 (x,y) 为抛物线上任一点，则问题可归结为求目标函数 $f(x)=x^2+\left(\frac{x^2}{4}-b\right)^2$ 在 $(-\infty,+\infty)$ 上的最小值. 所求最短距离为 $d=\begin{cases}|b|, & b\leqslant 2,\\ 2\sqrt{b-1}, & b>2.\end{cases}$
6. 所求点为 $\left(\frac{a}{\sqrt{2}},\frac{b}{\sqrt{2}}\right)$.

3.9 求函数零点的牛顿法

很多数学问题具有这样的形式:求某个方程

$$f(x)=0 \tag{3.9.1}$$

的根.满足方程(3.9.1)的根称为**函数 $f(x)$ 的零点**.有时我们希望在一个指定的区间内找出 f 的一个零点,而有时则想找出 f 在某个区间的全部零点.

什么叫作"求"函数的零点呢?这就是要设计一个程序,它能给出函数 f 的零点 x^* 的近似值,并达到我们所希望的近似程度.

下面介绍另一种求 f 零点近似值的方法.如果 $f(x)$ 在 $[a,b]$ 上有二阶导数,$f(a)\cdot f(b)<0$,且 $f'(x)$ 与 $f''(x)$ 在 $[a,b]$ 上分别保持定号,这时,方程 $f(x)=0$ 在 (a,b) 内仅有一个实根 x^*.下面来求 x^* 的近似值.这个方法的基本步骤是:从 f 的零点的某个较好的近似值出发,设法做出另一个好得多的近似值.假如这个结果的近似程度还不够,我们就不断地重复这个基本步骤,直到得出按前面两种准则的任何一种来衡量可认为足够满意的近似解时才停止.先从几何上描述这个方法.

用 x_1 表示开始的近似值,并假设 $f'(x_1)\neq 0$,这个假设对于使用这个方法来说是非常重要的.它可以保证 f 的图形在 $(x_1,f(x_1))$ 点的切线不平行于 x 轴,因而与 x 轴相交于某点(见图 3.49),交点就是新的近似值 x_2.现在我们来算 x_2.

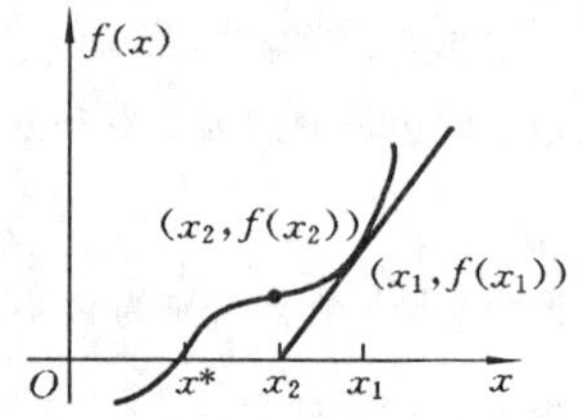

图 3.49

切线的斜率是 $f'(x_1)$,故有

$$f'(x_1)=\frac{f(x_1)}{x_1-x_2},$$

由此定出

$$x_2=x_1-\frac{f(x_1)}{f'(x_1)}. \tag{3.9.1}$$

这种做法的理论根据在于:若 f 的图形是直线,则 x_2 就是 f 的精确零点.实际上如果 f 的图形不是直线时,但若 f 是可微的,则它在一个很小的区间上的图形近似于直线,所以当区间 (x^*,x_1) 充分小时,可以指望 x_1 是真正零点 x^* 的一个精确近似值.

现在再用分析的语言进行推导,而不必参照 f 的图形.我们的基本出发点是**局部线性逼近**

$$f(x)\approx f(x_1)+f'(x_1)(x-x_1).$$

设 x_2 为右端近似线性函数的真正零点,希望 x_2 是 f 的真正零点的一个好的近似值.显然 x_2 由式(3.9.1)给出.

若 x_2 的精确度不足,再在 $(x_2,f(x_2))$ 点作切线,重复上面的步骤,确定出下一个近似值.

$$x_3 = x_2 - \frac{f(x_2)}{f'(x_2)}.$$

还可以继续作下去,得到

$$x_{n+1} = x_n - \frac{f(x_n)}{f'(x_n)}, \tag{3.9.2}$$

这样可以一直计算到近似程度满意为止.上述方法是牛顿提出的,因而称为**牛顿迭代法**,式(3.9.2)称为**牛顿迭代公式**.

读者可能会产生这样的疑问:最初选取 x_1 时有没有什么原则?是不是随便取一个 x_1 就可以作下去呢?迭代序列$\{x_n\}$是否真的能逼近真正零点 x^*?

下面用几个图形来回答头两个问题.如图3.50所示,初始值 x_1 的选取原则是:$x_1\in(a,b)$必须满足

$$f(x_1)f''(x_1) > 0,$$

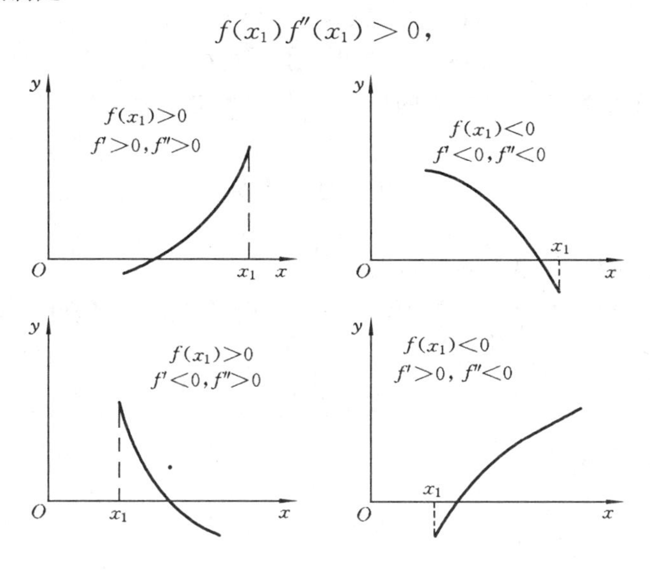

图 3.50

否则就不能保证切线与 x 轴交点的横坐标 x_2 比原来的近似值 x_1 更接近于 f 的真正零点 x^*(读者可自己画图试试看).

至于前面提到的$\{x_n\}$的收敛性问题,下面给出一个定理而不加证明(读者在后续课程《计算方法》中将学习到更详尽的知识).

定理 3.9.1(牛顿法的收敛定理)　设 $f(x)$是二次可微函数,x^* 是 $f(x)$的一个零点,且 $f'(x^*)\neq 0$.用牛顿迭代公式(3.9.2)反复进行迭代产生一个近似序列 $x_1,x_2,\cdots,x_n,\cdots$,若初始值 x_1 与 x^* 靠得足够近,则这个序列收敛到 x^*.

例 3.9.1　求函数 $f(x)=x^3+3x-5$ 在区间$[1,2]$内的近似零点,使误差不超过

0.000 1.

解 因为 $f(1)=-1<0, f(2)=9>0, f'(x)=3x^2+3, f''(x)=6x$,所以有

$$f(2)f''(2)>0.$$

因 $f(2)$ 与 $f''(x)$ 同号,因此取 $x_1=2$ 为迭代初值.下面计算 x_n:

$$x_2=2-\frac{f(2)}{f'(2)}=1.4,\quad x_3=1.4-\frac{f(1.4)}{f'(1.4)}=1.181,$$

$$x_4=x_3-\frac{f(x_3)}{f'(x_3)}=1.154\,5,\quad x_5=x_4-\frac{f(x_4)}{f'(x_4)}=1.154\,17,$$

$$x_6=x_5-\frac{f(x_5)}{f'(x_5)}=1.154\,17.$$

由于 x_5 与 x_6 的前五位数字相同,且

$$f(1.154\,1)\approx -0.000\,5<0,$$

$$f(1.154\,2)\approx 0.000\,2>0,$$

$$1.154\,2-1.154\,1=0.000\,1,$$

因此取 1.154 1 作为 $f(x)$的零点的近似值时,误差不超过 0.000 1. □

习 题 3.9

1. 求方程 $x^2-2=0$ 的近似根,准确到 10^{-8}.
2. 证明函数 $f(x)=x^3-3x^2+6x-1$ 在区间(0,1)有唯一的零点,并求近似零点,使误差不超过 0.01.

答案与提示

1. 1.414 213 56.
2. 0.182.

总 习 题 (3)

1. 选择题(四个答案中只有一个是正确的):

(1) 设 $f(x)$在 $x=a$ 的某邻域内有定义,则 $f(x)$在 $x=a$ 处可导的一个充分条件是(　　).

(A) $\lim\limits_{h\to+\infty} h\left[f\left(a+\frac{1}{h}\right)-f(a)\right]$存在　　(B) $\lim\limits_{h\to 0}\frac{f(a+2h)-f(a+h)}{h}$存在

(C) $\lim\limits_{h\to 0}\frac{f(a+h)-f(a-h)}{2h}$存在　　(D) $\lim\limits_{h\to 0}\frac{f(a)-f(a-h)}{h}$存在

(2) 设 $F(x)=\begin{cases}\frac{f(x)}{x}, & x\neq 0,\\ f(0), & x=0,\end{cases}$ 其中 $f(x)$在 $x=0$ 处可导,$f(0)=0, f'(0)\neq 0$.则 $x=0$ 是 $F(x)$ 的(　　).

(A) 连续点　　(B) 第一类间断点

(C) 第二类间断点　　(D) 连续点或间断点不能确定

(3) 设 $f(x)$对任意 x 均满足等式 $f(1+x)=af(x)$,且 $f'(0)=b$,其中 a,b 为非零常数,则(　　).

(A) $f(x)$在 $x=1$ 处不可导　　(B) $f(x)$在 $x=1$ 处可导,且 $f'(1)=a$

(C) $f(x)$在 $x=1$ 处可导,且 $f'(1)=b$　　(D) $f(x)$在 $x=1$ 处可导,且 $f'(1)=ab$

(4) 设 $f(x)$在区间$(-\delta,\delta)$内有定义,若当 $x\in(-\delta,\delta)$时,恒有$|f(x)|\leqslant x^2$,则 $x=0$ 必为 $f(x)$的(　　).

(A) 间断点　　(B) 连续而不可导的点

(C) 可导的点,且 $f'(0)=0$　　(D) 可导的点,且 $f'(0)\neq 0$

(5) 设 $f(x)=2^x+3^x-2$,则当 $x\to 0$ 时,$f(x)$(　　).

(A) 与 x 是同阶但非等价无穷小　　(B) 与 x 是等价无穷小

(C) 是比 x 较高阶的无穷小　　(D) 是比 x 较低阶的无穷小

2. 选择题(四个答案中只有一个是正确的):

(1) 设 $f(x)$处处可导,则(　　).

(A) 当 $\lim\limits_{x\to-\infty} f(x)=-\infty$,必有 $\lim\limits_{x\to-\infty} f'(x)=-\infty$

(B) 当 $\lim\limits_{x\to-\infty} f'(x)=-\infty$,必有 $\lim\limits_{x\to-\infty} f(x)=-\infty$

(C) 当 $\lim\limits_{x\to+\infty} f(x)=+\infty$,必有 $\lim\limits_{x\to+\infty} f'(x)=+\infty$

(D) 当 $\lim\limits_{x\to+\infty} f'(x)=+\infty$,必有 $\lim\limits_{x\to+\infty} f(x)=+\infty$

(2) 已知 $f(x)$在 $x=0$ 的某邻域内连续,且 $f(0)=0$,$\lim\limits_{x\to 0}\dfrac{f(x)}{1-\cos x}=2$,则在 $x=0$ 处 $f(x)$(　　).

(A) 不可导　　(B) 可导且 $f'(0)\neq 0$　　(C) 取得极大值　　(D) 取得极小值

(3) 设 $f(x)$与 $g(x)$都在 $x=a$ 处取得极大值,则函数 $F(x)=f(x)g(x)$在 $x=a$ 处(　　).

(A) 必取极大值　　(B) 必取极小值

(C) 不可能取极值　　(D) 是否取极值不能确定

(4) 设 $f(x)$在$(-\infty,+\infty)$内可导,且 $\forall x_1,x_2$,当 $x_1>x_2$ 时都有 $f(x_1)>f(x_2)$,则(　　).

(A) 对任意 x,$f'(x)>0$　　(B) 对任意 x,$f'(-x)\leqslant 0$

(C) 函数 $f(-x)$单调增加　　(D) 函数$-f(-x)$单调增加

(5) 设 $f'(x_0)=f''(x_0)=0$,$f'''(x_0)>0$,则下列选项中正确的是(　　).

(A) $f'(x_0)$是 $f'(x)$的极大值　　(B) $f(x_0)$是 $f(x)$的极大值

(C) $f''(x_0)$是 $f(x)$ 的极小值　　(D) $(x_0,f(x_0))$是曲线 $y=f(x)$的拐点

3. 选择题(四个答案中只有一个是正确的):

(1) 设 $f(x)\in C^{(2)}$,且 $f'(0)=0$,$\lim\limits_{x\to 0}\dfrac{f''(x)}{|x|}=1$,则(　　).

(A) $f(0)$是 $f(x)$的极大值

(B) $f(0)$是 $f(x)$的极小值

(C) $(0,f(0))$是曲线 $y=f(x)$的拐点

(D) $f(0)$不是 $f(x)$的极值,$(0,f(0))$也不是曲线 $y=f(x)$的拐点

(2) 若 $f(x)=-f(-x)$,在$(0,+\infty)$内 $f'(x)>0,f''(x)>0$,则 $f(x)$在$(-\infty,0)$内(　　).

(A) $f'(x)<0,f''(x)<0$　　(B) $f'(x)<0,f''(x)>0$

(C) $f'(x)>0,f''(x)<0$　　(D) $f'(x)>0,f''(x)>0$

(3) 设在区间$[0,1]$上 $f''(x)>0$,则 $f'(0),f'(1),f(1)-f(0)$或 $f(0)-f(1)$的大小顺序是(　　).

(A) $f'(1)>f'(0)>f(1)-f(0)$　　(B) $f'(1)>f(1)-f(0)>f'(0)$

(C) $f(1)-f(0)>f'(1)>f'(0)$　　(D) $f'(1)>f(0)-f(1)>f'(0)$

4. 设 $f(x)$在 $x=0$ 处连续,且$\lim\limits_{x\to 0}\dfrac{f(x)}{x}$存在,证明:$f(x)$在 $x=0$ 可导.

5. 设 a,b为已知常数,试确定常数 A 和 B,使得函数

$$f(x)=\begin{cases}(x-a), & x<a,\\ A(x-a)(x-b)(x-B), & a\leqslant x\leqslant b,\\ 2(x-b), & x>b\end{cases}$$

在 $x=a$ 及 $x=b$ 点均可导.

6. 过抛物线的焦点引弦垂直于抛物线的轴,该弦与抛物线相交于两点,过交点引抛物线的切线,试证这两条切线相交成直角.

7. 求下列函数的导数:

(1) $y=\sin^2\left(\dfrac{1-\ln x}{x}\right)$,求 y';　　(2) $y=x+x^x+x^{x^x}$,求 y';

(3) $y=\dfrac{(x+1)^2\sqrt[3]{3x-2}}{\sqrt[3]{(x-3)^2}}$,求 y';　　(4) $y\sin x-\cos(x-y)=0$,求$\dfrac{\mathrm{d}y}{\mathrm{d}x}$;

(5) $\mathrm{e}^{\arctan\frac{y}{x}}=\sqrt{x^2+y^2}$,求$\dfrac{\mathrm{d}^2y}{\mathrm{d}x^2}$;　　(6) $\begin{cases}x=t^2-1,\\ y=t^3-t,\end{cases}$求$\dfrac{\mathrm{d}^3y}{\mathrm{d}x^3}$;

(7) $y=f(\sin^2x)+f(\cos^2x)$,f 是可微函数,求$\dfrac{\mathrm{d}y}{\mathrm{d}x}$;

(8) 已知 $y=f(x)$,求其反函数的二阶导数$\dfrac{\mathrm{d}^2x}{\mathrm{d}y^2}$(用 y',y''等表示);

(9) $y=\ln(ax+b)$,求 $y^{(n)}$;　　(10) $y=x(\sin^4x+\cos^4x)$,求 $y^{(n)}$.

8. 求下列函数的微分:

(1) $y=\ln(x+\sqrt{x^2-1})$,求 $\mathrm{d}y$;　　(2) $y=\ln\sin\dfrac{x}{2}$,求 $\mathrm{d}y|_{x=\frac{\pi}{3},\mathrm{d}x=\frac{\pi}{12}}$;

(3) $y=\arctan x$,求 d^2y;　　(4) $y=\sqrt{1+x^2}$,求 $\mathrm{d}^2y|_{x=0}$.

9. 设 $f(x)=\begin{cases}\dfrac{g(x)-\mathrm{e}^{-x}}{x}, & x\neq 0,\\ 0, & x=0,\end{cases}$其中 $g''(x)$连续,且 $g(0)=1,g'(0)=-1$.

(1)求 $f'(x)$;　(2)讨论 $f'(x)$在$(-\infty,+\infty)$上的连续性.

10. 设 $f(x)$在$[0,+\infty)$上可微,且满足条件 $0\leqslant f(x)\leqslant\dfrac{x}{1+x^2}$ $(0\leqslant x<+\infty)$. 求证:存在 $\xi>0$,使得 $f'(\xi)=\dfrac{1-\xi^2}{(1+\xi^2)^2}$.

11. 设 $f(x)$ 和 $g(x)$ 在 $[a,b]$ 上存在二阶导数，并且 $g''(x)\neq 0$，$f(a)=f(b)=g(a)=g(b)=0$. 证明：

(1) 在开区间 (a,b) 内 $g(x)\neq 0$；

(2) 至少有一点 $\xi\in(a,b)$，使得 $\dfrac{f(\xi)}{g(\xi)}=\dfrac{f''(\xi)}{g''(\xi)}$.

12. 设 $f(x)$ 定义在区间 $[0,c]$ 上，$f(0)=0$，$f'(x)$ 是 $[0,c]$ 上的递减函数. 求证：对于 $[0,c]$ 上的任意两点 a 和 b，$0\leqslant a\leqslant b\leqslant a+b\leqslant c$，有 $f(a+b)\leqslant f(a)+f(b)$.

13. 写出 $f(x)=\dfrac{1-x}{1+x}$ 在 $x=0$ 处的带拉格朗日余项的 n 阶泰勒展开式.

14. 设 $\lim\limits_{x\to 0}\dfrac{f(x)}{x}=1$，且 $f''(x)>0$，证明 $f(x)\geqslant x$.

15. 设 $f(x)$ 在 $[0,1]$ 上二阶可导，且满足条件 $|f(x)|\leqslant a$，$|f''(x)|\leqslant b$，其中 a 和 b 为非负常数. 设 c 是 $(0,1)$ 内任一点.

(1) 写出 $f(x)$ 在 $x=c$ 处带拉格朗日余项的一阶泰勒公式；

(2) 证明 $|f'(c)|\leqslant 2a+\dfrac{b}{2}$.

16. 证明：当 $x\geqslant 1$ 时，有 $\arctan x-\dfrac{1}{2}\arccos\dfrac{2x}{1+x^2}=\dfrac{\pi}{4}$.

17. 求极限：

(1) $\lim\limits_{x\to 0}\dfrac{\ln(1+x+x^2)+\ln(1-x+x^2)}{\sec x-\cos x}$；　(2) $\lim\limits_{x\to 0}\dfrac{(1+x)^{\frac{1}{x}}-\mathrm{e}}{x}$；

(3) $\lim\limits_{x\to 0}\left(\dfrac{\sin x}{x}\right)^{1/x^2}$；　(4) $\lim\limits_{x\to 0}\left[\dfrac{a^x-b^x}{x^2}-\dfrac{\ln a-\ln b}{x}\right]$；　(5) $\lim\limits_{x\to 0^+}x^n\mathrm{e}^{-x}(\ln x)^2\ (n>0)$.

18. 设 $f(x)\in C^{(2)}$，且 $f(a)=0$，$g(x)=\begin{cases}\dfrac{f(x)}{x-a}, & x\neq a,\\ f'(a), & x=a.\end{cases}$ 求 $g'(x)$，并证明 $g'(x)$ 在 $x=a$ 连续.

19. 设 $f(x)$ 在点 $x=0$ 的邻域内二阶可导，且 $\lim\limits_{x\to 0}\dfrac{\sin x+xf(x)}{x^3}=0$. 求 $f(0)$，$f'(0)$，$f''(0)$ 的值.

20. 求下列函数的增减区间：

(1) $y=\dfrac{10}{4x^3-9x^2+6x}$；　(2) $y=\sqrt[3]{(2x-a)(a-x)^2}\quad(a>0)$.

21. 下列命题是否正确？正确的予以证明，不正确的举出反例.

(1) 单调函数的导函数必为单调函数；

(2) 若 $f(x)$ 在 x_0 点取极大值，则 $f(x)$ 在 x_0 某左邻域递增，在 x_0 某右邻域递减；

(3) 若 $f(x)\in C[a,b]$，且只有一个极值点，则它必是 $f(x)$ 在 $[a,b]$ 的最大或最小点.

22. 求下列函数的极值：

(1) $y=\mathrm{e}^x\sin x$，$x\in(0,2\pi)$；　(2) $y=\cos x+\dfrac{1}{2}\cos 2x$，$x\in(0,2\pi)$.

23. 当 α 为何值时，方程 $\mathrm{e}^x-2x-\alpha=0$ 有实根？

24. 试确定曲线方程 $y=ax^3+bx^2+cx+d$ 中的 a,b,c,d，使点 $(-2,44)$ 为其临界点，点 $(1,-10)$ 为其拐点.

25. 设 $y=\frac{x^3+4}{x^2}$,求(1) 函数的增减区间与极值;(2) 函数图形的凹凸区间与拐点;(3) 渐近线;

(4) 作出函数图形.

26. 作半径为 r 的球的外切圆锥,问此圆锥的高 h 为何值时,其体积最小,并求出此最小值.

27. 证明下列不等式:

(1) $\frac{\tan x_2}{\tan x_1}>\frac{x_2}{x_1}$　$(0<x_1<x_2<\frac{\pi}{2})$;

(2) $x^p+(1-x)^p\geqslant\frac{1}{2^{p-1}}$　$(p>1,x\in[0,1])$;

(3) $\frac{1}{2}(\cos x_1+\cos x_2)<\cos\frac{x_1+x_2}{2}$　$(-\frac{\pi}{2}<x_1,x_2<\frac{\pi}{2})$;

(4) $1+x\ln(x+\sqrt{1+x^2})\geqslant\sqrt{1+x^2}$　$(-\infty<x<+\infty)$.

28. 设函数 $f(x)$对一切实数 x 满足方程 $xf''(x)+3x[f'(x)]^2=1-e^{-x}$.

(1) 若 $f(x)$在点 $x=c(c\neq0)$有极值,证明它是极小值.

(2) 若 $f(x)$在点 $x=0$ 有极值,它是极大值还是极小值?

(3) 若 $f(0)=f'(0)=0$,求最小的常数 k,使得 $\forall x\geqslant0$,都有 $f(x)\leqslant kx^2$.

答案与提示

1. (1) (D); (2) (B); (3) (D); (4) (C); (5) (A).

2. (1) (D); (2) (D); (3) (D); (4) (D); (5) (D).

3. (1) (B); (2) (C); (3) (B).

4. 先证明 $f(0)=0$.

5. $A=\frac{3}{(a-b)^2}$,$B=\frac{2a+b}{3}$.

7. (1) $\frac{\ln x-2}{x^2}\sin\frac{2(1-\ln x)}{x}$; (2) $1+x^x(\ln x+1)+x^{x^x}[x^x(\ln x+1)\ln x+x^{x-1}]$;

(3) $y\left[\frac{2}{x+1}+\frac{1}{3x-2}-\frac{2}{3(x-3)}\right]$; (4) $\frac{y\cos x+\sin(x-y)}{\sin(x-y)-\sin x}$; (5) $\frac{2(x^2+y^2)}{(x-y)^3}$;

(6) $\frac{-3}{8t^2}\left(1+\frac{1}{t^2}\right)$; (7) $\sin2x[f'(\sin^2x)-f'(\cos^2x)]$; (8) $-\frac{y''}{(y')^3}$;

(9) $\frac{(-1)^{n-1}(n-1)!\ a^n}{(ax+b)^n}$; (10) $4^{n-1}x\cos(4x+\frac{n}{2}\pi)+n4^{n-2}\cos(4x+\frac{n-1}{2}\pi)$.

8. (1) $\frac{dx}{\sqrt{x^2-1}}$; (2) $\frac{\sqrt{3}}{24}\pi$; (3) $-\frac{2x}{(1+x^2)^2}dx^2$; (4) dx^2.

10. 可用费马定理,也可用罗尔定理.

11. (1) 用反证法; (2) 对 $\varphi(x)=f(x)g'(x)-f'(x)g(x)$在$[a,b]$上用罗尔定理.

12. 可利用拉格朗日中值定理,也可利用函数 $F(x)=f(x+b)-f(x)$的严格递减性.

13. $f(x)=1-2x+2x^2+\cdots+(-1)^n2x^n+(-1)^{n+1}\frac{2x^{n+1}}{(1+\theta x)^{n+2}}$,其中 $0<\theta<1$.

14. 考察 $f(x)$在 $x=0$ 的泰勒公式.

17. (1) 1；(2) $-\frac{e}{2}$；(3) $e^{-\frac{1}{6}}$；(4) $\frac{1}{2}[\ln^2 a-\ln^2 b]$；(5) 0.

19. $f(0)=-1, f'(0)=0, f''(0)=\frac{1}{3}$.

20. (1) 在$(\frac{1}{2},1)$内上升；在$(-\infty,0)\cup(0,\frac{1}{2})\cup(1,+\infty)$内下降；

(2) 在$(-\infty,\frac{a}{2})\cup(\frac{a}{2},\frac{2a}{3})\cup(a,+\infty)$内上升；在$(\frac{2a}{3},a)$内下降.

21. (1) 错；(2) 错；(3)对.

22. (1) 极大值为 $y\left(\frac{3\pi}{4}\right)=\frac{\sqrt{2}}{2}e^{\frac{3\pi}{4}}$，极小值为 $y\left(\frac{7\pi}{4}\right)=-\frac{\sqrt{2}}{2}e^{\frac{7\pi}{4}}$；

(2) 极大值为 $y(\pi)=-\frac{1}{2}$，极小值为 $y\left(\frac{2\pi}{3}\right)=y\left(\frac{4\pi}{3}\right)=-\frac{3}{4}$.

23. $\alpha\geqslant 2-2\ln 2$.

24. $a=1, b=-3, c=-24, d=16$.

25. (1) 在$(-\infty,0)\cup(2,+\infty)$内上升，在$(0,2)$内下降，$x=2$ 为极小点；

(2) 在$(-\infty,0)\cup(0,+\infty)$内是下凸的，无拐点；(3) 渐近线为 $x=0, y=x$.

26. 最小值为 $V(4r)=\frac{8\pi r^3}{3}$.

28. (1) 验证 $f''(c)>0$；(2) $x=0$ 为极小点；(3) 利用泰勒公式 $f(x)=f(0)+f'(0)x+\frac{1}{2}f''(\xi)x^2$，估计出 $f''(x)\leqslant 1$(当 $x\geqslant 0$ 时)，最小常数 $k=\frac{1}{2}$.

第4章 一元函数积分学

在第3章中我们研究了这样的问题：若物体的运动规律由方程$s=f(t)$给出，其中t是时间，s是物体走过的路程，则对函数求导就可得到在已知时刻的瞬时速度$v=f'(t)$. 但是，在力学中常常遇到的是这种问题的反问题，即已知在任一时刻t物体的速度是$v=v(t)$，要找出该物体的运动规律，进而求出物体在某段时间内所走过的路程. 这样的问题将导出一个重要的概念——**定积分**. 利用定积分，可以从函数的变化率计算出该函数改变的**总量**. 我们将会发现，有许多“求总量”的问题都可以用定积分加以解决，例如，曲边梯形的面积，物体的质量等等.

定积分主要用牛顿-莱布尼兹公式(见本章4.2.1小节)计算，这就涉及求导问题的反问题. 因此，本章将介绍原函数和不定积分的概念，接着介绍定积分和不定积分的计算方法，最后通过例子介绍定积分在几何上及物理上的一些应用.

4.1 定积分的概念与性质

4.1.1 定积分的定义

在中学的几何课程中，我们学会了如何计算由直线段和圆弧所围成的平面图形的面积. 计算由任意形状的曲线所围成的平面图形的面积，虽是一般的几何问题，但这个问题只有用微积分的方法才能解决. 下面先考察两个求总量的例子.

(1) 曲边梯形的面积

任意一条曲线围成的图形(见图4.1)通常可以用两组互相垂直的直线将它分成若干部分，每一个部分都是一个“曲边梯形”. 所谓“曲边梯形”是指这样的图形，它有

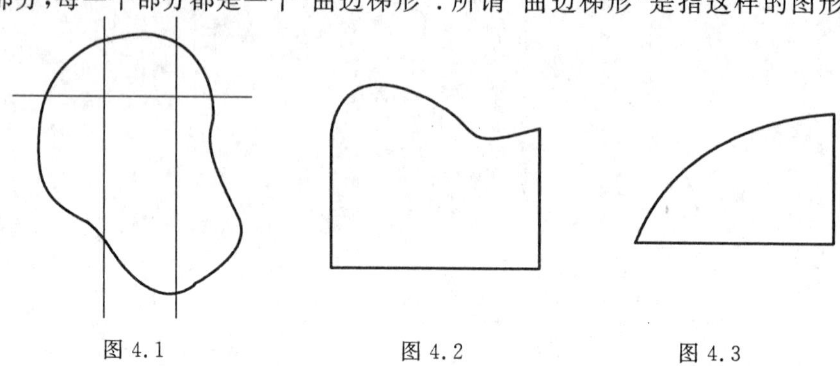

图4.1　　图4.2　　图4.3

三条边是直线，其中两条互相平行，第三条与前面两条互相垂直（见图 4.2），而第四条边是一条曲线的一段弧，它与任一条平行于它的邻边的直线至多只交于一点.这里不排除一种特殊情形：两条平行的边中有一条缩成了一点（见图 4.3），此时曲边梯形变成了曲边三角形.这样一来，问题便化成了求曲边梯形的面积的问题.

不妨先讨论一个较简单的问题.

例 4.1.1　求由抛物线 $y=x^2$，x 轴及直线 $x=1$ 所围成的曲边三角形的面积（见图 4.4）.

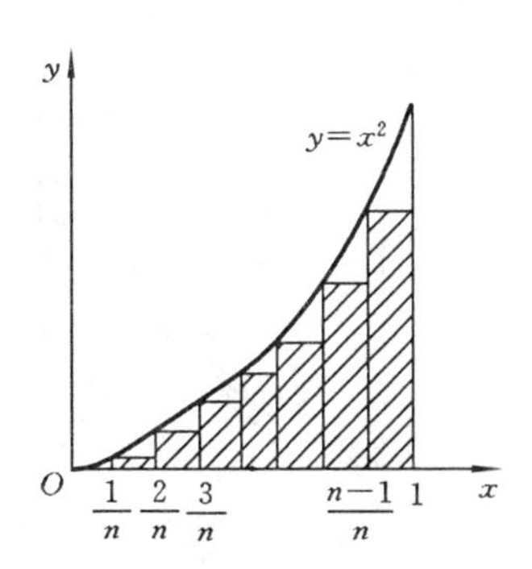

图 4.4

在初等几何中，圆的面积定义为多边形面积的极限，而多边形的面积用初等几何的方法就可以算出来.把这种处理方法移植过来.为此，将区间 $[0,1]$ n 等分，即插入分点：

$$0<\frac{1}{n}<\frac{2}{n}<\cdots<\frac{n-1}{n}<1.$$

以每一个小区间为下底作矩形，使矩形的左上角正好与抛物线 $y=x^2$ 相交.于是可得到 n 个小矩形（见图4.4中阴影部分），它们的面积之和为

$$S_n=0\cdot\frac{1}{n}+\left(\frac{1}{n}\right)^2\cdot\frac{1}{n}+\left(\frac{2}{n}\right)^2\cdot\frac{1}{n}+\cdots+\left(\frac{n-1}{n}\right)^2\cdot\frac{1}{n}$$

$$=\frac{2n^2-3n+1}{6n^2}=\frac{2-\frac{3}{n}+\frac{1}{n^2}}{6}.$$

容易看出，当 $n\to\infty$ 时，$\frac{1}{n}\to 0$，$\frac{1}{n^2}\to 0$，所以

$$S_n\to\frac{1}{3}\ (n\to\infty).$$

另一方面，如果作出的小矩形，其右上角恰好与抛物线相交，那么，也得到 n 个小矩形（见图 4.5 中阴影部分），它们的面积之和则为

$$S_n'=\left(\frac{1}{n}\right)^2\cdot\frac{1}{n}+\left(\frac{2}{n}\right)^2\cdot\frac{1}{n}+\cdots+\left(\frac{n-1}{n}\right)^2\cdot\frac{1}{n}+1^2\cdot\frac{1}{n}$$

$$=\frac{2n^2+3n+1}{6n^2}=\frac{2+\frac{3}{n}+\frac{1}{n^2}}{6}\to\frac{1}{3}\ (n\to\infty).$$

当 n 充分大时，我们将 S_n 看作是所求面积的不足近似值，而 S_n' 则是过剩近似值.现在，当 $n\to+\infty$ 时，S_n 与 S_n' 都趋向于 $\frac{1}{3}$，可见，这个曲边三角形的面积也应该是 $\frac{1}{3}$.

在每一个小区间 $\left[\frac{k-1}{n},\frac{k}{n}\right]$ $(1\leqslant k\leqslant n)$ 上，用小矩形面积去近似地代替小曲边梯形的面积，实际上就是在局部以“直”代“曲”，每一个代替所得到的面积是近似的.然后把

这些小矩形的面积加起来以后,令 $n\to\infty$,就得到了曲边三角形面积的精确值$\frac{1}{3}$.

受到这个问题的启发,下面来探讨一般曲边梯形面积的求法.

设曲边梯形由曲线 $y=f(x)$,x 轴及直线 $x=a$,$x=b$ 围成(见图 4.6),$f(x)\geqslant 0$ 且 $f(x)\in C[a,b]$. 现在用上述思想来求这个曲边梯形的面积.

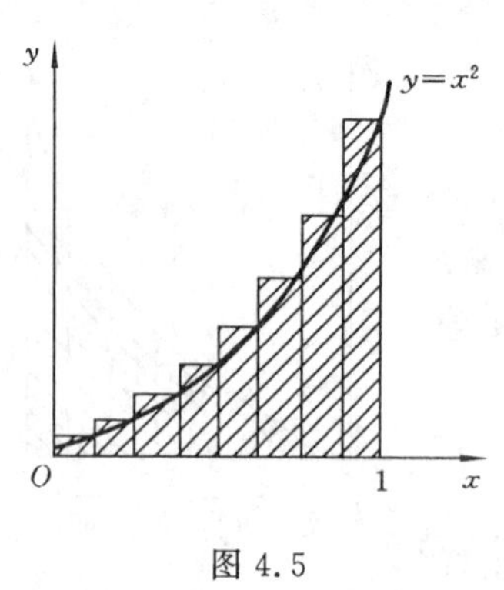

图 4.5

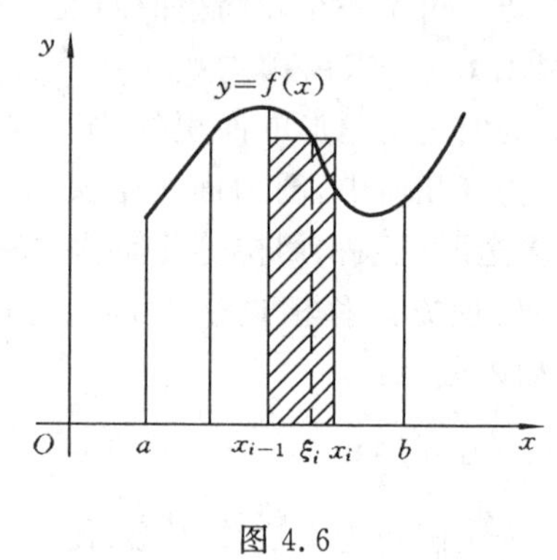

图 4.6

给区间$[a,b]$一个分法 P:

$$a=x_0<x_1<\cdots<x_{n-1}<x_n=b,$$

小区间$[x_{i-1},x_i]$和它的长度都记作 Δx_i. 这里 Δx_i 的大小是任意的,一般来说,它们彼此不一定相等.

任取一点 $\xi_i\in[x_{i-1},x_i](1\leqslant i\leqslant n)$,以 $f(\xi_i)$为高、Δx_i 为底的小矩形面积近似代替$[x_{i-1},x_i]$上小曲边梯形的面积,也就是局部"以直代曲"(见图 4.6). 于是所有这些小矩形面积之和就是整个曲边梯形面积 A 的近似值,即

$$\sigma=\sum_{i=1}^{n}f(\xi_i)\Delta x_i\approx A.$$

和数 σ 是与$[a,b]$的分法、ξ_i 的取法有关的. 但是,当分法无限地加细时,不论 ξ_i 怎么取,我们可以直观地想像和数 σ 能够任意地逼近曲边梯形的面积 A(即在整体上,"直"又回到了"曲"). 用极限概念来刻画这个事实,那就是:令 λ 表示所有小区间长度中最大者,即 $\lambda=\max\limits_{1\leqslant i\leqslant n}\Delta x_i$,则 $\lambda\to 0$ 就意味着$[a,b]$的无限细分. 如果在这个过程中,σ 有极限(并且这个极限与$[a,b]$的分法、ξ_i 的取法都无关),那么这个极限就定义为曲边梯形面积 A 的值,即

$$A=\lim_{\lambda\to 0}\sigma=\lim_{\lambda\to 0}\sum_{i=1}^{n}f(\xi_i)\Delta x_i.$$

(2) 变速直线运动的路程

某物体沿直线运动,其速度 $v=v(t)\in C[\alpha,\beta]$且 $v(t)\geqslant 0$. 求物体从 $t=\alpha$ 到 $t=\beta$ 这段时间内经过的路程 s. 这是第 3 章开始时求瞬时速度的反问题.

对于匀速直线运动,有

$$\text{路程}=\text{速度}\times\text{时间}.$$

而这里讨论的是非匀速运动，不能直接套用这个公式. 但是，当时间间隔非常之小时，可以把运动近似地看作是匀速的，也就是局部以“匀速”代“非匀速”. 这就使得我们可以借鉴上面的方法来解这个问题.

给区间$[\alpha,\beta]$一个分法 P：

$$\alpha = t_0 < t_1 < \cdots < t_{n-1} < t_n = \beta,$$

小区间$[t_{i-1},t_i]$的长度记作Δt_i. 在每个小区间$[t_{i-1},t_i]$上任取一点 τ_i，用 τ_i 时刻的速度 $v(\tau_i)$代替$[t_{i-1},t_i]$上各个时刻的速度. 也就是说，在小的时间间隔$[t_{i-1},t_i]$上，我们把运动近似地看作是匀速的，于是得到部分路程 Δs_i 的近似值，即

$$\Delta s_i \approx v(\tau_i)\Delta t_i \quad (1 \leqslant i \leqslant n),$$

从而有

$$s = \sum_{i=1}^{n} \Delta s_i \approx \sum_{i=1}^{n} v(\tau_i)\Delta t_i.$$

令 $\lambda = \max\limits_{1 \leqslant i \leqslant n} \Delta t_i$，则当 $\lambda \to 0$ 时，如果和数 $\sum\limits_{i=1}^{n} v(\tau_i)\Delta t_i$ 有极限，且这个极限与$[\alpha,\beta]$的分法以及 τ_i 的取法无关，那么就将这个极限值称为物体作非匀速直线运动所经过的路程 s，即

$$s = \lim_{\lambda \to 0} \sum_{i=1}^{n} v(\tau_i)\Delta t_i.$$

上面讨论了来自几何、物理的两个不同的问题，但它们都能用一个统一的方法来解决. 还有其他很多实际问题，如变力作功，物体的质量等，也可以用这样的统一方法加以解决. 现在将这种方法抽象出来，就可以得到定积分的概念.

定义 4.1.1　设函数 $f(x)$在区间$[a,b]$上定义，用分法 P：

$$a = x_0 < x_1 < \cdots < x_{n-1} < x_n = b$$

将$[a,b]$分成 n 个小区间. 令 $\lambda = \max\limits_{1 \leqslant i \leqslant n} \Delta x_i$，其中 Δx_i 表示小区间$[x_{i-1},x_i]$的长度. 在每个小区间$[x_{i-1},x_i]$上任取一 ξ_i 点，并作和数

$$\sigma = \sum_{i=1}^{n} f(\xi_i)\Delta x_i.$$

称这个和数为函数 $f(x)$在区间$[a,b]$上的**积分和**(或**黎曼和**). 如果，$\lambda \to 0$ 时，和数 σ 的极限 I 存在且与分法 P 及 ξ_i 的选取无关，则称极限 I 为函数 $f(x)$在区间$[a,b]$上的**定积分**，记作

$$\int_a^b f(x)\mathrm{d}x = I = \lim_{\lambda \to 0} \sum_{i=1}^{n} f(\xi_i)\Delta x_i,$$

其中，a 和 b 分别称为定积分的**下限**和**上限**，$f(x)$称为**被积函数**，x 称为**积分变量**，而 $f(x)\mathrm{d}x$称为**被积表达式**.

用“ε-δ”语言表达就是：$\forall\, \varepsilon > 0$，$\exists\, \delta > 0$，不管分法 P 及点 $\xi_i \in [x_{i-1},x_i]$如何取，

当 $\lambda=\max\limits_{1\leqslant i\leqslant n}\Delta x_i<\delta$ 时，都有

$$|\sigma-I|<\varepsilon.$$

如果函数 $f(x)$ 在 $[a,b]$ 上有定积分，我们就说它在 $[a,b]$ 上**黎曼可积**，简称**可积**. 由定义知，定积分的值与积分变量无关，它仅由被积函数及积分区间决定，所以

$$\int_a^b f(x)\mathrm{d}x=\int_a^b f(t)\mathrm{d}t=\int_a^b f(u)\mathrm{d}u=\cdots$$

根据上述定义，例 4.1.1 中曲边三角形的面积可用定积分表示为

$$S=\int_0^1 x^2\mathrm{d}x,$$

而一般的曲边梯形面积 A 可用定积分表示为

$$A=\int_a^b f(x)\mathrm{d}x,$$

变速直线运动的路程则可表示为

$$s=\int_\alpha^\beta v(t)\mathrm{d}t.$$

用定积分求某个总体量的过程大致可归结为以下的四步：

分割→近似代替→求和→取极限.

但是，在具体求定积分值时，并不是每一次都必须计算这个和数的极限. 下面将要研究定积分的性质，发展一些方法，利用这些方法可以比较容易地计算定积分的值.

最后，我们指出**定积分的几何意义**. 如果在 $[a,b]$ 上 $f(x)\geqslant 0$，则定积分 $\int_a^b f(x)\mathrm{d}x$ 表示曲线 $y=f(x)$，直线 $x=a$，$x=b$ 及 x 轴所围成的曲边梯形的面积(见图4.7(a))；如果在 $[a,b]$ 上 $f(x)\leqslant 0$，由曲线 $y=f(x)$，直线 $x=a$，$x=b$ 及 x 轴所围成的曲边梯形位于 x 轴下方，则定积分 $\int_a^b f(x)\mathrm{d}x$ 表示该曲边梯形面积的相反数(见图 4.7(b))；如果在 $[a,b]$ 上 $f(x)$ 既取正值又取负值，定积分 $\int_a^b f(x)\mathrm{d}x$ 表示介于 x 轴，曲线 $y=f(x)$ 及直线 $x=a$，$x=b$ 各部分面积的代数和(见图 4.7(c)).

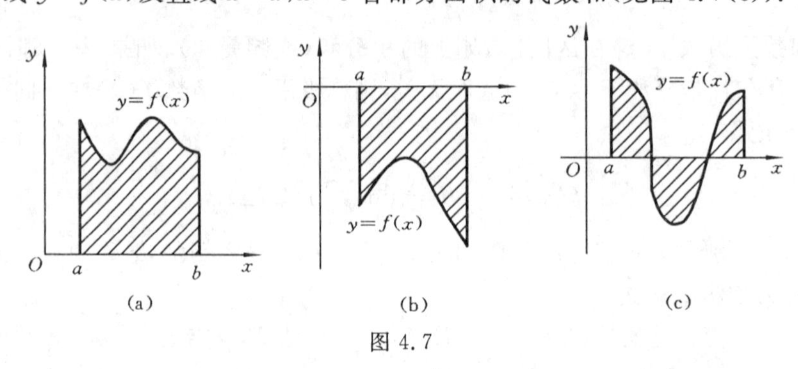

图 4.7

4.1.2　可积函数类

前面我们对区间$[a,b]$上的函数$f(x)$给出了定积分$\int_a^b f(x)\mathrm{d}x$的定义，那么，函数$f(x)$要满足什么条件才在$[a,b]$上可积呢？可积函数又有什么性质呢？下面我们给出有关的结论，但不作深入的讨论.

定理 4.1.1　设函数$f(x)\in C[a,b]$，则$f(x)$在$[a,b]$上可积.

定理 4.1.2　设$f(x)$在区间$[a,b]$上有界，且只有有限个间断点，则$f(x)$在$[a,b]$上可积.

实际上，可以证明，有更多的函数在有界闭区间上是可积的. 设$f(x)$定义在有界闭区间$[a,b]$上，$f(x)$的不连续点的全体组成的集合记为E. 如果不连续点集E的“长度”为零，则称f为在$[a,b]$上**几乎处处连续**的函数. 直观上，几乎处处连续的函数就是不连续点“很少”的函数，“少”即集合E的“长度”为零. 这类函数表达了黎曼可积函数的最主要特征，这个特征由下述定理加以刻画.

勒贝格(Lebesgue)定理　$f(x)$在$[a,b]$上可积的充要条件是$f(x)$为$[a,b]$上的几乎处处连续的函数.

那么，什么叫作一个点集的“长度”呢？这涉及测度理论(已超出了本书的范围). 在这里只给读者一个粗略的直观的描述，例如，在某种意义的点集“长度”下，有限个点的集合，全体自然数的集合，以及全体有理数的集合，其“长度”都是零. 有兴趣的读者可参阅实变函数论方面的书籍.

定理 4.1.3　若函数$f(x)$在$[a,b]$上可积，则$f(x)$在$[a,b]$上有界.

由定理4.1.1知，若$f(x)\in C[a,b]$，则$f(x)$在$[a,b]$上可积，因而$\forall x\in[a,b]$，积分

$$F(x)=\int_a^x f(t)\mathrm{d}t$$

总是有意义的，它是定义在区间$[a,b]$上的一个函数，称为**变上限的积分**. 可以证明，若$f(x)\in C[a,b]$，则上式给出的函数$F(x)$是$[a,b]$上的可导函数，且$F'(x)=f(x)$. 为了证明这个结论，我们需要先研究定积分的性质.

4.1.3　定积分的基本性质

设函数$f(x)$在$[a,b]$上可积，规定

① 当$a=b$时，$\int_a^b f(x)\mathrm{d}x=0$；

② 当$a>b$时，$\int_a^b f(x)\mathrm{d}x=-\int_b^a f(x)\mathrm{d}x$.

从定积分的概念可以看出,这样的规定是合理的,今后不再限制定积分上下限的大小.下面介绍定积分的基本性质.

定理 4.1.4 设 $f(x)$ 和 $g(x)$ 在 $[a,b]$ 上可积,则 $f(x)\pm g(x)$ 也在 $[a,b]$ 上可积,且有

$$\int_a^b [f(x)\pm g(x)]\mathrm{d}x=\int_a^b f(x)\mathrm{d}x\pm\int_a^b g(x)\mathrm{d}x. \tag{4.1.1}$$

证 函数 $f(x)\pm g(x)$ 在区间 $[a,b]$ 上的积分和为

$$\sum_{i=1}^n [f(\xi_i)\pm g(\xi_i)]\Delta x_i=\sum_{i=1}^n f(\xi_i)\Delta x_i\pm\sum_{i=1}^n g(\xi_i)\Delta x_i$$

由极限运算法则,有

$$\lim_{\lambda\to 0}\sum_{i=1}^n [f(\xi_i)\pm g(\xi_i)]\Delta x_i=\lim_{\lambda\to 0}\sum_{i=1}^n f(\xi_i)\Delta x_i\pm\lim_{\lambda\to 0}\sum_{i=1}^n g(\xi_i)\Delta x_i$$

即

$$\int_a^b [f(x)\pm g(x)]\mathrm{d}x=\int_a^b f(x)\mathrm{d}x\pm\int_a^b g(x)\mathrm{d}x.$$

□

定理 4.1.5 设 $f(x)$ 在 $[a,b]$ 上可积,C 为常数,则 $Cf(x)$ 也在 $[a,b]$ 上可积,且有

$$\int_a^b Cf(x)\mathrm{d}x=C\int_a^b f(x)\mathrm{d}x. \tag{4.1.2}$$

证 由 $\int_a^b f(x)\mathrm{d}x$ 存在,知

$$\lim_{\lambda\to 0}\sum_{i=1}^n Cf(\xi_i)\Delta x_i=\lim_{\lambda\to 0}C\sum_{i=1}^n f(\xi_i)\Delta x_i=C\int_a^b f(x)\mathrm{d}x.$$

即

$$\int_a^b Cf(x)\mathrm{d}x=C\int_a^b f(x)\mathrm{d}x.$$

□

定理 4.1.4 和定理 4.1.5 表明,定积分是一种**线性运算**,即函数的线性组合的定积分等于函数的定积分的线性组合:

$$\int_a^b [C_1 f(x)+C_2 g(x)]\mathrm{d}x=C_1\int_a^b f(x)\mathrm{d}x+C_2\int_a^b g(x)\mathrm{d}x.$$

定理 4.1.6 设 $a<c<b$,$f(x)$ 在 $[a,b]$ 上可积,则 $f(x)$ 在 $[a,c]$ 及 $[c,b]$ 上也可积,且有

$$\int_a^b f(x)\mathrm{d}x=\int_a^c f(x)\mathrm{d}x+\int_c^b f(x)\mathrm{d}x. \tag{4.1.3}$$

证 首先,由 $f(x)$ 在 $[a,b]$ 上的可积性可得到 $f(x)$ 在 $[a,c]$ 及 $[c,b]$ 上的可积性(证明略).

因 $f(x)$ 在 $[a,b]$ 上可积,所以无论怎样分割 $[a,b]$,积分和的极限总不变.因此,在分割区间时,可以使 c 点永远是个分点,从而 $[a,b]$ 上的积分和等于 $[a,c]$ 上的积分和加上 $[c,b]$ 上的积分和,记为

$$\sum_{[a,b]} f(\xi_i)\Delta x_i = \sum_{[a,c]} f(\xi_i)\Delta x_i + \sum_{[c,b]} f(\xi_i)\Delta x_i.$$

令 $\lambda\to 0$,上式两端同时取极限,得

$$\int_a^b f(x)\mathrm{d}x = \int_a^c f(x)\mathrm{d}x + \int_c^b f(x)\mathrm{d}x. \quad \square$$

这个性质叫作定积分对积分区间的**可加性**.实际上,对任意的数 a,b,c,式(4.1.3)总是成立的.读者可以自行验证这个事实.

定理 4.1.7　设 $f(x)$ 和 $g(x)$ 在 $[a,b]$ 上可积,则 $f(x)g(x)$ 也在 $[a,b]$ 上可积(证明略).

定理 4.1.8　设 $f(x)$ 在 $[a,b]$ 上可积,$f(x)\geqslant 0(x\in[a,b])$,则

$$\int_a^b f(x)\mathrm{d}x \geqslant 0.$$

证　由 $\int_a^b f(x)\mathrm{d}x=\lim\limits_{\lambda\to 0}\sum\limits_{i=1}^{n} f(\xi_i)\Delta x_i$ 直接得到.　$\square$

推论 4.1.1　若 $f(x)$ 和 $g(x)$ 在 $[a,b]$ 上可积,且 $f(x)\leqslant g(x)(x\in[a,b])$,则

$$\int_a^b f(x)\mathrm{d}x \leqslant \int_a^b g(x)\mathrm{d}x. \tag{4.1.4}$$

事实上,对函数 $F(x)=g(x)-f(x)$ 利用定理 4.1.8 及定理 4.1.4 即得.

定理 4.1.9　设 $f(x)$ 在 $[a,b]$ 上可积,则函数 $|f(x)|$ 在 $[a,b]$ 上也可积,且

$$\left|\int_a^b f(x)\mathrm{d}x\right| \leqslant \int_a^b |f(x)|\mathrm{d}x. \tag{4.1.5}$$

证　为使证明简单,不妨设 $f(x)\in C[a,b]$,于是 $|f(x)|\in C[a,b]$,从而可积(实际上这个性质对一般可积函数均成立).由

$$-|f(x)| \leqslant f(x) \leqslant |f(x)|$$

以及推论 4.1.1,得

$$-\int_a^b |f(x)|\mathrm{d}x \leqslant \int_a^b f(x)\mathrm{d}x \leqslant \int_a^b |f(x)|\mathrm{d}x,$$

所以

$$\left|\int_a^b f(x)\mathrm{d}x\right| \leqslant \int_a^b |f(x)|\mathrm{d}x. \quad \square$$

定理 4.1.10(积分中值定理)　设函数 $f(x)\in C[a,b]$,则 $\exists\,\xi\in[a,b]$,使得

$$\int_a^b f(x)\mathrm{d}x = f(\xi)(b-a). \tag{4.1.6}$$

证　因 $f(x)\in C[a,b]$,所以 $f(x)$ 在 $[a,b]$ 上有最大值 M 及最小值 m,故

$$m \leqslant f(x) \leqslant M \quad (\forall\, x \in [a,b]).$$

由推论 4.1.1 得

$$m(b-a)\leqslant \int_a^b f(x)\mathrm{d}x\leqslant M(b-a),$$

即

$$m \leqslant \frac{\int_a^b f(x)\mathrm{d}x}{b-a} \leqslant M.$$

根据连续函数的介值定理(第2章2.8.3小节),必存在一点$\xi\in[a,b]$,使得

$$f(\xi)=\frac{\int_a^b f(x)\mathrm{d}x}{b-a},$$

由此即得式(4.1.6). □

当$f(x)$为正值函数时,积分中值定理中的积分中值公式(4.1.6)的几何意义可由图4.8说明,即在$[a,b]$上至少存在一点ξ,使得以区间$[a,b]$为底边、以曲线$y=f(x)$为曲边的曲边梯形的面积等于同一底边而高为$f(\xi)$的一个矩形的面积.

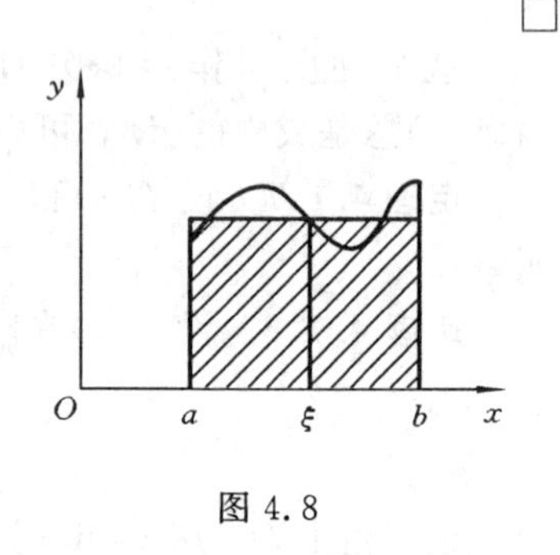

图4.8

$$\frac{\int_a^b f(x)\mathrm{d}x}{b-a}$$

称为函数$f(x)$在区间$[a,b]$上的**平均值**.

定理4.1.11(积分中值定理的一般形式) 设$f(x)\in C[a,b]$,$g(x)$在$[a,b]$上可积且不变号,则必存在一点$\xi\in[a,b]$,使得

$$\int_a^b f(x)g(x)\mathrm{d}x=f(\xi)\int_a^b g(x)\mathrm{d}x. \tag{4.1.7}$$

例4.1.2 求函数$\sin x$在下列区间上的平均值(此处用到牛顿-莱布尼兹公式):

(1) $\left[0,\frac{\pi}{2}\right]$; (2) $[0,2\pi]$.

解 (1) $\frac{1}{\frac{\pi}{2}-0}\int_0^{\pi/2}\sin x\mathrm{d}x=\frac{2}{\pi}(-\cos x)\Big|_0^{\pi/2}=\frac{2}{\pi}\approx 0.64.$

(2) $\frac{1}{2\pi-0}\int_0^{2\pi}\sin x\mathrm{d}x=\frac{1}{2\pi}(-\cos x)\Big|_0^{2\pi}=\frac{0}{2\pi}=0.$ □

例4.1.3 估计积分$\int_0^{2\pi}\frac{\mathrm{d}x}{1+0.5\cos x}$的值.

解 由于
$$\frac{1}{1+0.5}\leqslant\frac{1}{1+0.5\cos x}\leqslant\frac{1}{1-0.5},$$

即
$$\frac{2}{3}\leqslant\frac{1}{1+0.5\cos x}\leqslant 2.$$

据推论4.1.1,有
$$\frac{4\pi}{3}\leqslant\int_0^{2\pi}\frac{\mathrm{d}x}{1+0.5\cos x}\leqslant 4\pi,$$

因此有
$$\int_0^{2\pi}\frac{\mathrm{d}x}{1+0.5\cos x}=\frac{8\pi}{3}\pm\frac{4\pi}{3}\theta\quad(|\theta|<1).$$ □

例4.1.4 设$f(x),g(x)\in C[a,b]$,求证柯西-许瓦兹不等式:

$$\left|\int_a^b f(x)g(x)\mathrm{d}x\right|\leqslant\sqrt{\int_a^b f^2(x)\mathrm{d}x}\sqrt{\int_a^b g^2(x)\mathrm{d}x}. \tag{4.1.8}$$

证　对一切实数 t,显然有$[tf(x)+g(x)]^2\geqslant 0$.由定积分的定理 4.1.8,有

$$\int_a^b [tf(x)+g(x)]^2 \mathrm{d}x \geqslant 0,$$

即
$$t^2\int_a^b f^2(x)\mathrm{d}x + 2t\int_a^b f(x)g(x)\mathrm{d}x + \int_a^b g^2(x)\mathrm{d}x \geqslant 0.$$

上式左端为关于 t 的二次三项式,它的判别式必满足

$$\left(\int_a^b f(x)g(x)\mathrm{d}x\right)^2 - \left(\int_a^b f^2(x)\mathrm{d}x\right)\left(\int_a^b g^2(x)\mathrm{d}x\right)\leqslant 0,$$

由此即得不等式(4.1.8). □

习　题　4.1

(A)

1. 回答下列问题:

(1) 试归纳出求曲边梯形面积的四个主要步骤.

(2) 在求曲边梯形面积的过程中,“近似代替”的依据是什么?

(3) 在求非匀速直线运动的路程时,所采用的方法与求曲边梯形面积的方法有什么相同之处?在这里的“近似代替”是什么意思?

(4) 你能将本节的两个问题所使用的方法统一起来吗?试叙述你的步骤.

(5) 定积分的概念是怎样的?

(6) 定积分与积分变量有关吗?

(7) 用定积分求某个总体量的基本步骤是什么?

(8) 定积分的几何意义是什么?

(9) 定积分有哪些基本性质?

(10) 积分中值定理及其一般形式是怎样的?

2. 求由直线 $y=x$,x 轴及直线 $x=a$,$x=b$ 所围成的面积,其中 $0<a<b$.

3. 把区间$[-1,4]$分为 n 个相等的小区间,并取这些小区间的中点的坐标作自变量 $\xi_i(i=1,2,\cdots,n)$的值.试写出函数 $f(x)=x+1$ 在此区间上的积分和 σ.

4. 按定义判断下列函数在给定区间上是否可积?如果可积,试求出其定积分值.

(1) $f(x)=1$,在$[-1,1]$;　　(2) $f(x)=x$,在$[-1,1]$.

5. 试确定下列定积分的符号:

(1) $\int_0^\pi x\sin x\mathrm{d}x$;　　(2) $\int_{\frac{1}{2}}^1 x^2\ln x\mathrm{d}x$.

6. 确定下列各题中,哪个积分较大?

(1) $\int_0^{\pi/2}\sin^{10}x\mathrm{d}x$ 与 $\int_0^{\pi/2}\sin^2 x\mathrm{d}x$;　　(2) $\int_0^1 \mathrm{e}^{-x}\mathrm{d}x$ 与 $\int_0^1 \mathrm{e}^{-x^2}\mathrm{d}x$;

(3) $\int_0^{\pi/2} x\mathrm{d}x$ 与 $\int_0^{\pi/2}\sin x\mathrm{d}x$.

7. 试估计下列积分的值:

(1) $\int_1^4 (x^2+1)\mathrm{d}x$；　　(2) $\int_0^1 \frac{x^9}{\sqrt{1+x}}\mathrm{d}x$.

8. 求下列函数在给定区间上的平均值：

(1) $f(x)=x^2,[1,3]$；　　(2) $f(x)=\frac{1}{x^2},[1,3]$；　　(3) $f(x)=\sin 2x,\left[0,\frac{\pi}{2}\right]$.

9. 求初速度为 v_0 的自由落体的速度之平均值.

(B)

1. 已知下列函数可积，用定义求下列积分，分法任意($b>a>0$).

(1) $\int_a^b x\mathrm{d}x$(按算术平均值取点)；　　(2) $\int_a^b \frac{1}{x^2}\mathrm{d}x$(按几何平均值取点).

2. 利用定积分的几何意义，求下列定积分：

(1) $\int_a^b x\mathrm{d}x$；　　(2) $\int_a^b \sqrt{(x-a)(b-x)}\mathrm{d}x$；　　(3) $\int_a^b \left|x-\frac{a+b}{2}\right|\mathrm{d}x$.

3. 设 $f(x),g(x)\in C[a,b]$，求证：

(1) 若 $f(x)\geqslant 0,\forall x\in[a,b]$，且 $\int_a^b f(x)\mathrm{d}x=0$，则在区间$[a,b]$上 $f(x)\equiv 0$；

(2) 若 $f(x)\leqslant g(x),\forall x\in[a,b]$，且 $\int_a^b f(x)\mathrm{d}x=\int_a^b g(x)\mathrm{d}x$，则在区间$[a,b]$上 $f(x)\equiv g(x)$.

4. 应用柯西-许瓦兹不等式证明：

$$\left(\int_a^b f(x)\mathrm{d}x\right)^2\leqslant(b-a)\int_a^b f^2(x)\mathrm{d}x.$$

5. 设函数 $f(x)\in C[0,1]$，在$(0,1)$内可导，且 $3\int_{\frac{2}{3}}^1 f(x)\mathrm{d}x=f(0)$. 证明：$\exists c\in(0,1)$，使得 $f'(c)=0$.

答案与提示

(A)

1. (1) 分割→局部近似代替→求和→取极限.

2. $\frac{1}{2}(b^2-a^2)$.

3. $\sigma=\sum_{i=0}^{n-1}\{1+[-1+(i+\frac{1}{2})\frac{5}{n}]\}\frac{5}{n}$.

4. (1) $\lim_{\lambda\to 0}\sigma=\lim_{\lambda\to 0}\sum_{i=1}^n \Delta x_i=\int_{-1}^1 f(x)\mathrm{d}x=2$；　(2) $\int_{-1}^1 x\mathrm{d}x=0$.

5. (1) $\int_0^\pi x\sin x\mathrm{d}x>0$；　(2) $\int_{\frac{1}{2}}^1 x^2\ln x\mathrm{d}x<0$.

6. (1) $\int_0^{\frac{\pi}{2}}\sin^{10}x\mathrm{d}x<\int_0^{\frac{\pi}{2}}\sin^2 x\mathrm{d}x$；　(2) $\int_0^1 \mathrm{e}^{-x}\mathrm{d}x<\int_0^1 \mathrm{e}^{-x^2}\mathrm{d}x$；　(3) $\int_0^{\frac{\pi}{2}}x\mathrm{d}x>\int_0^{\frac{\pi}{2}}\sin x\mathrm{d}x$.

7. (1) $6\leqslant\int_1^4(x^2+1)\mathrm{d}x\leqslant 51$；　(2) $0\leqslant\int_0^1\frac{x^9}{\sqrt{1+x}}\mathrm{d}x\leqslant 1/\sqrt{2}$.

8. (1) $\frac{13}{3}$；　(2) $\frac{1}{3}$；　(3) $\frac{2}{\pi}$.

9. $v_0+\frac{1}{2}gt_0$.

(B)

1. (1) $\sigma = \sum\limits_{i=1}^{n} \dfrac{x_{i-1}+x_i}{2}(x_i - x_{i-1}) \to \dfrac{1}{2}(b^2 - a^2)$； (2) $\sigma = \sum\limits_{i=1}^{n} \dfrac{1}{x_{i-1}x_i}(x_i - x_{i-1}) \to \dfrac{1}{a} - \dfrac{1}{b}$.

2. (1) $\dfrac{1}{2}(b^2-a^2)$； (2) $\dfrac{\pi}{8}(b-a)^2$； (3) $\dfrac{1}{4}(b-a)^2$.

5. 利用积分中值定理和罗尔定理.

4.2　微积分基本定理

4.2.1　牛顿-莱布尼兹公式

在本章 4.1.2 小节中我们已经看到，如何由速度函数的定积分表示物体所经过的路程. 假如 $v(t)$是速度，$s(t)$是距离，那么 $v(t)=s'(t)$，并且

$$\Delta s = s(b) - s(a) = \int_a^b s'(t)\mathrm{d}t.$$

本节将把这个结果推广，证明对任何量的变化率的积分将得出这个量的变化总量.

设 $F(t)$的变化率为 $F'(t)$，t 表示时间. 现在求 $F(t)$在 $t=a$ 与 $t=b$ 之间的变化总量. 给出区间$[a,b]$的一个分法：

$$a = t_0 < t_1 < \cdots < t_{n-1} < t_n = b.$$

在每个小区间$[t_{i-1},t_i]$上，任取一点 τ_i，用 $F'(\tau_i)$近似 $F(t)$在$[t_{i-1},t_i]$上的变化率，则 $F(t)$在小区间上的变化总量为

$$\Delta F_i \approx F'(\tau_i)\Delta t_i,$$

于是 $F(t)$在从 $t=a$ 到 $t=b$ 这段时间内的变化总量

$$\Delta F = \sum_{i=1}^{n} \Delta F_i \approx \sum_{i=1}^{n} F'(\tau_i)\Delta t_i.$$

而 $F(t)$在 $t=a$ 到 $t=b$ 之间的变化总量可以写成 $F(b)-F(a)$，因此，当 $\lambda = \max\limits_{1\leqslant i\leqslant n}\Delta t_i \to 0$ 时，有

$$F(b) - F(a) = \int_a^b F'(t)\mathrm{d}t. \tag{4.2.1}$$

由于式(4.2.1)将导数与定积分联系在一起，因而这个结果成为微积分学中最重要的结果之一，它被称为**微积分基本定理**. 下面给出该定理正式的叙述和严格的证明.

定理 4.2.1(微积分基本定理)　设函数 $f(x)\in C[a,b]$，$F(x)\in C[a,b]$，并且在(a,b)内有 $f(x)=F'(x)$，则有

$$\int_a^b f(x)\mathrm{d}x = F(b) - F(a) = F(x)\Big|_a^b. \tag{4.2.2}$$

换句话说，函数 $F(x)$的变化率在$[a,b]$上的定积分等于该函数在$[a,b]$上的变化总量.

证 任取$[a,b]$的一个分法 P:

$$a = x_0 < x_1 < \cdots < x_{n-1} < x_n = b,$$

利用拉格朗日中值定理得

$$F(x_i) - F(x_{i-1}) = F'(\xi_i)(x_i - x_{i-1}) = f(\xi_i)\Delta x_i.$$

由于 $f(x)$在$[a,b]$上连续,从而可积,

$$\begin{aligned}\int_a^b f(x)\mathrm{d}x &= \lim_{\lambda\to 0}\sum_{i=1}^n f(\xi_i)\Delta x_i = \lim_{\lambda\to 0}\sum_{i=1}^n [F(x_i) - F(x_{i-1})] \\ &= \lim_{\lambda\to 0}[F(x_n) - F(x_0)] = F(b) - F(a).\end{aligned}$$

式(4.2.2)得证. □

式(4.2.2)又称为**牛顿-莱布尼兹**(Newton-Leibniz)**公式**. 这个公式揭示了积分与导数之间的简单而重要的联系,通过这个联系,定积分的计算问题将获得圆满的解决. 因此,可以这样说,微积分基本定理是整个高等数学中最重要的一个定理.

例 4.2.1 求 $\int_1^3 2x\mathrm{d}x$.

解 设 $F(x)=x^2$,则 $F'(x)=2x$,由牛顿-莱布尼兹公式(4.2.1),有

$$\int_1^3 2x\mathrm{d}x = F(3) - F(1) = 3^2 - 1^2 = 8.$$ □

例 4.2.2 求 $\int_1^2 \frac{\mathrm{d}x}{x^2}$.

解 因为$\left(-\frac{1}{x}\right)' = \frac{1}{x^2}$,所以

$$\int_1^2 \frac{\mathrm{d}x}{x^2} = -\frac{1}{x}\bigg|_1^2 = -\frac{1}{2} + 1 = \frac{1}{2}.$$ □

例 4.2.3 求 $\int_a^b \mathrm{e}^x\mathrm{d}x$.

解 因$(\mathrm{e}^x)' = \mathrm{e}^x$,故

$$\int_a^b \mathrm{e}^x\mathrm{d}x = \mathrm{e}^x\bigg|_a^b = \mathrm{e}^b - \mathrm{e}^a.$$ □

例 4.2.4 求 $\int_0^{\frac{\pi}{2}} \cos x\mathrm{d}x$.

解 因$(\sin x)' = \cos x$,故

$$\int_0^{\frac{\pi}{2}} \cos x\mathrm{d}x = \sin x\bigg|_0^{\pi/2} = \sin\frac{\pi}{2} - 0 = 1.$$ □

4.2.2 变限的定积分与原函数的存在性

我们首先给出原函数的定义.

定义 4.2.1(原函数) 设函数 $f(x)$定义于区间 I 上,若存在函数 $F(x)$,使得

$\forall x\in I$,都有

$$F'(x)=f(x)\text{ 或 }\mathrm{d}F(x)=f(x)\mathrm{d}x,$$

则称 $F(x)$在区间 I 上是 $f(x)$的**原函数**.

由微积分基本定理(牛顿-莱布尼兹公式)知,若 $f(x)\in C[a,b]$,$F(x)$在$[a,b]$上是 $f(x)$的原函数,则 $\forall x\in[a,b]$,有

$$\int_a^x f(t)\mathrm{d}t=F(x)-F(a). \tag{4.2.3}$$

下面将证明,只要 $f(x)\in C[a,b]$,则变上限的定积分

$$F(x)=\int_a^x f(t)\mathrm{d}t \tag{4.2.4}$$

是可导的,且 $F'(x)=f(x)$,从而证明连续函数存在原函数.

定理 4.2.2　设函数 $f(x)$在$[a,b]$上可积,则 $\forall x\in[a,b]$,

$$F(x)=\int_a^x f(t)\mathrm{d}t$$

是 x 的连续函数.

证　由本章 4.1.3 小节的定理 4.1.3 知,可积函数 $f(x)$在$[a,b]$上有界,故可设

$$|f(x)|\leqslant M\quad(\forall x\in[a,b]).$$

$\forall x_0\in[a,b]$,应用定积分的性质,有

$$|F(x)-F(x_0)|=\left|\int_a^x f(t)\mathrm{d}t-\int_a^{x_0}f(t)\mathrm{d}t\right|=\left|\int_{x_0}^x f(t)\mathrm{d}t\right|\leqslant M|x-x_0|.$$

由此推得

$$\lim_{x\to x_0}F(x)=F(x_0),$$

所以 $F(x)$在 x_0 点连续. □

定理 4.2.3　设 $f(x)\in C[a,b]$,则函数 $F(x)=\int_a^x f(t)\mathrm{d}t$ 在$[a,b]$上可导,且

$$F'(x)=\frac{\mathrm{d}}{\mathrm{d}x}\int_a^x f(t)\mathrm{d}t=f(x)\quad(\forall x\in[a,b]). \tag{4.2.5}$$

证　由 $F(x)$的定义知

$$F(x+\Delta x)=\int_a^{x+\Delta x}f(t)\mathrm{d}t,$$

于是函数的增量为

$$\Delta F=F(x+\Delta x)-F(x)=\int_a^{x+\Delta x}f(t)\mathrm{d}t-\int_a^x f(t)\mathrm{d}t=\int_x^{x+\Delta x}f(t)\mathrm{d}t.$$

应用积分中值定理,得

$$\Delta F=f(\xi)\Delta x\quad(\xi\text{ 介于 }x\text{ 与 }x+\Delta x\text{ 之间}).$$

上式两端除以 Δx,得

$$\frac{\Delta F}{\Delta x}=f(\xi).$$

依假设,$f(x)\in C[a,b]$,而 $\Delta x\to 0$ 时,$\xi\to x$,因此$\lim\limits_{\Delta x\to 0}f(\xi)=f(x)$. 由此推得

$$\lim_{\Delta x\to 0}\frac{\Delta F}{\Delta x}=\lim_{\Delta x\to 0}f(\xi)=f(x).$$

这表明 $F(x)$的导数存在,且 $$F'(x)=f(x).$$ □

由原函数的定义,我们可由定理 4.2.3 直接得到下面的原函数存在定理.

定理 4.2.4 设 $f(x)\in C[a,b]$,则函数 $F(x)=\int_a^x f(t)\mathrm{d}t$ 是 $f(x)$在$[a,b]$上的一个原函数.

在解决了连续函数的原函数的存在性之后,如果能进一步解决原函数的求法,就可以获得计算定积分的一条方便途径.这个问题将在下节展开讨论.

也可以讨论变下限的定积分

$$G(x)=\int_x^b f(t)\mathrm{d}t$$

以及积分限是函数的情形

$$\Phi(x)=\int_0^{\varphi(x)} f(t)\mathrm{d}t \quad (设\ \varphi'(x)\ 存在).$$

例 4.2.5 求$\frac{\mathrm{d}}{\mathrm{d}x}\left(\int_0^{x^2}\mathrm{e}^{-t^2}\mathrm{d}t\right)$.

解 令 $\varphi(u)=\int_0^u \mathrm{e}^{-t^2}\mathrm{d}t, u=x^2$.利用复合函数求导的链式法则,有

$$\frac{\mathrm{d}}{\mathrm{d}x}\left(\int_0^{x^2}\mathrm{e}^{-t^2}\mathrm{d}t\right)=\left.\frac{\mathrm{d}\varphi(u)}{\mathrm{d}u}\right|_{u=x^2}\cdot\frac{\mathrm{d}u}{\mathrm{d}x}=\left.\mathrm{e}^{-u^2}\right|_{u=x^2}\cdot 2x=2x\mathrm{e}^{-x^4}.$$ □

一般,若 $\varphi(x)$是可微函数,f 连续,则用例 4.2.5 的方法容易证

$$\frac{\mathrm{d}}{\mathrm{d}x}\left(\int_0^{\varphi(x)} f(t)\mathrm{d}t\right)=f[\varphi(x)]\varphi'(x). \tag{4.2.6}$$

例 4.2.6 求极限$\lim\limits_{x\to 0}\frac{\int_0^x \cos t^2\mathrm{d}t}{x}$.

解 由于被积函数 $\cos t^2$ 连续,所以变上限积分 $\int_0^x \cos t^2\mathrm{d}t$ 是 x 的连续且可导的函数.于是这个极限是$\frac{0}{0}$型的不定式.由洛必达法则,有

$$\lim_{x\to 0}\frac{\int_0^x \cos t^2\mathrm{d}t}{x}=\lim_{x\to 0}\frac{\cos x^2}{1}=\cos 0=1.$$ □

习 题 4.2

(A)

1. 回答下列问题:

(1) 微积分基本定理的内容是什么?

(2) 函数 $F(t)$的变化率 $F'(t)$与该函数在某个区间 $a\leqslant t\leqslant b$ 上的变化总量是什么关系？

(3) $f(x)$满足什么条件时，$\int_a^x f(t)\mathrm{d}t$ 是 x 的连续函数？

(4) $f(x)$满足什么条件时，$\int_a^x f(t)\mathrm{d}t$ 是 $f(x)$的原函数？

2. 设 $F(t)=t\ln t-t$，那么 $f(t)=F'(t)=\ln t$，试求 $\int_{10}^{12}\ln t\mathrm{d}t$.

3. 一杯温度为 90℃的茶水放在室温为 20℃的房间里，开始时刻为 $t=0$. 设茶水温度的变化率为

$$r(t)=-7\mathrm{e}^{-0.1t}\quad (℃/\mathrm{s}).$$

试估计在 $t=10$ s 时，茶水的温度是多少(计算到小数点后一位数).

4. 全世界的石油消费量是连续地增长的. 假设增长的变化率由函数 $r=f(t)$表示(以每年多少个十亿桶计)，其中 t 以年计，$t=0$ 表示 1990 年初.

(1) 写出从 1990 年初到 1995 年初所消耗的石油总量；

(2) 设 $r=32\mathrm{e}^{0.05t}$. 求出从 1990 年初到 1995 年初石油的消耗总量.

5. 求导数：

(1) $\dfrac{\mathrm{d}}{\mathrm{d}x}\left(\int_0^{x^2}\sqrt{1+t^2}\mathrm{d}t\right)$；　　(2) $\dfrac{\mathrm{d}}{\mathrm{d}x}\left(\int_{x+a}^{x+b}(t+1)^2\mathrm{d}t\right)$.

6. 求 $\dfrac{\mathrm{d}}{\mathrm{d}x}\int_a^b \sin x^2\mathrm{d}x$；　$\dfrac{\mathrm{d}}{\mathrm{d}a}\int_a^b \sin x^2\mathrm{d}x$；　$\dfrac{\mathrm{d}}{\mathrm{d}b}\int_a^b \sin x^2\mathrm{d}x$.

7. 求极限：

(1) $\lim\limits_{x\to+\infty}\dfrac{\int_0^x(\arctan t)^2\mathrm{d}t}{\sqrt{x^2+1}}$；　　(2) $\lim\limits_{x\to+\infty}\dfrac{\int_1^x\sqrt{t+\frac{1}{t}}\mathrm{d}t}{x\sqrt{x}}$.

(B)

1. 已知 $\lim\limits_{x\to 0}\dfrac{1}{bx-\sin x}\int_0^x\dfrac{t^2}{\sqrt{a+t}}\mathrm{d}t=1$，求 a,b.

2. 证明：当 $x\to+\infty$时，$\int_0^x \mathrm{e}^{t^2}\mathrm{d}t\sim\dfrac{1}{2x}\mathrm{e}^{x^2}$.

3. 设 $f(x)$连续，$F(x)=\int_{1/x}^{\ln x}f(t)\mathrm{d}t$，求 $F'(x)$.

4. 设 $f(x)\in C^{(1)}[0,1]$，即 $f'(x)\in C[0,1]$，且 $f(1)-f(0)=1$，证明 $\int_0^1[f'(x)]^2\mathrm{d}x\geqslant 1$.

5. 设 $f(x)\in C[0,+\infty)$，并且 $x\in[0,+\infty)$时，$f(x)>0$. 证明函数 $F(x)=\dfrac{\int_0^x tf(t)\mathrm{d}t}{\int_0^x f(t)\mathrm{d}t}$ 在$(0,+\infty)$内为单调增加的函数.

答案与提示

(A)

2. $12\ln 12-10\ln 10-2$.

3. 45.8 ℃.

4. (1) $\int_0^5 f(t)\mathrm{d}t$； (2) $640(\mathrm{e}^{1/4}-1)$.

5. (1) $2x\sqrt{1+x^4}$； (2) $(x+b+1)^2-(x+a+1)^2$.

6. 0，$-\sin a^2,\sin b^2$.

7. (1) $\frac{\pi^2}{4}$； (2) $\frac{2}{3}$.

(B)

1. $a=4,b=1$.

3. $F'(x)=\frac{1}{x}f(\ln x)+\frac{1}{x^2}f\left(\frac{1}{x}\right)$.

5. 证明 $F'(x)\geqslant 0(x\in(0,+\infty))$.

4.3 不定积分

用定积分的定义来求积分值是非常困难的，甚至是不可能的. 牛顿-莱布尼兹公式的建立给定积分计算开辟了新的途径，它把定积分计算转化为求被积函数的原函数. 为此先讨论不定积分及其计算方法.

4.3.1 不定积分的概念与性质

我们知道，如果 $F(x)$在$[a,b]$上是 $f(x)$的原函数，则在区间$[a,b]$上有

$$F'(x)=f(x).$$

现设 $f(x)$是已知函数，要求 $f(x)$的原函数. 例如：

$\frac{\mathrm{d}}{\mathrm{d}x}\left(\frac{1}{3}x^3\right)=x^2\Rightarrow f(x)=x^2$ 的一个原函数是 $F(x)=\frac{1}{3}x^3$.

$\frac{\mathrm{d}}{\mathrm{d}x}(\sin x)=\cos x\Rightarrow f(x)=\cos x$ 的一个原函数是 $F(x)=\sin x$.

$\frac{\mathrm{d}}{\mathrm{d}x}(x\ln x-x)=\ln x\Rightarrow f(x)=\ln x$ 的一个原函数是 $F(x)=x\ln x-x$.

这里我们用“视察法”得到了这些原函数；也就是说，依靠求导数的反推而获得了反问题的解答：“微分什么函数之后可以得到…”很容易列出一张表，上面有函数及其导数，然后就可以求出已知函数的一个原函数，而这只要 $f(x)$在这张导数表之中. 如果 $f(x)$不在这张表中，又该怎么办呢？我们将在下节开始详细讨论这个问题. 目前先引出不定积分的概念.

由于常数的导数为零，所以如果 $f(x)$有一个原函数 $F(x)$，那么它就有一族原函数 $F(x)+C$，C 是任意常数. 于是可以得到下面的结论.

定理 4.3.1　设 $F(x)$是 $f(x)$的一个原函数，则 $f(x)$的全部原函数就是 $F(x)+C$，C 为任意常数.

证　首先,因为

$$(F(x)+C)'=F'(x)=f(x),$$

所以,对任何常数 C,$F(x)+C$ 为 $f(x)$的原函数. 再证它是全部原函数,即 $f(x)$的任一原函数总可表示成 $F(x)+C$ 的形式. 设$G(x)$为 $f(x)$的另一原函数,即$G'(x)=f(x)$,则

$$(G(x)-F(x))'=f(x)-f(x)=0.$$

因此有 $G(x)-F(x)=C$(C 为某一常数),或

$$G(x)=F(x)+C,$$

这表明 $f(x)$的任一原函数总可由 $F(x)$加某一常数得到,所以把 C 看作任意常数,$F(x)+C$ 就是 $f(x)$的全部原函数. 证毕. □

定义 4.3.1(不定积分)　$f(x)$的全部原函数,称为 $f(x)$的**不定积分**,记作 $\int f(x)\mathrm{d}x$,其中 x 称为**积分变量**,$f(x)$称为**被积函数**,$f(x)\mathrm{d}x$ 称为**被积表达式**.

若 $F(x)$是 $f(x)$的一个原函数,则定理 4.3.1 的结论可表示为

$$\int f(x)\mathrm{d}x=F(x)+C.$$

其中,任意常数 C 称为**积分常数**. 由此可见,求函数的不定积分,只要求出一个原函数就可以了. 例如

$$\int x^2\mathrm{d}x=\frac{1}{3}x^3+C,\quad \int \cos x\mathrm{d}x=\sin x+C,\quad \int \ln x\mathrm{d}x=x\ln x-x+C.$$

从几何的观点来看,求原函数的问题就是:给定曲线在每一点的切线斜率 $f(x)$,求该曲线. 如果曲线 $y=F(x)$满足要求,那么将曲线 $y=F(x)$向上或向下平移一距离 C 后,显然横坐标相同的点,两曲线的斜率相同,即曲线 $y=F(x)+C$ 也符合要求(见图4.9). 可见每点具有给定斜率的曲线不止一条,而有无穷多条. 变动常数 C,就得一族曲线. 但是,在具体实际问题中,C 并不是任意的,而是由具体条件确定的.

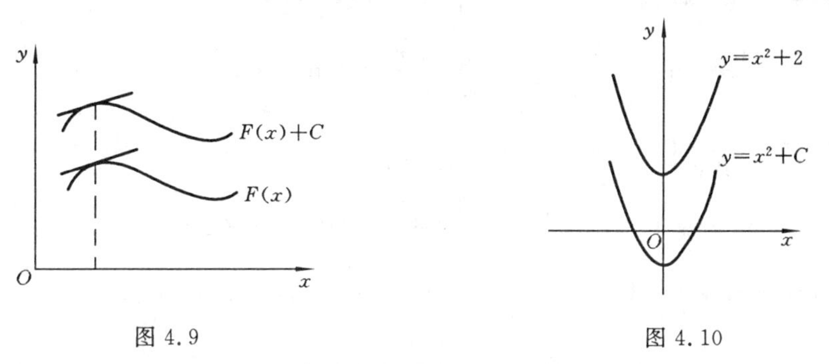

图 4.9　　　　图 4.10

例 4.3.1　求经过点(1,3),且切线斜率为 $2x$ 的曲线方程.

解　由于$(x^2)'=2x$,故$\int 2x\mathrm{d}x=x^2+C$. $y=x^2+C$ 便是斜率为 $2x$ 的曲线族. 将

$x=1, y=3$ 代入曲线族方程,得 $C=2$,因此 $y=x^2+2$ 便是所求的曲线方程(见图 4.10). □

由不定积分的定义知,求导数与求不定积分是两种互逆的运算,前者是由原函数求导函数,而后者是由导函数求原函数.不定积分的下述性质进一步揭示了这种互逆特性.

定理 4.3.2 (1) $\dfrac{\mathrm{d}}{\mathrm{d}x}\int f(x)\mathrm{d}x=f(x)$; (2) $\int f'(x)\mathrm{d}x=f(x)+C$.

定理 4.3.3 设 $f(x)$ 与 $g(x)$ 的原函数存在,k 为常数,则有

$$\int[f(x)\pm g(x)]\mathrm{d}x=\int f(x)\mathrm{d}x\pm\int g(x)\mathrm{d}x;\quad \int kf(x)\mathrm{d}x=k\int f(x)\mathrm{d}x.$$

定理 4.3.3 表明,不定积分也是一种线性运算.定理 4.3.2 和定理 4.3.3 的证明请读者自行给出.

4.3.2 基本积分表

下面给出一个基本积分表,它是根据基本导数公式得到的.

$\mathrm{d}x^\alpha=\alpha x^{\alpha-1}\mathrm{d}x$; $\int x^\alpha\mathrm{d}x=\dfrac{1}{\alpha+1}x^{\alpha+1}+C\ (\alpha\neq-1)$;

$\mathrm{d}\ln|x|=\dfrac{1}{x}\mathrm{d}x$; $\int\dfrac{\mathrm{d}x}{x}=\ln|x|+C$;

$\mathrm{d}a^x=a^x\ln a\mathrm{d}x$; $\int a^x\mathrm{d}x=\dfrac{a^x}{\ln a}+C$;

$\mathrm{d}\mathrm{e}^x=\mathrm{e}^x\mathrm{d}x$; $\int\mathrm{e}^x\mathrm{d}x=\mathrm{e}^x+C$;

$\mathrm{d}\sin x=\cos x\mathrm{d}x$; $\int\cos x\mathrm{d}x=\sin x+C$;

$\mathrm{d}\cos x=-\sin x\mathrm{d}x$; $\int\sin x\mathrm{d}x=-\cos x+C$;

$\mathrm{d}\tan x=\dfrac{1}{\cos^2x}\mathrm{d}x$; $\int\dfrac{\mathrm{d}x}{\cos^2x}=\tan x+C$;

$\mathrm{d}\cot x=-\dfrac{1}{\sin^2x}\mathrm{d}x$; $\int\dfrac{\mathrm{d}x}{\sin^2x}=-\cot x+C$;

$\mathrm{d}\sec x=\sec x\tan x\mathrm{d}x$; $\int\sec x\tan x\mathrm{d}x=\sec x+C$;

$\mathrm{d}\csc x=-\csc x\cot x\mathrm{d}x$; $\int\csc x\cot x\mathrm{d}x=-\csc x+C$;

$\mathrm{d}\arctan x=\dfrac{1}{1+x^2}\mathrm{d}x$; $\int\dfrac{\mathrm{d}x}{1+x^2}=\arctan x+C$;

$\mathrm{d}\arcsin x=\dfrac{1}{\sqrt{1-x^2}}\mathrm{d}x$; $\int\dfrac{\mathrm{d}x}{\sqrt{1-x^2}}=\arcsin x+C$;

$\mathrm{d}\sinh x=\cosh x\mathrm{d}x$；　　$\int \cosh x\mathrm{d}x=\sinh x+C$；

$\mathrm{d}\cosh x=\sinh x\mathrm{d}x$；　　$\int \sinh x\mathrm{d}x=\cosh x+C$.

以上基本积分公式,是求不定积分的基础,必须熟记.

例 4.3.2　求 $\int x^2\sqrt{x}\mathrm{d}x$.

解　$$\int x^2\sqrt{x}\mathrm{d}x=\int x^{5/2}\mathrm{d}x=\frac{x^{\frac{5}{2}+1}}{\frac{5}{2}+1}+C=\frac{2}{7}x^{7/2}+C.$$ □

例 4.3.3　求积分 $\int \frac{(x-1)^2}{\sqrt{x}}\mathrm{d}x$.

解　利用不定积分运算的线性性质(定理 4.3.3),可进行分项积分.

$$\begin{aligned}\int \frac{(x-1)^2}{\sqrt{x}}\mathrm{d}x&=\int \frac{x^2-2x+1}{\sqrt{x}}\mathrm{d}x=\int x^{\frac{3}{2}}\mathrm{d}x-2\int x^{\frac{1}{2}}\mathrm{d}x+\int x^{-\frac{1}{2}}\mathrm{d}x\\&=\frac{2}{5}x^{\frac{5}{2}}-\frac{4}{3}x^{\frac{3}{2}}+2x^{\frac{1}{2}}+C.\end{aligned}$$ □

例 4.3.4　求积分 $\int \tan^2 x\mathrm{d}x$.

解　$$\begin{aligned}\int \tan^2 x\mathrm{d}x&=\int \frac{\sin^2 x}{\cos^2 x}\mathrm{d}x=\int \frac{1-\cos^2 x}{\cos^2 x}\mathrm{d}x=\int \frac{\mathrm{d}x}{\cos^2 x}-\int 1\cdot\mathrm{d}x\\&=\tan x-x+C.\end{aligned}$$ □

例 4.3.5　求积分 $\int \frac{\mathrm{d}x}{\sin^2 x\cos^2 x}$.

解　$$\int \frac{\mathrm{d}x}{\sin^2 x\cos^2 x}=\int \frac{\sin^2 x+\cos^2 x}{\sin^2 x\cos^2 x}\mathrm{d}x=\int \frac{\mathrm{d}x}{\cos^2 x}+\int \frac{\mathrm{d}x}{\sin^2 x}=\tan x-\cot x+C.$$ □

习　题　4.3

(A)

1. 回答下列问题:

(1) “不定积分”与“原函数”这两个概念有什么区别? 有什么联系?

(2) 若 $F(x)$ 与 $G(x)$ 都是 $f(x)$ 在区间 I 上的原函数,试问它们之间有什么关系?

(3) 下列等式是否正确? 为什么?

(A) $\mathrm{d}\int f(x)\mathrm{d}x=f(x)$；　(B) $\mathrm{d}\int f(x)\mathrm{d}x=f(x)\mathrm{d}x$；

(C) $\int \mathrm{d}f(x)=f(x)$；　(D) $\mathrm{d}\int \mathrm{d}f(x)=\mathrm{d}f(x)$.

(4) 不定积分的几何意义是什么?

2. 求出下列函数的原函数:

(1) $f(x)=5$;　(2) $f(x)=5x$;　(3) $f(x)=x^3$;

(4) $g(t)=t^2+t$;　(5) $h(t)=\cos 2t$;　(6) $g(z)=\sqrt{z}\ (z>0)$;

(7) $h(z)=\dfrac{3}{z}\ (z>0)$;　(8) $r(t)=\dfrac{1}{t^2}$;　(9) $g(z)=\dfrac{1}{z^3}$;

(10) $f(x)=e^x$;　(11) $g(t)=\sin\dfrac{t}{2}$;　(12) $f(t)=2t^2+3t^2$;

(13) $p(t)=t^3-\dfrac{t^2}{2}-t$;　(14) $g(y)=y^4+\dfrac{1}{y}\ (y>0)$;　(15) $f(x)=5x-\sqrt{x}(x>0)$;

(16) $f(t)=\dfrac{t^2+1}{t}$;　(17) $p(\theta)=2\sin 2\theta$;　(18) $r(t)=e^t+5e^{5t}$;

(19) $g(t)=(t+1)^2$;　(20) $f(x)=e^{5x}$;　(21) $f(x)=xe^{x^2}$;

(22) $p(t)=\cos t+\dfrac{1}{\cos^2 t}$;　(23) $f(x)=x\cos x^2$;　(24) $r(t)=3t^2\cos(t^3+7)$;

(25) $g(\theta)=\sin\theta+\dfrac{1}{1+\theta^2}$;　(26) $f(y)=e^2+2^y$;

(27) $f(x)=6\sqrt{x}-\dfrac{1}{x^2}+\dfrac{10}{x}\ (x>0)$;　(28) $f(x)=\dfrac{1}{\sqrt{1-x^2}}+\dfrac{1}{1+x^2}$.

3. 在下列各题中,求函数 $F(x)$,使得 $F'(x)=f(x)$ 且 $F(0)=2$.

(1) $f(x)=3$;　(2) $f(x)=e^x$;　(3) $f(x)=x^2$;

(4) $f(x)=\cos x$;　(5) $f(x)=\sin x$;　(6) $f(x)=(x-1)^2$.

(B)

1. 求下列不定积分:

(1) $\int\left(e^x-\dfrac{2}{\sqrt[3]{x}}\right)dx$;　(2) $\int\dfrac{1+x+x^2}{x(1+x^2)}dx$;　(3) $\int\dfrac{x^4}{1+x^2}dx$;

(4) $\int\sqrt{x\sqrt{x}}\,dx$;　(5) $\int\dfrac{dx}{x^2\sqrt{x}}$;　(6) $\int\dfrac{2x^2}{\sqrt{x}}dx$;

(7) $\int(x^2-1)^2dx$;　(8) $\int\dfrac{x+1}{\sqrt{x}}dx$;　(9) $\int\dfrac{e^{3x}+1}{e^x+1}dx$;

(10) $\int(2^x+3^x)dx$;　(11) $\int\dfrac{3x^2}{1+x^2}dx$;　(12) $\int\dfrac{dx}{x^4(1+x^2)}$.

2. 求下列不定积分:

(1) $\int\cos(t+1)dt$;　(2) $\int(2\sin\theta-3\cos\theta)d\theta$;　(3) $\int\dfrac{\cos 2x}{\sin^2 x\cos^2 x}dx$;

(4) $\int\dfrac{dt}{\sin^2\dfrac{t}{2}\cos^2\dfrac{t}{2}}$;　(5) $\int\sqrt{1-\sin 2\theta}\,d\theta$;　(6) $\int\dfrac{3+\sin^2 x}{\cos^2 x}dx$;

(7) $\int\cos^2\dfrac{t}{2}dt$;　(8) $\int\dfrac{dx}{1+\cos 2x}$;　(9) $\int\sec x(\sec x-\tan x)dx$;

(10) $\int\dfrac{\cos 2x}{\cos x-\sin x}dx$;　(11) $\int 3^x e^x dx$;　(12) $\int\dfrac{2\cdot 3^x-5\cdot 2^x}{3^x}dx$.

3. 池塘里的水以速率$\frac{dy}{dt}=k\sqrt{t}$结冰，其中 y 表示在时刻 t 冰的厚度，以每小时多少米度量，k 是常数. 试求函数 $y(t)$.

4. 波音 727 喷气式飞机必须有时速 320 km 才能起飞. 如果它在 30 s 内速度可以从 0 增加到 320 km/h，试问跑道要有多长？（假设加速度是常数.）

答案与提示

(A)

2. (1) $5x+C$； (2) $\frac{5}{2}x^2+C$； (3) $\frac{1}{4}x^4+C$； (4) $\frac{1}{3}t^3+\frac{1}{2}t^2+C$； (5) $\frac{1}{2}\sin 2t+C$；

(6) $\frac{2}{3}z^{3/2}+C$； (7) $3\ln z+C$； (8) $-\frac{1}{t}+C$； (9) $-\frac{1}{2z^2}+C$； (10) e^x+C；

(11) $-2\cos\frac{t}{2}+C$； (12) $\frac{2}{3}t^3+\frac{3}{4}t^4+C$； (13) $\frac{1}{4}t^4-\frac{1}{6}t^3-\frac{1}{2}t^2+C$；

(14) $\frac{1}{5}y^5+\ln y+C$； (15) $\frac{5}{2}x^2-\frac{2}{3}x\sqrt{x}+C$； (16) $\frac{1}{2}t^2+\ln|t|+C$； (17) $-\cos 2\theta+C$；

(18) $e^t+e^{5t}+C$； (19) $\frac{1}{3}(t+1)^3+C$； (20) $\frac{1}{5}e^{5x}+C$； (21) $\frac{1}{2}e^{x^2}+C$；

(22) $\sin t+\tan t+C$； (23) $\frac{1}{2}\sin x^2+C$； (24) $\sin(t^3+7)+C$； (25) $-\cos\theta+\arctan\theta+C$；

(26) $\frac{2^y}{\ln 2}+e^2y+C$； (27) $4x\sqrt{x}+\frac{1}{x}+10\ln x+C$； (28) $\arcsin x+\arctan x+C$.

3. (1) $3x+2$； (2) $1+e^x$； (3) $\frac{1}{3}x^3+2$； (4) $\sin x+2$； (5) $3-\cos x$； (6) $\frac{1}{3}(x-1)^3+\frac{7}{3}$.

(B)

1. (1) $e^x-3x^{2/3}+C$； (2) $\arctan x+\ln|x|+C$； (3) $\frac{1}{3}x^3-x+\arctan x+C$；

(4) $\frac{4}{7}x^{7/4}+C$； (5) $-\frac{2}{3}x^{-3/2}+C$； (6) $\frac{4}{5}x^{5/2}+C$； (7) $\frac{1}{5}x^5-\frac{2}{3}x^3+x+C$；

(8) $2\sqrt{x}+\frac{2}{3}x\sqrt{x}+C$； (9) $x-e^x+\frac{1}{2}e^{2x}+C$；

(10) $\frac{2^x}{\ln 2}+\frac{3^x}{\ln 3}+C$； (11) $3(x-\arctan x)+C$； (12) $\frac{1}{x}-\frac{1}{3x^3}+\arctan x+C$.

2. (1) $\sin(t+1)+C$； (2) $-2\cos\theta-3\sin\theta+C$； (3) $-\tan x-\cot x+C$；

(4) $2\tan\frac{t}{2}-2\cot\frac{t}{2}+C$； (5) $(\cos\theta+\sin\theta)\cdot\mathrm{sgn}(\cos\theta-\sin\theta)+C$； (6) $4\tan x-x+C$；

(7) $\frac{1}{2}t+\frac{1}{2}\sin t+C$； (8) $\frac{1}{2}\tan x+C$； (9) $\tan x-\frac{1}{\cos x}+C$； (10) $\sin x-\cos x+C$；

(11) $\frac{3^x e^x}{1+\ln 3}+C$； (12) $2x-\frac{5\cdot 2^x}{3^x(\ln 2-\ln 3)}+C$.

3. $y(t)=\frac{2k}{3}t^{3/2}+C$.

4. 约 1 341 m.

4.4 换元积分法

我们在第 3 章中学习了复合函数的求导法则——链式法则：

$$\frac{\mathrm{d}}{\mathrm{d}x}(f[g(x)]) = f'[g(x)] \cdot g'(x). \tag{4.4.1}$$

那么，对于求原函数是否也有类似的规则呢？本节将引进两种求原函数的方法：第一换元法(又称凑微分法)和第二换元法，这些方法都是由链式法则出发而引进的.

4.4.1 第一换元法

由一阶微分形式的不变性(第 3 章 3.3.2 小节)知，当 u 是自变量时，若有

$$\mathrm{d}F(u) = f(u)\mathrm{d}u,$$

则当 $u=g(x)$时，也有

$$\mathrm{d}[F(u)] = \mathrm{d}[F(g(x))] = f[g(x)]\mathrm{d}g(x) = f(u)\mathrm{d}u.$$

将这个性质转换成积分法则，即为**第一换元法**.

定理 4.4.1(第一换元法) 若 u 是自变量时，有

$$\int f(u)\mathrm{d}u = F(u) + C,$$

则 u 是 x 的可微函数 $u=g(x)$时，也有

$$\int f[g(x)]\mathrm{d}g(x) = F[g(x)] + C,$$

其中，记号$\int f[g(x)]\mathrm{d}g(x)$约定是$\int f[g(x)]g'(x)\mathrm{d}x$ 的一种记法.

证 由条件得 $$\mathrm{d}F(u) = f(u)\mathrm{d}u,$$

根据一阶微分形式的不变性得

$$\mathrm{d}F[g(x)] = f[g(x)]\mathrm{d}g(x) = f[g(x)] \cdot g'(x)\mathrm{d}x,$$

再根据积分是求导的逆运算即知定理成立. □

在具体计算时，首先要将被积表达式凑成如下的形式：

$$f[g(x)] \cdot g'(x)\mathrm{d}x = f[g(x)]\mathrm{d}g(x),$$

然后作变量代换(即“换元”)

$$u = g(x),$$

于是所要计算的积分

$$\int f[g(x)] \cdot g'(x)\mathrm{d}x \tag{4.4.2}$$

就转化成

$$\int f(u)\mathrm{d}u. \tag{4.4.3}$$

当然，式(4.4.3)的积分要比较好算，比方说是积分表上可以查到的形式，作这样的换元才有价值.

例 4.4.1　求 $\int 3x^2\cos x^3\,dx$.

解　$\int 3x^2\cos x^3\,dx=\int \cos x^3\,d(x^3)\xlongequal{(u=x^3)}\int \cos u\,du=\sin u+C=\sin x^3+C.$

当我们运算较熟练时，中间的换元步骤可以省略，而直接写成：

$$\int 3x^2\cos x^3\,dx=\int \cos(x^3)\,d(x^3)=\sin x^3+C.$$ □

例 4.4.2　求 $\int t\mathrm{e}^{(t^2+1)}\,dt$.

解　$\int t\mathrm{e}^{(t^2+1)}\,dt=\frac{1}{2}\int \mathrm{e}^{(t^2+1)}\,d(t^2+1)=\frac{1}{2}\mathrm{e}^{(t^2+1)}+C.$ □

例 4.4.3　求 $\int x^3\sqrt{x^4+5}\,dx$.

解　
$$\int x^3\sqrt{x^4+5}\,dx=\frac{1}{4}\int (x^4+5)^{\frac{1}{2}}\,d(x^4+5)=\frac{1}{4}\cdot\frac{1}{1/2+1}(x^4+5)^{\frac{1}{2}+1}+C$$
$$=\frac{1}{6}(x^4+5)^{3/2}+C.$$ □

例 4.4.4　求 $\int \frac{x}{x^2+1}\,dx$.

解　$\int \frac{x}{x^2+1}\,dx=\frac{1}{2}\int \frac{d(x^2+1)}{x^2+1}=\frac{1}{2}\ln(x^2+1)+C.$ □

例 4.4.5　求 $\int \frac{dx}{a^2+x^2}\ (a\neq 0)$.

解　
$$\int \frac{dx}{a^2+x^2}=\int \frac{dx}{a^2\left[1+\left(\frac{x}{a}\right)^2\right]}=\frac{1}{a}\int \frac{d\left(\frac{x}{a}\right)}{1+\left(\frac{x}{a}\right)^2}=\frac{1}{a}\arctan\frac{x}{a}+C.$$ □

例 4.4.6　求 $\int \frac{dx}{a^2-x^2}\ (a\neq 0)$.

解　
$$\int \frac{dx}{a^2-x^2}=\int \frac{dx}{(a-x)(a+x)}=\frac{1}{2a}\int \left(\frac{1}{a+x}+\frac{1}{a-x}\right)dx$$
$$=\frac{1}{2a}\int \frac{d(a+x)}{a+x}-\frac{1}{2a}\int \frac{d(a-x)}{a-x}=\frac{1}{2a}\ln|a+x|-\frac{1}{2a}\ln|a-x|+C$$
$$=\frac{1}{2a}\ln\left|\frac{a+x}{a-x}\right|+C.$$ □

例 4.4.7　求 $\int \frac{dx}{\sqrt{a^2-x^2}}\ (a>0)$.

解　$\int \frac{\mathrm{d}x}{\sqrt{a^2-x^2}}=\int \frac{\mathrm{d}\left(\frac{x}{a}\right)}{\sqrt{1-\left(\frac{x}{a}\right)^2}}=\arcsin \frac{x}{a}+C.$　□

例 4.4.8　求 $\int \frac{\mathrm{d}x}{\cos x}$.

解法一　$\int \frac{\mathrm{d}x}{\cos x}=\int \frac{\cos x}{\cos^2 x}\mathrm{d}x=\int \frac{\mathrm{d}(\sin x)}{1-\sin^2 x}\overset{\text{(见例 4.4.6)}}{=\!=\!=}\frac{1}{2}\ln\left|\frac{1+\sin x}{1-\sin x}\right|+C$

$$=\frac{1}{2}\ln\left|\frac{1+\sin x}{\cos x}\right|^2+C=\ln|\sec x+\tan x|+C.$$

解法二　$\int \frac{\mathrm{d}x}{\cos x}=\int \frac{\mathrm{d}x}{\cos^2 \frac{x}{2}-\sin^2 \frac{x}{2}}$

$$=2\int \frac{\mathrm{d}\left(\frac{x}{2}\right)}{\cos^2 \frac{x}{2}\left(1-\tan^2 \frac{x}{2}\right)}$$

$$=2\int \frac{\mathrm{d}\left(\tan \frac{x}{2}\right)}{1-\tan^2 \frac{x}{2}}=\ln\left|\frac{1+\tan \frac{x}{2}}{1-\tan \frac{x}{2}}\right|+C$$

$$=\ln\left|\tan\left(\frac{x}{2}+\frac{\pi}{4}\right)\right|+C.$$　□

例 4.4.8 中，两种解法得到了两种形式不同的答案，请读者给出解释.

例 4.4.9　求 $\int \frac{\mathrm{d}x}{x(1+2\ln x)}$.

解　$\int \frac{\mathrm{d}x}{x(1+2\ln x)}=\int \frac{\mathrm{d}(\ln x)}{1+2\ln x}=\frac{1}{2}\int \frac{\mathrm{d}(1+2\ln x)}{1+2\ln x}=\frac{1}{2}\ln(1+2\ln x)+C.$　□

例 4.4.10　求 $\int \cos 3x\cos 2x\mathrm{d}x$.

解　由三角函数的积化和差公式，有

$$\cos 3x\cos 2x = \frac{1}{2}(\cos x + \cos 5x),$$

故

$$\int\cos 3x\cos 2x\mathrm{d}x = \frac{1}{2}\int(\cos x + \cos 5x)\mathrm{d}x$$

$$= \frac{1}{2}\left(\int\cos x\mathrm{d}x + \frac{1}{5}\int\cos 5x\mathrm{d}(5x)\right)$$

$$= \frac{1}{2}\sin x + \frac{1}{10}\sin 5x + C.$$　□

4.4.2　第二换元法

在公式

$$\int f[g(x)]g'(x)\mathrm{d}x \xlongequal{(g(x)=u)} \int f(u)\mathrm{d}u$$

中，若利用右端积分来求左端积分，即为第一换元法；若利用左端积分来求右端积分，即为第二换元法. 令 x 为所要求的积分的积分变量，t 则表示变换后的积分变量.

定理 4.4.2(第二换元法)　设变换函数 $x=x(t)$ 在开区间上的导数保持定号，若

$$\int f[x(t)]x'(t)\mathrm{d}t = G(t)+C, \tag{4.4.4}$$

则

$$\int f(x)\mathrm{d}x = G[t(x)]+C, \tag{4.4.5}$$

其中，$t=t(x)$ 为 $x=x(t)$ 的反函数.

定理也常写成变换形式：$\int f(x)\mathrm{d}x \xlongequal{(x=x(t))} \int f[x(t)]x'(t)\mathrm{d}t = G(t)+C$

$$\xlongequal{(t=t(x))} G[t(x)]+C.$$

证　由式(4.4.4)知

$$G'(t) = f[x(t)]x'(t).$$

又 $x'(t)$ 保持定号，故 $x(t)$ 连续且严格单调(第3章3.3.1小节)，从而反函数 $t=t(x)$ 存在，并且也连续、严格单调，其导数为

$$t'(x) = \frac{1}{x'[t(x)]} \quad 或 \quad t'(x)\cdot x'[t(x)] = 1.$$

由此推得

$$\frac{\mathrm{d}}{\mathrm{d}x}G[t(x)] = G'[t(x)]\cdot t'(x) = f(x)\cdot x'[t(x)]\cdot t'(x) = f(x),$$

这表明 $G[t(x)]$ 是 $f(x)$ 的原函数，故式(4.4.5)成立. 证毕. □

第二换元法主要用来求无理函数的积分，即设法作变换消去根号，变成较容易计算的积分.

例 4.4.11　求 $\int \frac{\mathrm{d}x}{\sqrt{x}+\sqrt[3]{x}}$.

解　令 $x=t^6$，则

$$\int \frac{\mathrm{d}x}{\sqrt{x}+\sqrt[3]{x}} = \int \frac{6t^5}{t^3+t^2}\mathrm{d}t = 6\int \frac{t^3\mathrm{d}t}{1+t} = 6\int \frac{t^3+1-1}{1+t}\mathrm{d}t$$

$$= 6\int\left[t^2-t+1-\frac{1}{1+t}\right]\mathrm{d}t = 2t^3-3t^2+6t-6\ln|1+t|+C$$

$$= 2\sqrt{x}-3\sqrt[3]{x}+6\sqrt[6]{x}-6\ln|1+\sqrt[6]{x}|+C.$$ □

例 4.4.12 求$\int \sqrt{a^2-x^2}\,dx\ (a>0)$.

解 令$x=a\sin t\left(|t|<\frac{\pi}{2}\right)$,则

$$\int \sqrt{a^2-x^2}\,dx=\int a^2\cos^2 t\,dt=\frac{a^2}{2}\int(1+\cos 2t)\,dt=\frac{a^2}{2}t+\frac{a^2}{4}\sin 2t+C$$

$$=\frac{a^2}{2}t+\frac{a^2}{2}\sin t\cos t+C=\frac{a^2}{2}\arcsin\frac{x}{a}+\frac{1}{2}x\sqrt{a^2-x^2}+C.$$

其中,利用了图 4.11 将新变量 t 返回到原变量 x:

$$\sin t=\frac{x}{a},\quad \cos t=\frac{\sqrt{a^2-x^2}}{a}.$$ □

例 4.4.13 求$\int \frac{dx}{\sqrt{x^2-a^2}}\ (a>0,|x|>a)$.

解 令$x=a\sec t\ \left(0<t<\frac{\pi}{2}\right)$,则

$$\int \frac{dx}{\sqrt{x^2-a^2}}=\int \frac{a\sec t\cdot\tan t}{a\tan t}dt=\int \frac{dt}{\cos t}\overset{\text{(见例 4.4.8)}}{=\!=\!=}\ln|\sec t+\tan t|+C_1$$

$$\overset{\text{(见图 4.12)}}{=\!=\!=}\ln\left|\frac{x}{a}+\frac{\sqrt{x^2-a^2}}{a}\right|+C_1=\ln|x+\sqrt{x^2-a^2}|+C.$$ □

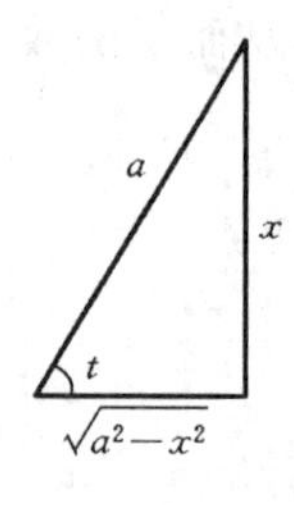

图 4.11

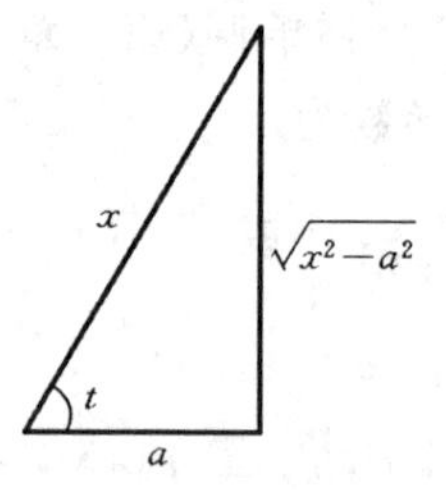

图 4.12

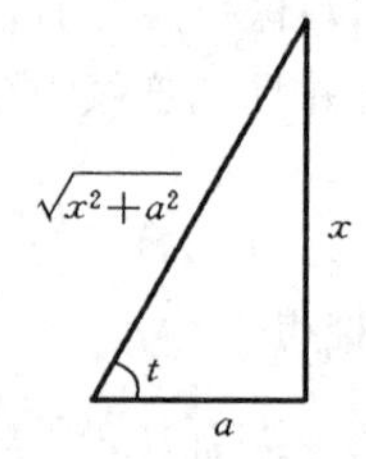

图 4.13

例 4.4.14 求$\int \frac{dx}{\sqrt{x^2+a^2}}\ (a>0)$.

解 令$x=a\tan t$,则

$$\int \frac{dx}{\sqrt{x^2+a^2}}=\int \frac{dt}{\sec t\cdot\cos^2 t}=\int \frac{dt}{\cos t}=\ln|\sec t+\tan t|+C_1$$

$$=\ln\left|\frac{\sqrt{a^2+x^2}}{a}+\frac{x}{a}\right|+C_1\overset{\text{(见图 4.13)}}{=\!=\!=}\ln|x+\sqrt{x^2+a^2}|+C.$$ □

4.4.3 定积分的换元法

利用牛顿-莱布尼兹公式计算定积分时,只要求出被积函数的原函数即可.如果

被积函数比较复杂,可以采用换元法先求出不定积分,用原来的变量表示原函数,然后按牛顿-莱布尼兹公式将原变量的上下限代入即得.

例 4.4.15　求 $\int_0^{1/2}\frac{\mathrm{d}x}{x+\sqrt{1-x^2}}$.

解　令 $x=\sin t$,则

$$\int\frac{\mathrm{d}x}{x+\sqrt{1-x^2}}=\int\frac{\cos t}{\sin t+\cos t}\mathrm{d}t=\frac{1}{2}\int\left(1+\frac{(\sin t+\cos t)'}{\sin t+\cos t}\right)\mathrm{d}t$$

$$=\frac{1}{2}(t+\ln|\sin t+\cos t|)+C=\frac{1}{2}(\arcsin x+\ln|x+\sqrt{1-x^2}|)+C.$$

故

$$\int_0^{1/2}\frac{\mathrm{d}x}{x+\sqrt{1-x^2}}=\frac{1}{2}(\arcsin x+\ln|x+\sqrt{1-x^2}|)\Big|_0^{1/2}$$

$$=\frac{\pi}{12}+\frac{1}{2}\ln\frac{1+\sqrt{3}}{2}.$$ □

然而,在许多理论和实际问题中,如果直接采用定积分的换元法,则计算要简单得多.

定理 4.4.3　设 $f(x)\in C[a,b]$,$x=\varphi(t)$在闭区间$[\alpha,\beta]$上有连续导数 $\varphi'(t)$. 当$\alpha\leqslant t\leqslant\beta$时,$a\leqslant\varphi(t)\leqslant b$,且 $\varphi(\alpha)=a$,$\varphi(\beta)=b$. 则

$$\int_a^b f(x)\mathrm{d}x=\int_\alpha^\beta f[\varphi(t)]\varphi'(t)\mathrm{d}t. \tag{4.4.6}$$

证　由 $f(x)$连续知 $f(x)$在$[a,b]$上有原函数 $G(x)$,因此由牛顿-莱布尼兹公式,有

$$\int_a^b f(x)\mathrm{d}x=G(b)-G(a).$$

又由

$$\frac{\mathrm{d}}{\mathrm{d}t}G[\varphi(t)]=G'[\varphi(t)]\cdot\varphi'(t)=f[\varphi(t)]\cdot\varphi'(t)$$

知,$G[\varphi(t)]$是 $f[\varphi(t)]\cdot\varphi'(t)$在$[\alpha,\beta]$上的原函数,所以

$$\int_\alpha^\beta f[\varphi(t)]\cdot\varphi'(t)\mathrm{d}t=G[\varphi(\beta)]-G[\varphi(\alpha)]=G(b)-G(a),$$

于是式(4.4.6)得证. □

例 4.4.16　求 $\int_0^a\sqrt{a^2-x^2}\mathrm{d}x\ (a>0)$.

解　像例 4.4.12 那样作变换,$x=a\sin t$,则当 $x=0$ 时 $t=0$;当$x=a$时 $t=\frac{\pi}{2}$. 于是

$$\int_0^a\sqrt{a^2-x^2}\mathrm{d}x=a^2\int_0^{\pi/2}\cos^2 t\mathrm{d}t=\frac{a^2}{2}\int_0^{\pi/2}(1+\cos 2t)\mathrm{d}t$$

$$=\frac{a^2}{2}\left(t+\frac{1}{2}\sin 2t\right)\Big|_0^{\pi/2}=\frac{\pi a^2}{4}.$$

在这里我们看到，采用换元法计算定积分时，不必返回到原变量 x 即可求得结果. 但应注意把原积分变量的上下限换为新变量的上下限. □

例 4.4.17 求 $\int_{-2a}^{-a}\frac{\sqrt{x^2-a^2}}{x^4}\mathrm{d}x$.

解 仿例 4.4.13，可令 $x=a\sec t\left(\frac{\pi}{2}<t\leqslant\pi\right)$，则

$$\int_{-2a}^{-a}\frac{\sqrt{x^2-a^2}}{x^4}\mathrm{d}x=-\frac{1}{a^2}\int_{\frac{2}{3}\pi}^{\pi}\sin^2 t\cos t\mathrm{d}t=-\frac{1}{a^2}\int_{\frac{2}{3}\pi}^{\pi}\sin^2 t\mathrm{d}(\sin t)$$

$$=-\frac{1}{a^2}\cdot\frac{1}{3}\sin^3 t\Big|_{\frac{2}{3}\pi}^{\pi}=\frac{\sqrt{3}}{8a^2}.$$ □

例 4.4.18 利用换元法，我们给出简化定积分的计算中常用的两个结论：

(1) 设 $f(x)$ 是区间 $[-a,a]$ 上可积的偶函数，则

$$\int_{-a}^{a}f(x)\mathrm{d}x=2\int_0^a f(x)\mathrm{d}x;$$

(2) 设 $f(x)$ 是区间 $[-a,a]$ 上可积的奇函数，则

$$\int_{-a}^{a}f(x)\mathrm{d}x=0.$$

证 (1) $\int_{-a}^{a}f(x)\mathrm{d}x=\int_0^a f(x)\mathrm{d}x+\int_{-a}^{0}f(x)\mathrm{d}x=\int_0^a f(x)\mathrm{d}x-\int_a^0 f(-t)\mathrm{d}t$

$$=\int_0^a f(x)\mathrm{d}x+\int_0^a f(t)\mathrm{d}t=2\int_0^a f(x)\mathrm{d}x.$$

(2) $\int_{-a}^{a}f(x)\mathrm{d}x=\int_0^a f(x)\mathrm{d}x+\int_{-a}^{0}f(x)\mathrm{d}x=\int_0^a f(x)\mathrm{d}x-\int_a^0 f(-t)\mathrm{d}t$

$$=\int_0^a f(x)\mathrm{d}x+\int_a^0 f(t)\mathrm{d}t=0.$$ □

例 4.4.19 利用递推公式计算积分 $I_n=\int_0^{\pi/4}\tan^{2n}x\mathrm{d}x$ (n 为正整数).

解 $I_n=\int_0^{\pi/4}\tan^{2n-2}x\cdot\tan^2 x\mathrm{d}x=\int_0^{\pi/4}\tan^{2n-2}x\cdot(\sec^2 x-1)\mathrm{d}x$

$$=\int_0^{\pi/4}\tan^{2n-2}x\mathrm{d}(\tan x)-\int_0^{\pi/4}\tan^{2n-2}x\mathrm{d}x=\frac{1}{2n-1}-I_{n-1},$$

即

$$I_n=\frac{1}{2n-1}-I_{n-1}.$$

由于 $I_0=\int_0^{\pi/4}\mathrm{d}x=\frac{\pi}{4}$，故推得

$$I_n=\frac{1}{2n-1}-\left(\frac{1}{2n-3}-I_{n-2}\right)=\cdots=\frac{1}{2n-1}-\frac{1}{2n-3}+\frac{1}{2n-5}-\cdots+(-1)^n I_0$$

$$=(-1)^n\left[\frac{\pi}{4}-\left(1-\frac{1}{3}+\frac{1}{5}-\cdots+\frac{(-1)^{n-1}}{2n-1}\right)\right].$$ □

习　题　4.4

(A)

1. 回答下列问题：

(1) 两种换元法的差别是什么？

(2) 在积分 $\int_0^3 x\sqrt[3]{1-x^2}\mathrm{d}x$ 中作代换 $x=\sin t$ 是否可以？

(3) 对积分 $\int_{-1}^1 \mathrm{d}x$ 作代换 $t=x^{2/3}$ 是否可以？

2. 利用第一换元法计算下列积分：

(1) $\int \mathrm{e}^{\cos\theta}\sin\theta\mathrm{d}\theta$；　(2) $\int x(x^2-4)^{7/2}\mathrm{d}x$；　(3) $\int \sin(2-5x)\mathrm{d}x$；

(4) $\int \sqrt[3]{1-5x}\mathrm{d}x$；　(5) $\int \frac{\mathrm{d}x}{\cos^2 2x}$；　(6) $\int \frac{\mathrm{d}x}{2+3x^2}$；

(7) $\int \frac{\mathrm{d}x}{2-3x^2}$；　(8) $\int \frac{\mathrm{d}x}{\sqrt{2-3x^2}}$；　(9) $\int \frac{(\ln t)^2}{t}\mathrm{d}t$；

(10) $\int \frac{\mathrm{d}x}{x\ln x\ln(\ln x)}$.

3. 计算下列定积分：

(1) $\int_1^3 \frac{\mathrm{d}x}{x}$；　(2) $\int_{-1}^3 (x^3+5x)\mathrm{d}x$；　(3) $\int_0^\pi \sin\theta(\cos\theta+5)^7\mathrm{d}\theta$；

(4) $\int_{-1}^1 \frac{\mathrm{d}y}{1+y^2}$；　(5) $\int_0^1 \frac{x}{1+5x^2}\mathrm{d}x$；　(6) $\int_0^{\pi/12} \sin 3t\mathrm{d}t$；

(7) $\int_1^2 \frac{x^2+1}{x}\mathrm{d}x$；　(8) $\int_1^4 x\sqrt{x^2+4}\mathrm{d}x$；　(9) $\int_0^1 \frac{\mathrm{d}x}{x^2+2x+1}$；

(10) $\int_0^{1/\sqrt{2}} \frac{x\mathrm{d}x}{\sqrt{1-x^4}}$；　(11) $\int_{-2}^0 \frac{2x+4}{x^2+4x+5}\mathrm{d}x$；　(12) $\int_1^9 x\sqrt[3]{1-x}\mathrm{d}x$；

(13) $\int_1^{\mathrm{e}^2} \frac{\mathrm{d}x}{x\sqrt{1+\ln x}}$；　(14) $\int_{-\frac{\pi}{2}}^{\frac{\pi}{2}} \sqrt{\cos\theta-\cos^3\theta}\mathrm{d}\theta$；　(15) $\int_1^2 \mathrm{e}^{x^3}x^2\mathrm{d}x$；

(16) $\int_2^3 \frac{\mathrm{e}^{1/x}}{x^2}\mathrm{d}x$；　(17) $\int_{\pi/6}^{\pi/4} \tan\theta\sec^2\theta\mathrm{d}\theta$；　(18) $\int_0^{\pi/2} \cos^5\theta\sin\theta\mathrm{d}\theta$.

4. 利用适当的代换计算下列积分：

(1) $\int \frac{x^2\mathrm{d}x}{\sqrt{a^2-x^2}}$；　(2) $\int_0^{a/\sqrt{2}} \frac{\mathrm{d}x}{(a^2-x^2)^{3/2}}\ (a>0)$；　(3) $\int \sqrt{\frac{x}{1+x\sqrt{x}}}\mathrm{d}x$；

(4) $\int \frac{\mathrm{d}x}{1+\sqrt{x}}$；　(5) $\int \frac{\mathrm{e}^x}{\sqrt{1-\mathrm{e}^{2x}}}\mathrm{d}x$；　(6) $\int \frac{\mathrm{d}x}{1+\sqrt{1-x^2}}$；

(7) $\int_1^{\sqrt{3}} \frac{\sqrt{1+x^2}}{x}\mathrm{d}x$；　(8) $\int_0^a x^2\sqrt{a^2-x^2}\mathrm{d}x$；　(9) $\int \frac{\mathrm{d}x}{x\sqrt{x^2-1}}$；

(10) $\int \frac{\arctan\sqrt{x}}{\sqrt{x}(1+x)}\mathrm{d}x$.

(B)

1. 利用第一换元法计算下列积分：

(1) $\int x\sqrt[3]{1-5x^2}\mathrm{d}x$；　(2) $\int \frac{x\mathrm{d}x}{1-x}$；　(3) $\int \frac{1+\mathrm{e}^x}{\sqrt{x+\mathrm{e}^x}}\mathrm{d}x$；

(4) $\int \frac{\mathrm{d}x}{\mathrm{e}^x+\mathrm{e}^{-x}}$；　(5) $\int \frac{\mathrm{e}^{\sqrt{y}}}{\sqrt{y}}\mathrm{d}y$；　(6) $\int \frac{\mathrm{e}^x-\mathrm{e}^{-x}}{\mathrm{e}^x+\mathrm{e}^{-x}}\mathrm{d}x$；

(7) $\int \frac{x^3}{9+x^2}\mathrm{d}x$；　(8) $\int \frac{\mathrm{d}x}{x(x^6+4)}$；　(9) $\int \frac{x+1}{x^2+2x+19}\mathrm{d}x$；

(10) $\int \frac{\sin x+\cos x}{\sqrt[3]{\sin x-\cos x}}\mathrm{d}x$；　(11) $\int \frac{\mathrm{d}x}{1+\cos x}$；　(12) $\int \frac{\mathrm{d}x}{1+\sin x}$.

2. 利用适当的代换计算下列积分：

(1) $\int \frac{\mathrm{d}x}{\sqrt{1+\mathrm{e}^x}}$；　(2) $\int \frac{\mathrm{d}x}{x+\sqrt{1-x^2}}$；　(3) $\int \frac{\sqrt{a^2-x^2}}{x^4}\mathrm{d}x$(令 $x=\frac{1}{t}$)；

(4) $\int \frac{\mathrm{d}x}{\sqrt{(x^2+1)^3}}$；　(5) $\int_{\frac{1}{4}}^{\frac{1}{2}} \frac{\arcsin\sqrt{x}}{\sqrt{x(1-x)}}\mathrm{d}x$；　(6) $\int \frac{1+\ln x}{(x\ln x)^2}\mathrm{d}x$；

(7) $\int \frac{\ln\tan x}{\cos x\sin x}\mathrm{d}x$；　(8) $\int_0^a \sqrt{\frac{a-x}{a+x}}\mathrm{d}x$ (令 $x=a\sin t$).

3. 设 $f(x)\in C[0,\pi]$，证明：

(1) $\int_0^{\pi/2} f(\sin x)\mathrm{d}x=\int_0^{\pi/2} f(\cos x)\mathrm{d}x$；

(2) $\int_0^{\pi} xf(\sin x)\mathrm{d}x=\frac{\pi}{2}\int_0^{\pi} f(\sin x)\mathrm{d}x$，并由此计算 $\int_0^{\pi} \frac{x\sin x}{1+\cos^2 x}\mathrm{d}x$.

4. 设 $f(x)$是以 T 为周期的连续函数，证明积分 $\int_a^{a+T} f(x)\mathrm{d}x$ 的值与 a 无关.

5. 若 $f(t)$连续且为奇函数，证明 $\int_0^x f(t)\mathrm{d}t$ 是偶函数；若 $f(t)$连续且为偶函数，证明 $\int_0^x f(t)\mathrm{d}t$ 是奇函数.

6. 设 $f(x)$是连续函数，证明 $\int_0^2 f(x)\mathrm{d}x=\int_0^1 [f(x)+f(x+1)]\mathrm{d}x$.

答案与提示

(A)

2. (1) $-\mathrm{e}^{\cos\theta}+C$；　(2) $\frac{1}{9}(x^2-4)^{9/2}+C$；　(3) $\frac{1}{5}\cos(2-5x)+C$；

(4) $-\frac{3}{20}(1-5x)^{4/3}+C$；　(5) $\frac{1}{2}\tan 2x+C$；　(6) $\frac{1}{\sqrt{6}}\arctan\sqrt{\frac{3}{2}}x+C$；

(7) $\frac{1}{2\sqrt{6}}\ln\left|\frac{\sqrt{2}+\sqrt{3}x}{\sqrt{2}-\sqrt{3}x}\right|+C$；　(8) $\frac{1}{\sqrt{3}}\arcsin\sqrt{\frac{3}{2}}x+C$；

(9) $\frac{1}{3}(\ln t)^3+C$；　(10) $\ln(\ln(\ln x))+C$.

3. (1) $\ln 3$；　(2) 40；　(3) $\frac{1}{8}(6^8-4^8)$；　(4) $\frac{\pi}{2}$；　(5) $\frac{1}{10}\ln 6$；　(6) $\frac{1}{3}(1-\frac{\sqrt{2}}{2})$；

(7) $\frac{3}{2}+\ln 2$；(8) $\frac{35}{3}\sqrt{5}$；(9) $\frac{1}{2}$；(10) $\frac{\pi}{12}$；(11) $\ln 5$；(12) $-\frac{468}{7}$；(13) $2(\sqrt{3}-1)$；

(14) $\frac{4}{3}$；(15) $\frac{1}{3}(e^8-e)$；(16) $\sqrt{e}-\sqrt[3]{e}$；(17) $\frac{1}{3}$；(18) $\frac{1}{6}$.

4. (1) $\frac{a^2}{2}\arcsin\frac{x}{a}-\frac{1}{2}x\sqrt{a^2-x^2}+C$；(2) $\frac{1}{a^2}$；(3) $\frac{4}{3}(1+x\sqrt{x})^{1/2}+C$；

(4) $2(1+\sqrt{x}-\ln(1+\sqrt{x}))+C$；(5) $\arcsin e^x+C$；

(6) $\arcsin x-\frac{x}{1+\sqrt{1-x^2}}+C$；(7) $2-\sqrt{2}-\ln\sqrt{3}-\ln(\sqrt{2}-1)$；

(8) $\frac{\pi a^4}{16}$；(9) $\arccos\frac{1}{x}+C$；(10) $(\arctan\sqrt{x})^2+C$.

(B)

1. (1) $-\frac{3}{40}(1-5x^2)^{1/3}+C$；(2) $-x-\ln|1-x|+C$；(3) $2\sqrt{x+e^x}+C$；

(4) $\arctan e^x+C$；(5) $2e^{\sqrt{y}}+C$；(6) $\ln(e^x+e^{-x})+C$；

(7) $\frac{x^2}{2}-\frac{9}{2}\ln(9+x^2)+C$；(8) $-\frac{1}{24}\ln(1+x^{-6})+C$；(9) $\frac{1}{2}\ln|x^2+2x+19|+C$；

(10) $\frac{3}{2}(\sin x-\cos x)^{2/3}+C$；(11) $\tan\frac{x}{2}+C$；(12) $-\tan\left(\frac{\pi}{4}-\frac{x}{2}\right)+C$.

2. (1) $x-2\ln(1+\sqrt{1+e^x})+C$；(2) $\frac{1}{2}\arcsin x+\frac{1}{2}\ln(x+\sqrt{1-x^2})+C$；

(3) $-\frac{(a^2-x^2)^{3/2}}{3a^2x^3}+C$；(4) $\frac{x}{\sqrt{1+x^2}}+C$；(5) $\frac{5}{144}\pi^2$；(6) $-\frac{1}{x\ln x}+C$；

(7) $\frac{1}{2}(\ln\tan x)^2+C$；(8) $a\left(\frac{\pi}{2}-1\right)$.

3. (2) $\int_0^\pi \frac{x\sin x}{1+\cos^2 x}dx=\frac{\pi^2}{4}$.

4.5 分部积分法

4.5.1 不定积分的分部积分法

由上一节可看到，换元法来自链式法则，下面我们将引进**分部积分法**，它与微分学中乘积的求导规则对应. 由乘积的求导法则，得

$$\frac{d}{dx}(uv)=u'v+uv', \tag{4.5.1}$$

其中，u,v 是 x 的函数. 将式(4.5.1)改写成

$$uv'=(uv)'-u'v, \tag{4.5.2}$$

两边积分，得
$$\int uv'dx=\int(uv)'dx-\int u'vdx,$$

于是便得到下面的**分部积分公式**

$$\int uv'\mathrm{d}x = uv - \int u'v\mathrm{d}x. \tag{4.5.3}$$

当右边的积分比左边的积分更简单、更容易计算时,这个公式是很有用的.

例 4.5.1 求 $\int x\mathrm{e}^x\mathrm{d}x$.

解 令 $u=x, v'=\mathrm{e}^x$,则 $u'=1, v=\mathrm{e}^x$,利用式(4.5.3),有

$$\int x\mathrm{e}^x\mathrm{d}x = x\mathrm{e}^x - \int \mathrm{e}^x\mathrm{d}x = x\mathrm{e}^x - \mathrm{e}^x + C. \qquad \square$$

例 4.5.2 求 $\int \theta\cos\theta\mathrm{d}\theta$.

解 令 $u=\theta, v'=\cos\theta$,则 $u'=1, v=\sin\theta$,利用式(4.5.3),有

$$\int \theta\cos\theta\mathrm{d}\theta = \theta\sin\theta - \int \sin\theta\mathrm{d}\theta = \theta\sin\theta + \cos\theta + C. \qquad \square$$

但是,如果在例 4.5.1 中令 $u=\mathrm{e}^x, v'=x$,则 $u'=\mathrm{e}^x, v=\dfrac{x^2}{2}$. 这时,由分部积分公式(4.5.3),有

$$\int x\mathrm{e}^x\mathrm{d}x = \frac{1}{2}x^2\mathrm{e}^x - \int \frac{x^2}{2}\cdot \mathrm{e}^x\mathrm{d}x.$$

虽然这样做没有什么不对的地方,但是右边的积分显然比左边的积分困难得多. 由此可见,如何选取 u 和 v' 很重要. 下面给出运用分部积分公式(4.5.3)的几个原则.

① 选取 u 和 v' 时,u' 应比 u 更简单(至少不比 u 更复杂),而 v 则最好比 v' 简单些(至少不比 v' 更复杂),并且 v 要容易求得.

② 若被积函数中有因子 $\mathrm{e}^{\pm x}$,则令 $v'=\mathrm{e}^{\pm x}$,或者说,把 $\mathrm{e}^{\pm x}$ 放入微分符号 d 内;如被积函数中没有 $\mathrm{e}^{\pm x}$,而有 $\sin x, \cos x$,则取 v' 为 $\sin x, \cos x$;若上述函数都没有,就把幂函数 x^α 放入微分符号 d 内,也就是取 $v'=x^\alpha$.

例 4.5.3 求 $\int x^6\ln x\mathrm{d}x$.

解

$$\begin{aligned}\int x^6\ln x\mathrm{d}x &= \int \ln x\mathrm{d}\left(\frac{1}{7}x^7\right) = \frac{1}{7}x^7\ln x - \int \frac{1}{7}x^7\cdot\frac{1}{x}\mathrm{d}x \\ &= \frac{1}{7}x^7\ln x - \frac{1}{7}\int x^6\mathrm{d}x = \frac{1}{7}x^7\ln x - \frac{1}{49}x^7 + C. \qquad \square\end{aligned}$$

例 4.5.4 求 $\int x^2\sin 4x\mathrm{d}x$.

解

$$\begin{aligned}\int x^2\sin 4x\mathrm{d}x &= \int x^2\mathrm{d}\left(-\frac{1}{4}\cos 4x\right) \\ &= -\frac{1}{4}x^2\cos 4x - \int 2x\cdot\left(-\frac{1}{4}\cos 4x\right)\mathrm{d}x\end{aligned}$$

$$=-\frac{1}{4}x^2\cos4x+\frac{1}{2}\int x\cos4x\mathrm{d}x.$$

再用分部积分公式计算：

$$\int x\cos4x\mathrm{d}x=x\left(\frac{1}{4}\sin4x\right)-\int 1\cdot\frac{1}{4}\sin4x\mathrm{d}x$$

$$=\frac{1}{4}x\sin4x-\frac{1}{4}\cdot\left(-\frac{1}{4}\cos4x\right)+C=\frac{1}{4}x\sin4x+\frac{1}{16}\cos4x+C.$$

于是 $$\int x^2\sin4x\mathrm{d}x=-\frac{1}{4}x^2\cos4x+\frac{1}{2}\int x\cos4x\mathrm{d}x$$

$$=-\frac{1}{4}x^2\cos4x+\frac{1}{8}x\sin4x+\frac{1}{32}\cos4x+C.$$ □

例 4.5.5　求 $\int\sqrt{x^2-1}\mathrm{d}x$.

解 $$\int\sqrt{x^2-1}\mathrm{d}x=x\sqrt{x^2-1}-\int x\mathrm{d}\sqrt{x^2-1}=x\sqrt{x^2-1}-\int\frac{x^2}{\sqrt{x^2-1}}\mathrm{d}x$$

$$=x\sqrt{x^2-1}-\int\frac{x^2-1+1}{\sqrt{x^2-1}}\mathrm{d}x$$

$$=x\sqrt{x^2-1}-\int\sqrt{x^2-1}\mathrm{d}x-\int\frac{\mathrm{d}x}{\sqrt{x^2-1}}$$

$$\xlongequal{\text{(见例 4.4.13)}}x\sqrt{x^2-1}-\int\sqrt{x^2-1}\mathrm{d}x-\ln|x+\sqrt{x^2-1}|,$$

分部积分一次后，又回到了原来要求的积分，即出现所谓"复原"的情形. 这时若令 $I=\int\sqrt{x^2-1}\mathrm{d}x$ 则可以得到关于 I 的一个方程：

$$I=x\sqrt{x^2-1}-I-\ln|x+\sqrt{x^2-1}|,$$

由此即可求出 $$I=\frac{1}{2}x\sqrt{x^2-1}-\frac{1}{2}\ln|x+\sqrt{x^2-1}|+C.$$ □

例 4.5.6　求 $\int\mathrm{e}^x\sin x\mathrm{d}x$.

解 $$\int\mathrm{e}^x\sin x\mathrm{d}x=\int\sin x\mathrm{d}\mathrm{e}^x=\mathrm{e}^x\sin x-\int\mathrm{e}^x\mathrm{d}\sin x=\mathrm{e}^x\sin x-\int\mathrm{e}^x\cos x\mathrm{d}x,$$

而 $$\int\mathrm{e}^x\cos x\mathrm{d}x=\int\cos x\mathrm{d}\mathrm{e}^x=\mathrm{e}^x\cos x-\int\mathrm{e}^x\mathrm{d}\cos x=\mathrm{e}^x\cos x+\int\mathrm{e}^x\sin x\mathrm{d}x,$$

因此 $$\int\mathrm{e}^x\sin x\mathrm{d}x=\mathrm{e}^x\sin x-\int\mathrm{e}^x\cos x\mathrm{d}x=\mathrm{e}^x\sin x-\mathrm{e}^x\cos x-\int\mathrm{e}^x\sin x\mathrm{d}x,$$

于是得 $$\int\mathrm{e}^x\sin x\mathrm{d}x=\frac{1}{2}\mathrm{e}^x(\sin x-\cos x)+C.$$ □

4.5.2 定积分的分部积分法

对定积分,也有相应的分部积分法.

下面给出定积分的分部积分公式.

设函数 u 和 v 在$[a,b]$上有连续的导数,则

$$\int_a^b uv'\mathrm{d}x = (uv)\Big|_a^b - \int_a^b u'v\mathrm{d}x. \tag{4.5.4}$$

例 4.5.7 求 $\int_2^3 \ln x\mathrm{d}x$.

解
$$\begin{aligned}\int_2^3 \ln x\mathrm{d}x &= \int_2^3 \ln x \cdot 1\mathrm{d}x = x\ln x\Big|_2^3 - \int_2^3 x\cdot\frac{1}{x}\mathrm{d}x\\ &= 3\ln 3 - 2\ln 2 - 3 + 2\\ &= 3\ln 3 - 2\ln 2 - 1.\end{aligned}$$
□

例 4.5.8 求 $\int_1^4 \mathrm{e}^{\sqrt{x}}\mathrm{d}x$.

解 首先换元:令$\sqrt{x}=t$,则 $x=t^2$,$\mathrm{d}x=2t\mathrm{d}t$. 当 $x=1$ 时,$t=1$;当 $x=4$ 时,$t=2$. 于是

$$\begin{aligned}\int_1^4 \mathrm{e}^{\sqrt{x}}\mathrm{d}x &= \int_1^2 \mathrm{e}^t\cdot 2t\mathrm{d}t = 2\int_1^2 t\mathrm{e}^t\mathrm{d}t\\ &\xlongequal{(\text{见例 } 4.5.1)} 2(t\mathrm{e}^t - \mathrm{e}^t)\Big|_1^2\\ &= 2(2\mathrm{e}^2 - \mathrm{e}^2 - \mathrm{e} + \mathrm{e}) = 2\mathrm{e}^2.\end{aligned}$$
□

例 4.5.9 求 $\int_0^{\frac{1}{2}} \arcsin x\mathrm{d}x$.

解 令 $u=\arcsin x$,$v'=1$,则 $u'=\dfrac{1}{\sqrt{1-x^2}}$,$v=x$. 于是

$$\begin{aligned}\int_0^{\frac{1}{2}} \arcsin x\mathrm{d}x &= (x\arcsin x)\Big|_0^{\frac{1}{2}} - \int_0^{\frac{1}{2}} \frac{x}{\sqrt{1-x^2}}\mathrm{d}x\\ &= \frac{1}{2}\cdot\frac{\pi}{6} + \frac{1}{2}\int_0^{\frac{1}{2}} (1-x^2)^{-\frac{1}{2}}\mathrm{d}(1-x^2)\\ &= \frac{\pi}{12} + \sqrt{1-x^2}\Big|_0^{\frac{1}{2}} = \frac{\pi}{12} + \frac{\sqrt{3}}{2} - 1.\end{aligned}$$
□

例 4.5.10 求 $I_n = \int_0^{\pi/2} \sin^n x\,\mathrm{d}x = \int_0^{\pi/2} \cos^n x\,\mathrm{d}x$,$n$ 为自然数.

解 上述等式可通过代换 $x=\dfrac{\pi}{2}-t$ 得到. 由分部积分法,得

$$I_n = \int_0^{\pi/2} \sin^{n-1} x\mathrm{d}(-\cos x) = -\left(\sin^{n-1} x\cos x\Big|_0^{\frac{\pi}{2}} - \int_0^{\pi/2} \cos x\mathrm{d}\sin^{n-1} x\right)$$

$$= (n-1)\int_0^{\pi/2} \sin^{n-2} x\cos^2 x\mathrm{d}x = (n-1)\int_0^{\pi/2} \sin^{n-2} x(1-\sin^2 x)\mathrm{d}x$$

$$= (n-1)\int_0^{\pi/2} \sin^{n-2} x\mathrm{d}x - (n-1)\int_0^{\pi/2} \sin^n x\mathrm{d}x,$$

即有

$$I_n = (n-1)I_{n-2} - (n-1)I_n,$$

故得

$$I_n = \frac{n-1}{n} I_{n-2}. \tag{4.5.5}$$

由于

$$I_0 = \int_0^{\pi/2} \mathrm{d}x = \frac{\pi}{2},$$

$$I_1 = \int_0^{\pi/2} \sin x\mathrm{d}x = -\cos x\Big|_0^{\pi/2} = 1,$$

所以由递推公式(4.5.5)知，当 n 是偶数时，

$$I_n = \frac{n-1}{n} I_{n-2} = \frac{(n-1)(n-3)}{n(n-2)} I_{n-4} = \cdots = \frac{(n-1)(n-3)\cdots 3\cdot 1}{2\cdot 4\cdot 6\cdots(n-2)n}\cdot\frac{\pi}{2};$$

当 n 是奇数时，

$$I_n = \frac{n-1}{n} I_{n-2} = \frac{n-1}{n}\cdot\frac{n-3}{n-2} I_{n-4} = \cdots = \frac{(n-1)(n-3)\cdots 4\cdot 2}{3\cdot 5\cdots(n-2)n}.$$

故得

$$I_{2n} = \frac{(2n-1)(2n-3)\cdots 3\cdot 1}{2n(2n-2)\cdots 4\cdot 2}\cdot\frac{\pi}{2} = \frac{(2n-1)!!}{(2n)!!}\,\frac{\pi}{2}, \tag{4.5.6}$$

$$I_{2n+1} = \frac{2n(2n-2)\cdots 4\cdot 2}{(2n+1)(2n-1)\cdots 3\cdot 1} = \frac{(2n)!!}{(2n+1)!!}.$$

□

前面几节介绍了几种基本的积分方法. 不定积分的计算常常归结为求一个用初等函数表示的原函数. 我们知道，可导的初等函数的导数仍然是初等函数，但初等函数的原函数却不一定是初等函数. 例如，函数

$$\frac{\sin x}{x},\ \mathrm{e}^{-x^2},\ \frac{1}{\ln x},\ \frac{1}{\sqrt{1+x^4}},\ \sqrt{1-\varepsilon\sin^2 x}\,(0<\varepsilon<1),\ \frac{\mathrm{e}^x}{x}$$

等等，它们在定义域内是连续的，因此原函数一定存在，但原函数不能用初等函数表示出来. 对此我们常称 $\int \frac{\sin x}{x}\mathrm{d}x$，$\int \mathrm{e}^{-x^2}\mathrm{d}x$ 等为积不出来的积分. 为了应用的方便，人们已将积得出来的一些常用初等函数的积分编成积分表. 当要计算一个积分时，可以直接或经过适当变形后查积分表，即得到所要的结果. 本书末尾附有一个简单的积分表供查阅.

对于积不出来的积分，可以采用数值方法求其近似值. 另外，人们还可以利用数学软件包在计算机上求出一些不定积分.

习 题 4.5

(A)

1. (1) 求下列函数的导数：$x\cos x$，$\cos 2x$，$x^2\cos x$，$x\ln x$.

   (2) 利用(1)的结果求下列函数的原函数：$\ln x$，$\sin 2x$，$x\sin x$，$x^2\sin x$.

2. 利用等式 $\arctan x=1\cdot\arctan x$，求 $\int\arctan x\,\mathrm{d}x$.

3. 求下列不定积分：

   (1) $\int te^{5t}\,\mathrm{d}t$；　(2) $\int y\ln y\,\mathrm{d}y$；　(3) $\int x^3\ln x\,\mathrm{d}x$；

   (4) $\int t\sin t\,\mathrm{d}t$；　(5) $\int (z+1)e^{3z}\,\mathrm{d}z$；　(6) $\int \frac{u}{e^u}\,\mathrm{d}u$；

   (7) $\int x^5\ln 5x\,\mathrm{d}x$；　(8) $\int \frac{\ln x}{x^2}\,\mathrm{d}x$；　(9) $\int \arctan 7x\,\mathrm{d}x$.

4. 试利用三角恒等式 $\sin^2\theta=\frac{1-\cos 2\theta}{2}$，$\cos^2\theta=\frac{1+\cos 2\theta}{2}$ 以及分部积分公式两种方法，计算积分：

   (1) $\int\sin^2\theta\,\mathrm{d}\theta$；　(2) $\int\cos^2\theta\,\mathrm{d}\theta$.

5. 建立 $I_n=\int x^n e^{-x}\,\mathrm{d}x$ 的递推公式，n 为正整数.

6. 求下列定积分：

   (1) $\int_1^5 \ln t\,\mathrm{d}t$；　(2) $\int_0^{10} ze^{-z}\,\mathrm{d}z$；　(3) $\int_3^5 x\cos x\,\mathrm{d}x$；

   (4) $\int_1^3 t\ln t\,\mathrm{d}t$；　(5) $\int_0^5 \ln(1+t)\,\mathrm{d}t$；　(6) $\int_0^1 \arctan y\,\mathrm{d}y$；

   (7) $\int_0^1 x\arctan x^2\,\mathrm{d}x$；　(8) $\int_0^1 -u\arcsin u^2\,\mathrm{d}u$；　(9) $\int_{\frac{\pi}{4}}^{\frac{\pi}{2}} \frac{x}{\sin^2 x}\,\mathrm{d}x$；

   (10) $\int_0^{\pi/2} e^{2x}\cos x\,\mathrm{d}x$；　(11) $\int_1^e \sin(\ln x)\,\mathrm{d}x$；　(12) $\int_{1/e}^e |\ln x|\,\mathrm{d}x$.

(B)

1. 求下列不定积分：

   (1) $\int t^2e^{5t}\,\mathrm{d}t$；　(2) $\int t^2\sin t\,\mathrm{d}t$；　(3) $\int \theta^2\cos 3\theta\,\mathrm{d}\theta$；

   (4) $\int (\ln t)^2\,\mathrm{d}t$；　(5) $\int x(\ln x)^4\,\mathrm{d}x$；　(6) $\int x\arctan x^2\,\mathrm{d}x$；

   (7) $\int \arccos x\,\mathrm{d}x$；　(8) $\int x^3e^{x^2}\,\mathrm{d}x$；　(9) $\int x^5\cos x^3\,\mathrm{d}x$；

   (10) $\int \sqrt{x}(\ln x)^2\,\mathrm{d}x$；　(11) $\int (\theta+1)\sin(\theta+1)\,\mathrm{d}\theta$.

2. (1) 求 $\int e^x\cos x\,\mathrm{d}x$；　(2)求 $\int xe^x\sin x\,\mathrm{d}x$；　(3)求 $\int xe^x\cos x\,\mathrm{d}x$.

3. 运用已学过的方法求下列积分：

(1) $\int \ln(1+x^2)\mathrm{d}x$；　(2) $\int \arctan\sqrt{x}\mathrm{d}x$；　(3) $\int \frac{x+\sin x}{1+\cos x}\mathrm{d}x$；

(4) $\int \frac{\sin^2 x}{\cos^3 x}\mathrm{d}x$；　(5) $\int \frac{\mathrm{d}x}{(1+\mathrm{e}^x)^2}$；　(6) $\int \frac{x\mathrm{e}^x}{(\mathrm{e}^x+1)^2}\mathrm{d}x$；

(7) $\int \frac{x\mathrm{e}^x}{\sqrt{\mathrm{e}^x-1}}\mathrm{d}x$；　(8) $\int \frac{x^2}{(1+x^2)^2}\mathrm{d}x$；　(9) $\int_0^1 \frac{\ln(1+x)}{(2-x)^2}\mathrm{d}x$；

(10) $\int \frac{x+\ln x}{(1+x)^2}\mathrm{d}x$；　(11) $\int_0^1 \frac{x}{\mathrm{e}^x+\mathrm{e}^{1-x}}\mathrm{d}x$；　(12) $\int_0^{1/2} x\ln\frac{1+x}{1-x}\mathrm{d}x$；

(13) $\int_0^3 \arcsin\sqrt{\frac{x}{1+x}}\mathrm{d}x$；　(14) $\int x\sqrt{x+3}\mathrm{d}x$；　(15) $\int \frac{x}{\sqrt{5-x}}\mathrm{d}x$；

(16) $\int (t+2)\sqrt{2+3t}\mathrm{d}t$；　(17) $\int \frac{t+7}{\sqrt{5-t}}\mathrm{d}t$.

4. 先根据定积分的定义将下列极限表示成定积分，然后算出该定积分的值：

(1) $\lim\limits_{n\to\infty}\left(\frac{1}{n}+\frac{1}{n+1}+\cdots+\frac{1}{2n}\right)$；　(2) $\lim\limits_{n\to\infty}\left(\frac{1}{n^2}+\frac{2}{n^2}+\cdots+\frac{n-1}{n^2}\right)$；

(3) $\lim\limits_{n\to\infty}\frac{1}{n}\left(\sin\frac{\pi}{n}+\sin\frac{2\pi}{n}+\cdots+\sin\frac{(n-1)}{n}\pi\right)$.

答案与提示

(A)

1. (1) $\cos x-x\sin x, -2\sin 2x, 2x\cos x-x^2\sin x, 1+\ln x$；

(2) $x\ln x-x+C, -\frac{1}{2}\cos 2x+C, \sin x-x\cos x+C, 2\sin x-2\cos x-x^2\cos x+C$.

2. $x\arctan x-\frac{1}{2}\ln(1+x^2)+C$.

3. (1) $\frac{1}{5}t\mathrm{e}^{5t}-\frac{1}{25}\mathrm{e}^{5t}+C$；　(2) $\frac{1}{2}y^2\ln y-\frac{1}{4}y^2+C$；　(3) $\frac{1}{4}x^4\ln x-\frac{1}{16}x^4+C$；

(4) $\sin t-t\cos t+C$；　(5) $\frac{1}{3}\mathrm{e}^{3z}(z+1)-\frac{1}{9}\mathrm{e}^{3z}+C$；　(6) $-u\mathrm{e}^{-u}-\mathrm{e}^{-u}+C$；

(7) $\frac{1}{6}x^6\ln 5x-\frac{1}{36}x^6+C$；　(8) $-\frac{1}{x}(1+\ln x)+C$；　(9) $x\arctan 7x-\frac{1}{14}\ln(1+49x^2)+C$.

4. (1) $\frac{\theta}{2}-\frac{1}{4}\sin 2\theta+C$；　(2) $\frac{\theta}{2}+\frac{1}{4}\sin 2\theta+C$；

5. $I_n=-x^n\mathrm{e}^{-x}+nI_{n-1}$.

6. (1) $5\ln 5-4$；　(2) $1-11\mathrm{e}^{-10}$；　(3) $5\sin 5-3\sin 3+\cos 5-\cos 3$；　(4) $\frac{9}{2}\ln 3-2$；

(5) $6\ln 6-5$；　(6) $\frac{\pi}{4}-\frac{1}{2}\ln 2$；　(7) $\frac{\pi}{8}-\frac{1}{4}\ln 2$；　(8) $-\frac{\pi}{4}+\frac{1}{2}$；

(9) $\frac{\pi}{4}+\frac{1}{2}\ln 2$；　(10) $\frac{1}{5}(\mathrm{e}^{\pi}-2)$；　(11) $\frac{1}{2}+\frac{\mathrm{e}}{2}(\sin 1-\cos 1)$；　(12) $2(1-\frac{1}{\mathrm{e}})$.

(B)

1. (1) $\frac{1}{5}t^2e^{5t}-\frac{2}{5}\left(\frac{1}{5}te^{5t}-\frac{1}{25}e^{5t}\right)+C$； (2) $2\cos t+2t\sin t-t^2\cos t+C$；

(3) $\frac{1}{3}\theta^2\sin3\theta+\frac{2}{9}\theta\cos3\theta-\frac{2}{27}\sin3\theta+C$； (4) $2t+t(\ln t)^2-2t\ln t+C$；

(5) $\frac{3}{4}x^2+x^2\left[\frac{1}{2}(\ln x)^4-(\ln x)^3+\frac{3}{2}(\ln x)^2-\frac{3}{2}\ln x\right]+C$；

(6) $\frac{1}{2}x^2\arctan x^2-\frac{1}{4}\ln(1+x^4)+C$； (7) $x\arccos x-\sqrt{1-x^2}+C$；

(8) $\frac{1}{2}x^2e^{x^2}-\frac{1}{2}e^{x^2}+C$； (9) $\frac{1}{3}x^3\sin x^3+\frac{1}{3}\cos x^3+C$；

(10) $x^{3/2}\left[\frac{2}{3}(\ln x)^2-\frac{8}{9}\ln x+\frac{16}{27}\right]+C$； (11) $\sin(\theta+1)-(\theta+1)\cos(\theta+1)+C$.

2. (1) $\frac{1}{2}e^x(\cos x+\sin x)+C$； (2) $\frac{1}{2}e^x[x(\sin x-\cos x)+\cos x]+C$；

(3) $\frac{1}{2}e^x[x(\sin x+\cos x)-\sin x]+C$.

3. (1) $x\ln(1+x^2)-2x+2\arctan x+C$； (2) $(x+1)\arctan\sqrt{x}-\sqrt{x}+C$；

(3) $x\tan\frac{x}{2}+C$； (4) $\frac{1}{2}(\sec x\tan x-\ln|\sec x+\tan x|)+C$； (5) $x-\ln(1+e^x)+\frac{1}{1+e^x}+C$；

(6) $\frac{xe^x}{e^x+1}-\ln(e^x+1)+C$； (7) $2x\sqrt{e^x-1}-4\sqrt{e^x-1}+4\arctan\sqrt{e^x-1}+C$；

(8) $\frac{1}{2}\arctan x-\frac{x}{2(1+x^2)}+C$； (9) $\frac{1}{3}\ln2$； (10) $\ln x-\frac{x+\ln x}{1+x}+C$；

(11) $\frac{1}{2\sqrt{e}}\left(\arctan\sqrt{e}-\arctan\frac{1}{\sqrt{e}}\right)$； (12) $\frac{1}{2}-\frac{3}{8}\ln3$； (13) $\frac{4\pi}{3}-\sqrt{3}$；

(14) $\frac{2}{3}x(x+3)^{3/2}-\frac{4}{15}(x+3)^{5/2}+C$； (15) $-2x\sqrt{5-x}-\frac{4}{3}(5-x)^{3/2}+C$；

(16) $\frac{2}{9}(t+2)(2+3t)^{3/2}-\frac{4}{135}(2+3t)^{5/2}+C$； (17) $-2(t+7)\sqrt{5-t}-\frac{4}{3}(5-t)^{3/2}+C$.

4. (1) 原式 $=\int_0^1\frac{dx}{1+x}=\ln2$； (2) 原式 $=\int_0^1 x\,dx=\frac{1}{2}$； (3) 原式 $=\int_0^1\sin\pi x\,dx=\frac{2}{\pi}$.

4.6 有理函数的积分

两个多项式之比称为**有理函数**. 我们在前面曾计算过一些简单的有理函数的积分，这一节将讨论较一般的情形.

4.6.1 有理函数的积分

有理函数的原函数一定是初等函数，因此，在理论上说，有理函数的积分是一定可以算出来的. 下面简单介绍有理函数的积分的计算方法.

若有理函数的分子多项式的次数大于或等于分母多项式的次数，则称这个有理函数为**假分式**，否则称为**真分式**.

由多项式除法知，

$$假分式=多项式+真分式,$$

而多项式的积分是容易计算的，所以只需讨论真分式的积分. 根据代数学的有关知识可知，

$$真分式=最简真分式之和,$$

而最简真分式只有以下四种：

（Ⅰ）$\dfrac{A}{x-a}$；　　（Ⅱ）$\dfrac{A}{(x-a)^m}(m>1)$；

（Ⅲ）$\dfrac{Mx+N}{x^2+px+q}(p^2-4q<0)$；　　（Ⅳ）$\dfrac{Mx+N}{(x^2+px+q)^k}(k>1,p^2-4q<0)$.

下面通过例子说明如何将真分式分解成最简真分式之和.

例 4.6.1　把真分式$\dfrac{x+3}{(x+2)(x^2-1)}$分解成最简真分式之和.

解　因分母多项式只有实零点，且无重零点，所以分解的形式为

$$\frac{x+3}{(x+2)(x^2-1)}=\frac{x+3}{(x+2)(x+1)(x-1)}=\frac{A}{x+2}+\frac{B}{x+1}+\frac{C}{x-1},$$

其中，A,B,C 为待定系数.

将分解式通分，得

$$\frac{x+3}{(x+2)(x^2-1)}=\frac{A(x^2-1)+B(x+2)(x-1)+C(x+1)(x+2)}{(x+2)(x^2-1)}.$$

要使上式成立，分子同次幂项的系数必须相等，比较同次幂系数得

$$\begin{cases}0=A+B+C,\\1=B+3C,\\3=-A-2B+2C.\end{cases}$$

由此解出

$$A=\frac{1}{3},\quad B=-1,\quad C=\frac{2}{3}.$$

□

例 4.6.2　把真分式$\dfrac{1}{x(x-1)^2}$分解成最简真分式之和.

解　分母多项式只有实零点，但有重零点，故分解成

$$\frac{1}{x(x-1)^2}=\frac{A}{x}+\frac{B}{(x-1)^2}+\frac{C}{x-1}.$$

两端去分母后，得

$$1=A(x-1)^2+Bx+Cx(x-1).\tag{4.6.1}$$

这里我们用另一种方法确定系数. 在式(4.6.1)中令 $x=0$，得 $A=1$；令 $x=1$，得 $B=1$. 将 A,B 的值代入式(4.6.1)，并令 $x=2$，得 $1=1+2+2C$，即得 $C=-1$. 所以

$$\frac{1}{x(x-1)^2}=\frac{1}{x}+\frac{1}{(x-1)^2}-\frac{1}{x-1}.$$ □

例 4.6.3 把真分式$\frac{2x+2}{(x-1)(x^2+1)^2}$分解成最简真分式之和.

解 因分母多项式既有实零点,又有复零点,故分解式形如

$$\frac{2x+2}{(x-1)(x^2+1)^2}=\frac{A}{x-1}+\frac{Bx+C}{x^2+1}+\frac{Dx+E}{(x^2+1)^2}. \tag{4.6.2}$$

这里可以用例 4.6.1 中的方法确定常数 A,B,C,D,E,现在介绍一种新方法确定待定系数.

式(4.6.2)两边乘$(x-1)$,令 $x\to 1$,得

$$A=\frac{2+2}{(1+1)^2}=1;$$

式(4.6.2)两边乘$(x^2+1)^2$,令 $x\to \mathrm{i}=\sqrt{-1}$,得

$$D\mathrm{i}+E=\frac{2\mathrm{i}+2}{\mathrm{i}-1}=-2\mathrm{i}.$$

两复数相等,其实部与虚部应分别相等,即得

$$D=-2,\quad E=0;$$

式(4.6.2)两边乘 x,令 $x\to\infty$,得

$$0=1+B,\quad B=-1;$$

最后在式(4.6.2)中令 $x=0$,得

$$-2=-1+C,\quad C=-1.$$

因此

$$\frac{2x+2}{(x-1)(x^2+1)^2}=\frac{1}{x-1}-\frac{x+1}{x^2+1}-\frac{2x}{(x^2+1)^2}.$$ □

一般来说,如果有真分式$\frac{P(x)}{Q(x)}$,分母多项式 $Q(x)$在实数范围内能分解成一次因式和二次质因式的乘积,即

$$Q(x)=b(x-a_1)^{m_1}\cdots(x-a_s)^{m_s}(x^2+p_1x+q_1)^{k_1}\cdots(x^2+p_tx+q_t)^{k_t}$$

$$(p_j^2-4q_j<0,j=1,2,\cdots,t)$$

则真分式$\frac{P(x)}{Q(x)}$的分解式为

$$\begin{aligned}\frac{P(x)}{Q(x)}=&\frac{A_1}{(x-a_1)^{m_1}}+\frac{A_2}{(x-a_1)^{m_1-1}}+\cdots+\frac{A_{m_1}}{x-a_1}+\cdots\\&+\frac{B_1}{(x-a_s)^{m_s}}+\frac{B_2}{(x-a_s)^{m_s-1}}+\cdots+\frac{B_{m_s}}{x-a_s}+\frac{M_1x+N_1}{(x^2+p_1x+q_1)^{k_1}}\\&+\frac{M_2x+N_2}{(x^2+p_1x+q_1)^{k_1-1}}+\cdots+\frac{M_{k_1}x+N_{k_1}}{x^2+p_1x+q_1}+\cdots+\frac{R_1x+S_1}{(x^2+p_tx+q_t)^{k_t}}+\end{aligned}$$

$$\frac{R_2 x + S_2}{(x^2 + p_t x + q_t)^{k_t - 1}} + \cdots + \frac{R_{k_t} x + S_{k_t}}{x^2 + p_t x + q_t}, \tag{4.6.3}$$

其中，$A_j, \cdots, B_j, M_j, N_j, \cdots, R_j$ 及 S_j 等都是常数. 这样，求有理函数的积分便可以归结为四种最简真分式的积分.

例 4.6.4　求 $\int \frac{\mathrm{d}x}{1+x^3}$.

解　因 $1+x^3=(1+x)(x^2-x+1)$，故可设

$$\frac{1}{1+x^3} = \frac{A}{1+x} + \frac{Bx+C}{x^2-x+1}. \tag{4.6.4}$$

分解式(4.6.4)的两边乘$(1+x)$，令 $x\to -1$，得 $A=-\frac{1}{3}$；式(4.6.4)两边乘 x，令 $x\to\infty$，得 $0=\frac{1}{3}+B, B=-\frac{1}{3}$；在式(4.6.4)中令 $x=0$，得 $1=\frac{1}{3}+C, C=\frac{2}{3}$. 所以

$$\frac{1}{1+x^3} = \frac{1}{3(1+x)} - \frac{x-2}{3(x^2-x+1)}.$$

于是
$$\begin{aligned}
\int \frac{\mathrm{d}x}{1+x^3} &= \frac{1}{3}\int \frac{\mathrm{d}x}{1+x} - \frac{1}{3}\int \frac{x-2}{x^2-x+1}\mathrm{d}x \\
&= \frac{1}{3}\ln|1+x| - \frac{1}{6}\int \frac{2x-1}{x^2-x+1}\mathrm{d}x + \frac{1}{2}\int \frac{\mathrm{d}x}{x^2-x+1} \\
&= \frac{1}{3}\ln|1+x| - \frac{1}{6}\int \frac{\mathrm{d}(x^2-x+1)}{x^2-x+1} + \frac{1}{2}\int \frac{\mathrm{d}x}{\left(x-\frac{1}{2}\right)^2+\frac{3}{4}} \\
&= \frac{1}{3}\ln|1+x| - \frac{1}{6}\ln|x^2-x+1| + \frac{1}{\sqrt{3}}\arctan\frac{2x-1}{\sqrt{3}} + C.
\end{aligned}$$
□

4.6.2　三角函数有理式的积分

由三角函数和常数经过有限次加、减、乘、除运算所构成的函数，称为**三角函数有理式**.

下面通过例子说明，利用适当的换元法，可将三角函数有理式转化为一般的有理函数，从而可以把积分算出来.

例 4.6.5　求积分 $I=\int \frac{\sin 2x}{\sin^2 x+\cos x}\mathrm{d}x$.

解
$$\begin{aligned}
I &= 2\int \frac{\sin x\cos x}{\sin^2 x+\cos x}\mathrm{d}x = -2\int \frac{\cos x\,\mathrm{d}(\cos x)}{1-\cos^2 x+\cos x} \\
&\xlongequal{(令 t=\cos x)} -2\int \frac{t\,\mathrm{d}t}{1+t-t^2} = \int \frac{\mathrm{d}(1+t-t^2)}{1+t-t^2} - \int \frac{\mathrm{d}t}{1+t-t^2} \\
&= \ln|1+t-t^2| + \frac{1}{\sqrt{5}}\ln\left|\frac{\sqrt{5}+1-2t}{\sqrt{5}-1+2t}\right| + C
\end{aligned}$$

$$=\ln|1+\cos x-\cos^2 x|+\frac{1}{\sqrt{5}}\ln\left|\frac{\sqrt{5}+1-2\cos x}{\sqrt{5}-1+2\cos x}\right|+C.$$ □

例 4.6.6 求 $I=\int\frac{\cos^3 x}{1+\sin^2 x}dx$.

解 $$I=\int\frac{1-\sin^2 x}{1+\sin^2 x}d(\sin x)$$

$$\xlongequal{(令\ t=\sin x)}\int\frac{1-t^2}{1+t^2}dt=2\int\frac{dt}{1+t^2}-\int dt=2\arctan t-t+C$$

$$=2\arctan(\sin x)-\sin x+C.$$ □

例 4.6.7 求 $I=\int\frac{dx}{2\sin^2 x+3\cos^2 x}$.

解 $$I=\int\frac{1}{2\tan^2 x+3}\cdot\frac{1}{\cos^2 x}dx\xlongequal{(令\ t=\tan x)}\int\frac{dt}{2t^2+3}$$

$$=\frac{1}{\sqrt{6}}\arctan\left(t\sqrt{\frac{2}{3}}\right)+C=\frac{1}{\sqrt{6}}\arctan\left(\tan x\cdot\sqrt{\frac{2}{3}}\right)+C.$$ □

例 4.6.8 求 $I=\int\frac{dx}{1+2\cos x}$.

解 这里介绍一种所谓“万能代换”,即令 $t=\tan\frac{x}{2}$,或 $x=2\arctan x$,则有

$$\sin x=2\sin\frac{x}{2}\cos\frac{x}{2}=\frac{2\tan\frac{x}{2}}{1+\tan^2\frac{x}{2}}=\frac{2t}{1+t^2},$$

$$\cos x=\cos^2\frac{x}{2}-\sin^2\frac{x}{2}=\frac{1-\tan^2\frac{x}{2}}{1+\tan^2\frac{x}{2}}=\frac{1-t^2}{1+t^2},$$

$$dx=\frac{2dt}{1+t^2}.$$

于是 $$I=\int\frac{1}{1+2\cdot\frac{1-t^2}{1+t^2}}\frac{2dt}{1+t^2}=\int\frac{2dt}{3-t^2}$$

$$=\frac{1}{\sqrt{3}}\ln\left|\frac{\sqrt{3}+t}{\sqrt{3}-t}\right|+C=\frac{1}{\sqrt{3}}\ln\left|\frac{\sqrt{3}+\tan\frac{x}{2}}{\sqrt{3}-\tan\frac{x}{2}}\right|+C.$$ □

请注意,“万能”是指对所有三角函数有理式求积分时都能用,并不是指对所有三角函数有理式,采用这个变换求积分最方便. 对于许多情形,要灵活运用变量代换进行积分.

习　题　4.6

(A)

1. 求下列积分：

(1) $\int \frac{2x+3}{(x-2)(x+5)}dx$；(2) $\int \frac{xdx}{x^3-3x+2}$；(3) $\int \frac{dx}{(x^2+1)(x^2+x)}$；(4) $\int \frac{2x^3+3x-2}{1+x^2}dx$.

2. 求下列积分：

(1) $\int \cos^4 x\sin^3 xdx$；(2) $\int \frac{\sin 2x}{1+\cos^2 x}dx$；(3) $\int \frac{dx}{\sin(2x)+2\sin x}$；(4) $\int \frac{dx}{2+\sin x}$.

3. 求下列积分：

(1) $\int \frac{\sqrt{x-1}}{x}dx$；(2) $\int \frac{dx}{1+\sqrt[3]{x+2}}$.

(B)

求下列积分：

(1) $\int \frac{dx}{x^4+1}$；(2) $\int \frac{dx}{x^4-1}$；(3) $\int \frac{dx}{x^4+x^2+1}$；(4) $\int \tan^3 xdx$；

(5) $\int \frac{dx}{\sin^2 x\cos x}$；(6) $\int \frac{dx}{3+\cos x}$；(7) $\int \frac{dx}{(1+\sqrt[3]{x})\sqrt{x}}$；(8) $\int \frac{\sqrt{x+1}-1}{\sqrt{x+1}+1}dx$.

答案与提示

(A)

1. (1) $\ln|x-2|+\ln|x+5|+C$；(2) $\frac{-1}{3(x-1)}+\frac{2}{9}\ln\left|\frac{x-1}{x+2}\right|+C$；

(3) $\frac{1}{4}\ln\frac{x^4}{(x+1)^2(x^2+1)}-\frac{1}{2}\arctan x+C$；(4) $x^2+\frac{1}{2}\ln(1+x^2)-2\arctan x+C$.

2. (1) $-\frac{1}{5}\cos^5 x+\frac{1}{7}\cos^7 x+C$；(2) $-\ln(\cos^2 x+1)+C$；

(3) $\frac{1}{8}\left[\ln(1-\cos x)-\ln(1+\cos x)+\frac{2}{1+\cos x}\right]+C$，或$\frac{1}{4}\ln\left|\tan\frac{x}{2}\right|+\frac{1}{8}\tan^2\frac{x}{2}+C$；

(4) $\frac{2}{\sqrt{3}}\arctan\left(\frac{2\tan\frac{x}{2}+1}{\sqrt{3}}\right)+C$.

3. (1) $2\sqrt{x-1}-2\arctan\sqrt{x-1}+C$；(2) $\frac{3}{2}(\sqrt[3]{x+2}-1)^2+3\ln(1+\sqrt[3]{x+2})+C$.

(B)

(1) $\frac{\sqrt{2}}{8}\ln\frac{x^2+\sqrt{2}x+1}{x^2-\sqrt{2}x+1}+\frac{\sqrt{2}}{4}\arctan\frac{x^2-1}{\sqrt{2}x}+C$.　(2) $\frac{1}{4}\ln\left|\frac{x-1}{x+1}\right|-\frac{1}{2}\arctan x+C$.

(3) $\frac{1}{4}\ln\frac{x^2+x+1}{x^2-x+1}+\frac{1}{2\sqrt{3}}\arctan\left(\frac{x^2-1}{\sqrt{3}x}\right)+C$.　(4) $\frac{1}{2\cos^2 x}+\ln|\cos x|+C$.

(5) $\ln\left|\tan\left(\frac{x}{2}+\frac{\pi}{4}\right)\right|-\frac{1}{\sin x}+C.$ (6) $\frac{1}{\sqrt{2}}\arctan\left(\frac{\tan\frac{x}{2}}{\sqrt{2}}\right)+C.$

(7) $6(\sqrt[6]{x}-\arctan\sqrt[6]{x})+C.$ (8) $x-4\sqrt{x+1}+4\ln(\sqrt{x+1}+1)+C.$

4.7 反常积分

我们在4.1节引进的定积分概念中，要求积分区间$[a,b]$是有界的，同时为了保证定积分存在，被积函数也必须有界.但是在许多实际问题中所出现的积分，并不具有这些好的性质.本节将研究一类所谓**反常积分**(亦称为**广义积分**)，其中积分区间是无穷区间，或者被积函数是无界的.

4.7.1 无穷区间上的反常积分

我们先来看一个例子.

例 4.7.1 求 $\lim\limits_{b\to+\infty}\int_1^b\frac{dx}{x^2}$.

解 因 $\int_1^b\frac{dx}{x^2}=-\frac{1}{x}\Big|_1^b=-\frac{1}{b}+1$. 所以

$$\lim_{b\to+\infty}\int_1^b\frac{dx}{x^2}=\lim_{b+\infty}\left(-\frac{1}{b}+1\right)=1.$$

上式左端是一个定积分的极限，可以把它看成是函数$f(x)=\frac{1}{x^2}$在区间$[1,+\infty)$上的积分，称为$f(x)$在无穷区间$[1,+\infty)$上的积分.这时可以说，曲线$y=\frac{1}{x^2}$在区间$[1,+\infty)$上的图形具有有限的面积(见图4.14). □

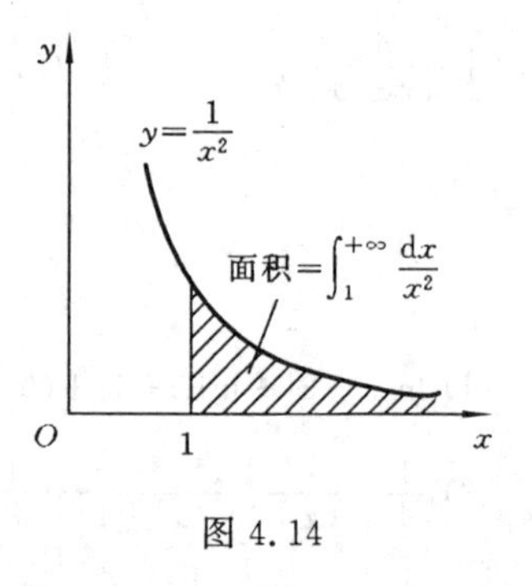

图 4.14

当然，在其他例子中，当$b\to+\infty$时可能得不到有限的极限值.为此，引进无穷积分的概念.

定义 4.7.1(无穷积分) 设函数$f(x)$定义在区间$[a,+\infty)$上，若$\forall b>a$积分$\int_a^b f(x)dx$存在，则称$\lim\limits_{b\to+\infty}\int_a^b f(x)dx$为$f(x)$在**无穷区间**$[a,+\infty)$**上的积分**，简称**无穷积分**，记作

$$\int_a^{+\infty}f(x)dx=\lim_{b\to+\infty}\int_a^b f(x)dx.$$

若极限$\lim\limits_{b\to+\infty}\int_a^b f(x)dx$存在，则称无穷积分$\int_a^{+\infty}f(x)dx$**收敛**.否则，称无穷积分$\int_a^{+\infty}f(x)dx$**发散**.

类似可定义无穷积分 $\int_{-\infty}^{a} f(x)\mathrm{d}x$ 的敛散性.

定义 4.7.2　设函数 $f(x)$ 定义在区间 $(-\infty,+\infty)$ 上，若对某个数 C，无穷积分

$$\int_{-\infty}^{C} f(x)\mathrm{d}x \quad 与 \quad \int_{C}^{+\infty} f(x)\mathrm{d}x$$

都收敛，则称无穷积分 $\int_{-\infty}^{+\infty} f(x)\mathrm{d}x$ 收敛，并记作

$$\int_{-\infty}^{+\infty} f(x)\mathrm{d}x = \int_{-\infty}^{C} f(x)\mathrm{d}x + \int_{C}^{+\infty} f(x)\mathrm{d}x.$$

否则称无穷积分 $\int_{-\infty}^{+\infty} f(x)\mathrm{d}x$ 发散.

可以证明，上述定义不依赖于 C 的选取.

例 4.7.2　讨论无穷积分

$$\int_{1}^{+\infty} \frac{1}{x^{p}}\mathrm{d}x \tag{4.7.1}$$

的收敛性，其中，p 为任意实数.

解　当 $p\neq 1$ 时，

$$\int_{1}^{b} \frac{\mathrm{d}x}{x^{p}} = \frac{1}{-p+1}x^{-p+1}\bigg|_{1}^{b} = \frac{1}{1-p}(b^{1-p}-1).$$

由于 $p>1$ 时 $\lim\limits_{b\to+\infty} b^{1-p}=0$ 及 $p<1$ 时 $\lim\limits_{b\to+\infty} b^{1-p}=+\infty$，所以 $p>1$ 时积分收敛，$p<1$ 时积分发散.

若 $p=1$，则

$$\int_{1}^{+\infty} \frac{\mathrm{d}x}{x} = \lim_{b\to+\infty}\int_{1}^{b} \frac{\mathrm{d}x}{x} = \lim_{b\to+\infty}(\ln b-\ln 1) = +\infty,$$

这时积分也发散.

总之，$p>1$ 时，积分收敛；$p\leqslant 1$ 时，积分发散.　□

例 4.7.3　求将质量为 m 的火箭自地面发射到离地面高度为 h 处所作的功. 火箭脱离地球引力范围所需作的功为多少？设地球半径为 R，质量为 M. 由万有引力定律，地球对质量为 m 的物体的引力为 $F=k\dfrac{Mm}{r^{2}}$，其中，k 为引力常数，r 为地球中心到物体的距离. 已知引力 F 在 $r\in[a,b]$ 上作功为 $W=\int_{a}^{b} F\mathrm{d}r$（见本章 4.9.1 小节变力作功）.

解　利用 $k\dfrac{Mm}{R^{2}}=mg$ 得 $k=\dfrac{R^{2}g}{M}$，其中，g 是重力加速度，$g=9.8\ \mathrm{m/s^{2}}$. 于是，将质量为 m 的火箭从 $r=R$ 发射到 $r=R+h$ 所需作的功为

$$W_{h} = \int_{R}^{R+h} k\frac{Mm}{r^{2}}\mathrm{d}r = mgR^{2}\left(\frac{1}{R}-\frac{1}{R+h}\right).$$

使火箭脱离地球引力范围所需作的功为

$$W=\lim_{h\to+\infty}W_h=\lim_{h\to+\infty}\int_R^{R+h}k\frac{Mm}{r^2}\mathrm{d}r=\lim_{h\to+\infty}mgR^2\left(\frac{1}{R}-\frac{1}{R+h}\right)=mgR.$$

若记 $b=R+h$,则当 $h\to+\infty$ 时,$b\to+\infty$,故上式可以表示为

$$W=\lim_{h\to+\infty}\int_R^{R+h}k\frac{Mm}{r^2}\mathrm{d}r=\int_R^{+\infty}k\frac{Mm}{r^2}\mathrm{d}r=mgR.$$

顺便指出,若将物体以初速度 v_0 向上发射,它获得的动能为 $\frac{1}{2}mv_0^2$. 当这个动能超过 $W=mgR$ 时,物体才能飞离地球引力范围. 于是,由

$$\frac{1}{2}mv_0^2=mgR,$$

将 $g=9.81\ \mathrm{m/s^2}$,$R=6\ 371\ \mathrm{km}=6.371\times10^6\ \mathrm{m}$ 代入上式,求得

$$v_0=11.2\ \mathrm{km/s}.$$

这就是物体从地面飞离地球引力范围所必须具有的最小初速度,称为**第二宇宙速度**.

□

4.7.2 无界函数的反常积分

现在讨论另一类反常积分,其积分区间可以是有界的,但被积函数在区间中某些点附近是无界的. 先看一个例子.

例 4.7.4 求 $\lim\limits_{a\to0^+}\int_a^1\frac{\mathrm{d}x}{\sqrt{x}}$.

解 因 $\int_a^1\frac{\mathrm{d}x}{\sqrt{x}}=2-2\sqrt{a}$,所以

$$\lim_{a\to0^+}\int_a^1\frac{\mathrm{d}x}{\sqrt{x}}=\lim_{a\to0^+}(2-2\sqrt{a})=2.$$

上式左端是一个定积分的极限,被积函数在 $x=0$ 附近无界,可以把它看成是无界函数 $f(x)=\frac{1}{\sqrt{x}}$ 在区间 $[0,1]$ 上的积分,记作

$$\int_0^1\frac{\mathrm{d}x}{\sqrt{x}}=2.$$

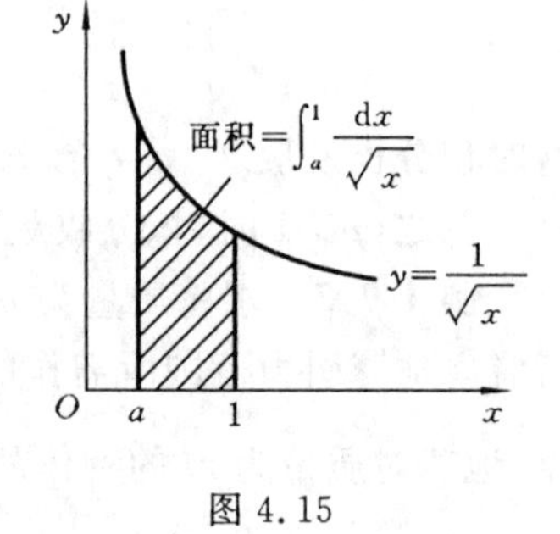

图 4.15

曲线 $y=\frac{1}{\sqrt{x}}$ 有垂直渐近线 $x=0$,由曲线、x 轴以及直线 $x=0$、$x=1$ 所围成的区域是无界的(见图 4.15).

□

一般地,有下面的定义.

定义 4.7.3(无界函数的积分) 设 $f(x)$ 在区间 $(a,b]$ 上有定义,在 a 点的右邻

域内无界(此时称$x=a$为$f(x)$的**奇点**),若$\forall\varepsilon>0$,$f(x)$在$[a+\varepsilon,b]$上可积,则称$\lim\limits_{\varepsilon\to0^+}\int_{a+\varepsilon}^b f(x)\mathrm{d}x$为**无界函数$f(x)$在$[a,b]$上的反常积分**,记作

$$\int_a^b f(x)\mathrm{d}x=\lim_{\varepsilon\to0^+}\int_{a+\varepsilon}^b f(x)\mathrm{d}x.$$

若极限$\lim\limits_{\varepsilon\to0^+}\int_{a+\varepsilon}^b f(x)\mathrm{d}x$存在,则称反常积分$\int_a^b f(x)\mathrm{d}x$**收敛**.否则,称反常积分$\int_a^b f(x)\mathrm{d}x$**发散**.

当$f(x)$在$[a,b)$上定义,$x=b$为$f(x)$的奇点,且$\forall\varepsilon>0$,$f(x)$在$[a,b-\varepsilon]$上可积时,我们也可以定义

$$\int_a^b f(x)\mathrm{d}x=\lim_{\varepsilon\to0^+}\int_a^{b-\varepsilon} f(x)\mathrm{d}x,$$

若右边极限存在,则称反常积分$\int_a^b f(x)\mathrm{d}x$收敛,否则称它发散.

定义 4.7.4　设$f(x)$定义在区间$[a,c)$及$(c,b]$上,$x=c$为奇点.若$\forall\varepsilon>0$,$f(x)$在$[a,c-\varepsilon]$及$[c+\varepsilon',b]$上可积,则定义

$$\int_a^b f(x)\mathrm{d}x=\lim_{\varepsilon\to0^+}\int_a^{c-\varepsilon} f(x)\mathrm{d}x+\lim_{\varepsilon'\to0^+}\int_{c+\varepsilon'}^b f(x)\mathrm{d}x,$$

若右端两个极限均存在,则称反常积分$\int_a^b f(x)\mathrm{d}x$收敛,否则称它发散.

注意,上述定义式中,右端两项中的ε和ε'是互相独立的.

例 4.7.5　研究$\int_{-1}^2\frac{\mathrm{d}x}{x^4}$的收敛性.

解　显然$\lim\limits_{x\to0}\frac{1}{x^4}=\infty$,即$x=0$是$f(x)=\frac{1}{x^4}$的奇点.将积分拆成两项,即

$$\int_{-1}^2\frac{\mathrm{d}x}{x^4}=\int_{-1}^0\frac{\mathrm{d}x}{x^4}+\int_0^2\frac{\mathrm{d}x}{x^4},$$

由于

$$\lim_{\varepsilon\to0^+}\int_\varepsilon^2\frac{\mathrm{d}x}{x^4}=\lim_{\varepsilon\to0^+}\left(-\frac{1}{3}\right)\left(\frac{1}{8}-\frac{1}{\varepsilon^3}\right)$$

不存在,所以反常积分$\int_0^2\frac{\mathrm{d}x}{x^4}$发散.类似地,$\int_{-1}^0\frac{\mathrm{d}x}{x^4}$也发散.因此原积分发散.　□

例 4.7.6　讨论反常积分

$$\int_a^b\frac{\mathrm{d}x}{(x-a)^p}\tag{4.7.2}$$

的收敛性,其中,p为任意实数.

解　当$p\neq1$时,

$$\int_{a+\varepsilon}^b\frac{\mathrm{d}x}{(x-a)^p}=\frac{1}{1-p}(x-a)^{1-p}\Big|_{a+\varepsilon}^b=\frac{1}{1-p}[(b-a)^{1-p}-\varepsilon^{1-p}].$$

因为 $p>1$ 时 $\lim\limits_{\varepsilon\to 0^+}\varepsilon^{1-p}=+\infty$ 及 $p<1$ 时 $\lim\limits_{\varepsilon\to 0^+}\varepsilon^{1-p}=0$，所以 $p>1$ 时积分发散，$p<1$ 时积分收敛.

当 $p=1$ 时

$$\int_a^b \frac{\mathrm{d}x}{x-a}=\lim_{\varepsilon\to 0^+}\int_{a+\varepsilon}^b \frac{\mathrm{d}x}{x-a}=\lim_{\varepsilon\to 0^+}[\ln(b-a)-\ln\varepsilon]=+\infty,$$

这时积分也发散.

总之，$p<1$ 时积分收敛；$p\geqslant 1$ 时积分发散. □

例 4.7.7 研究反常积分 $\int_0^{+\infty}\frac{\mathrm{d}x}{x^2}$ 的收敛性.

解 这个积分既是无穷积分，又是无界函数的反常积分，$x=0$ 是被积函数 $\frac{1}{x^2}$ 的奇点. 我们用点 $x=1$ 将积分分成两部分：

$$\int_0^{+\infty}\frac{\mathrm{d}x}{x^2}=\int_0^1\frac{\mathrm{d}x}{x^2}+\int_1^{+\infty}\frac{\mathrm{d}x}{x^2}.$$

由例 4.7.2 知，$\int_1^{+\infty}\frac{\mathrm{d}x}{x^2}$ 收敛；由例 4.7.6 知，$\int_0^1\frac{\mathrm{d}x}{x^2}$ 发散. 因此原积分发散. □

4.7.3 Γ-函数与 B-函数

(1) Γ-函数

作为反常积分的具体例子，现在简单介绍 Γ-函数，它在理论及应用上都有重要意义. 这个函数定义为

$$\Gamma(p)=\int_0^{+\infty}\mathrm{e}^{-x}x^{p-1}\mathrm{d}x \quad (p>0). \tag{4.7.3}$$

可以证明，这个积分在 $p>0$ 时收敛，因而函数 $\Gamma(p)$ 对 $p>0$ 有定义.

Γ-函数 $\Gamma(p)$ 有以下几个重要性质.

① **递推公式**

$$\Gamma(p+1)=p\Gamma(p) \quad (p>0). \tag{4.7.4}$$

证 因为

$$\Gamma(p+1)=\int_0^{+\infty}\mathrm{e}^{-x}x^p\mathrm{d}x=-\mathrm{e}^{-x}x^p\Big|_0^{+\infty}+p\int_0^{+\infty}\mathrm{e}^{-x}x^{p-1}\mathrm{d}x=p\Gamma(p),$$

其中，$-\mathrm{e}^{x}x^p\Big|_0^{+\infty}$ 理解为对任意的 ε 和 b，有

$$-\mathrm{e}^{-x}x^p\Big|_0^{+\infty}=\lim_{b\to+\infty}\lim_{\varepsilon\to 0^+}[-\mathrm{e}^{-x}x^p]_\varepsilon^b=0.$$

由

$$\Gamma(1)=\int_0^{+\infty}\mathrm{e}^{-x}\mathrm{d}x=1,$$

反复运用递推公式(4.7.4)，得

$\Gamma(2)=1\cdot\Gamma(1)=1,\Gamma(3)=2\cdot\Gamma(2)=2!,\Gamma(4)=3\cdot\Gamma(2)=3!,\cdots$,
一般,对任何正整数 n,有

$$\Gamma(n+1)=n!.$$

所以,可以把 Γ-函数看作阶乘的推广.

② 当 $p\to0^+$ 时,$\Gamma(p)\to+\infty$.

(证明略)

③ 在 $\Gamma(p)=\int_0^{+\infty}\mathrm{e}^{-x}x^{p-1}\mathrm{d}x$ 中,作代换 $x=u^2$,就有

$$\Gamma(p)=2\int_0^{+\infty}\mathrm{e}^{-u^2}u^{2p-1}\mathrm{d}u. \tag{4.7.5}$$

再令 $2p-1=t$,或 $p=\dfrac{1+t}{2}$,得

$$\int_0^{+\infty}\mathrm{e}^{-u^2}u^t\mathrm{d}u=\frac{1}{2}\Gamma\left(\frac{1+t}{2}\right)\quad(t>1). \tag{4.7.6}$$

式(4.7.6)左端是应用中常见的积分,它的值可以通过式(4.7.6)由Γ-函数计算出来.

在式(4.7.5)中令 $p=\dfrac{1}{2}$,得

$$\Gamma\left(\frac{1}{2}\right)=2\int_0^{+\infty}\mathrm{e}^{-u^2}\mathrm{d}u.$$

以后我们将证明 $\int_0^{+\infty}\mathrm{e}^{-u^2}\mathrm{d}u=\dfrac{\sqrt{\pi}}{2}$,从而

$$\Gamma\left(\frac{1}{2}\right)=\sqrt{\pi}. \tag{4.7.7}$$

(2) B-函数

我们可以证明当 $m>0,n>0$ 时反常积分 $\int_0^1 x^{m-1}(1-x)^{n-1}\mathrm{d}x$ 收敛,于是这个积分在 $m>0,n>0$ 的范围内定义了一个以 m 和 n 为自变量的二元函数,称为 B-函数(Beta 函数),记为

$$\mathrm{B}(m,n)=\int_0^1 x^{m-1}(1-x)^{n-1}\mathrm{d}x\quad(m>0,n>0).$$

B-函数是工程中应用很广的一类函数.由换元法容易验证 B-函数关于 m,n 具有对称性,即 $\mathrm{B}(m,n)=\mathrm{B}(n,m)$. B-函数与 Γ-函数之间有如下关系(证明略):

$$\mathrm{B}(m,n)=\frac{\Gamma(n)\Gamma(m)}{\Gamma(m+n)}\quad(m>0,n>0). \tag{4.7.8}$$

例 4.7.8　求 $\int_0^1\sqrt{x-x^2}\,\mathrm{d}x$.

解　$\int_0^1\sqrt{x-x^2}\,\mathrm{d}x=\int_0^1 x^{\frac{1}{2}}(1-x)^{\frac{1}{2}}\mathrm{d}x=\mathrm{B}\left(\frac{3}{2},\frac{3}{2}\right)$,

由式(4.7.8)和式(4.7.4)得

$$\mathrm{B}\left(\frac{3}{2},\frac{3}{2}\right)=\frac{\Gamma\left(\frac{3}{2}\right)\Gamma\left(\frac{3}{2}\right)}{\Gamma(3)}=\frac{\left[\frac{1}{2}\Gamma\left(\frac{1}{2}\right)\right]^2}{2!}=\frac{\pi}{8}.$$ □

习 题 4.7

(A)

1. 回答下列问题：

(1) 无穷积分 $\int_a^{+\infty} f(x)\mathrm{d}x$ 的收敛性是怎样定义的？

(2) 无界函数的反常积分 $\int_a^b f(x)\mathrm{d}x(x=a$ 是奇点)的收敛性是怎样定义的？

2. 用定义判别下列反常积分的敛散性. 如果积分收敛，则计算反常积分的值.

(1) $\int_1^{+\infty} \mathrm{e}^{-2x}\mathrm{d}x$； (2) $\int_1^{+\infty} \frac{x}{4+x^2}\mathrm{d}x$； (3) $\int_0^{+\infty} \frac{x}{\mathrm{e}^x}\mathrm{d}x$；

(4) $\int_{-\infty}^0 \frac{\mathrm{e}^x}{1+\mathrm{e}^x}\mathrm{d}x$； (5) $\int_\pi^{+\infty} \sin y\mathrm{d}y$； (6) $\int_{-\infty}^{+\infty} \frac{\mathrm{d}z}{z^2+25}$；

(7) $\int_{\pi/4}^{\pi/2} \frac{\sin x}{\sqrt{\cos x}}\mathrm{d}x$； (8) $\int_0^4 \frac{\mathrm{d}x}{\sqrt{16-x^2}}$； (9) $\int_{-1}^1 \frac{\mathrm{d}t}{t}$；

(10) $\int_1^{+\infty} \frac{\mathrm{d}x}{\sqrt{x^2+1}}$； (11) $\int_0^1 \frac{x^4+1}{x}\mathrm{d}x$； (12) $\int_4^{20} \frac{1}{y^2-16}\mathrm{d}y$；

(13) $\int_0^1 \frac{\ln x}{x}\mathrm{d}x$； (14) $\int_2^{+\infty} \frac{\mathrm{d}x}{x\ln x}$； (15) $\int_0^\pi \frac{1}{\sqrt{x}}\mathrm{e}^{-\sqrt{x}}\mathrm{d}x$；

(16) $\int_3^{+\infty} \frac{\mathrm{d}x}{x(\ln x)^2}$； (17) $\int_1^2 \frac{\mathrm{d}x}{x\ln x}$； (18) $\int_1^{+\infty} \frac{\ln x}{x^2}\mathrm{d}x$；

(19) $\int_0^{+\infty} \mathrm{e}^{-ax}\sin bx\mathrm{d}x, a>0$； (20) $\int_0^{+\infty} \frac{x\ln x}{(1+x^2)^2}\mathrm{d}x$.

(B)

1. 已知 $\int_{-\infty}^{+\infty} \mathrm{e}^{-x^2}\mathrm{d}x=\sqrt{\pi}$，且 $\int_{-\infty}^{+\infty} A\mathrm{e}^{-x^2-x}\mathrm{d}x=1$，求 A.

2. 计算积分 $\int_{1/2}^{3/2} \frac{\mathrm{d}x}{\sqrt{|x-x^2|}}$.

3. 求 $\int_0^\infty \frac{x\mathrm{e}^{-x}}{(1+\mathrm{e}^{-x})^2}\mathrm{d}x$.

4. 求 $\int_0^{+\infty} x^n\mathrm{e}^{-x}\mathrm{d}x$($n$ 为自然数).

答案与提示

(A)

2. (1) $\frac{1}{2\mathrm{e}^2}$； (2) 发散； (3) 1； (4) ln2； (5) 发散； (6) $\frac{\pi}{5}$； (7) $2^{3/4}$； (8) $\frac{\pi}{2}$；

(9) 发散；(10) 发散；(11) 发散；(12) 发散；(13) 发散；(14) 发散；

(15) $2(1-e^{-\sqrt{\pi}})$；(16) $\frac{1}{\ln 3}$；(17) 发散；(18) 1；(19) $\frac{b}{a^2+b^2}$；(20) 0.

(B)

1. $e^{-\frac{1}{4}}\pi^{-\frac{1}{2}}$.
2. $\frac{\pi}{2}+\ln(2+\sqrt{3})$.
3. $\ln 2$.
4. $n!$

4.8　定积分在几何上的应用

4.8.1　微元法

本章4.1.1小节中所介绍的求曲边梯形面积等两个例子，正体现了定积分定义的基本思想. 概括地说，为了计算一个连续而不均匀地分布在区间$[a,b]$上的量F，我们的方法是分割、近似、求和、取极限. 即先将$[a,b]$分成n个小区间$[x_{i-1},x_i]$($i=1,2,\cdots,n$)，在每个小区间$[x_{i-1},x_i]$上"以直代曲"(或"以匀代不匀")作出F在小区间上的近似值$f(\xi_i)\Delta x_i$，再把它们相加起来得到F在$[a,b]$上的近似值$\sum\limits_{i=1}^{n}f(\xi_i)\Delta x_i$；最后将$[a,b]$无限细分，便得到这个和式的极限，即定积分

$$F=\lim_{n\to\infty}\sum_{i=1}^{n}f(\xi_i)\Delta x_i=\int_a^b f(x)\mathrm{d}x.$$

但在解决具体问题时，每次都套用这四个步骤是极不方便的. 我们可以采用物理学中的习惯语言，将其简化为如下两步.

第一步，任取一小区间$[x,x+\mathrm{d}x]$，求出F在这个小区间上的局部量ΔF的近似值

$$\Delta F\approx \mathrm{d}F=f(x)\mathrm{d}x. \tag{4.8.1}$$

要求$\Delta F-f(x)\mathrm{d}x$是$\mathrm{d}x$的高阶无穷小.

第二步，在$[a,b]$上将$\mathrm{d}F$"相加"，得

$$F=\int_a^b f(x)\mathrm{d}x. \tag{4.8.2}$$

$\mathrm{d}F=f(x)\mathrm{d}x$称为量$F$的**积分微元**，简称**微元**. 找出微元并求其在相应区间上的积分的方法，称为**微元分析法**，简称**微元法**. 在采用微元法时，必须注意以下两点.

① 所求量F关于区间必须是可加的，这是由定积分概念所决定的，在任何定积分的应用问题中都不能忽视.

② 微元法的关键是正确给出ΔF的近似表达式(4.8.1). 在一般情况下，要检验

$\Delta F-f(x)\mathrm{d}x$ 是否为 $\mathrm{d}x$ 的高阶无穷小往往不是一件容易的事.因此对式(4.8.1)的合理性要给予足够的注意.

下面通过一些实例进一步说明微元法的运用.

4.8.2 平面图形的面积

(1) 直角坐标系下平面图形的面积

在本章 4.1.1 小节中,我们已经指出在直角坐标系下,如何用定积分求平面图形的面积,这里不再重复,只举两个例子作为复习.

例 4.8.1 求由 $x=0,x=1,y=\mathrm{e}^x$ 及 $y=\mathrm{e}^{-x}$ 所围图形的面积(见图 4.16).

解 当 $0\leqslant x\leqslant 1$ 时,$\mathrm{e}^x\geqslant \mathrm{e}^{-x}$,因此所求面积为

$$\int_0^1(\mathrm{e}^x-\mathrm{e}^{-x})\mathrm{d}x=(\mathrm{e}^x+\mathrm{e}^{-x})\Big|_0^1=\mathrm{e}+\frac{1}{\mathrm{e}}-2. \quad \square$$

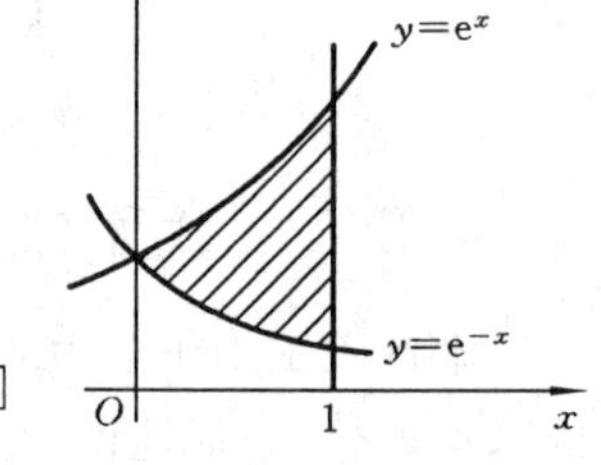

图 4.16

例 4.8.2 求椭圆 $\dfrac{x^2}{a^2}+\dfrac{y^2}{b^2}=1$ 所围图形的面积.

解 利用对称性知,所求面积为图形在第一象限内那部分面积的 4 倍,即为

$$4\int_0^a y\mathrm{d}x=4\int_0^a \frac{b}{a}\sqrt{a^2-x^2}\,\mathrm{d}x=4\int_0^{\pi/2}\frac{b}{a}\sqrt{a^2-a^2\sin^2 t}\;a\cos t\mathrm{d}t$$

$$=4ab\int_0^{\pi/2}\cos^2 t\mathrm{d}t=2ab\int_0^{\pi/2}(1-\cos 2t)\mathrm{d}t=\pi ab. \quad \square$$

(2) 极坐标系下平面图形的面积

设由曲线 $r=r(\theta)$,射线 $\theta=\alpha$ 及 $\theta=\beta$ 围成一个"曲边扇形"(见图 4.17),求它的面积.假设 $\forall\,\theta\in[\alpha,\beta]$,有 $r(\theta)\geqslant 0$.现在我们利用微元法来解这个问题.

取极角 θ 为积分变量.在区间 $[\alpha,\beta]$ 上取出任意的一小段 $[\theta,\theta+\mathrm{d}\theta]$,设法求出相应的窄曲边扇形面积的近似值.当 $\mathrm{d}\theta$ 很小时,我们用半径为 $r=r(\theta)$,中心角为 $\mathrm{d}\theta$ 的圆扇形面积 $\mathrm{d}S$ 近似代替相应于 $[\theta,\theta+\mathrm{d}\theta]$ 的窄曲边扇形面积 ΔS(见图 4.17),即得到曲边扇形的面积微元

$$\mathrm{d}S=\frac{1}{2}[r(\theta)]^2\mathrm{d}\theta.$$

可以证明 $\Delta S-\mathrm{d}S=o(\Delta\theta)$(这里从略),也就是说,$\mathrm{d}S$ 是曲边扇形面积 S 的微分,因此对 θ 从 α 到 β 积分(相当于求无穷和),便得到曲边扇形的面积

$$S=\frac{1}{2}\int_\alpha^\beta[r(\theta)]^2\mathrm{d}\theta. \tag{4.8.3}$$

例 4.8.3 求双纽线 $r^2=a^2\cos 2\theta$ 所围图形的面积(见图 4.18).

解　这图形位于$|\theta|\leqslant\frac{\pi}{4}$与$|\theta|\geqslant\frac{3\pi}{4}$之中. 由对称性,利用式(4.8.3),其面积为

$$S = 4\cdot\frac{1}{2}\int_0^{\pi/4} a^2\cos 2\theta \mathrm{d}\theta = a^2.$$ □

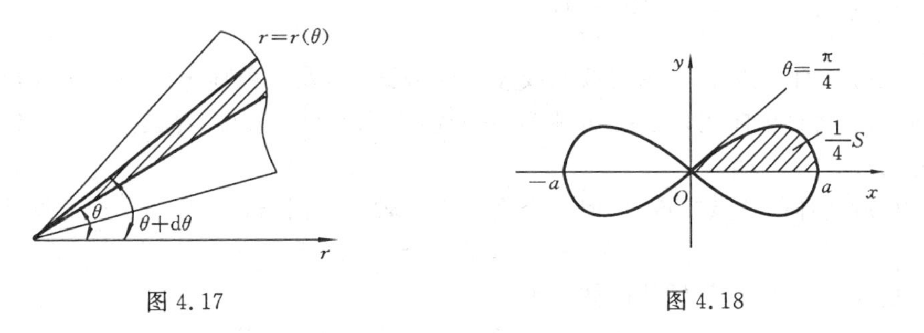

图 4.17　　图 4.18

4.8.3　由已知平面截面面积求体积

设一物体位于平面$x=a$与$x=b(a<b)$之间,设任意一个垂直于x轴的平面与此物体相交的截面积为$A(x)$,并设$A(x)\in C[a,b]$(见图 4.19),求这个物体的体积V.

在$[a,b]$中任意取一个小区间$[x,x+\mathrm{d}x]$,物体中相应的一个薄片的体积,可近似地用一个底面积为$A(x)$、高为$\mathrm{d}x$的扁柱体的体积来代替. 易证物体的体积微元为

$$\mathrm{d}V = A(x)\mathrm{d}x,$$

从而所求的体积为

$$V = \int_a^b A(x)\mathrm{d}x. \tag{4.8.4}$$

例 4.8.4　设一立体的底面是Oxy平面上由曲线$y=\sin x(0\leqslant x\leqslant\pi)$与$x$轴所围成的区域,该立体的每一个垂直于$x$轴的截面都是一个正方形,而这个正方形的底边位于立体的底面上. 求这个立体的体积(见图 4.20).

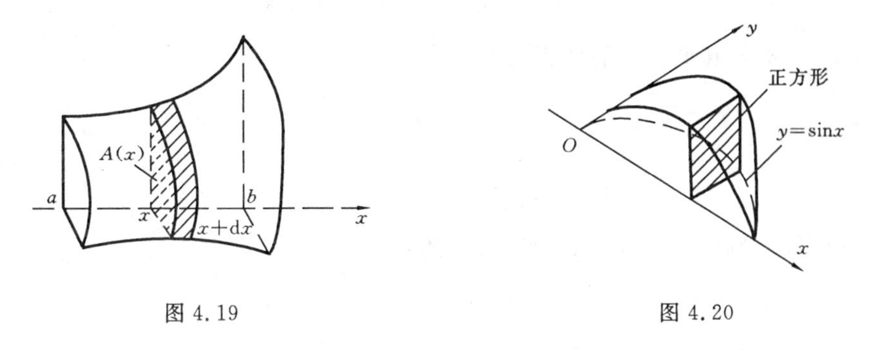

图 4.19　　图 4.20

解　由于截面是正方形,其一边为$\sin x$,故截面的面积为

$$A(x)=\sin^2 x,$$

于是立体的体积为

$$V=\int_0^{\pi}\sin^2 x\mathrm{d}x=2\int_0^{\pi/2}\sin^2 x\mathrm{d}x=\int_0^{\pi/2}(1-\cos 2x)\mathrm{d}x=\frac{\pi}{2}.$$ □

4.8.4 旋转体的体积

设有一曲边梯形,它由连续曲线 $y=f(x)\geqslant 0$ 以及两条直线$x=a,x=b(a<b)$和 x 轴围成.将这个曲边梯形绕 x 轴旋转一周,得到一个旋转体(见图 4.21),求这个旋转体的体积.

由旋转体的特点知道,任何一个垂直于 x 轴的平面与这个立体相交的截面积为

$$A(x)=\pi y^2=\pi[f(x)]^2,$$

所以由式(4.8.4)得旋转体的体积为

$$V=\int_a^b \pi[f(x)]^2\mathrm{d}x. \tag{4.8.5}$$

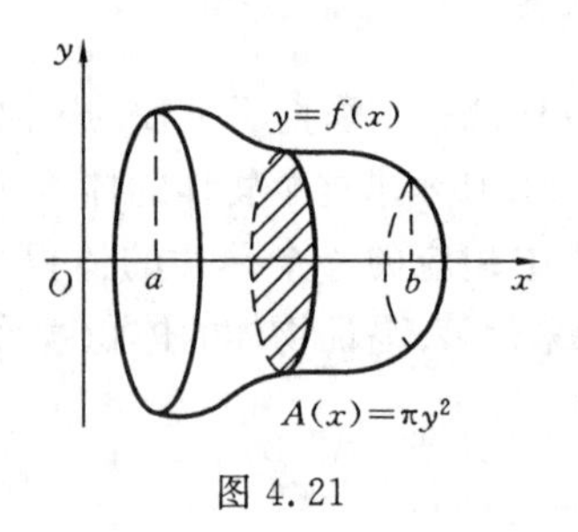

图 4.21

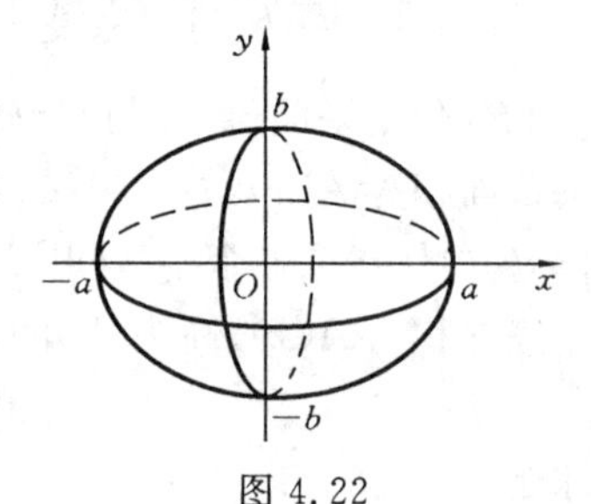

图 4.22

例 4.8.5 求椭圆$\dfrac{x^2}{a^2}+\dfrac{y^2}{b^2}=1$ 分别绕 x 轴、y 轴旋转而成的椭球的体积(见图 4.22).

解 当椭圆绕 x 轴旋转时,考虑上半椭圆,其方程为

$$y=\frac{b}{a}\sqrt{a^2-x^2}\quad(-a\leqslant x\leqslant a),$$

由式(4.8.5)知,旋转椭球体的体积为

$$\begin{aligned}V&=\int_{-a}^{a}\pi\left[\frac{b}{a}\sqrt{a^2-x^2}\right]^2\mathrm{d}x=\frac{\pi b^2}{a^2}\int_{-a}^{a}(a^2-x^2)\\&=\frac{\pi b^2}{a^2}\left[a^2x-\frac{x^3}{3}\right]\Bigg|_{-a}^{a}=\frac{4}{3}\pi ab^2.\end{aligned}$$

当椭圆绕 y 轴旋转时,考虑右半椭圆,其方程为

$$x=\frac{a}{b}\sqrt{b^2-y^2}\quad(-b\leqslant y\leqslant b).$$

与式(4.8.5)类似,椭球的体积应为

$$V=\int_{-b}^{b}\pi\left[\frac{a}{b}\sqrt{b^2-y^2}\right]^2\mathrm{d}y=\frac{4}{3}\pi a^2 b.$$ □

例 4.8.6　由连续曲线 $y=f(x)\geqslant 0$,直线 $x=a$ 和 $x=b$ 以及 x 轴围成一个曲边梯形,它绕 y 轴旋转一周所产生的旋转体的体积是多少?

解　在$[a,b]$上任取一小段$[x,x+\mathrm{d}x]$,则相应的小曲边梯形绕 y 轴旋转一周所得的体积 ΔV,可近似地用一个小矩形绕 y 轴旋转所得体积来代替,这个小矩形的底边为 $\mathrm{d}x$,高为 $f(x)$(见图4.23).具体地说,就是

$$\begin{aligned}\Delta V &\approx \pi[(x+\mathrm{d}x)^2-x^2]f(x)\\ &=2\pi x f(x)\mathrm{d}x+\pi f(x)(\mathrm{d}x)^2\\ &\approx 2\pi x f(x)\mathrm{d}x,\end{aligned}$$

即体积微元为 $\mathrm{d}V=2\pi x f(x)\mathrm{d}x$.

将 $\mathrm{d}V$ 在$[a,b]$上“无限求和”,即得

$$V=2\pi\int_a^b xf(x)\mathrm{d}x. \qquad (4.8.6)\ \square$$

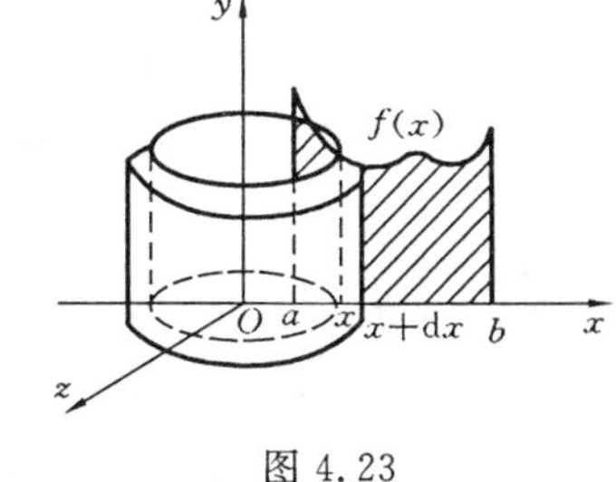

图 4.23

4.8.5　光滑平面曲线的弧长与曲率

(1) 弧长

设有光滑平面曲线[①] $l: y=f(x)(a\leqslant x\leqslant b)$,$f(x)$具有一阶连续导数,求 l 的长度.仍然用微元法来分析.

在$[a,b]$上任取一小段$[x,x+\mathrm{d}x]$,这一小段所对应的一段弧的长度,可以用曲线在点$(x,f(x))$处的切线上相应的一小段的长度来近似代替(见图4.24),即**弧长微元(或弧长微分)**

$$\Delta s\approx \mathrm{d}s=\sqrt{(\mathrm{d}x)^2+(\mathrm{d}y)^2}=\sqrt{1+[f'(x)]^2}\,\mathrm{d}x.$$

将 $\mathrm{d}s$ 在$[a,b]$上“无限求和”,得弧长公式

$$s=\int_a^b\sqrt{1+[f'(x)]^2}\,\mathrm{d}x. \qquad (4.8.7)$$

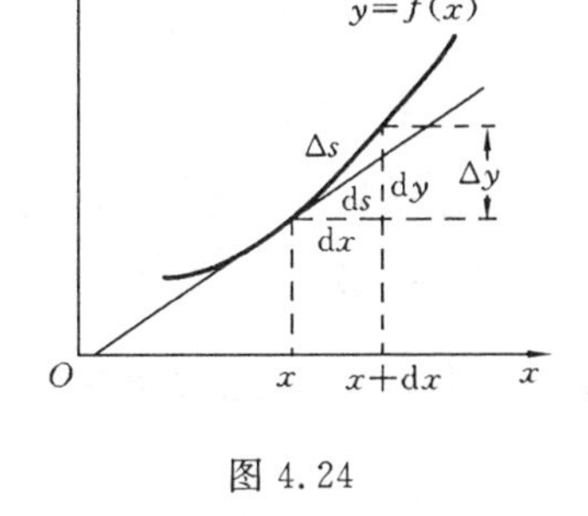

图 4.24

当曲线 l 是用参数方程

$$\begin{cases}x=\varphi(t),\\ y=\psi(t)\end{cases}\quad(\alpha\leqslant t\leqslant\beta)$$

表示时,弧长微分为

$$\mathrm{d}s=\sqrt{(\mathrm{d}x)^2+(\mathrm{d}y)^2}=\sqrt{[\varphi'(t)]^2+[\psi'(t)]^2}\,\mathrm{d}t,$$

故所求弧长为

$$s=\int_\alpha^\beta\sqrt{[\varphi'(t)]^2+[\psi'(t)]^2}\,\mathrm{d}t \qquad (4.8.8)$$

---

① 曲线上每一点处都有切线,且切线随切点移动而连续转动,这样的曲线称为**光滑平面曲线**.

当曲线 l 用极坐标方程

$$r=r(\theta)\quad(\theta_0\leqslant\theta\leqslant\theta_1)$$

表示时,其参数方程为

$$\begin{cases}x=r(\theta)\cos\theta,\\ y=r(\theta)\sin\theta\end{cases}\quad(\theta_0\leqslant\theta\leqslant\theta_1).$$

因此,由式(4.8.8)可得 l 的弧长为

$$\begin{aligned}s&=\int_{\theta_0}^{\theta_1}\sqrt{[r'(\theta)\cos\theta-r(\theta)\sin\theta]^2+[r'(\theta)\sin\theta+r(\theta)\cos\theta]^2}\,\mathrm{d}\theta\\&=\int_{\theta_0}^{\theta_1}\sqrt{r^2(\theta)+[r'(\theta)]^2}\,\mathrm{d}\theta.\end{aligned}\tag{4.8.9}$$

例 4.8.7　图 4.25 所示的是**悬链线**,其方程为

$$y=\frac{1}{2}(\mathrm{e}^x+\mathrm{e}^{-x})=\cosh x,$$

它描述两根电线杆之间的电线的形态.试求悬链线上从 $x=-1$ 到 $x=1$ 之间的一段弧长.

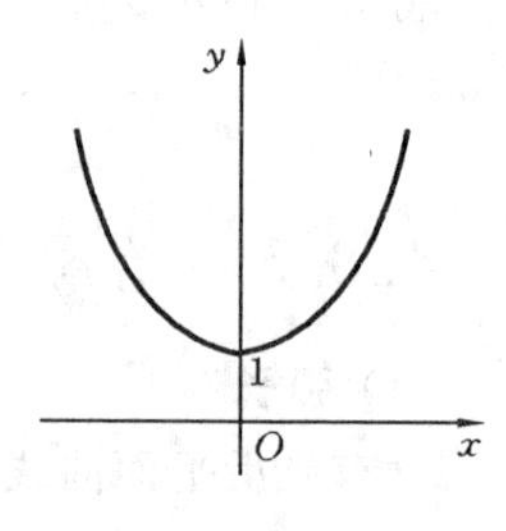

图 4.25

解　因 $y'=\frac{1}{2}(\mathrm{e}^x-\mathrm{e}^{-x})=\sinh x$,故弧长微分为

$$\mathrm{d}s=\sqrt{1+y'^2}\,\mathrm{d}x=\sqrt{1+\sinh^2x}\,\mathrm{d}x=\cosh x\mathrm{d}x.$$

利用对称性,所求弧长为

$$s=2\int_0^1\cosh x\mathrm{d}x=2\sinh x\Big|_0^1=2\sinh 1=\mathrm{e}-\frac{1}{\mathrm{e}}.\qquad\square$$

例 4.8.8　求星形线(见图 4.26)$x=a\cos^3t$,$y=a\sin^3t$ 的弧长.

解　由对称性知,只需求它在第一象限内的一段弧长乘 4 即可,此时参数 t 由 0 到 $\frac{\pi}{2}$.因此所求弧长为

$$\begin{aligned}s&=4\int_0^{\pi/2}\sqrt{x'(t)^2+y'(t)^2}\,\mathrm{d}t\\&=4\int_0^{\pi/2}\sqrt{(-3a\cos^2t\sin t)^2+(3a\sin^2t\cos t)^2}\,\mathrm{d}t\\&=12a\int_0^{\pi/2}\cos t\sin t\mathrm{d}t=6a\sin^2t\Big|_0^{\pi/2}=6a.\qquad\square\end{aligned}$$

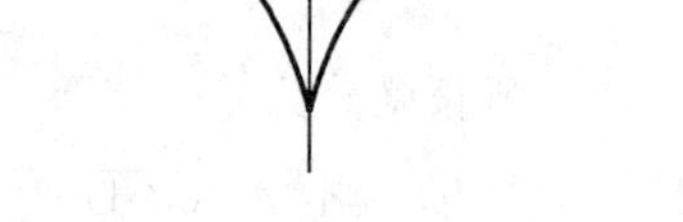

图 4.26

(2) 曲率

现在我们利用弧长引进平面曲线的曲率概念,它能反映曲线弯曲的程度.

设有光滑的平面曲线 l,其参数方程为

$$\begin{cases}x=x(t),\\ y=y(t)\end{cases}\quad(\alpha\leqslant t\leqslant\beta).\tag{4.8.10}$$

在 l 上任取两点 M 和 M_1，令 φ 表示 l 在 M 点处的切线与正实轴的夹角，$\varphi+\Delta\varphi$ 表示 l 在 M_1 点处的切线与正实轴的夹角. 又令 Δs 表示弧长$\overparen{MM_1}$，则比值$\dfrac{\Delta\varphi}{\Delta s}$刻画曲线 l 在 M 点附近弯曲的程度(见图 4.27).

曲线段$\overparen{MM_1}$的平均曲率定义为

$$\bar{k}=\left|\frac{\Delta\varphi}{\Delta s}\right|,$$

若极限

$$k=\left|\lim_{\Delta s\to 0}\frac{\Delta\varphi}{\Delta s}\right|$$

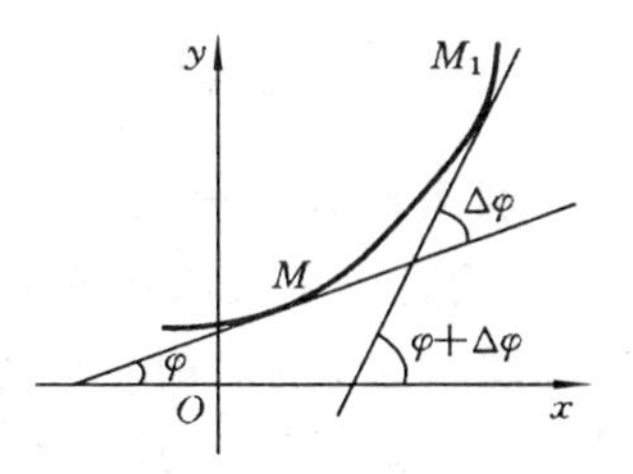

图 4.27

存在，则称 k 为曲线 l 在 M 点处的**曲率**. 根据曲线的参数方程(4.8.10)，可以算出

$$\tan\varphi=\frac{y'(t)}{x'(t)},$$

即

$$\varphi=\arctan\frac{y'(t)}{x'(t)}.$$

故

$$\frac{d\varphi}{dt}=\frac{\left[\dfrac{y'(t)}{x'(t)}\right]'_t}{1+\left[\dfrac{y'(t)}{x'(t)}\right]^2}.$$

又

$$\frac{ds}{dt}=\sqrt{[x'(t)]^2+[y'(t)]^2},$$

于是得

$$k=\lim_{\Delta s\to 0}\left|\frac{\dfrac{\Delta\varphi}{\Delta t}}{\dfrac{\Delta s}{\Delta t}}\right|=\left|\frac{\dfrac{d\varphi}{dt}}{\dfrac{ds}{dt}}\right|=\left|\frac{x'y''-x''y'}{(x'^2+y'^2)^{3/2}}\right|. \tag{4.8.11}$$

若曲线 l 由方程 $y=f(x)$表示，则由式(4.8.11)得

$$k=\frac{|y''|}{(1+y'^2)^{3/2}}. \tag{4.8.12}$$

若曲线 l 由极坐标方程 $r=r(\theta)$表示，则

$$k=\frac{|r^2+2r'^2-rr''|}{(r^2+r'^2)^{3/2}}. \tag{4.8.13}$$

若光滑曲线 l 在 M 点的曲率为 k，则

$$R=\frac{1}{k}$$

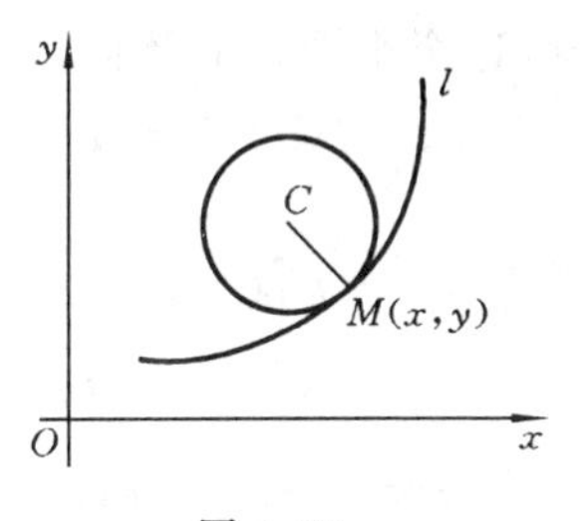

图 4.28

称为 l 在 M 点的**曲率半径**. 我们在 M 点处的曲线的法线上，在凹的一侧取一 C 点，使得 $CM=R$(见图 4.28)，以 C 点为中心、R 为半径作圆，这个圆称为曲线在 M 点处的**曲率圆**，而曲率圆的圆心 C 称为曲线在 M 点处的**曲率中心**. 于是曲率圆与曲线 l 在 M 点处有二阶接触，

即相交,相切(一阶导数相等,二阶导数也相等).

例 4.8.9 求抛物线 $y^2=2px$ 上任一点处的曲率.

解 $y'=\dfrac{p}{y}, y''=-\dfrac{p^2}{y^3}$. 代入式(4.8.12)得

$$k=\left|\frac{-p^2/y^3}{(1+p^2/y^2)^{3/2}}\right|=\frac{p^2}{(y^2+p^2)^{3/2}}=\frac{p^{1/2}}{(2x+p)^{3/2}}.$$ □

例 4.8.10 设工件内表面的截线为抛物线 $y=0.4x^2$. 现在要用砂轮磨削其内表面. 问用直径多大的砂轮才比较合适(见图 4.29)?

解 为了在磨削时不使砂轮与工件接触处附近的那部分工件磨去太多,砂轮的半径应小于或等于抛物线上各点处曲率半径中的最小值.

抛物线 $y=0.4x^2$ 上任一点处的曲率为

$$k=\frac{0.8}{[1+(0.8x)^2]^{3/2}}=\frac{0.8}{(1+0.64x^2)^{3/2}},$$

显然,当 $x=0$ 时,曲率 k 最大,这个最大曲率为 0.8,因而求得抛物线顶点处的曲率半径

$$R=\frac{1}{0.8}=1.25.$$

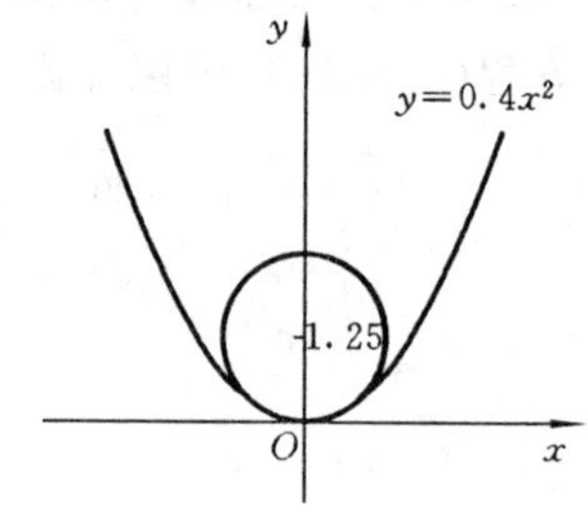

图 4.29

所选用砂轮的半径不得超过 1.25 单位长.

用砂轮磨削一般工件的内表面时,也有类似的结论,即选用的砂轮半径不应超过这工件内表面的截线上各点处曲率半径中的最小值. □

4.8.6 旋转体的侧面积

设光滑平面曲线 l 的方程为

$$y=f(x), \quad x\in[a,b],$$

并设 $f(x)\geqslant 0$. 求曲线 l 绕 x 轴旋转一周所得旋转体的侧面积 S.

我们仍用微元法讨论. 取$[a,b]$中的一小段$[x,x+\Delta x]$,过 $x, x+\Delta x$ 点分别作垂直于 x 轴的平面,它们在旋转体的侧面截下一条狭带(见图 4.30). 当 Δx 很小时,这个狭带的面积可用小圆台的侧面积近似代替,这个小圆台的侧面积为

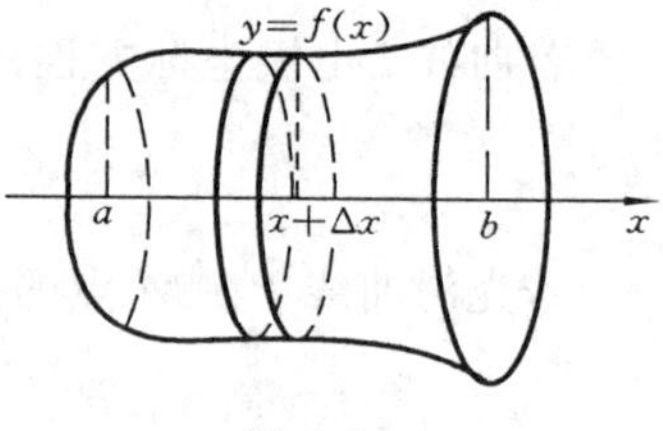

$$2\pi\frac{f(x)+f(x+\Delta x)}{2}\cdot\sqrt{\Delta x^2+\Delta y^2},$$

图 4.30

其中,$\Delta y=f(x+\Delta x)-f(x)$. 于是

$$\Delta S\approx 2\pi\frac{f(x)+f(x+\Delta x)}{2}\cdot\sqrt{\Delta x^2+\Delta y^2}. \tag{4.8.14}$$

因为 $f'(x)$连续,故当 Δx 充分小时,有

$$\frac{f(x)+f(x+\Delta x)}{2}\approx f(x),$$

$$\sqrt{\Delta x^2+\Delta y^2}=\sqrt{1+\left(\frac{\Delta y}{\Delta x}\right)^2}\Delta x\approx\sqrt{1+[f'(x)]^2}\Delta x,$$

因此式(4.8.14)变成

$$\Delta S\approx 2\pi f(x)\sqrt{1+[f'(x)]^2}\Delta x,$$

或

$$\mathrm{d}S=2\pi f(x)\sqrt{1+[f'(x)]^2}\mathrm{d}x,$$

这又可简单地看作一个圆柱片的侧面积，该圆柱的底圆半径为 $f(x)$，厚为 $\mathrm{d}s=\sqrt{1+[f'(x)]^2}\mathrm{d}x$. 积分后即得旋转体的侧面积公式

$$S=2\pi\int_a^b f(x)\sqrt{1+[f'(x)]^2}\mathrm{d}x. \tag{4.8.15}$$

例 4.8.11　求半径为 R 的球的表面积.

解　问题就是求上半圆周绕 x 轴旋转所得曲面的面积. 由式(4.8.15)得

$$\begin{aligned}S&=2\pi\int_{-R}^{R}\sqrt{R^2-x^2}\cdot\sqrt{1+\frac{x^2}{R^2-x^2}}\mathrm{d}x\\&=2\pi\int_{-R}^{R}\sqrt{R^2-x^2}\cdot\frac{R}{\sqrt{R^2-x^2}}\mathrm{d}x=4\pi R^2.\end{aligned}$$

□

若曲线 l 由参数方程

$$x=x(t),\quad y=y(t),\quad \alpha\leqslant t\leqslant\beta$$

表示，且设 $x'(t)\geqslant 0$(用来保证曲线上点的 x 坐标单调增加)及 $y(t)\geqslant 0$，则 l 绕 x 轴旋转所得旋转体的侧面积公式为

$$S=2\pi\int_\alpha^\beta y(t)\sqrt{x'^2(t)+y'^2(t)}\mathrm{d}t. \tag{4.8.16}$$

例 4.8.12　求由星形线 $x=a\cos^3 t, y=a\sin^3 t$(见图 4.26)绕 x 轴旋转所得旋转体的表面积.

解　由对称性及式(4.8.16)，得

$$\begin{aligned}S&=2\cdot 2\pi\int_0^{\pi/2}a\sin^3 t\sqrt{(3a\cos^2 t\sin t)^2+(3a\sin^2 t\cos t)^2}\mathrm{d}t\\&=12\pi a^2\int_0^{\pi/2}\sin^4 t\cos t\mathrm{d}t=\frac{12}{5}\pi a^2.\end{aligned}$$

□

习　题　4.8

(A)

1. 求下列曲线所围图形的面积：

(1) $y=x^2$ 与 $y=2x+3$；　(2) $y=\sqrt{x}$ 与 $y=x$；

(3) $y^2=2x$ 与 $x=5$；　(4) $y=x$ 与 $y=x+\sin^2 x$ $(0\leqslant x\leqslant\pi)$；

(5) $x^2+9y^2=1$；　(6) $y^2=1+2x-x^2$ 与 $x^2+y^2=1$.

2. 求下列极坐标表示的曲线所围图形的面积：

(1) $r=2a\cos\theta$；　(2) $r=3\cos\theta$ 与 $r=1+\cos\theta$ 所围图形的公共部分.

3. 曲线 $y=(x-1)(x-2)$ 和 x 轴围成一平面图形,求此平面图形绕 y 轴旋转一周所成旋转体的体积.

4. 求由曲线 $y=\sqrt{x}$ 及 $y=x^2$ 所围平面图形绕 x 轴旋转所得旋转体的体积.

5. 求曲线 $y=\ln(1-x^2)$ 上相应于 $0\leqslant x\leqslant\dfrac{1}{2}$ 的一段弧的长度.

6. 求曲线 $y=\int_0^{\frac{x}{n}} n\sqrt{\sin\theta}\,\mathrm{d}\theta$ 的全长,其中,$0\leqslant x\leqslant n\pi$,$n$ 为正整数.

7. 求曲线(圆的渐伸线)$x=a(\cos t+t\sin t)$,$y=a(\sin t-t\cos t)$ $(a>0,0\leqslant t\leqslant 2\pi)$ 的弧长.

8. 求心脏线 $r=a(1+\cos\theta)$ 的全长.

(B)

1. 当曲边梯形的曲边由参数方程 $x=\varphi(t)$,$y=\psi(t)$ $(t_0\leqslant t\leqslant t_1)$ 给出时,曲边梯形的面积为 $S=\int_{t_0}^{t_1}\psi(t)\varphi'(t)\,\mathrm{d}t$,其中 t_0 与 t_1 分别是对应于曲边的起点及终点的参数值.试利用上述公式计算下列曲线所围图形的面积：

(1) $\begin{cases} x=2t-t^2, \\ y=2t^2-t^3; \end{cases}$　(2) $\begin{cases} x=a\cos^3 t, \\ y=a\sin^3 t; \end{cases}$　(3) $\begin{cases} x=a(t-\sin t), \\ y=a(1-\cos t) \end{cases}$ $(0\leqslant t\leqslant 2\pi)$ 及 $y=0$.

2. 一立体的底面为一半径为 R 的圆盘,其垂直于 x 轴的截面是一等边三角形.求这个立体的体积.

3. 设平面图形 A 由 $x^2+y^2\leqslant 2x$ 与 $y\geqslant x$ 所确定,求图形 A 绕直线 $x=2$ 旋转一周所得旋转体的体积.

4. 求下列曲线的曲率及曲率半径：

(1) $y=\ln x$,在点$(1,0)$；　(2) $r^2=2a^2\cos 2\theta$(双纽线)；　(3) $x=a\cos^3 t$,$y=a\sin^3 t$.

5. 证明抛物线 $y=ax^2+bx+c$ 在顶点处的曲率半径为最小.

6. 求下列平面曲线绕指定轴旋转所得旋转体的侧面积：

(1) $y=\sin x$,$0\leqslant x\leqslant\pi$,绕 x 轴；

(2) $x=a(t-\sin t)$,$y=a(1-\cos t)$,$0\leqslant t\leqslant 2\pi$,绕直线 $y=2a$；

(3) $r=a(1+\cos\theta)$,$0\leqslant\theta\leqslant 2\pi$,绕极轴.

7. 求证:球带的面积等于球的最大圆周长与球带高的乘积.

答案与提示

(A)

1. (1) $\dfrac{32}{3}$；　(2) $\dfrac{1}{6}$；　(3) $\dfrac{20}{3}\sqrt{10}$；　(4) $\dfrac{\pi}{2}$；　(5) $\dfrac{\pi}{3}$；　(6) $\pi-1$.

2. (1) πa^2；　(2) $\dfrac{5\pi}{4}$.

3. $\dfrac{\pi}{2}$.

4. $\frac{3\pi}{10}$.

5. $\ln3-\frac{1}{2}$.

6. $4n$.

7. $2a\pi^2$.

8. $8a$.

(B)

1. (1) $\frac{8}{15}$；　(2) $\frac{3}{8}\pi a^2$；　(3) $3\pi a^2$.

2. $\frac{4}{3}\sqrt{3}R^3$.

3. $\frac{\pi^2}{2}-\frac{2\pi}{3}$.

4. (1) $k=\frac{1}{2\sqrt{2}}, R=2\sqrt{2}$；　(2) $k=\frac{3r}{2a^2}, R=\frac{2a^2}{3r}$；　(3) $k=\frac{1}{3a|\sin t\cos t|}, R=3a|\sin t\cos t|$.

6. (1) $2\sqrt{2}\pi+2\pi\ln(1+\sqrt{2})$；　(2) $\frac{32}{3}\pi a^2$；　(3) $\frac{32}{5}\pi a^2$.

4.9　定积分在物理上的应用

在 17 世纪，面积、体积和弧长等几何问题极大地推动了微积分的发展，而牛顿成功地把微积分应用于物理问题，则更加显示了这一新数学工具的威力. 本节将介绍变力作功、重心、引力及液体的静压力等问题.

4.9.1　变力作功

由物理学知，若物体沿直线运动时受一不变的力 F 作用，且力 F 的方向与物体运动方向一致，则在物体移动了距离 s 时，力 F 对物体所作的功为

$$W = F \cdot s.$$

下面考虑 F 是变力的情形.

例 4.9.1　一条 28 m 长、20 kg 重的均匀铁链从屋顶悬垂下来(见图 4.31). 要对铁链作多少功才能把整条铁链拉到屋顶上?

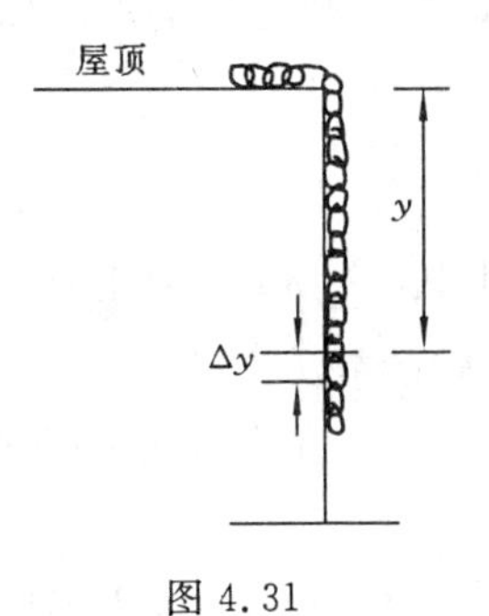

图 4.31

解　由于 20 kg 的铁链所具有的重力是

$$20 \times 9.8 = 196\ (\mathrm{N}),$$

因此解答似乎是 196 N×28 m=5488 J. 但是，请注意并不是整条铁链都要移动28 m，靠近屋顶的部分显然就移动得少一些.

我们在铁链上任取一小段 Δy(见图 4.31),则这一小段的重力是 $7\Delta y$ (N) $\left(\frac{196}{28}=7\right)$. 当 Δy 很小时,$y+\Delta y\approx y$,因此,把这一小段拉到屋顶上所作的功近似等于

$$7\Delta y \cdot y = 7y\Delta y \text{ (J)}.$$

当 $\Delta y\to 0$ 时,即得到微分式

$$\mathrm{d}W = 7y\mathrm{d}y$$

于是将整条铁链拉到屋顶上所作的功为

$$W = \int_0^{28} 7y\mathrm{d}y = \frac{7}{2}y^2\bigg|_0^{28} = 2\,744 \text{ (J)}.$$

□

例 4.9.2 设有一容器,其顶部所在的平面与铅直轴 Ox 相交于原点 O. 设容器中水表面与 Ox 轴相截于 $x=a$,底面与 Ox 轴相截于 $x=b$. 如果垂直于 Ox 轴的平面截容器所得的截面积为已知的 $S(x)$(见图 4.32),试问要把容器中的水全部抽出需作多少功?

解 如图 4.32 所示,取$[a,b]$上任一小区间$[x,x+\mathrm{d}x]$的一薄层水,其高度为 $\mathrm{d}x$. 由于水的密度为 1 000 kg/m^3,因此若 x 的单位为 m,则这薄层水的重量近似等于$1\,000S(x)\mathrm{d}x$. 于是抽出这薄层水需作的功就近似地等于

$$\mathrm{d}W = 1\,000gxS(x)\mathrm{d}x.$$

于是将容器内的水全部抽出所需作的功为

$$W = \int_a^b 1\,000gxS(x)\mathrm{d}x.$$

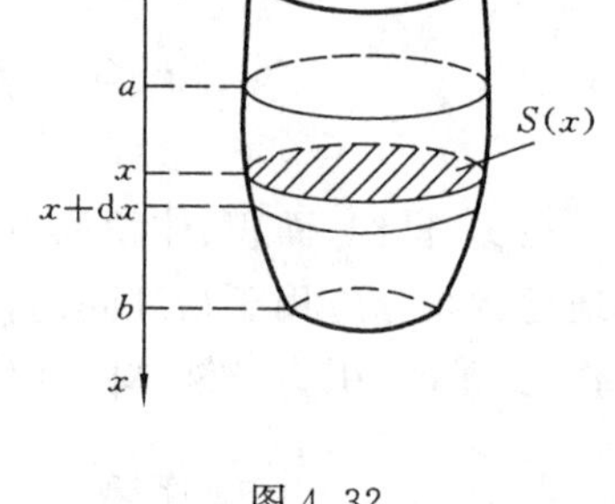

图 4.32

其中,g 为重力加速度. □

4.9.2 质心

假设平面上有 n 个质点 $P_i(x_i,y_i)$,质量分别为 m_i,$i=1,2,\cdots,n$. 由物理知识可知,这个质点组的质心$(\overline{x},\overline{y})$可表示为

$$\overline{x} = \frac{\sum m_i x_i}{\sum m_i}, \quad \overline{y} = \frac{\sum m_i y_i}{\sum m_i}, \tag{4.9.1}$$

其中,$\sum m_i = M$是质点组的总质量,$\sum m_i x_i$ 与 $\sum m_i y_i$ 分别为这个质点组对 y 轴和 x 轴的静力矩.

现在我们讨论平面曲线的质心的求法. 设平面曲线 l 的参数方程为

$$x = x(t), \quad y = y(t) \quad (\alpha \leqslant t \leqslant \beta),$$

其中,$x'(t)$与 $y'(t)$连续且不同时为零. 假设 l 的线密度为$\rho(t)\in C[\alpha,\beta]$,我们先导出

曲线 l 的质量公式. 由本章 4.8.5 小节知, $\forall t\in[\alpha,\beta]$, 曲线段(对应$[\alpha,t]$)的弧长为

$$s(t)=\int_{\alpha}^{t}\sqrt{[x'(\tau)]^2+[y'(\tau)]^2}\,\mathrm{d}\tau,$$

它有反函数 $t=t(s)$, s 是弧长. 在曲线 l 上任取一小段曲线$[s,s+\mathrm{d}s]$, 当 $\mathrm{d}s$ 很小时可近似看成一个质点, 因而质量微元

$$\mathrm{d}M=\rho(t(s))\mathrm{d}s,$$

于是 l 的质量

$$M=\int_{0}^{s_0}\rho(t(s))\mathrm{d}s\quad(s_0 \text{ 是 } l \text{ 的全长})$$

$$=\int_{\alpha}^{\beta}\rho(t)\sqrt{[x'(t)]^2+[y'(t)]^2}\,\mathrm{d}t. \tag{4.9.2}$$

现在求曲线 l 的质心. 任取曲线的一小段$[s,s+\mathrm{d}s]$, 则将它近似地看成一个质点时, 得关于 y 轴和 x 轴的静力矩微元分别为

$$\mathrm{d}M_y=\rho(t(s))x(t(s))\mathrm{d}s,\quad \mathrm{d}M_x=\rho(t(s))y(t(s))\mathrm{d}s.$$

于是曲线 l 对 y 轴和 x 轴的静力矩分别为

$$M_y=\int_{0}^{s_0}\rho(t(s))x(t(s))\mathrm{d}s=\int_{\alpha}^{\beta}\rho(t)x(t)\sqrt{[x'(t)]^2+[y'(t)]^2}\,\mathrm{d}t,$$

$$M_x=\int_{\alpha}^{\beta}\rho(t)y(t)\sqrt{[x'(t)]^2+[y'(t)]^2}\,\mathrm{d}t.$$

因此, 曲线 l 的质心为

$$\overline{x}=\frac{1}{M}\int_{\alpha}^{\beta}\rho(t)x(t)\sqrt{[x'(t)]^2+[y'(t)]^2}\,\mathrm{d}t,$$

$$\overline{y}=\frac{1}{M}\int_{\alpha}^{\beta}\rho(t)y(t)\sqrt{[x'(t)]^2+[y'(t)]^2}\,\mathrm{d}t, \tag{4.9.3}$$

其中, M 由式(4.9.2)给出.

例 4.9.3　试求半径为 R 的上半圆周的质心.

解　设圆周的参数方程为

$$\begin{cases}x=R\cos t,\\ y=R\sin t\end{cases}\quad(0\leqslant t\leqslant\pi),$$

由题意知, 半圆周是密度均匀的, 无妨设 $\rho=1$. 于是由式(4.9.3), 得

$$\overline{x}=\frac{1}{\pi R}\int_{0}^{\pi}R\cos t\cdot R\mathrm{d}t=0,$$

$$\overline{y}=\frac{1}{\pi R}\int_{0}^{\pi}R\sin t\cdot R\mathrm{d}t=\frac{2R}{\pi}.$$

□

现在我们再来考虑平面图形**质心**的求法.

设 $f(x),g(x)\in C[a,b]$, 且 $f(x)\geqslant g(x)\geqslant 0$, A 是由$y=f(x)$, $y=g(x)$, $x=a$, $x=b$围成的平面图形. 它的质量均匀分布, 不妨设面密度为 1. 求 A 的质心(见图 4.33).

任取$[x,x+\mathrm{d}x]$,A中对应的小狭条的质量为$[f(x)-g(x)]\mathrm{d}x$. 当$\mathrm{d}x$很小时,我们可假定这小狭条的质量全部集中在它的质心上,而小狭条又可近似地看作是一小长方形,因此,小狭条的质心就是小长方形的形心,即质心到x轴的距离是$\frac{1}{2}[f(x)+g(x)]$,到y轴的距离是$x+\frac{\mathrm{d}x}{2}$. 于是,小狭条对x轴和y轴的静力矩分别为

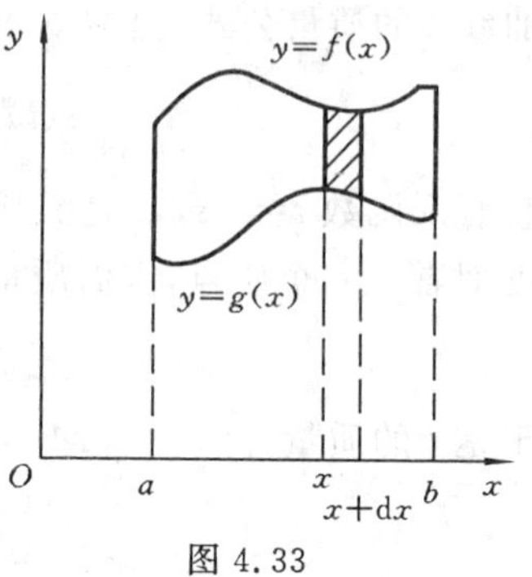

图 4.33

$$\Delta M_y=\left(x+\frac{\mathrm{d}x}{2}\right)[f(x)-g(x)]\mathrm{d}x\approx x[f(x)-g(x)]\mathrm{d}x,$$

$$\Delta M_x=\frac{1}{2}[f(x)+g(x)][f(x)-g(x)]\mathrm{d}x=\frac{1}{2}[f^2(x)-g^2(x)]\mathrm{d}x,$$

因此,静力矩微元是

$$\mathrm{d}M_y=x[f(x)-g(x)]\mathrm{d}x,$$

$$\mathrm{d}M_x=\frac{1}{2}[f^2(x)-g^2(x)]\mathrm{d}x.$$

于是平面图形A的静力矩为

$$M_y=\int_a^b x[f(x)-g(x)]\mathrm{d}x,\quad M_x=\frac{1}{2}\int_a^b[f^2(x)-g^2(x)]\mathrm{d}x.$$

总质量

$$M=\int_a^b[f(x)-g(x)]\mathrm{d}x.$$

因此,质心坐标为

$$\bar{x}=\frac{M_y}{M}=\frac{\int_a^b x[f(x)-g(x)]\mathrm{d}x}{\int_a^b[f(x)-g(x)]\mathrm{d}x},\tag{4.9.4}$$

$$\bar{y}=\frac{M_x}{M}=\frac{\frac{1}{2}\int_a^b[f^2(x)-g^2(x)]\mathrm{d}x}{\int_a^b[f(x)-g(x)]\mathrm{d}x}.\tag{4.9.5}$$

4.9.3　引力

我们在本章4.7节的例4.7.3中曾提到引力公式,现在利用定积分来计算引力.

设有两个质点,质量分别为m_1与m_2. 根据万有引力定律可知,这两个质点之间的引力

$$F=G\frac{m_1m_2}{r^2},\tag{4.9.6}$$

其中,G是引力常数,r为这两个质点之间的距离.

如果考虑两个物体之间的引力，一般来说需要用到后面讲的重积分才能解决．但是在某些简单情况下也可以用定积分加以解决．

例 4.9.4　有一线密度为常数 ρ、长度为 l 的细杆，有一质量为 m 的质点到杆右端的距离为 a．已知引力系数为 G，求质点与细杆之间的引力．

解　如图 4.34 所示建立坐标系，将细杆放在 x 轴上，杆的右端放在原点 O 处．我们用微元法分析一下．在杆上任取一小段$[x,x+\mathrm{d}x]$，其质量为 $\rho\mathrm{d}x$．把这一小段近似地看成一个质点，并把质量全部集中在 x 处，则它与已知质点的距离为 $a-x$．根据引力公式(4.9.6)可知，引力微元为

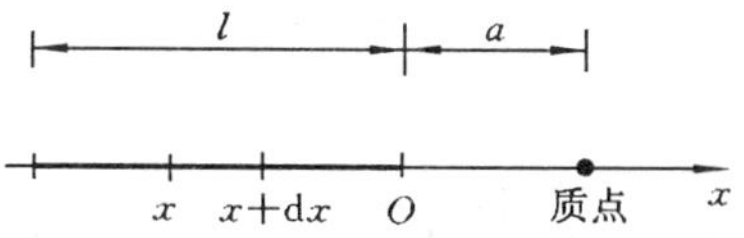

$$\mathrm{d}F=G\,\frac{m\rho\mathrm{d}x}{(a-x)^2},$$

图 4.34

所以细杆与质点间的引力大小为

$$F=\int_{-l}^{0}\frac{Gm\rho}{(a-x)^2}\mathrm{d}x=Gm\rho\int_{-l}^{0}\frac{\mathrm{d}x}{(a-x)^2}=Gm\rho\cdot\frac{1}{a-x}\Bigg|_{-l}^{0}=\frac{Gm\rho l}{a(a+l)}.\quad\square$$

4.9.4　液体的静压力

在设计水坝的闸门时，需要考虑水对闸门的静压力．这类求液体的静压力问题，也可以利用定积分来解决．基本想法是利用压强来求静压力．所谓**压强**是指单位面积所受到的压力．关于压强有两点应指出，即

① 在液体中任一点处，各个方向的压强都是相等的；

② 压强随深度的增加而增加(压强＝深度×液体密度×g)．

现在考虑一个具体的问题．

例 4.9.5　一直径为 6 m 的圆形管道，有一道闸门，问盛水半满时，闸门所受的静压力为多少？

解　如图 4.35 所示建立坐标系．由对称性，只需求出圆形闸门在第一象限部分所受的静压力 P，则整个闸门所受的静压力就是 $2P$．由题设知，圆的方程为

$$x^2+y^2=9.$$

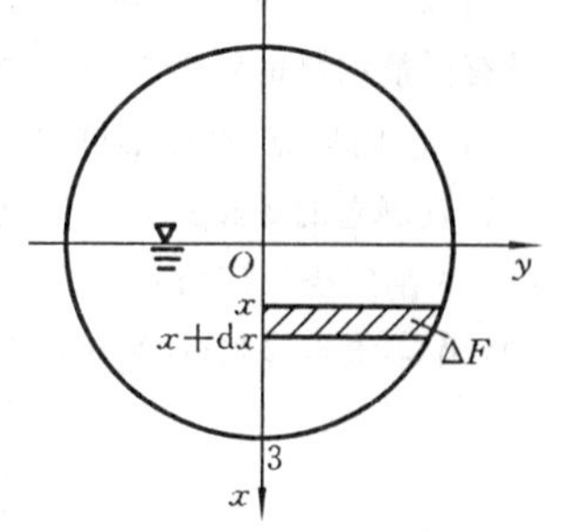

图 4.35

在区间$[0,3]$上任取一小段$[x,x+\mathrm{d}x]$．用 ΔF 表示闸门从深度 x 到 $x+\mathrm{d}x$ 的一层(见图 4.35)，则当 $\mathrm{d}x$ 很小时，ΔF 上各点的压强$\approx xg\cdot 10^3$(Pa)，而 ΔF 的面积$\approx\sqrt{9-x^2}\,\mathrm{d}x$ (m^2)，因此 ΔF 上所受到的水的静压力

$$\Delta P=\text{压强}\times\text{面积}\approx xg\sqrt{9-x^2}\cdot 10^3\mathrm{d}x\ (\mathrm{N}).$$

于是得到静压力微元

$$\mathrm{d}P = xg\ \sqrt{9-x^2}\cdot 10^3\mathrm{d}x,$$

从而

$$P=\int_0^3 xg\ \sqrt{9-x^2}\cdot 10^3\mathrm{d}x = 9\ 000g\ (\mathrm{N}).$$

所以，当盛水半满时，整个闸门所受到的水的静压力为18 000g (N). □

习 题 4.9

(A)

1. 若 1 kg 的力能使弹簧伸长 1 cm，问要使这弹簧伸长 10 cm 需作多少功?
2. 长 10 m 的铁索下垂于矿井中，已知铁索重 8 kg/m，问将此铁索由矿井全部提出地面，需作多少功?
3. 求曲线 $y=x^2$ 与直线 $y=3x$ 在区间[0,1]上所围平面图形的质心.
4. 用铁锤将一铁钉击入木板，设木板对铁钉的阻力与铁钉击入木板的深度成正比. 在铁锤第一次打击时，能将铁钉击入木板内1 cm. 如果铁锤每次打击所作的功相等，问铁锤击第二次能把铁钉又击入多少?
5. 高 20 cm，顶部宽 20 cm 的半椭圆板(见图 4.36)直立于水中，上沿与水面平行，试计算它每面所受的压力.
6. 高 100 cm 的铅直水闸，其形状是上底宽 200 cm，下底宽 100 cm 的梯形，求水闸上的压力：(1) 当水深 50 cm 时；(2) 当水深 100 cm 时.

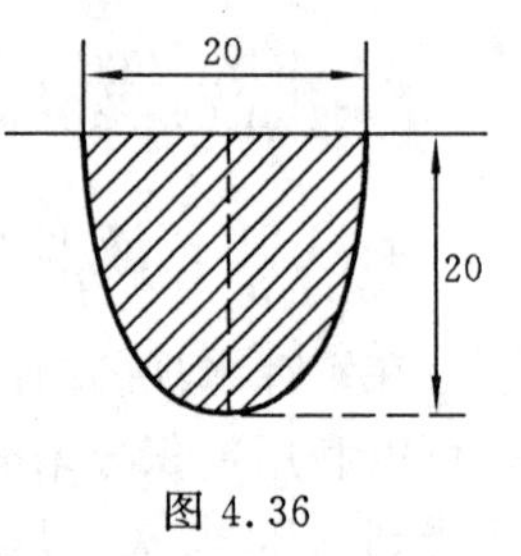

图 4.36

(B)

1. 有一锥形水池，池口直径为 20 m，池深 15 m，池中盛满了水. 求将池水全部抽到池口外所需作的功.
2. 求曲线 $x=a\cos\varphi, y=a\sin\varphi, |\varphi|\leqslant\varphi_0\leqslant\pi$ 的质量(设密度为 1)与质心坐标.
3. 设有质量均匀的细直杆 AB，长度为 l，质量为 m_1. 在 AB 的中垂线上到杆的距离为 a 处有一质量为 m_2 的质点 P. 求细杆对 P 的引力.
4. 一铅直倒立的等腰三角形水闸，底为 a(m)、高为 h(m)，且底与水面相齐. 求：
   (1) 水闸所受的压力；
   (2) 作一水平线把闸分为上、下两部分，使两部分所受压力相等.

答案与提示

(A)

1. 4.9 J.
2. 3 920 J.
3. $\left(\frac{9}{14},\frac{6}{5}\right)$.

4. $\sqrt{2}-1$ cm.

5. 26.13 N.

6. $P(50)=1\ 429$ N, $P(100)=6\ 533.3$ N.

(B)

1. 5.77×10^7 J.

2. $m=2a\varphi_0$, $\left(\dfrac{a\sin\varphi_0}{\varphi_0},0\right)$.

3. 将杆放在 x 轴上，原点位于 AB 的中点，P 点放在 $(0,-a)$ 处，则引力的两个分力大小为：$F_x=0$，$F_y=\dfrac{2km_1m_2}{a\sqrt{4a^2+l^2}}$.

4. (1) $\dfrac{ah^2\rho g}{6}$；(2) $y=\dfrac{h}{2}$.

4.10　定积分的近似计算

我们知道，通过求原函数以及微积分基本定理（牛顿-莱布尼兹公式），可以得到定积分的精确值. 但是在应用中，往往并不要求精确的解答. 原因是在实际问题中得到的函数往往是近似的，不是精确的，因此，没有必要去求定积分的精确值，而只要求出近似值就可满足需要. 另外，在一些具体问题中，求出原函数并不是一件容易的事；即使求出原函数，也往往由于它的形式过于复杂而造成计算精确值的困难. 由函数的可积性，如果 $f(x)$ 在 $[a,b]$ 上可积，则可以采用任一特殊的黎曼和式逼近它. 本节将介绍定积分的几种近似计算方法.

4.10.1　矩形法

假设函数 $y=f(x)\in C[a,b]$. 将区间 $[a,b]$ 作 n 等分，其分点为

$$x_i=a+i\frac{b-a}{n}\quad(i=0,1,2,\cdots,n),$$

每个小区间的长度为 $\Delta x=\dfrac{b-a}{n}$.

在小区间 $[x_{i-1},x_i]$ 上取 ξ_i，则小区间的左端点、右端点或中点，分别为

$$x_{i-1},\quad x_i,\quad \frac{x_{i-1}+x_i}{2}=x_{i-1/2}\quad(1\leqslant i\leqslant n).$$

记

$$y_i=f(x_i)=f\left(a+i\frac{b-a}{n}\right)\quad(i=0,1,2,\cdots,n),$$

$$y_{i-1/2}=f(x_{i-1/2})=f\left[a+\left(i-\frac{1}{2}\right)\frac{b-a}{n}\right]\quad(i=1,2,\cdots,n).$$

则可以得到三个积分和：

$$\int_a^b f(x)\mathrm{d}x \approx \sum_{i=1}^n f(x_i)\Delta x = \frac{b-a}{n}\sum_{i=1}^n y_i, \tag{4.10.1}$$

$$\int_a^b f(x)\mathrm{d}x \approx \sum_{i=1}^n f(x_{i-1})\Delta x = \frac{b-a}{n}\sum_{i=1}^n y_{i-1}, \tag{4.10.2}$$

$$\int_a^b f(x)\mathrm{d}x \approx \sum_{i=1}^n f(x_{i-1/2})\Delta x = \frac{b-a}{n}\sum_{i=1}^n y_{i-1/2}, \tag{4.10.3}$$

这三个公式分别称为**右矩形公式**、**左矩形公式**以及**中矩形公式**.

从几何意义上看,这些公式都是在每一个区间$[x_{i-1},x_i]$上用矩形面积来近似代替曲边梯形的面积(见图 4.37).

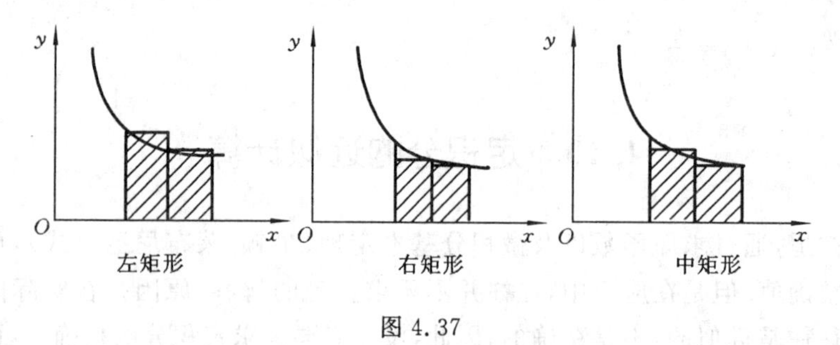

图 4.37

4.10.2 梯形法

如果在每个小区间$[x_{i-1},x_i]$上用小梯形近似地代替小曲边梯形(见图4.38),就可以得到下面的**梯形公式**:

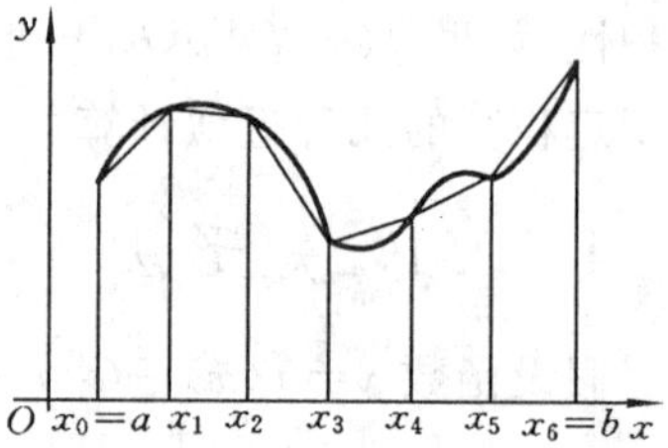

$$\int_a^b f(x)\mathrm{d}x \approx \frac{b-a}{n}\left[\frac{1}{2}(y_0+y_1)+\frac{1}{2}(y_1+y_2)+\cdots+\frac{1}{2}(y_{n-1}+y_n)\right]$$

$$=\frac{b-a}{n}\left[\frac{1}{2}(y_0+y_n)+y_1+y_2+\cdots+y_{n-1}\right]. \tag{4.10.4}$$

图 4.38

实际上,这个公式可以看作右矩形公式与左矩形公式相加后除以 2 得到的.可以证明梯形法的误差为

$$\left|\int_a^b f(x)\mathrm{d}x-\frac{b-a}{n}\left[\frac{1}{2}(y_0+y_n)+y_1+y_2+\cdots+y_{n-1}\right]\right| \leqslant \sum_{i=1}^n \frac{(b-a)^3}{12n^3}M_2 = \frac{(b-a)^3}{12n^2}M_2,$$

其中,M_2 是$|f''(x)|$在$[a,b]$上的最大值.

例 4.10.1　试利用梯形公式,计算积分 $\int_0^1 \mathrm{e}^{-x^2}\mathrm{d}x$ 的近似值.

解　将区间[0,1]作 10 等分，分点为

$$x_i = \frac{i}{10} \quad (i = 0,1,2,\cdots,10),$$

相应的函数值为　$y_i = \mathrm{e}^{-x_i^2} \quad (i = 0,1,2,\cdots,10).$

列表如下（由指数函数表可查得 $\mathrm{e}^{-x_i^2}$ 的值）.

i	0	1	2	3	4	5	6	7	8	9	10
x_i	0	0.1	0.2	0.3	0.4	0.5	0.6	0.7	0.8	0.9	1
y_i	1.000 00	0.990 05	0.960 79	0.913 93	0.852 14	0.778 80	0.697 68	0.612 63	0.527 29	0.444 86	0.367 88

利用左矩形公式(4.10.2)，得

$$\begin{aligned}\int_0^1 \mathrm{e}^{-x^2}\,\mathrm{d}x &\approx \frac{1}{10}\times(y_0 + y_1 + \cdots + y_{10})\\ &= 0.1\times(1.000\,00 + 0.990\,05 + 0.960\,79 + 0.913\,93 + 0.852\,14\\ &\quad + 0.778\,80 + 0.697\,68 + 0.612\,63 + 0.527\,29 + 0.444\,86 + 0.367\,88)\\ &= 0.777\,82.\end{aligned}$$

利用梯形公式(4.10.4)，得

$$\begin{aligned}\int_0^1 \mathrm{e}^{-x^2}\,\mathrm{d}x &\approx \frac{1}{10}\times\left(\frac{y_0 + y_{10}}{2} + y_1 + y_2 + \cdots + y_9\right)\\ &= 0.1\times(0.683\,94 + 0.990\,05 + 0.960\,79 + 0.913\,93 + 0.852\,14\\ &\quad + 0.778\,80 + 0.697\,68 + 0.612\,63 + 0.527\,29 + 0.444\,86)\\ &= 0.1\times 7.462\,11 = 0.746\,21.\end{aligned}$$

□

4.10.3　抛物线法

用梯形法求定积分的近似值，当 $y=f(x)$ 为凹曲线时，它偏小；当 $y=f(x)$ 为凸曲线时，它则偏大. 若每段改用与它凸性相接近的抛物线来近似，就可以提高精确度.

现在将区间$[a,b]$作 $2n$ 等分，分点为

$$a = x_0 < x_1 < \cdots < x_{2n} = b, \quad \Delta x = \frac{b-a}{2n}.$$

对应的函数值为

$$y_0, y_1, y_2, \cdots, y_{2n}$$

$$(y_i = f(x_i), i = 0,1,2,\cdots,2n).$$

曲线上相应的点为

$$P_0, P_1, P_2, \cdots, P_{2n}$$

$$(P_i = (x_i, y_i), \quad i = 0,1,2,\cdots,2n).$$

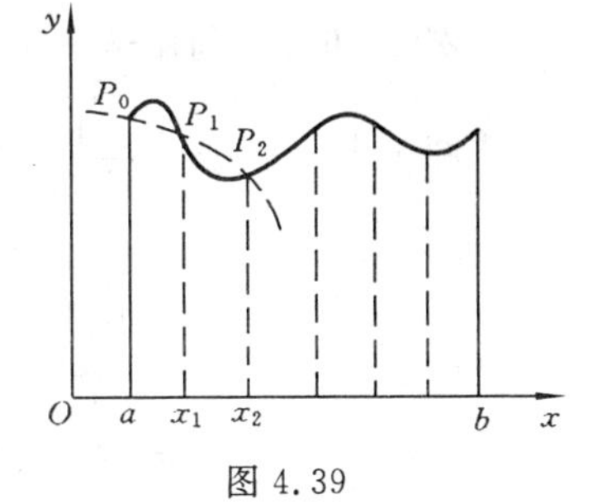

图 4.39

用通过 P_0, P_1, P_2 三点的抛物线（见图 4.39）

$$y = px^2 + qx + r = Q_1(x)$$

来近似代替$[x_0,x_2]$上的曲线段 $y=f(x)$,然后计算积分:

$$\begin{aligned}\int_{x_0}^{x_2} Q_1(x)\,\mathrm{d}x &= \int_{x_0}^{x_2}(px^2+qx+r)\,\mathrm{d}x \\ &= \frac{p}{3}(x_2^3-x_0^3)+\frac{q}{2}(x_2^2-x_0^2)+r(x_2-x_0) \\ &= \frac{x_2-x_0}{6}[(px_0^2+qx_0+r)+(px_2^2+qx_2+r) \\ &\quad +p(x_0+x_2)^2+2q(x_0+x_2)+4r].\end{aligned}$$

注意到 $x_1=\dfrac{x_0+x_2}{2}$,将它代入上式后整理得

$$\begin{aligned}\int_{x_0}^{x_2} Q_1(x)\,\mathrm{d}x &= \frac{x_2-x_0}{6}[(px_0^2+qx_0+r)+4(px_1^2+qx_1+r)+(px_2^2+qx_2+r)] \\ &= \frac{x_2-x_0}{6}(y_0+4y_1+y_2)=\frac{b-a}{6n}(y_0+4y_1+y_2).\end{aligned}$$

类似地有

$$\int_{x_2}^{x_4} Q_2(x)\,\mathrm{d}x = \frac{b-a}{6n}(y_2+4y_3+y_4),$$

$$\vdots$$

$$\int_{x_{2n-2}}^{x_{2n}} Q_n(x)\,\mathrm{d}x = \frac{b-a}{6n}(y_{2n-2}+4y_{2n-1}+y_{2n}).$$

将这 n 个积分相加即得 $f(x)$在$[a,b]$上的积分的近似值:

$$\int_a^b f(x)\,\mathrm{d}x \approx \sum_{i=1}^{n}\int_{x_{2i-2}}^{x_{2i}} Q_i(x)\,\mathrm{d}x = \sum_{i=1}^{n}\frac{b-a}{6n}(y_{2i-2}+4y_{2i-1}+y_{2i}).$$

即

$$\begin{aligned}\int_a^b f(x)\,\mathrm{d}x \approx \frac{b-a}{6n}[&y_0+y_{2n}+4(y_1+y_3+\cdots+y_{2n-1}) \\ &+2(y_2+y_4+\cdots+y_{2n-2})]. \qquad (4.10.5)\end{aligned}$$

称式(4.10.5)为**抛物线形公式**,又称为**辛卜生(Simpson)公式**.用这个公式求定积分的近似值,其最大误差可以证明不超过$\dfrac{(b-a)^5}{2880n^4}M_4$,其中 M_4 是$|f^{(4)}(x)|$在$[a,b]$上的最大值.

例 4.10.2 利用辛卜生公式(4.10.5)计算积分$\int_0^1 \mathrm{e}^{-x^2}\,\mathrm{d}x$(取 $n=5$).

解

$$\begin{aligned}\int_0^1 \mathrm{e}^{-x^2}\,\mathrm{d}x &\approx \frac{1}{6\times 5}[(y_0+y_{10})+4(y_1+y_3+y_5+y_7+y_9) \\ &\quad +2(y_2+y_4+y_6+y_8)] \\ &= \frac{0.1}{3}\times(1.367\,88+4\times 3.740\,27+2\times 3.037\,90) \\ &= \frac{0.1}{3}\times 22.404\,76=0.746\,83.\end{aligned}$$

习　题　4.10

1. 利用中矩形公式计算积分 $\int_1^2 \frac{dx}{x}$ 的近似值(取 $n=10$).

2. 利用梯形公式计算积分 $\int_0^1 \frac{dx}{1+x^2}$ 的近似值(取 $n=10$).

3. 利用辛卜生公式计算上题积分的近似值,取 $2n=6$.

答案与提示

1. 0.692 84.
2. 0.785 0.
3. 0.785 4.

总 习 题 (4)

1. 是非题:

(1) 若 $f(x), g(x) \in C[a,b]$,且 $f(x) < g(x)$,则当 $a < b$ 时,必有 $\int_a^b f(x)dx < \int_a^b g(x)dx$.

(2) 若 $f(x)$ 的某个原函数为常数,则 $f(x) \equiv 0$.

(3) 一切初等函数在其定义区间上都有原函数.

(4) 若 $f(x)$ 在某一区间内不连续,则在这个区间内 $f(x)$ 必无原函数.

(5) 定积分 $\int_a^b f(x)dx$ 的几何意义为:介于函数 $f(x)$ 的曲线,x 轴与 $x=a$、$x=b$ 之间的曲边梯形的面积.

(6) 若 $\int_a^b f(x)dx = 0$,则在 $[a,b]$ 上必有 $f(x) \equiv 0$.

(7) 若 $f(x)$ 与 $g(x)$ 在 $[a,b]$ 上都不可积,则 $f(x)+g(x)$ 在 $[a,b]$ 上必定不可积.

(8) 若 $f(x)$ 在 $[a,b]$ 上可积,而 $g(x)$ 在 $[a,b]$ 上不可积,则 $f(x)+g(x)$ 在 $[a,b]$ 上必定不可积.

(9) 若 $f(x)$ 在 (a,b) 内有原函数,则 $f(x)$ 在 $[a,b]$ 上必定可积.

2. 填空题:

(1) 设 e^{-x^2} 是 $f(x)$ 的一个原函数,且 $f'(x)$ 连续,则 $\int xf'(x)dx =$ ________.

(2) 设 $f(x)$ 连续,且 $f(x) = x + 2\int_0^1 f(t)dt$,则 $f(x) =$ ________.

(3) $\int_{-\frac{1}{2}}^{\frac{1}{2}} \left[\frac{\sin x}{x^6+1} + \sqrt{\ln^2(1-x)}\right]dx =$ ________.

(4) 设 $f(x) = \begin{cases} 1+x^2, & x<0, \\ e^{-x}, & x \geqslant 0, \end{cases}$ 则 $\int_1^3 f(x-2)dx =$ ________.

(5) 设 $f(x) = \int_1^x \frac{\ln t}{1+t}dt$,其中 $x>0$,则 $f(x) + f\left(\frac{1}{x}\right) =$ ________.

3. 选择题(四个答案中只有一个是正确的)：

(1) 设 $f(x)$为已知连续函数，$I=t\int_0^{\frac{s}{t}} f(tx)\mathrm{d}x$，其中 $t>0,s>0$，则 I 的值(　).

(A) 依赖于 s 和 t　　(B) 依赖于 s,t,x

(C) 依赖于 t 和 x，不依赖于 s　　(D) 依赖于 s，不依赖于 t

(2) 设 $M=\int_{-\frac{\pi}{2}}^{\frac{\pi}{2}} \frac{\sin x}{1+x^2}\cos^4 x\mathrm{d}x$，$N=\int_{-\frac{\pi}{2}}^{\frac{\pi}{2}}(\sin^3 x+\cos^4 x)\mathrm{d}x$，$P=\int_{-\frac{\pi}{2}}^{\frac{\pi}{2}}(x^2\sin^3 x-\cos^4 x)\mathrm{d}x$，则有(　).

(A) $N<P<M$　(B) $M<P<N$　(C) $N<M<P$　(D) $P<M<N$

(3) 设 $f(x)\in C[a,b]$，且 $f(x)>0$，则 $\int_a^x f(t)\mathrm{d}t+\int_b^x \frac{1}{f(t)}\mathrm{d}t=0$ 在开区间(a,b)内的根有(　).

(A) 0 个　(B) 1 个　(C) 2 个　(D) 无穷多个

(4) 下列反常积分发散的是(　).

(A) $\int_{-1}^{1}\frac{\mathrm{d}x}{\sin x}$　(B) $\int_{-1}^{1}\frac{\mathrm{d}x}{\sqrt{1-x^2}}$　(C) $\int_0^{+\infty}\mathrm{e}^{-x^2}\mathrm{d}x$　(D) $\int_2^{+\infty}\frac{\mathrm{d}x}{x\ln^2 x}$

4. 填空题：

(1) 由曲线 $y=\ln x$ 与两直线 $y=(\mathrm{e}+1)-x$ 及 $y=0$ 所围成的平面图形的面积是________.

(2) 曲线 $y=\int_0^x\sqrt{\sin t}\mathrm{d}t(0\leqslant x\leqslant\pi)$的弧长为________.

(3) 质点以速度 $t\sin t^2$(m/s)作直线运动，则从时刻 $t_1=\sqrt{\frac{\pi}{2}}$(s)到时刻 $t_2=\sqrt{\pi}$(s)内质点所经过的路程等于________ m.

(4) 岸边有一小帆船，一阵风把它沿直线方向吹出 π(m). 已知帆船离岸边 x(m)时，帆上所受的风力为 $100\sin x$(N)，则阵风对帆船所作的功为________.

5. 选择题(四个答案中只有一个是正确的)：

(1) 双纽线$(x^2+y^2)^2=x^2-y^2$ 所围成的区域面积可用定积分表示为(　).

(A) $2\int_0^{\pi/4}\cos 2\theta\mathrm{d}\theta$　　(B) $4\int_0^{\pi/4}\cos 2\theta\mathrm{d}\theta$

(C) $2\int_0^{\pi/4}\sqrt{\cos 2\theta}\mathrm{d}\theta$　　(D) $\frac{1}{2}\int_0^{\pi/4}\cos^2 2\theta\mathrm{d}\theta$

(2) 曲线 $y=\mathrm{e}^{-x}$ 与直线 $y=0$ 之间位于第一象限内的平面图形绕 x 轴旋转，所产生的旋转体体积为(　).

(A) $\frac{1}{2}$　(B) ∞　(C) π　(D) $\frac{\pi}{2}$

(3) 由曲线 $y^2=2px$ 和 $x^2=2py$ 围成的图形的重心坐标为(　).

(A) $\left(0,\frac{9}{10}p\right)$　(B) $\left(\frac{9}{10}p,\frac{9}{10}p\right)$　(C) $\left(\frac{9}{10}p,0\right)$　(D) (p,p)

(4) 记椭圆 $x=a\cos t,y=b\sin t$ 的周长为 s_1，正弦曲线 $y=\sqrt{a^2-b^2}\sin\frac{x}{b}$ 的一个周期上的弧长为 s_2，则(　).

(A)$s_1<s_2$　　(B)$s_1>s_2$

(C) $s_1=s_2$　　(D)以上答案都不正确

(5) 平面区域 $y\leqslant\sqrt{1+x^2}$，$0\leqslant x\leqslant 1$ 绕 y 轴旋转所成旋转体的体积为(　).

(A) $\pi\int_1^{\sqrt{2}}(y^2-1)\mathrm{d}y$　　(B) $\sqrt{2}\pi-\pi\int_1^{\sqrt{2}}(y^2-1)\mathrm{d}y$

(C) $\pi\int_0^1(1+x^2)\mathrm{d}x$　　(D) $\sqrt{2}\pi-\pi\int_0^1(1+x^2)\mathrm{d}x$

6. 求下列函数的导数：

(1) $\dfrac{\mathrm{d}}{\mathrm{d}x}\int_{\frac{1}{x}}^{\sqrt{x}}\cos^2 t\mathrm{d}t\quad(x>0)$；　　(2) $\dfrac{\mathrm{d}}{\mathrm{d}x}\int_x^{x^2}\mathrm{e}^{-t^2}\mathrm{d}t$.

7. 求 $\lim\limits_{x\to 0^+}\dfrac{\int_0^{\sin x}\sqrt{\tan x}\mathrm{d}x}{\int_0^{\tan x}\sqrt{\sin x}\mathrm{d}x}$.

8. 估计积分 $I=\int_0^{2\pi}\dfrac{\mathrm{d}x}{10+3\cos x}$ 的值.

9. 已知 $f(x)\in C[0,a]$，在 $(0,a)$ 内可导，且 $f'(x)<0$. 讨论 $F(x)=\dfrac{1}{x}\int_0^{kx}f(t)\mathrm{d}t$ 在 $(0,a)$ 内的单调性，其中 $k>0$ 为常数.

10. 求函数 $y=\int_0^x(t-1)(t-2)^2\mathrm{d}t$ 的极值.

11. 设 $f(x)\in C[0,1]$，单调减少且取正值，求证：对于满足 $0<\alpha<\beta<1$ 的任何 α,β，都有

$$\beta\int_0^{\alpha}f(x)\mathrm{d}x>\alpha\int_{\alpha}^{\beta}f(x)\mathrm{d}x.$$

12. 设 $f(x)$ 在 $[0,1]$ 上可微，且 $f(1)=2\int_0^{\frac{1}{2}}xf(x)\mathrm{d}x$. 试证：$\exists\,\xi\in(0,1)$，使 $f(\xi)+\xi f'(\xi)=0$.

13. 设 $f'(x)\in C[a,b]$，$f(a)=0$，求证 $(\max\limits_{a\leqslant x\leqslant b}f(x))^2\leqslant(b-a)\int_a^b[f'(x)]^2\mathrm{d}x$.

14. 设 $f(x)\in C[a,b]$，单调增加，求证 $\int_a^b xf(x)\mathrm{d}x\geqslant\dfrac{a+b}{2}\int_a^b f(x)\mathrm{d}x$.

15. 计算下列积分：

(1) $\int\dfrac{x\ln x}{(1+x^2)^{3/2}}\mathrm{d}x$；　　(2) $\int\dfrac{1-\cos x}{1+\cos x}\mathrm{d}x$；　　(3) $\int x^3\sqrt{1+x^2}\mathrm{d}x$；

(4) $\int\dfrac{x^3}{(1+x^3)^2}\mathrm{d}x$；　　(5) $\int_{-\frac{\pi}{2}}^{\frac{\pi}{2}}\dfrac{\mathrm{e}^x}{1+\mathrm{e}^x}\sin^4 x\mathrm{d}x$；　　(6) $\int_0^{\frac{1}{2}}\dfrac{\arcsin\sqrt{x}}{\sqrt{1-x}}\mathrm{d}x$；

(7) $\int_{-\pi}^{5\pi}(\cos x\cos 2x\cos 4x+\sin x\sin 2x\sin 4x)\mathrm{d}x$；

(8) $\int_{-1}^{1}\dfrac{\mathrm{d}}{\mathrm{d}x}\left(\dfrac{1}{1+2^{\frac{1}{x}}}\right)\mathrm{d}x$；　　(9) $\int_{-\frac{\pi}{2}}^{\frac{\pi}{2}}\cot x\mathrm{d}x$；　　(10) $\int_0^2\dfrac{\mathrm{d}x}{\sqrt{|x^2-1|}}$.

16. 证明题：

(1) 设 $f(x)\in C[a,b]$，求证 $\int_a^b f(x)\mathrm{d}x=\int_a^b f(b+a-x)\mathrm{d}x$，并由此导出等式 $\int_0^{\pi}xf(\sin x)\mathrm{d}x=\dfrac{\pi}{2}\int_0^{\pi}f(\sin x)\mathrm{d}x$；

(2) 设 $f''(x)>0(x\in[a,b])$,求证 $\frac{1}{b-a}\int_a^b f(x)\mathrm{d}x\leqslant\frac{f(a)+f(b)}{2}$;

(3) 证明 $\int_x^1 \frac{\mathrm{d}x}{1+x^2}=\int_1^{\frac{1}{x}} \frac{\mathrm{d}x}{1+x^2}(x>0)$;

(4) 证明 $\int_1^a \frac{1}{x}f(x^2+\frac{a^2}{x^2})\mathrm{d}x=\int_1^a \frac{1}{x}f\left(x+\frac{a^2}{x}\right)\mathrm{d}x$;

(5) 证明 $\ln\frac{p}{q}\leqslant\frac{p-q}{\sqrt{pq}}$,其中 $p\geqslant q>0$.

17. 试确定常数 A,B,使得

(1) $\int\frac{\mathrm{d}x}{(a+b\cos x)^2}=\frac{A\sin x}{a+b\cos x}+B\int\frac{\mathrm{d}x}{a+b\cos x}(|a|\neq|b|)$;

(2) $\int_{-1}^1 (x^3-Ax+B)^2\mathrm{d}x$ 取最小值.

18. 设 $f(x)\in C[a,b]$,且 $f(x)>0$. 求证:$\exists\xi\in[a,b]$,使得

$$\int_a^\xi f(x)\mathrm{d}x=\int_\xi^b f(x)\mathrm{d}x=\frac{1}{2}\int_a^b f(x)\mathrm{d}x.$$

19. 求极限:

(1) $\lim\limits_{n\to\infty}\frac{1^p+2^p+\cdots+n^p}{n^{p+1}}(p\geqslant1)$;

(2) $\lim\limits_{x\to0}\frac{\int_0^x tf(x^2-t^2)\mathrm{d}t}{x^4}$,其中,$f(x)$在 $x=0$ 的某邻域内连续,且 $f(0)=0,f'(0)=1$.

20. 设 $f(x)$连续,$g(x)=\int_0^1 f(xt)\mathrm{d}t$,且$\lim\limits_{x\to0}\frac{f(x)}{x}=A$($A$ 为常数). 求 $g'(x)$,并讨论 $g'(x)$在 $x=0$ 处的连续性.

21. 设 $f(x)\in C[a,b](a<b)$,且单调增加,又设 $F(x)=\int_a^x \frac{f(t)}{x-a}\mathrm{d}t,x\in(a,b]$. (1) 求 $\lim\limits_{x\to a^+}F(x)$;

(2) 证明 $F(x)$在(a,b)内单调增加.

22. 设 $f(x),g(x)\in C[-a,a](a>0)$,$g(x)$为偶函数,$f(x)$满足 $f(x)+f(-x)=A$(A 为常数).

(1) 证明 $\int_{-a}^a f(x)g(x)\mathrm{d}x=A\int_0^a g(x)\mathrm{d}x$;

(2) 利用(1)的结论求 $\int_{-\frac{\pi}{2}}^{\frac{\pi}{2}} |\sin x|\arctan e^x\mathrm{d}x$.

23. 问当 a 在 $\left(0,\frac{\pi}{2}\right)$内取何值时,曲线 $y=\sin(x-a)(0\leqslant x\leqslant\frac{\pi}{2})$与 x 轴、y 轴及直线 $x=\frac{\pi}{2}$所围图形的面积最小,并求此最小面积.

24. 设由 $y=\frac{1}{x^2},y=0,x=1,x=2$ 所围成的曲边梯形被直线$x=t(1<t<2)$分成 A,B 两部分,将 A,B 分别绕直线 $x=t$ 旋转,所得旋转体体积分别为 V_A 和 V_B. 问 t 为何值时,V_A+V_B 最小?

25. 若曲线 $y=\cos x(0\leqslant x\leqslant\frac{\pi}{2})$与 x 轴、y 轴所围图形面积被曲线 $y=a\sin x,y=b\sin x(a>b>0)$三等分,试确定 a,b 的值.

26. 一抛物线的轴平行于 x 轴,开口向左,且通过原点及点(2,1). 求当它与 y 轴之间的面积为最小

时的抛物线方程.

27. 设有一圆柱形蓄水桶,它的底半径为 R(m),高为 H(m),其中蓄满了水.

(1) 求将水从桶口抽出一半所作的功;

(2) 求将水从桶口全部抽出所作的功;

(3) 如果原来桶中只蓄有半桶水,那么将水全部抽出所作的功是多少?

28. 某水库的水闸是下底为 2 m,上底为 6 m,高为 10 m 的梯形. 则当水灌满时水闸所受的静压力为多少?

29. 设非负函数 $y=f(x)\in C[0,+\infty)$,且 $f(0)=0$. $V(t)$ 表示由曲线 $y=f(x)$,直线 $x=t(t>0)$,$y=0$所围图形绕直线 $x=t$ 旋转而成的几何体的体积. 试证明 $\frac{\mathrm{d}^2V}{\mathrm{d}t^2}=2\pi f(t)$.

30. 求由正切曲线 $y=\tan x$ 从 $x=0$ 到 $x=\frac{\pi}{4}$ 的部分绕 x 轴旋转而成的曲面的面积.

答案与提示

1. (1) 是; (2) 是; (3) 是; (4) 非; (5) 非; (6) 非; (7) 非; (8) 是; (9) 非.

2. (1) $-2x^2\mathrm{e}^{-x^2}-\mathrm{e}^{-x^2}+C$; (2) $x-1$; (3) $\frac{3}{2}\ln 3-2\ln 2$; (4) $\frac{7}{3}-\frac{1}{\mathrm{e}}$; (5) $\frac{1}{2}\ln^2 x$.

3. (1) (D); (2) (D); (3) (B); (4)(A).

4. (1) $\frac{3}{2}$; (2) 4; (3) $\frac{1}{2}$; (4) 200 J.

5. (1) (A); (2) (D); (3) (B); (4) (C); (5) (B).

6. (1) $\frac{1}{2\sqrt{x}}\cos x+\frac{1}{x^2}\cos\frac{1}{x^2}$; (2) $2x\mathrm{e}^{-x^4}-\mathrm{e}^{-x^2}$.

7. 1.

8. $\frac{2\pi}{13}\leqslant I\leqslant\frac{2\pi}{7}$.

10. 有极小值 $-\frac{17}{12}$.

11. 利用积分中值定理.

12. 利用积分中值定理和罗尔定理.

13. 注意到 $f(x)=\int_a^x f'(t)\mathrm{d}t$, 并利用柯西-许瓦兹不等式.

14. 将 b 换成 t,用微分学的方法证明不等式.

15. (1) $-\frac{\ln x}{\sqrt{1+x^2}}+\ln\frac{\sqrt{1+x^2}-1}{x}+C$; (2) $2\tan\frac{x}{2}-x+C$;

(3) $\frac{1}{15}(3x^4+x^2-2)\sqrt{1+x^2}+C$;

(4) $-\frac{x}{3(1+x^3)}+\frac{1}{18}\ln\frac{(1+x)^2}{1-x+x^2}+\frac{\sqrt{3}}{9}\arctan\frac{2x-1}{\sqrt{3}}+C$; (5) $\frac{3\pi}{16}$;

(6) $\sqrt{2}-\frac{\sqrt{2}}{4}\pi$; (7) 0; (8) $\frac{2}{3}$; (9) 发散; (10) $\frac{\pi}{2}+\ln(2+\sqrt{3})$.

17. (1) $A=\dfrac{b}{b^2-a^2}, B=\dfrac{a}{a^2-b^2}$； (2) $A=\dfrac{3}{5}, B=0$.

19. (1) $\dfrac{1}{p+1}$； (2) $\dfrac{1}{4}$.

20. $g'(x)=\dfrac{1}{x^2}\left[xf(x)-\int_0^x f(u)\mathrm{d}u\right], g'(0)=\dfrac{A}{2}$，$g'(x)$ 在 $x=0$ 处连续.

21. (1) $f(a)$.

22. (1) 利用换元法； (2) 取 $f(x)=\arctan e^x, g(x)=|\sin x|, a=\dfrac{\pi}{2}$，积分$=\dfrac{\pi}{2}$.

23. $\dfrac{\pi}{4}, 2-\sqrt{2}$.

24. $\dfrac{4}{3}$.

25. $a=\dfrac{4}{3}, b=\dfrac{5}{12}$.

26. $x=6y-4y^2$(设方程为 $x=ay^2+by+c$).

27. (1) $\dfrac{1}{8}g\pi R^2H^2$(J)； (2) $\dfrac{1}{2}g\pi R^2H^2$(J)； (3) $\dfrac{3}{8}g\pi R^2H^2$(J).

28. $\dfrac{500}{3}$ N.

29. 提示：$V(t)=\int_0^t 2\pi(t-x)f(x)\mathrm{d}x$.

30. $\pi(\sqrt{5}-\sqrt{2})+\pi\ln\dfrac{2(\sqrt{2}+1)}{\sqrt{5}+1}$.

第 5 章　微 分 方 程

我们在第 3 章中由函数的变化率引进了导数，而在第 4 章中又介绍了如何利用定积分由导数求出原来的函数的总改变量，并且引进了原函数的概念，从导数“还原”出原来的函数. 本章我们将研究一种含有未知函数导数或微分的方程，这样的方程称为**微分方程**. 并且从这方程中“还原”出原来的未知函数.

实际上求不定积分 $\int f(x)\mathrm{d}x$，就是解微分方程

$$\frac{\mathrm{d}y}{\mathrm{d}x}=f(x).$$

不过，这一章要讨论的情况更一般，比方说，上述方程右端的函数 f 可以依赖于 y，也可以依赖于 x 和 y. 本章将介绍微分方程的基本概念，几种常用的微分方程的解法，以及某些实际问题中的微分方程.

5.1　微分方程的基本概念

先看两个具体的例子.

例 5.1.1　一条曲线过点(0,1)，且其上任一点(x,y)处的切线斜率为 x，求此曲线的方程.

解　设所求曲线方程为 $y=y(x)$. 由导数的几何意义知，未知函数 $y(x)$满足关系式

$$\frac{\mathrm{d}y}{\mathrm{d}x}=x \tag{5.1.1}$$

以及条件

$$y|_{x=0}=1. \tag{5.1.2}$$

容易验证函数 $y=\frac{x^2}{2}+C$ 满足方程(5.1.1)，其中，C 是任意常数. 把条件(5.1.2)代到这个函数中去，得 $C=1$. 于是所求曲线的方程为

$$y=\frac{x^2}{2}+1.$$ □

例 5.1.2　设一质量为 m 的物体只受重力作用，由静止自由下落，求物体下落的距离与时间的关系.

解　如图 5.1 所示建立坐标轴(x 轴)，正向朝下，物体开始下落时的位置为坐标原点. 设物体在 t 时刻的高度为 $x(t)$，物体开始下落时时间 $t=0$，初速度为 0.

由假设,物体下落时只受重力 $F=mg$ 的作用.根据牛顿第二定律知,物体运动的加速度应满足

$$ma = mg.$$

由导数的物理意义知,速度 $v=\frac{dx}{dt}$,加速度 $a=\frac{d^2x}{dt^2}$.于是得到关系式

$$\frac{d^2x}{dt^2} = g. \tag{5.1.3}$$

这就是距离函数 $x(t)$ 应满足的方程.根据假设,$x(t)$ 还应满足两个条件:

$$x|_{t=0} = 0, \quad v = \left.\frac{dx}{dt}\right|_{t=0} = 0. \tag{5.1.4}$$

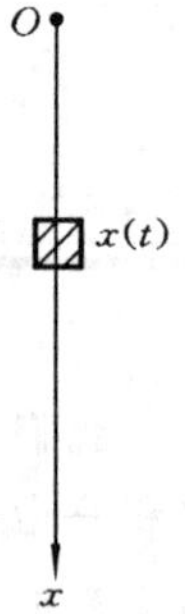

图 5.1

将方程(5.1.3)改写成 $\frac{d}{dt}\left(\frac{dx}{dt}\right)=g$,连续积分两次可求得

$$x = \frac{1}{2}gt^2 + C_1t + C_2. \tag{5.1.5}$$

其中,C_1,C_2 为任意常数.将条件(5.1.4)代入式(5.1.5),可求得 $C_1=C_2=0$.于是,在本题的假设之下,物体自由下落的规律为

$$x(t) = \frac{1}{2}gt^2.$$

□

我们注意到,关系式(5.1.1)和关系式(5.1.3)都含有未知函数的导数.一般地,含有未知函数的导数或微分的方程称为**微分方程**.在微分方程中,未知函数的导数或微分的最高阶数称为**微分方程的阶**.例如,方程

$$\frac{dy}{dt} = 1 - y, \quad \frac{dy}{dt} + y = \sin t, \quad (x^2 - y^2)dx + (x^2 + y^2)dy = 0$$

是**一阶**微分方程,而方程

$$\frac{d^2y}{dt^2} + a^2\sin t = 0, \quad y'' + y'^2 - y = x$$

是**二阶**微分方程.

满足微分方程的函数 $y=y(x)$ 称为**微分方程的解**.也就是说,若将函数代入微分方程后,方程变成恒等式,那么这个函数就是微分方程的解.例如,方程 $\frac{dy}{dx}=y$ 有解 $y=e^x$;方程 $\frac{d^2s}{dt^2}+s=0$ 有解 $s=\cos t$ 和 $s=\sin t$.

如果微分方程的解中所含互相独立的任意常数的个数与微分方程的阶数相同,则称这样的解为该方程的**通解**或**一般解**.两个任意常数互相独立,是指它们不能通过运算合并成一个.例如,对方程 $\frac{d^2y}{dt^2}+y=0$,$y=C_1\cos t+C_2\sin t$ 是方程的通解,而 $y=(C_1+2C_2)\sin t$ 是方程的解,但不是通解,因为此时的两个任意常数 C_1 和 C_2 不是互相独立的,只要令 $C=C_1+2C_2$,就合并成了一个任意常数.微分方程解的图形称为

这个方程的**积分曲线**.

为了确定通解中的任意常数,需要给出一些条件,这些条件称为**定解条件**.定解条件和微分方程构成**定解问题**.满足定解问题的解称为**特解**.像例 5.1.2 和例 5.1.1 中的那种反映运动初始状态或曲线在某一点特定状态的定解条件,称为初始条件.初始条件和微分方程构成一类常见的且重要的定解问题——**初值问题**(或**柯西问题**).

例如,一阶微分方程的初值问题

$$\begin{cases} \dfrac{dy}{dx} = f(x,y), & (5.1.5) \\ y|_{x=x_0} = y_0; & (5.1.6) \end{cases}$$

二阶微分方程的初值问题

$$\begin{cases} \dfrac{d^2y}{dx^2} = f(x,y,y'), & (5.1.7) \\ y|_{x=x_0} = y_0, y'|_{x=x_0} = y_0' \quad (y_0, y_0' \text{是常数}); & (5.1.8) \end{cases}$$

一阶微分方程组的初值问题

$$\begin{cases} \dfrac{dy_i}{dx} = f_i(x,y_1,\cdots,y_n) \ (i=1,2,\cdots,n), & (5.1.9) \\ y_i|_{x=x_0} = y_{i0} \quad (i=1,2,\cdots,n); & (5.1.10) \end{cases}$$

等等.微分方程的特解是一条积分曲线,初值问题(5.1.5)、(5.1.6)的几何意义,就是求方程(5.1.5)通过(x_0,y_0)点的那条积分曲线.而初值问题(5.1.7)、(5.1.8)的几何意义,则是求方程(5.1.7)通过(x_0,y_0)点且在该点处的切线斜率为y_0'的那条积分曲线.

例 5.1.3 验证:函数 $x=C_1\cos\omega t+C_2\sin\omega t$ 是微分方程

$$\frac{d^2x}{dt^2}+\omega^2x=0 \tag{5.1.11}$$

的解.

解 求出函数的导数:

$$\frac{dx}{dt}=-\omega C_1\sin\omega t+\omega C_2\cos\omega t, \quad \frac{d^2x}{dt^2}=-\omega^2(C_1\cos\omega t+C_2\sin\omega t),$$

将$\dfrac{d^2x}{dt^2}$及 x 的表达式代入方程(5.1.11),得恒等式

$$-\omega^2(C_1\cos\omega t+C_2\sin\omega t)+\omega^2(C_1\cos\omega t+C_2\sin\omega t)=0.$$

因此,函数是微分方程(5.1.11)的解. □

例 5.1.4 证明 $y=e^{2x}$不是二阶微分方程$\dfrac{d^2y}{dx^2}+4y=0$ 的解.

证 直接计算得出

$$\frac{d^2y}{dx^2}+4y=\frac{d^2}{dx^2}(e^{2x})+4e^{2x}=4e^{2x}+4e^{2x}=8e^{2x},$$

而 $8e^{2x}$是不恒为零的,所以 $y=e^{2x}$不是解. □

习　题　5.1

(A)

1. 回答下列问题：

 (1) 什么叫微分方程？

 (2) 微分方程的阶如何定义？

 (3) 什么叫微分方程的通解？通解中含多少个任意常数？

 (4) 什么叫初值问题？什么叫微分方程的特解？

2. 证明：对任意常数 P_0，函数 $P(t)=P_0\mathrm{e}^t$ 满足微分方程 $\dfrac{\mathrm{d}P}{\mathrm{d}t}=P$.

3. 设 $Q=C\mathrm{e}^{kt}$ 满足微分方程 $\dfrac{\mathrm{d}Q}{\mathrm{d}t}=-0.03Q$，问 C 与 k 为何值？

4. 设 $y=\cos\omega t$，求 ω 的值，使 y 满足方程 $\dfrac{\mathrm{d}^2y}{\mathrm{d}t^2}+9y=0$.

5. 在下列各题中，利用所给的初始条件确定函数关系中的常数：

 (1) $x^2-y^2=C, y|_{x=0}=5$；

 (2) $y=\mathrm{e}^{2x}(C_1+C_2x), y|_{x=0}=0, y'|_{x=0}=1$；

 (3) $y=C_1\sin(x-C_2), y|_{x=\pi}=1, y'|_{x=\pi}=0$.

(B)

1. 将图 5.2 中各图与下面的描述对应起来：

 (1) 餐桌上一杯冰水的温度.

 (2) 以一定的利率存入银行 50 元后，钱数的变化.

 (3) 匀减速行驶的汽车的速度.

 (4) 在炼钢炉中加热的一块钢锭拿出炉外自然冷却时的温度变化.

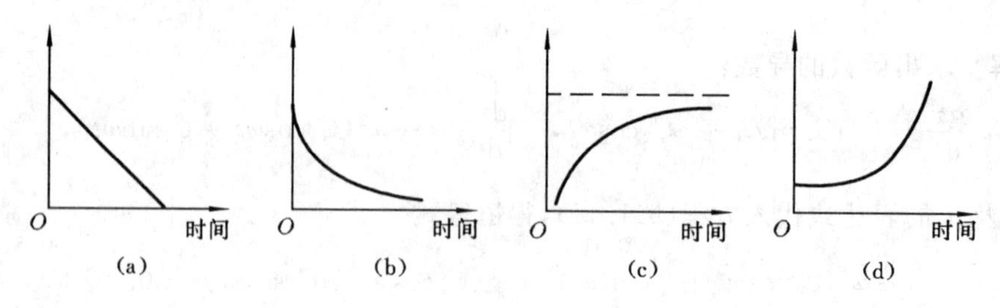

图 5.2

2. 指出下列给出的函数满足哪个微分方程？

(1) $y=2\sin x$；	(a) $\dfrac{\mathrm{d}y}{\mathrm{d}x}=-2y$；
(2) $y=\sin 2x$；	(b) $\dfrac{\mathrm{d}y}{\mathrm{d}x}=2y$；
(3) $y=\mathrm{e}^{2x}$；	(c) $\dfrac{\mathrm{d}^2y}{\mathrm{d}x^2}=-y$；

(4) $y=e^{-2x}$.　　(d) $\frac{d^2y}{dx^2}=-4y$.

3. 指出下列哪个函数是哪个微分方程的解？

(1) $y=e^x$；　　(a) $y''-y=0$；

(2) $y=x^3$；　　(b) $x^2y''+2xy'-2y=0$；

(3) $y=e^{-x}$；　　(c) $x^2y''-6y=0$.

(4) $y=x^{-2}$.

4. 曲线族常常作为微分方程的解出现.试将下列曲线与微分方程对应起来：

(1) $y=xe^{kx}$；　　(a) $\frac{dy}{dx}=\frac{y}{x}$；

(2) $y=x^p$；　　(b) $\frac{dy}{dx}=\frac{y\ln y}{x}$；

(3) $y=e^{kx}$；　　(c) $\frac{dy}{dx}=\frac{y}{x}\left(1+\ln\frac{y}{x}\right)$；

(4) $y=mx$.　　(d) $\frac{dy}{dx}=\frac{y\ln y}{x\ln x}$.

5. 求抛物线族 $y=C_1(x-C_2)^2$ 的微分方程.

答案与提示

(A)

3. $k=-0.03$，C 为任意常数.

4. ±3.

5. (1) $C=-25$； (2) $C_1=0,C_2=1$. (3) $C_1=1,C_2=\frac{\pi}{2}+2k\pi$，或 $C_1=-1,C_2=-\frac{\pi}{2}+2k\pi$.

(B)

1. (1) (c)； (2) (d)； (3) (a)； (4) (b).
2. (1) (c)； (2) (d)； (3) (b)； (4) (a).
3. (1) (a)； (2) (c)； (3) (a)； (4) (b)及(c).
4. (1) (c)； (2) (d)； (3) (b)； (4) (a).
5. $2yy''=y'^2$.

5.2 变量可分离方程及齐次方程

本节研究两类较简单的一阶微分方程的解法.

5.2.1 变量可分离方程

如果一阶微分方程

$$y' = F(x,y) \tag{5.2.1}$$

能写成

$$g(y)\mathrm{d}y = f(x)\mathrm{d}x, \tag{5.2.2}$$

则方程(5.2.1)称为**变量可分离方程**,这里假设函数 $f(x)$与 $g(y)$连续.

设 $y=\varphi(x)$是方程(5.2.1)的解,将它代入式(5.2.2),得恒等式

$$g[\varphi(x)]\varphi'(x)\mathrm{d}x = f(x)\mathrm{d}x,$$

两边积分,得

$$\int g(y)\mathrm{d}y = \int f(x)\mathrm{d}x.$$

设 $G(y)$与 $F(x)$分别为 $g(y)$与 $f(x)$的原函数,则有

$$G(y) = F(x) + C. \tag{5.2.3}$$

因此方程(5.2.1)的解满足关系式(5.2.3).反之,若 $y=\psi(x)$是由方程(5.2.3)确定的隐函数,则在 $g(y)\neq 0$ 的条件下,$y=\psi(x)$也是方程(5.2.1)的解.这是因为如果把 $y=\psi(x)$代入式(5.2.3),就会使式(5.2.3)成为恒等式,再微分这恒等式得

$$G'[\psi(x)]\cdot\psi'(x) = F'(x)$$

即

$$g(y)\mathrm{d}y = f(x)\mathrm{d}x.$$

因此,式(5.2.3)是方程(5.2.1)的**隐式通解**.

如果要求出满足初始条件 $y|_{x=x_0}=y_0$ 的特解,则可由方程

$$\int_{y_0}^{y} g(y)\mathrm{d}y = \int_{x_0}^{x} f(x)\mathrm{d}x \tag{5.2.4}$$

确定.式(5.2.4)是将初始条件代入

$$\int_{y_0}^{y} g(y)\mathrm{d}y = \int_{x_0}^{x} f(x)\mathrm{d}x + C$$

而得到的.

例 5.2.1 求微分方程

$$\frac{\mathrm{d}y}{\mathrm{d}x} = -\frac{x}{y} \tag{5.2.5}$$

的通解.

解 先分离变量:

$$y\mathrm{d}y = -x\mathrm{d}x,$$

再积分,得

$$\int y\mathrm{d}y = -\int x\mathrm{d}x, \quad \frac{1}{2}y^2 = -\frac{x^2}{2} + C_1,$$

最后得通解

$$x^2 + y^2 = C,$$

其中,$C=2C_1$ 为任意常数. □

例 5.2.2 求解微分方程

$$\frac{\mathrm{d}y}{\mathrm{d}x} = ky. \tag{5.2.6}$$

这是一个在实际问题中经常遇到的微分方程.

解 分离变量:

$$\frac{1}{y}\mathrm{d}y = k\mathrm{d}x,$$

积分得
$$\int \frac{1}{y}\mathrm{d}y = \int k\mathrm{d}x, \quad \ln|y| = kx + C_1,$$
其中，C_1 为任意常数. 于是得
$$|y| = \mathrm{e}^{kx+C_1} = \mathrm{e}^{kx}\mathrm{e}^{C_1} = C_2\mathrm{e}^{kx},$$
其中，$C_2=\mathrm{e}^{C_1}$ 是正的. 由此得
$$y = (\pm C_2)\mathrm{e}^{kx} = C\mathrm{e}^{kx},$$
其中，$C=\pm C_2$ 是任意的非零常数. 又因为 $y=0$ 也是微分方程(5.2.6)的解，所以也可以有 $C=0$. 注意，$y=0$ 这个解是在第一步分离变量时所失掉的一个解(因为我们用 y 去除方程(5.2.6)的两边).

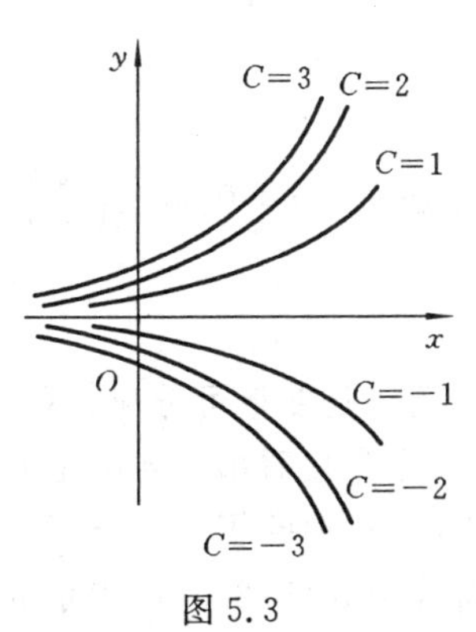

图 5.3

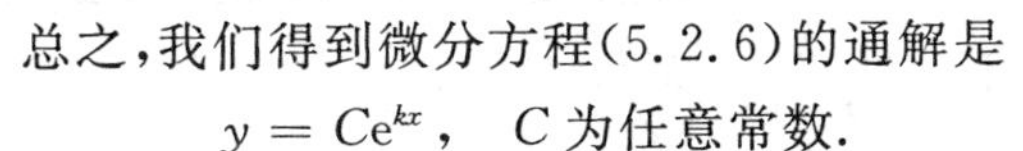
总之，我们得到微分方程(5.2.6)的通解是
$$y = C\mathrm{e}^{kx}, \quad C \text{ 为任意常数}.$$

因此，微分方程 $\frac{\mathrm{d}y}{\mathrm{d}x}=ky$ 总是反映某种指数增长(当 $k>0$ 时)或指数衰减(当 $k<0$ 时)的现象. 解曲线的图形如图 5.3 所示. □

5.2.2 齐次方程

有些微分方程，看上去并不是变量可分离方程，但是通过适当的变量代换，可化成变量可分离方程. 这类方程的主要代表就是所谓齐次方程.

形如
$$\frac{\mathrm{d}y}{\mathrm{d}x} = g\left(\frac{y}{x}\right) \tag{5.2.7}$$
的一阶微分方程，称为**齐次方程**，其中，g 是连续函数. 作变量代换 $u=\frac{y}{x}$，即 $y=ux$，则
$$\frac{\mathrm{d}y}{\mathrm{d}x} = x\frac{\mathrm{d}u}{\mathrm{d}x} + u.$$
将上式代入式(5.2.7)，便得到未知函数 u 所适合的方程
$$x\frac{\mathrm{d}u}{\mathrm{d}x} + u = g(u),$$
亦即
$$\frac{\mathrm{d}u}{\mathrm{d}x} = \frac{g(u)-u}{x}. \tag{5.2.8}$$
这是一个变量可分离方程. 若 $g(u)-u\neq 0$，则用分离变量法可求出隐式通解
$$\int \frac{\mathrm{d}u}{g(u)-u} = \ln|x| - \ln|C|,$$
或
$$x = C\exp\left(\int \frac{\mathrm{d}u}{g(u)-u}\right),$$

令$\int \frac{\mathrm{d}u}{g(u)-u}=\varphi(u)$，并以$\frac{y}{x}$代替$u$，则上式变成

$$x=C\exp\left(\varphi\left(\frac{y}{x}\right)\right). \tag{5.2.9}$$

若$g(u)-u\equiv 0$，即$g\left(\frac{y}{x}\right)\equiv\frac{y}{x}$，则方程(5.2.7)的形式为

$$\frac{\mathrm{d}y}{\mathrm{d}x}=\frac{y}{x},$$

这已经是变量可分离方程了.若$g(u)-u$在某值$u=u_0$处为零，而在其他地方不为零，则直接看出$u=u_0$是方程(5.2.8)的解，从而$y=u_0x$是方程(5.2.7)的解.此时方程(5.2.7)除了由式(5.2.9)所确定的一整族解外，还有解$y=u_0x$，而后者显然不包含在由式(5.2.9)所表示的那一族解中.

例 5.2.3 求$\frac{\mathrm{d}y}{\mathrm{d}x}=\frac{y}{x}+\tan\frac{y}{x}$的通解.

解 令$y=ux$，代入原方程，得

$$x\frac{\mathrm{d}u}{\mathrm{d}x}+u=u+\tan u,$$

或

$$\frac{\cos u\mathrm{d}u}{\sin u}=\frac{\mathrm{d}x}{x},$$

积分之，得

$$\ln|\sin u|=\ln|x|+\ln|C|,$$

$$\sin u=Cx.$$

最后得通解

$$\sin\frac{y}{x}=Cx,\quad C\text{为任意常数}.$$ □

例 5.2.4 求解微分方程

$$(x+y)\mathrm{d}x-(y-x)\mathrm{d}y=0.$$

解 不难看出，这是一个齐次方程.由变换$y=ux$，有$\mathrm{d}y=x\mathrm{d}u+u\mathrm{d}x$，原方程写成

$$(x+xu)\mathrm{d}x-(ux-x)(x\mathrm{d}u+u\mathrm{d}x)=0,$$

或

$$(1+2u-u^2)\mathrm{d}x+x(1-u)\mathrm{d}u=0.$$

分离变量

$$\frac{(1-u)\mathrm{d}u}{1+2u-u^2}+\frac{\mathrm{d}x}{x}=0,$$

积分之，得

$$\frac{1}{2}\ln|1+2u-u^2|+\ln|x|=\frac{1}{2}\ln|C|,$$

即

$$x^2(1+2u-u^2)=C.$$

所以通解为

$$x^2+2xy-y^2=C,\quad C\text{为任意常数}.$$ □

形状为

$$\frac{\mathrm{d}y}{\mathrm{d}x}=f\left(\frac{a_1x+b_1y+c_1}{a_2x+b_2y+c_2}\right) \tag{5.2.10}$$

的方程，可用移动坐标原点于两直线$a_1x+b_1y+c_1=0$和$a_2x+b_2y+c_2=0$的交点

(x_1, y_1)处的方法变为齐次方程. 下面的例子说明具体的作法.

例 5.2.5 求解微分方程 $\frac{\mathrm{d}y}{\mathrm{d}x}=\frac{x-y+1}{x+y-3}$.

解 由 $x-y+1=0$ 及 $x+y-3=0$ 求得 $x_1=1, y_1=2$, 作变换 $x=X+1, y=Y+2$, 则有

$$\frac{\mathrm{d}Y}{\mathrm{d}X}=\frac{X-Y}{X+Y},$$

利用变量代换 $Y=uX$, 可得到变量可分离方程

$$u+X\frac{\mathrm{d}u}{\mathrm{d}X}=\frac{1-u}{1+u},$$

即
$$\frac{(1+u)\mathrm{d}u}{1-2u-u^2}=\frac{\mathrm{d}X}{X},$$

积分得
$$-\frac{1}{2}\ln|1-2u-u^2|=\ln|X|-\frac{1}{2}\ln|C|,$$

最后得通解
$$x^2-2xy-y^2+2x+6y=C.$$
□

5.2.3 增长与衰减模型

(1) 单一群体增长模型

下面来讨论控制某些物种增长的微分方程模型. 任何一个物种的群体总是按整数变化的, 物种的群体总数怎么会是时间的可微函数呢? 这是因为当给定的一个群体非常庞大, 而且突然增加的只是单一的个体时, 这种变化与给定的群体规模相比是非常微小的. 因此, 当群体总数很大时, 可以近似地认为群体总数是随时间连续地、甚至可微地变化的. 这样便可以用微分方程建立物种的增长模型.

设 $P(t)$表示一给定物种在时刻 t 的总数, $r(t,P)$表示该物种的出生率与死亡率之差. 假定这个物种是孤立的, 即不出现净迁出和迁入, 则总数的变化率$\frac{\mathrm{d}P}{\mathrm{d}t}$就等于 $r(t,P)P$. 为简单起见, 我们假设 r 是常数 a, 即它不随时间或总数的变化而变化. 于是便得到下面的控制群体增长的微分方程

$$\frac{\mathrm{d}P}{\mathrm{d}t}=aP(t),\quad a\text{ 为常数}. \tag{5.2.11}$$

这个方程关于未知函数 $P(t)$及其导数 $P'(t)$都是一次的, 称它是一阶线性方程. 这个方程又称为**马尔萨斯(Malthus)群体总数增长律**. 如果物种在 t_0 时刻的总数为 P_0, 则 $P(t)$满足初值问题

$$\frac{\mathrm{d}P}{\mathrm{d}t}=aP(t),\quad P(t_0)=P_0. \tag{5.2.12}$$

由本章 5.2.1 小节例 5.2.2 知, 这个初值问题的解为

$$P(t)=P_0\,\mathrm{e}^{a(t-t_0)}. \tag{5.2.13}$$

所以,任何满足马尔萨斯群体增长规律的物种都随时间指数地增长.下面来看看这个数学模型是否与实际情况相吻合.

据估计,1961 年地球上的人口总数为 3.06×10^9,而在过去的 10 年间,人口总数以每年 2%的速率增长.因此,有以下的数据:

$$t_0 = 1\,961,\quad P_0 = 3.06\times10^9,\quad a = 0.02.$$

于是由公式(5.2.13)得

$$P(t) = 3.06\times10^9\cdot \mathrm{e}^{0.02(t-1961)}. \tag{5.2.14}$$

利用已有的数据计算之后,发现这个公式估计的 1780—1961 年间的人口总数竟是如此惊人的准确.地球上的人口总数每 35 年就翻了一番,而方程预测每 34.6 年地球的人口总数将翻一番.为证明这一点,我们注意到地球上人类人口总数在$T=t-t_0$内翻一番,其中 $\mathrm{e}^{0.02T}=2$.在这个等式两边取对数,得 $0.02T=\ln2$,故 $T=50\ln2\approx34.6$.照此推算下去,方程预测在 2510 年,地球上人口总数将是 2 千亿,2635 年 1 万 8 千亿,2670 年为 3 万 6 千亿.这些都是天文数字,它们的意义是难以评价的.按照地球的总表面积来推算,到了 2670 年,人们只得互相踩着肩膀站成两层了.

看来这个数学模型是不合理的,应该舍弃.但是,这个模型与过去的数据惊人地一致,也是我们应当考虑的.科学家们经过实验、观测和分析,发现只要群体规模不很大,这个群体增长的模型还是令人满意的.而当群体异常地庞大时,这个模型就不会很准确了.因为这个模型没有反映这样的事实,即个体成员相互间要为有限的生存空间、自然资源以及可以得到的食物而进行竞争.所以,必须在原有模型中加上一个竞争项.因为每单位时间两个成员发生冲突的次数的统计平均值与 P^2 成正比,因此这个竞争项可以选为$-bP^2$,b 是一个常数.于是得到改进的模型

$$\frac{\mathrm{d}P}{\mathrm{d}t} = aP - bP^2, \tag{5.2.15}$$

这个方程称为群体增长的**逻辑律**,数 a 与 b 称为群体的**生命系数**.可看到,式(5.2.15)仍是一个可分离变量的方程,它的解为

$$\int_{P_0}^{P}\frac{\mathrm{d}x}{ax-bx^2} = \int_{t_0}^{t}\mathrm{d}s = t-t_0.$$

经过计算,上式左端的积分

$$\begin{aligned}\int_{P_0}^{P}\frac{\mathrm{d}x}{ax-bx^2} &= \frac{1}{a}\int_{P_0}^{P}\left(\frac{1}{x}+\frac{b}{a-bx}\right)\mathrm{d}x\\ &= \frac{1}{a}\ln\left[\frac{P}{P_0}\left|\frac{a-bP_0}{a-bP}\right|\right],\end{aligned}$$

最后得到解的表达式为

$$P(t) = \frac{aP_0}{bP_0+(a-bP_0)\mathrm{e}^{-a(t-t_0)}}. \tag{5.2.16}$$

不难看出
$$\lim_{t\to+\infty} P(t) = \frac{aP_0}{bP_0} = \frac{a}{b},$$
这就是说，逻辑律模型对群体的预测是这样的：不论初值怎样，群体规模总是趋于极限值$\frac{a}{b}$，这个值称为**环境的承载量**.一些数学生物学家进行了某些实验，或对某国人口进行预测，发现这个模型在某些场合是适用的，但也有其缺陷.在实际问题中，往往还有许多复杂的因素需要考虑，比方说，移民、战争对人口增长的影响等等.在这里我们就不再深入探究了.

(2) 物体冷却模型

牛顿冷却(或加热)定律是：将温度为 T 的物体放入处于常温 m 的介质中时，T 的变化速率正比于 T 与周围介质的温度差.

假定介质足够大，那么，当放入一个较热或较冷的物体时，m 基本上不受影响，实验证明，这是相当好的近似.

现在来考虑一个侦破某刑事案件中的重要问题.假定某人被谋杀了，尸体的初始温度为 37 ℃，并按牛顿冷却定律冷却下来.假设 2 小时之后尸体的温度是 35 ℃，而室温为常温 20 ℃.如果尸体是在下午 4 点钟被发现的，当时尸体的温度是 30 ℃，试确定该人被谋杀的时间.

首先，令 $H(t)$表示尸体的温度，时间 t 的单位是小时，从死者被谋杀时算起.牛顿冷却定律指出，对于某个常数 k，
$$\text{体温的变化率} = k \times (\text{体温} - \text{室温}).$$
因此有
$$\frac{\mathrm{d}H}{\mathrm{d}t} = k(H-20).$$
比例常数 k 的符号如何？若温度差是正的(亦即 $H>20$)，则 H 会下降，故变化率必须为负.于是 k 应该是负的，可将方程写成
$$\frac{\mathrm{d}H}{\mathrm{d}t} = -k(H-20)\text{，对某个 } k>0. \tag{5.2.17}$$
这是一个变量可分离方程，解之得
$$H = B\mathrm{e}^{-kt} + 20,$$
将初始条件 $H(0)=37$ 代入，可确定常数 B：
$$37 = B\mathrm{e}^0 + 20, \quad B = 17.$$
于是有
$$H(t) = 17\mathrm{e}^{-kt} + 20.$$
为确定 k，我们利用 2 小时后体温为 35℃这个条件，得
$$35 = 17\mathrm{e}^{-k\cdot 2} + 20,$$
两边取自然对数：
$$\ln\left(\frac{15}{17}\right) = \ln(\mathrm{e}^{-2k}),$$

即 $\qquad -0.125=-2k,\quad k\approx 0.063.$

这样便求出了尸体的温度函数

$$H(t)=17\mathrm{e}^{-0.063t}+20. \qquad (5.2.18)$$

很明显,$t\to+\infty$时,$H\to 20$,函数的图形如图 5.4 所示.

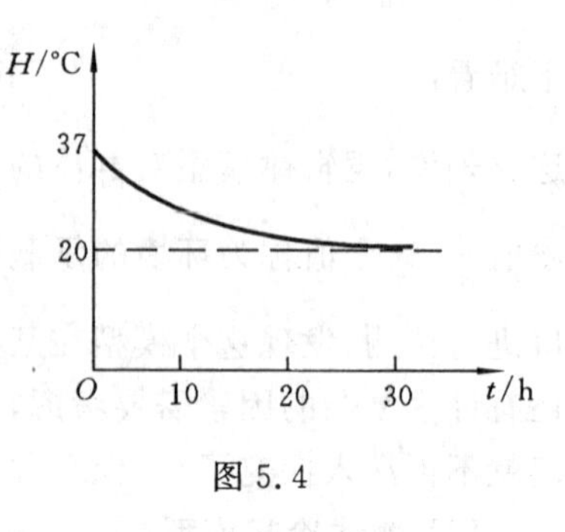

图 5.4

要求出尸体温度达到 30℃时需要的时间,可将 $H=30$ 代入解的表达式(5.2.18),并解出 t:

$$30=17\mathrm{e}^{-0.063t}+20,\quad 即\quad \frac{10}{17}=\mathrm{e}^{-0.063t},$$

取自然对数,得$-0.531=-0.063t$,于是

$$t\approx 8.4\ (小时)$$

这样,从下午 4 点钟往回推算,即知死者被谋杀的时间大约是上午 7 点 36 分.

习 题 5.2

(A)

1. 回答下列问题:

 (1) 变量可分离方程具有什么形状?

 (2) 什么叫齐次方程?

 (3) 用什么办法将齐次方程化为变量可分离方程?

2. 对 $k>0$ 求微分方程$\dfrac{\mathrm{d}H}{\mathrm{d}t}=-k(H-20)$的通解,并且画出 $k=1$ 时的解曲线(只需画出任意常数取某三个值时的解曲线).

3. 求初值问题 $\dfrac{\mathrm{d}P}{\mathrm{d}t}=2P-2Pt,P|_{t=0}=5$ 的解,并画出其图形.

4. 求下列初值问题的解:

 (1) $\dfrac{\mathrm{d}P}{\mathrm{d}t}=0.02P,P(0)=20$; (2) $\dfrac{\mathrm{d}y}{\mathrm{d}x}+\dfrac{y}{3}=0,y(0)=10$;

 (3) $\dfrac{\mathrm{d}y}{\mathrm{d}x}=2y-4$,过点(2,5); (4) $\dfrac{\mathrm{d}z}{\mathrm{d}t}=t\mathrm{e}^{z}$,过原点;

 (5) $\dfrac{\mathrm{d}y}{\mathrm{d}x}=\dfrac{5y}{x},y|_{x=1}=3$; (6) $\dfrac{\mathrm{d}u}{\mathrm{d}t}=u+ut^2,u(0)=5$;

 (7) $\dfrac{\mathrm{d}\omega}{\mathrm{d}\theta}=\theta\omega^2\sin\theta^2,\omega(0)=1$; (8) $x(x+1)\dfrac{\mathrm{d}y}{\mathrm{d}x}=y^2,y(1)=1$.

5. 求微分方程$\dfrac{\mathrm{d}y}{\mathrm{d}t}=1-y$ 的通解,并求适合初始条件 $y|_{t=0}=0$ 的特解.

6. 求下列齐次方程的通解:

 (1) $x\dfrac{\mathrm{d}y}{\mathrm{d}x}=y\ln\dfrac{y}{x}$; (2) $y^2+x^2\dfrac{\mathrm{d}y}{\mathrm{d}x}=xy\dfrac{\mathrm{d}y}{\mathrm{d}x}$;

(3) $\frac{dy}{dx}=2\sqrt{\frac{y}{x}}+\frac{y}{x}$；

(4) $(x^2+y^2)dx-xydy=0$.

7. 求下列初值问题的解：

(1) $\frac{dy}{dx}=\frac{x}{y}+\frac{y}{x}, y|_{x=1}=2$；

(2) $(x^2+2xy-y^2)dx+(y^2+2xy-x^2)dy=0, y|_{x=1}=1$.

(B)

1. 化下列方程为齐次方程,并求出其通解：

(1) $\frac{dy}{dx}=\frac{y-x-2}{x+y+4}$；

(2) $(x-y-1)dx+(4y+x-1)dy=0$.

2. 求下列方程的通解：

(1) $\sqrt{1-y^2}=3x^2yy'$；

(2) $xdy-ydx=\sqrt{x^2+y^2}dx$.

3. 由曲线上任意一点引法线,它在纵轴上截得线段的长度等于该点到坐标原点的距离,求此曲线的方程.

4. 质量为 1 kg 的质点受外力的作用作直线运动,该力和时间成正比,和质点运动的速度成反比.在 $t=10$ s 时速度为 5 m/s,力为 4 N. 问从运动开始经过 20 s 后的速度是多少?

5. 我们所使用的可耕地面积随着世界人口的增加而增加. 令 $A(t)$表示在 t 年所使用的可耕地的总公顷数(1 hm=1×10^4 m^2).

(1) 试解释为什么我们期望 $A(t)$满足微分方程$\frac{dA}{dt}=kA$ 是合理的? 关于世界人口你作了些什么假设? 它与可耕地面积有什么关系?

(2) 在 1950 年,约有 1×10^9 hm 的可耕地在使用,到 1980 年则有 2×10^9 hm. 如果可供使用的可耕地的总公顷数为 3.2×10^9,试问,这些耕地何时被开垦并耕种完($t=0$ 指 1950 年)?

6. 将一只白薯放进 200 ℃的烤炉内,其加热情况服从牛顿加热(或冷却)定律.

(1) 写出白薯的温度函数 $H(t)$所满足的微分方程；

(2) 若白薯放进炉内时的温度是 20℃,求解所得的微分方程；

(3) 假设 30 分钟后白薯的温度为 120℃,试确定牛顿加热定律中的比例常数 k.

7. 放射性元素由于原子中不断放出微观粒子,它的含量不断减少,称为**衰变**. 由实验知道,放射性元素镭的衰变率与这时镭的存量成正比(比例系数为 k). 设在开始时镭的存量为 R_0 克,求任意时刻 t 的含量 $R(t)$. 经验材料断定,镭经 1600 年后,只余原质量之半,试由此确定比例常数 k,并画出 $R(t)$的图形.

8. 设在某一溶液中有两种物质,在反应开始时,两种物质的量分别为 a 与 b;又设在时刻 t,两种物质已经起反应的量相等,记为 x,利用化学反应的基本定律:反应进行的速率与尚未起反应的量的乘积成正比(比例系数为 k). 求变量 x 随时间 t 的变化规律.

9. 设质量为 m 的炸弹在具有水平初速 v_0 而不具有垂直初速的情况下在空气中降落. 现在,我们不研究炸弹在水平方向的位移,而只研究炸弹在重力方向的降落. 由实验知,空气的阻力与炸弹下降的速度平方成正比:$R=\mu v^2$,求炸弹下降的速度与时间的关系.

10. 一曲线通过点(2,0),且其切点和 y 轴间的切线段有定长 2,求这曲线.

11. 一曲线通过点(2,3),它在两坐标轴间的任意切线段均被切点所平分,求这曲线方程.

12. 求曲线 $y=y(x)$,使它正交于圆心在 x 轴上且过原点的任何圆(注:两曲线正交是指在交点处两曲线的切线互相垂直).

13. (**落体问题**)设跳伞运动员从跳伞塔下落后，所受空气的阻力与速度成正比，运动员离塔时的速度为零，求运动员下落过程中速度和时间的函数关系.

14. 一电动机开动后，每分钟温度升高 10 ℃，同时将按冷却定律不断散发热量.设电动机安置在一保持 15 ℃恒温的房间里，求电机温度 θ 与时间 t 的函数关系.

答案与提示

(A)

2. $H=20+Ce^{-t}$.

3. $P=5e^{2t-t^2}$.

4. (1) $P=20e^{0.02t}$； (2) $y=10e^{-\frac{x}{3}}$； (3) $y=2+3e^{2x-4}$； (4) $z=-\ln\left|1-\frac{t^2}{2}\right|$；

 (5) $y=3x^5$； (6) $u=5e^{t+\frac{1}{3}t^3}$； (7) $\omega=\frac{2}{1+\cos\theta^2}$； (8) $1-\frac{1}{y}=\ln\left|\frac{2x}{1+x}\right|$.

5. $y=1-e^{-t}$.

6. (1) $y=xe^{1+Cx}$； (2) $Cy=e^{\frac{y}{x}}$； (3) $\sqrt{\frac{y}{x}}=\ln|x|+C$； (4) $y^2=x^2(\ln x^2+C)$.

7. (1) $y^2=x^2(\ln x^2+4)$； (2) $x^2+y^2=x+y$.

(B)

1. (1) $\arctan\frac{y+1}{x+3}+\frac{1}{2}\ln[(x+3)^2+(y+1)^2]=C$； (2) $\arctan\frac{2y}{x-1}+\ln[(x-1)^2+4y^2]=C$.

2. (1) $\sqrt{1-y^2}-\frac{1}{3x}+C=0, y=\pm1$； (2) $y+\sqrt{x^2+y^2}=Cx^2$ 或 $y=\frac{C}{2}x^2-\frac{1}{2C}, x=0$.

3. $x^2=C(2y+C)$.

4. 25 m/s.

5. (1) $A=Ce^{kt}$； (2) 约到 2000 年.

6. (1) $\frac{dH}{dt}=k(H-200)$； (2) $H=-180e^{kt}+200$； (3) $k=-0.027$.

7. $R=R_0e^{kt}$， $k=-0.000\,433$.

8. $x=a(1-e^{k(a-b)t})(1-\frac{a}{b}e^{k(a-b)t})^{-1}$.

9. $v=(e^{2kgt}-1)[k(1+e^{2kgt})]^{-1}, k=\sqrt{\frac{\mu}{mg}}$.

10. $y=\mp2\ln\left|\frac{x+\sqrt{4-x^2}}{x}\right|\pm\sqrt{4-x^2}$.

11. $xy=6$.

12. $x^2+(y-C)^2=C^2$.

13. $v(t)=\frac{mg}{k}(1-e^{-\frac{k}{m}t})$.

14. $\theta(t)=15-\frac{10}{k}(1-e^{kt})(k<0)$.

5.3 一阶线性微分方程

未知函数及其导数都是线性(即一次方)的一阶微分方程称为**一阶线性微分方程**,其一般形状为

$$\frac{dy}{dx}+P(x)y=Q(x), \tag{5.3.1}$$

其中,$P(x)$和$Q(x)$是某区间(a,b)上的已知连续函数.

5.3.1 线性齐次方程

若方程(5.3.1)中的$Q(x)\equiv 0$,则方程(5.3.1)变成

$$\frac{dy}{dx}+P(x)y=0, \tag{5.3.2}$$

称方程(5.3.2)为方程(5.3.1)所对应的**线性齐次方程**.方程(5.3.2)是变量可分离方程,分离变量后得

$$\frac{dy}{y}=-P(x)dx,$$

然后积分,得

$$\ln|y|=-\int P(x)dx+\ln|C|$$

或

$$y=Ce^{-\int P(x)dx}, \tag{5.3.3}$$

其中,C是非零常数,$\int P(x)dx$表示$P(x)$的一个原函数.显然$y\equiv 0$是方程(5.3.2)的解,但如果认为C也可以取零值的话,则$y=0$这个解也包含在表达式(5.3.3)中.因此,线性齐次方程(5.3.2)的通解为

$$y=Ce^{-\int P(x)dx}. \tag{5.3.4}$$

如果附加上初始条件$y(x_0)=y_0$,则相应的特解形如

$$y=y_0e^{-\int_{x_0}^{x}P(t)dt}.$$

5.3.2 线性非齐次方程

当$Q(x)$不恒为零时,称方程(5.3.1)为**线性非齐次方程**.我们用所谓**常数变易法**解这个方程.具体作法是:把方程(5.3.1)所对应的(即有相同左端的)齐次方程(5.3.2)的通解$y=Ce^{-\int P(x)dx}$中的C看作是x的函数$C(x)$,试试看让它满足非齐次方程,其实也就是作变量代换

$$y=C(x)e^{-\int P(x)dx},$$

其中,$C(x)$是新的未知函数.计算上式的导数,得

$$\frac{\mathrm{d}y}{\mathrm{d}x}=\frac{\mathrm{d}C(x)}{\mathrm{d}x}\mathrm{e}^{-\int P(x)\mathrm{d}x}-C(x)P(x)\mathrm{e}^{-\int P(x)\mathrm{d}x},$$

并代入原非齐次方程(5.3.1),得

$$\frac{\mathrm{d}C(x)}{\mathrm{d}x}\mathrm{e}^{-\int P(x)\mathrm{d}x}-C(x)P(x)\mathrm{e}^{-\int P(x)\mathrm{d}x}+P(x)C(x)\mathrm{e}^{-\int P(x)\mathrm{d}x}=Q(x),$$

或
$$\frac{\mathrm{d}C}{\mathrm{d}x}=Q(x)\mathrm{e}^{\int P(x)\mathrm{d}x},$$

所以
$$C(x)=\int Q(x)\mathrm{e}^{\int P(x)\mathrm{d}x}\mathrm{d}x+C.$$

最后得非齐次方程(5.3.1)的通解

$$y=\mathrm{e}^{-\int P(x)\mathrm{d}x}\left[\int Q(x)\mathrm{e}^{\int P(x)\mathrm{d}x}\mathrm{d}x+C\right].\tag{5.3.5}$$

如果通解公式(5.3.5)可写成

$$y=C\mathrm{e}^{-\int P(x)\mathrm{d}x}+\mathrm{e}^{-\int P(x)\mathrm{d}x}\int Q(x)\mathrm{e}^{\int P(x)\mathrm{d}x}\mathrm{d}x,$$

则表明,线性非齐次方程(5.3.1)的通解等于对应齐次方程(5.3.2)的通解 $C\mathrm{e}^{-\int P(x)\mathrm{d}x}$ 与非齐次方程的一个特解 $\mathrm{e}^{-\int P(x)\mathrm{d}x}\int Q(x)\mathrm{e}^{\int P(x)\mathrm{d}x}\mathrm{d}x$ 之和,此特解是在方程(5.3.5)中令 $C=0$ 而得到的.

应指出,在具体的例子中,利用繁琐而又难以记忆的公式(5.3.5)是不必要的,重复上述的常数变易法得到要求的解将容易得多.

例 5.3.1 求方程$\frac{\mathrm{d}y}{\mathrm{d}x}-\frac{y}{x}=x^2$ 的通解.

解 先求对应齐次方程的通解.

$$\frac{\mathrm{d}y}{\mathrm{d}x}-\frac{y}{x}=0,\quad \frac{\mathrm{d}y}{y}=\frac{\mathrm{d}x}{x},$$

$$\ln|y|=\ln|x|+\ln C,\quad y=Cx.$$

然后用常数变易法,令

$$y=C(x)x,$$

则$\frac{\mathrm{d}y}{\mathrm{d}x}=\frac{\mathrm{d}C(x)}{\mathrm{d}x}\cdot x+C(x)$,代入原方程,得

$$\frac{\mathrm{d}C(x)}{\mathrm{d}x}\cdot x=x^2,\quad 或\quad \mathrm{d}C(x)=x\mathrm{d}x,$$

积分之,得
$$C(x)=\frac{x^2}{2}+C_1.$$

因此通解为
$$y=C_1x+\frac{x^3}{2}.$$
□

例 5.3.2 设有一质量为 m 的质点作直线运动,从速度等于零的一瞬间开始受

到一个与运动方向一致、大小与时间成正比(比例系数为 k_1)的力作用;此外,质点又受到一个与速度成正比(比例系数为 k_2)的阻力作用.试求质点的速度的变化规律.

解 设质点运动的速度为 $v(t)$.据假设,质点受到两个力的作用,一个是 k_1t,方向与 v 一致;一个是阻力,其大小为 k_2v,方向与 v 相反.从而质点所受外力为

$$F = k_1 t - k_2 v.$$

根据牛顿第二运动定律,有

$$F = ma \quad (a\text{ 为加速度}).$$

因此 $v(t)$ 应满足的方程为

$$m\frac{\mathrm{d}v}{\mathrm{d}t} = k_1 t - k_2 v,$$

初始条件为

$$v\big|_{t=0} = 0.$$

把方程写成如下形式:

$$\frac{\mathrm{d}v}{\mathrm{d}t} + \frac{k_2}{m}v = \frac{k_1}{m}t.$$

先求对应齐次方程的通解,则有

$$\frac{\mathrm{d}v}{\mathrm{d}t} + \frac{k_2}{m}v = 0, \quad v = C\mathrm{e}^{-\frac{k_2}{m}t}.$$

然后将 $v=C(t)\mathrm{e}^{-\frac{k_2}{m}t}$ 代入非齐次方程,得

$$\frac{\mathrm{d}C(t)}{\mathrm{d}t}\mathrm{e}^{-\frac{k_2}{m}t} - \frac{k_2}{m}C(t)\mathrm{e}^{-\frac{k_2}{m}t} + \frac{k_2}{m}C(t)\mathrm{e}^{-\frac{k_2}{m}t} = \frac{k_1}{m}t,$$

$$\mathrm{d}C(t) = \frac{k_1}{m}t\mathrm{e}^{\frac{k_2}{m}t}\mathrm{d}t.$$

两边积分,得

$$\begin{aligned} C(t) &= \frac{k_1}{m}\int t\mathrm{e}^{\frac{k_2}{m}t}\mathrm{d}t = \frac{k_1}{m}\cdot\frac{m}{k_2}\int t\mathrm{d}(\mathrm{e}^{\frac{k_2}{m}t}) = \frac{k_1}{k_2}t\mathrm{e}^{\frac{k_2}{m}t} - \frac{k_1}{k_2}\int \mathrm{e}^{\frac{k_2}{m}t}\mathrm{d}t \\ &= \frac{k_1}{k_2}t\mathrm{e}^{\frac{k_2}{m}t} - \frac{k_1 m}{k_2^2}\mathrm{e}^{\frac{k_2}{m}t} + C_1, \end{aligned}$$

因此得非齐次方程的通解

$$v = \frac{k_1}{k_2}t - \frac{k_1 m}{k_2^2} + C_1\mathrm{e}^{-\frac{k_2}{m}t},$$

将初始条件 $v(0)=0$ 代入,即得 $C_1=\frac{k_1 m}{k_2^2}$,故质点的速度与时间 t 的关系为

$$v(t) = \frac{k_1}{k_2}t - \frac{k_1 m}{k_2^2}(1 - \mathrm{e}^{-\frac{k_2}{m}t}).$$

□

5.3.3 伯努利方程

许多微分方程可通过变量代换化为线性方程,伯努利(Bernoulli)方程

$$\frac{\mathrm{d}y}{\mathrm{d}x}+P(x)y=Q(x)y^{n}\quad(n\neq 0,1) \tag{5.3.6}$$

就是这类方程中的一种.

将方程(5.3.6)变形为

$$y^{-n}\frac{\mathrm{d}y}{\mathrm{d}x}+P(x)y^{1-n}=Q(x), \tag{5.3.7}$$

作变量代换 $y^{1-n}=z$,则

$$\frac{\mathrm{d}z}{\mathrm{d}x}=(1-n)y^{-n}\frac{\mathrm{d}y}{\mathrm{d}x},$$

将其代入式(5.3.7),即得线性方程

$$\frac{\mathrm{d}z}{\mathrm{d}x}+(1-n)P(x)z=(1-n)Q(x). \tag{5.3.8}$$

例 5.3.3 解方程 $\frac{\mathrm{d}y}{\mathrm{d}x}=\frac{4}{x}y+x\sqrt{y}\quad(y>0,x\neq 0)$.

解 这是伯努利方程,$n=\frac{1}{2}$. 令 $z=\sqrt{y}$,则$\frac{\mathrm{d}z}{\mathrm{d}x}=\frac{1}{2}y^{\frac{1}{2}-1}\frac{\mathrm{d}y}{\mathrm{d}x}=\frac{1}{2}\cdot\frac{1}{z}\frac{\mathrm{d}y}{\mathrm{d}x}$,故原方程化为

$$\frac{\mathrm{d}z}{\mathrm{d}x}-\frac{2}{x}z=\frac{1}{2}x,$$

直接利用通解公式(5.3.5),得

$$z=\mathrm{e}^{\int\frac{2}{x}\mathrm{d}x}\left(C+\int\frac{x}{2}\mathrm{e}^{-\int\frac{2}{x}\mathrm{d}x}\mathrm{d}x\right)=x^{2}\left(C+\int\frac{x}{2}\cdot\frac{1}{x^{2}}\mathrm{d}x\right)=x^{2}\left(C+\frac{1}{2}\ln|x|\right),$$

所以

$$y=x^{4}\left(C+\frac{1}{2}\ln|x|\right)^{2}.$$

□

最后我们给出电学中的一个微分方程模型——**电容器充电放电模型**来结束本节.

如图 5.5 所示的 RC 电路,开始时电容 C 上没有电荷,电容两端的电压为零. 把开关 S 合至"1",电池 E 就对电容 C 充电,电容 C 两端的电压 V_C 逐渐升高,经过相当时间后,电容充电完毕. 我们再把开关 S 合至"2",这时电容就开始了放电过程. 求出充电和放电过程中电容 C 两端的电压 V_C 随时间 t 变化的规律.

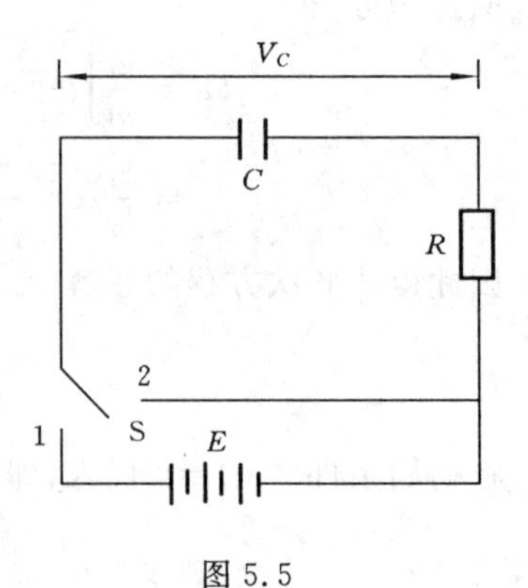

图 5.5

解 取时间 t 作自变量,未知函数为电容 C 两端的电压$V_C(t)$. 根据闭合回路的基尔霍夫第二定律,电池的电势 E 等于回路中电势降之和. 题中给出的是 RC 电路,即有电容 C 两端的电压 V_C 与电阻 R 的电势降 RI,其中 $I=I(t)$是回路中的电流.

按基尔霍夫第二定律可列出方程

$$E = V_C + RI. \tag{5.3.9}$$

又设电容 C 上的电量为 $Q(t)$，则

$$I(t) = \frac{\mathrm{d}Q(t)}{\mathrm{d}t} = \frac{\mathrm{d}}{\mathrm{d}t}(CV_C(t)) = C\frac{\mathrm{d}V_C(t)}{\mathrm{d}t}. \tag{5.3.10}$$

将式(5.3.10)代入式(5.3.9)得

$$RC\frac{\mathrm{d}V_C}{\mathrm{d}t} + V_C = E, \tag{5.3.11}$$

其中，R,C,E 都是已知常数.

方程(5.3.11)是一阶线性非齐次微分方程. 为求 V_C，需给出初始条件. 由假设知，开始把 S 合至"1"时，也就是对 C 开始充电时，C 的两端电压 V_C 应为零. 所以初始条件为

$$V_C(0) = 0. \tag{5.3.12}$$

初值问题(5.3.11)、(5.3.12)的求解我们留作习题. □

习 题 5.3

(A)

1. 回答下列问题：
   (1) 什么叫一阶线性微分方程？
   (2) 常数变易法的基本思想是什么？
   (3) 如何将伯努利方程化为线性方程？
2. 求下列微分方程的通解：
   (1) $\frac{\mathrm{d}y}{\mathrm{d}x} + y\tan x = \cos x$；
   (2) $\frac{\mathrm{d}y}{\mathrm{d}x} - y\cot x = 2x\sin x$；
   (3) $(y^2 - 6x)\frac{\mathrm{d}y}{\mathrm{d}x} + 2y = 0$；
   (4) $y' + y\cos x = \mathrm{e}^{-\sin x}$.
3. 求下列初值问题的解：
   (1) $(x+1)y' + y = 2\mathrm{e}^{-x}, y(1) = 0$；
   (2) $\frac{\mathrm{d}y}{\mathrm{d}x} - y\tan x = \sec x, y(0) = 0$；
   (3) $\frac{\mathrm{d}y}{\mathrm{d}x} + \frac{3}{x}y = \frac{2}{x^3}, y(1) = 1$；
   (4) $y' + \frac{y}{x} + \mathrm{e}^x = 0, y(1) = 0$.
4. 设一曲线通过原点，且它在点 (x,y) 处的切线斜率等于 $2x+y$. 求这曲线方程.
5. 求解电容器充电放电模型所产生的初值问题(5.3.11)、(5.3.12).
6. 设有一个由电阻 $R=10\ \Omega$、电感 $L=2$ H 和电源电压 $E=20\sin 5t$ (V)串联组成的电路. 开关 S 合上后，电路中有电流通过. 求电流 I 与时间 t 的函数关系.（利用回路电压定律 $E = RI + L\frac{\mathrm{d}I}{\mathrm{d}t}$.）
7. **(溶液混合问题)**一容器内盛有 50 L 的盐水溶液，其中含有 10 g 的盐. 现将每升含 2 g 盐的溶液以每分钟 5 L 的速率注入容器，并不断进行搅拌，使混合液迅速达到均匀，同时混合液以每分钟 3 L 的速率流出容器. 问在任一时刻 t 容器中含盐量是多少？

(B)

1. 求微分方程的初值问题 $y'\sec^2 y+\dfrac{x}{1+x^2}\tan y=x, y|_{x=0}=0$ 的解.(作代换 $z=\tan y$.)

2. 求下列微分方程的通解：

(1) $xy'=y(2y\ln x-1)$；　　(2) $y'=x^3y^3-xy$.

3. 已知连续函数 $f(x)$满足条件 $f(x)=\int_0^{3x} f\left(\dfrac{t}{3}\right)\mathrm{d}t+\mathrm{e}^{2x}$，求 $f(x)$.

4. 设 $f(x)$连续，积分 $\int_0^1[f(x)+xf(xt)]\mathrm{d}t$ 与 x 无关，求 $f(x)$.

答案与提示

(A)

2. (1) $y=(x+C)\cos x$；　(2) $(x^2+C)\sin x$；　(3) $x=\dfrac{y^2}{2}+Cy^3$；　(4) $y=(x+C)\mathrm{e}^{-\sin x}$.

3. (1) $y=\dfrac{2}{x+1}(\mathrm{e}^{-1}-\mathrm{e}^{-x})$；　(2) $y=\dfrac{x}{\cos x}$；　(3) $y=\dfrac{2x-1}{x^3}$；　(4) $\dfrac{1-x}{x}\mathrm{e}^x$；

4. $y=2(\mathrm{e}^x-x-1)$.

5. $V_C=E(1-\mathrm{e}^{-\frac{t}{RC}})$.

6. $I=\mathrm{e}^{-5t}+\sqrt{2}\sin(5t-\dfrac{\pi}{4})$ (A).

7. $x=-22\ 500\sqrt{2}(50+2t)^{-3/2}+2(50+2t)$.

(B)

1. $\tan y=\dfrac{1}{3}(1+x^2-\dfrac{1}{\sqrt{1+x^2}})$.

2. (1) $\dfrac{1}{y}=2(1+\ln x+Cx)$；　(2) $y^{-2}=x^2+1+C\mathrm{e}^{x^2}$.

3. $f(x)=3\mathrm{e}^{3x}-2\mathrm{e}^{2x}$.

4. $f(x)=C\mathrm{e}^{-x}$.

5.4　可降阶的高阶方程

本节介绍几类常见的高阶(指二阶及二阶以上)微分方程，它们可以采取逐步降低方程的阶的方法，即所谓**降阶法**来求解.

5.4.1　$y^{(n)}=f(x)$型方程

假设 $f(x)$在 $a<x<b$ 上连续. 将方程写成

$$\frac{\mathrm{d}}{\mathrm{d}x}y^{(n-1)}=f(x),$$

并进行积分，即得

$$y^{(n-1)}=\int f(x)\mathrm{d}x+C_1.$$

同理可得 $$y^{(n-2)}=\int\left[\int f(x)\mathrm{d}x+C_1\right]\mathrm{d}x+C_2.$$

如此连续积分 n 次,便可得到方程 $y^{(n)}=f(x)$的含有 n 个任意常数的通解.

例 5.4.1 求微分方程 $y'''=x\mathrm{e}^x$ 的通解.

解 对所给方程连续积分三次,得

$$y''=\int x\mathrm{e}^x\mathrm{d}x+C_1=x\mathrm{e}^x-\mathrm{e}^x+C_1,$$

$$y'=\int(x\mathrm{e}^x-\mathrm{e}^x+C_1)\mathrm{d}x+C_2=x\mathrm{e}^x-2\mathrm{e}^x+C_1x+C_2,$$

$$y=\int(x\mathrm{e}^x-2\mathrm{e}^x+C_1x+C_2)\mathrm{d}x+C_3=x\mathrm{e}^x-3\mathrm{e}^x+\frac{C_1}{2}x^2+C_2x+C_3.$$ □

5.4.2 $y''=f(x,y')$型方程

这类方程的特点是右端不显含未知函数 y. 我们可通过变量代换 $p=y'$将方程降为一阶方程

$$\frac{\mathrm{d}p}{\mathrm{d}x}=f(x,p).$$

若这个方程的通解为

$$p=\varphi(x,C_1),$$

则由 $p=\frac{\mathrm{d}y}{\mathrm{d}x}$,又得一个一阶微分方程

$$\frac{\mathrm{d}y}{\mathrm{d}x}=\varphi(x,C_1),$$

积分之,即得原方程的通解

$$y=\int\varphi(x,C_1)\mathrm{d}x+C_2.$$

例 5.4.2 求微分方程 $y''+2xy'^2=0$ 且满足初始条件$y(0)=1,y'(0)=-\frac{1}{2}$的解.

解 令 $y'=p$,则原方程化为

$$p'+2xp^2=0,$$

分离变量后积分,得

$$\frac{-\mathrm{d}p}{p^2}=2x\mathrm{d}x,\quad \frac{1}{p}=x^2+C_1.$$

将条件 $y'(0)=-\frac{1}{2}$代入,得 $C_1=-2$,故有

$$y'=\frac{1}{x^2-2}.$$

再积分,得 $$y=\int\frac{\mathrm{d}x}{x^2-2}+C_2=\frac{1}{2\sqrt{2}}\ln\left|\frac{x-\sqrt{2}}{x+\sqrt{2}}\right|+C_2,$$

将条件 $y(0)=1$ 代入,得 $C_2=1$,故所求特解为

$$y=1+\frac{1}{2\sqrt{2}}\ln\left|\frac{x-\sqrt{2}}{x+\sqrt{2}}\right| \quad (|x|\neq\sqrt{2}). \qquad \square$$

5.4.3 $y''=f(y,y')$ 型方程

这种方程的右端不显含自变量 x,用代换 $y'=p$ 可将方程降低一阶.这时将 p 看作 y 的新的未知函数 $p=p(y)$.因此,导数 y'' 应当用新未知函数 $p(y)$ 对 y 的导数来表示,即

$$\frac{\mathrm{d}y}{\mathrm{d}x}=p,\quad \frac{\mathrm{d}^2y}{\mathrm{d}x^2}=\frac{\mathrm{d}p}{\mathrm{d}x}=\frac{\mathrm{d}p}{\mathrm{d}y}\cdot\frac{\mathrm{d}y}{\mathrm{d}x}=p\frac{\mathrm{d}p}{\mathrm{d}y}.$$

于是方程 $y''=f(y,y')$ 变成一阶方程

$$p\frac{\mathrm{d}p}{\mathrm{d}y}=f(y,p).$$

若它的通解为 $$p=y'=\varphi(y,C_1),$$

则分离变量后积分,得通解

$$\int\frac{\mathrm{d}y}{\varphi(y,C_1)}=x+C_2.$$

例 5.4.3 求解微分方程 $yy''-y'^2=0$.

解 令 $y'=p$,则 $y''=p\dfrac{\mathrm{d}p}{\mathrm{d}y}$.原方程化为

$$yp\frac{\mathrm{d}p}{\mathrm{d}y}-p^2=0.$$

若 $y\neq0,p\neq0$,则可约去 p 并分离变量,得

$$\frac{\mathrm{d}p}{p}=\frac{\mathrm{d}y}{y},$$

积分之,得 $$\ln|p|=\ln|y|+\ln|C_1|,$$

于是 $$p=C_1y,\quad 即\quad y'=C_1y.$$

再分离变量并积分,即得所求通解

$$\ln|y|=C_1x+\ln|C_2|,\quad 或\quad y=C_2e^{C_1x},$$

其中,C_1,C_2 是任意常数. $\square$

在本节末尾,我们给出几个可用降阶法求解的实际问题.

例 5.4.4 质量为 m 的质点受力 F 的作用沿 x 轴作直线运动.设力 F 仅是时间 t 的函数,即 $F=F(t)$.在开始时刻 $t=0$ 时,$F(0)=F_0$,随着时间 t 的增大,此力 F 均匀地减小,直到 $t=T$ 时,$F(T)=0$.如果开始时质点位于原点,且初速为零,求这质点的运动规律.

解 令 $x=x(t)$ 表示质点在时刻 t 的位置.根据牛顿第二定律,质点运动的微分

方程为

$$m\frac{\mathrm{d}^2x}{\mathrm{d}t^2}=F(t). \tag{5.4.1}$$

由题设知，力 $F(t)$ 随 t 增加而均匀地减小，即 $F(t)$ 的变化率为常数，故 $F(t)$ 应为线性函数

$$F(t)=a+kt.$$

由条件 $F(0)=F_0$ 及 $F(T)=0$ 可确定 $a=F_0, k=-\frac{F_0}{T}$，所以

$$F(t)=F_0\left(1-\frac{t}{T}\right).$$

于是方程(5.4.1)可以写成

$$\frac{\mathrm{d}^2x}{\mathrm{d}t^2}=\frac{F_0}{m}\left(1-\frac{t}{T}\right), \tag{5.4.2}$$

初始条件为

$$x(0)=0,\quad x'(0)=0. \tag{5.4.3}$$

方程(5.4.2)是第一种类型的可降阶方程，连续积分两次，并利用初始条件，可求得质点的运动规律为

$$x=\frac{F_0}{m}\left(\frac{t^2}{2}-\frac{t^3}{6T}\right),\quad 0\leqslant t\leqslant T.$$ □

例 5.4.5(追线问题) 位于坐标原点的我舰向位于 x 轴上点 $A(1,0)$ 处的敌舰发射制导鱼雷，使鱼雷永远对准敌舰. 设敌舰以最大速度 v_0 沿平行于 y 轴的直线行驶，又设鱼雷速度的大小是 $5v_0$. 试求鱼雷的轨迹曲线(追线)方程.

解 设在时刻 t，鱼雷航迹上点 P 的坐标为 (x,y)，而敌舰在航线上点 Q 处，点 Q 的坐标设为 $(1,Y)$(见图 5.6)，则 $Y=v_0t, \frac{\mathrm{d}Y}{\mathrm{d}t}=v_0$.

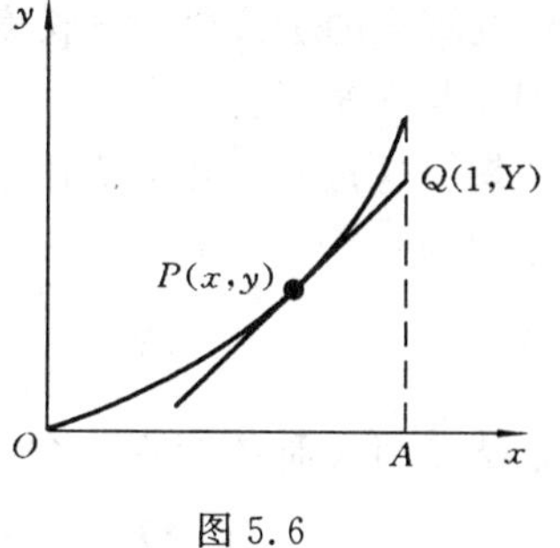

图 5.6

鱼雷的速度可按坐标轴方向分解，故有

$$\left(\frac{\mathrm{d}x}{\mathrm{d}t}\right)^2+\left(\frac{\mathrm{d}y}{\mathrm{d}t}\right)^2=\left(5\frac{\mathrm{d}Y}{\mathrm{d}t}\right)^2,$$

或

$$\sqrt{1+\left(\frac{\mathrm{d}y}{\mathrm{d}x}\right)^2}=5\frac{\mathrm{d}Y}{\mathrm{d}x}.$$

又由图 5.6 知

$$\frac{\mathrm{d}y}{\mathrm{d}x}=\frac{Y-y}{1-x},$$

上式两边对 x 求导，得

$$\frac{\mathrm{d}Y}{\mathrm{d}x}=(1-x)\frac{\mathrm{d}^2y}{\mathrm{d}x^2},$$

于是可推得

$$\sqrt{1+\left(\frac{\mathrm{d}y}{\mathrm{d}x}\right)^2}=5(1-x)\frac{\mathrm{d}^2y}{\mathrm{d}x^2},$$

或
$$\sqrt{1+y'^2}=5(1-x)y''. \tag{5.4.4}$$
根据题设,$t=0$ 时,$x=0,y=0,y'=0$. 故初始条件为
$$y\,|_{x=0}=0,\quad y'\,|_{x=0}=0. \tag{5.4.5}$$
方程(5.4.4)是第二种类型的可降阶方程,令 $y'=p$,则$y''=\dfrac{\mathrm{d}p}{\mathrm{d}x}$,式(5.4.4)可化为一阶方程
$$\sqrt{1+p^2}=5(1-x)\frac{\mathrm{d}p}{\mathrm{d}x},\quad \frac{1}{5}\cdot\frac{\mathrm{d}x}{1-x}=\frac{\mathrm{d}p}{\sqrt{1+p^2}},$$
两边积分,得
$$-\frac{1}{5}\ln|1-x|=\ln|p+\sqrt{1+p^2}|+\ln|C_1|,$$
即
$$(1-x)^{-\frac{1}{5}}=C_1(p+\sqrt{1+p^2}).$$
由 $y'|_{x=0}=0$ 可确定 $C_1=1$,故有
$$(1-x)^{-\frac{1}{5}}=p+\sqrt{1+p^2},$$
由此解出
$$y'=p=\frac{1}{2}[(1-x)^{-\frac{1}{5}}-(1-x)^{\frac{1}{5}}],$$
再积分,得
$$y=\frac{1}{2}\left[\frac{5}{6}(1-x)^{6/5}-\frac{5}{4}(1-x)^{4/5}\right]+C_2,$$
由 $y|_{x=0}=0$ 可确定 $C_2=\dfrac{5}{24}$. 所以鱼雷的轨迹曲线方程为
$$y=\frac{1}{2}\left[\frac{5}{6}(1-x)^{6/5}-\frac{5}{4}(1-x)^{4/5}\right]+\frac{5}{24}. \tag{5.4.6}$$ □

例 5.4.6 在上半平面求一条(下)凸曲线,其上任一点 $P(x,y)$ 处的曲率等于此曲线在该点的法线段 PQ 长度的倒数(Q 是法线与 x 轴的交点),且曲线在点(1,1)处的切线与 x 轴平行.

解 这是一个几何应用题. 设所求曲线为 $y=y(x)$. 因为它在点 $P(x,y)$ 处的法线方程为
$$Y-y(x)=-\frac{1}{y'(x)}(X-x)\ (y'\neq 0),$$
所以法线与 x 轴的交点为$Q(x+yy',0)$. 于是
$$|PQ|=\sqrt{(yy')^2+y^2}=y\sqrt{1+y'^2}\ (y>0).$$
根据题设,$y(x)$应满足方程
$$\frac{y''}{(1+y'^2)^{3/2}}=\frac{1}{y\sqrt{1+y'^2}} \tag{5.4.7}$$
(因曲线下凸,故 $y''>0$),初始条件为
$$y\,|_{x=1}=1,y'\,|_{x=1}=0.$$
将方程(5.4.7)改写成

$$yy''=1+y'^2, \tag{5.4.8}$$

这是第三种类型的可降阶方程. 令 $y'=p$,则 $y''=p\dfrac{\mathrm{d}p}{\mathrm{d}y}$,代入方程(5.4.8),得

$$yp\frac{\mathrm{d}p}{\mathrm{d}y}=1+p^2,\quad \frac{p\mathrm{d}p}{1+p^2}=\frac{\mathrm{d}y}{y},$$

两边积分,并利用条件 $y'|_{x=1}=0$,得

$$y=\sqrt{1+p^2},$$

即

$$y'=\pm\sqrt{y^2-1},\quad \frac{\mathrm{d}y}{\sqrt{y^2-1}}=\pm\,\mathrm{d}x,$$

两边积分,并利用条件 $y|_{x=1}=1$,得

$$\ln(y+\sqrt{y^2-1})=\pm(x-1).$$

因此所求曲线为

$$y+\sqrt{y^2-1}=\mathrm{e}^{\pm(x-1)},$$

化简整理得

$$y=\frac{1}{2}(\mathrm{e}^{x-1}+\mathrm{e}^{-(x-1)}).$$

□

习　题　5.4

(A)

1. 求下列各微分方程的通解:

(1) $y''=x+\cos x$　　(2) $y''=\dfrac{1}{1+x^2}$　　(3) $y''-y'=x$

(4) $y''+y'^2=1$　　(5) $yy''+y'^2=0$　　(6) $y''=y'^3+y'$.

2. 求解下列初值问题:

(1) $y^3y''+1=0,y(1)=1,y'(1)=0$.　　(2) $y'''=\mathrm{e}^{2x},y(1)=y'(1)=y''(1)=0$.

(3) $y''=3\sqrt{y},y(0)=1,y'(0)=2$.　　(4) $y''-\mathrm{e}^{2y}=0,y(0)=0,y'(0)=1$.

(5) $yy''=2(y'^2-y'),y(0)=1,y'(0)=2$.　　(6) $y''=\dfrac{3x^2}{1+x^3}y',y(0)=1,y'(0)=4$.

3. 求方程 $yy''+y'^2=1$ 经过点(0,1)且在这一点与直线 $x+y=1$ 相切的积分曲线.

4. 求方程 $xy''=y'\ln\dfrac{y'}{x}$ 的通解.

5. 求方程 $y''(1+y^2)=2yy'^2$ 的通解.

(B)

1. 设物体 A 从点(0,1)出发,以速度大小为常数 v 沿 y 轴正向运动. 物体 B 从点(−1,0)与 A 同时出发,其速度大小为 $2v$,方向始终指向 A. 求物体 B 的运动微分方程及初始条件.

2. 设第一象限内的曲线 $y=y(x)$ 对应于 $0\leqslant x\leqslant a$ 一段的长等于曲边梯形 $D=\{0\leqslant y\leqslant y(x),0\leqslant x\leqslant a\}$ 的面积,其中 $a>0$ 是任意给定的,$y(0)=1$,求 $y(x)$.

3. 一条均匀柔软不可拉伸的细弦,两端悬起,当载荷沿弧均匀分布时,求弦的平衡状态时的形状.

4. 一物体只受地球引力作用,自无穷高处落下,求这个物体落向地面的速度.
5. 重量为 300 kg 的摩托艇以 66 m/s 的初速度直线前进,如果水的阻力与速度成正比,且当速度为 1 m/s 时,阻力为 10 kg. 问经过多少时间艇的速度降为 8 m/s?

答案与提示

(A)

1. (1) $y=\frac{x^3}{6}-\cos x+C_1x+C_2$; (2) $y=x\arctan x-\frac{1}{2}\ln(1+x^2)+C_1x+C_2$;

   (3) $y=C_1\mathrm{e}^x-\frac{x^2}{2}-x+C_2$; (4) $y=x+\ln|C_1+\mathrm{e}^{-2x}|+C_2$;

   (5) $y^2=C_1x+C_2$; (6) $y=\arcsin(C\mathrm{e}^x)+C_1$.
2. (1) $y=\sqrt{2x-x^2}$; (2) $y=\frac{1}{8}\mathrm{e}^{2x}+\frac{\mathrm{e}^2}{4}x^2-\frac{\mathrm{e}^2}{4}x-\frac{\mathrm{e}^2}{8}$; (3) $y=\left(\frac{x}{2}+1\right)^4$;

   (4) $x=1-\mathrm{e}^{-y}$; (5) $y=\tan(x+\frac{\pi}{4})$; (6) $y=x^4+4x+1$.
3. $y=-x+1$.
4. $y=\frac{1}{C_1}\mathrm{e}^{C_1x+1}\left(x-\frac{1}{C_1}\right)+C_2$.
5. $y=\tan(C_1x+C_2)$.

(B)

1. $x\frac{\mathrm{d}^2y}{\mathrm{d}x^2}+\frac{1}{2}\sqrt{1+\left(\frac{\mathrm{d}y}{\mathrm{d}x}\right)^2}=0\quad y(-1)=0, y'(-1)=1$.
2. $y=\mathrm{ch}x$.
3. $y=\frac{H}{gq}\mathrm{ch}\left[\frac{gq(x-C_1)}{H}\right]+C_2$.
4. $v=\sqrt{2Rg}$.
5. 约 6.45 s.

5.5 二阶微分方程

5.5.1 振动与二阶微分方程

振动这种运动形式在日常生活与工程技术中随处可见,例如,汽车减震器中弹簧的振动,机床主轴的振动,电路中的电磁振荡,有荷载的横梁的振动等等. 本节将导出描述具有小振幅的质点振动的二阶线性微分方程模型.

(1) 线性振动

设有一质量为 m 的小物体,连接在长度为 l 的弹簧上,弹簧则悬挂在刚性水平支架上(见图5.7). 由力学知道,弹簧使物体回到平衡位置的弹性恢复力 f(它不包括在平衡位置时和重力 mg 相平衡的那一部分弹性力)与物体离开平衡位置的位移 y

成正比，即

$$f=-ky,$$

其中，k 为弹簧的劲度系数，负号表示弹性恢复力的方向和物体位移的方向相反. 此外，物体和弹簧可以沉浸在介质(例如油)里，介质阻碍物体在其中运动. 工程人员通常把这种系统称为弹簧-质量-阻尼系统，或者称为地震仪. 因为这种系统与用来探测地球表面运动的地震仪在原理上是一样的.

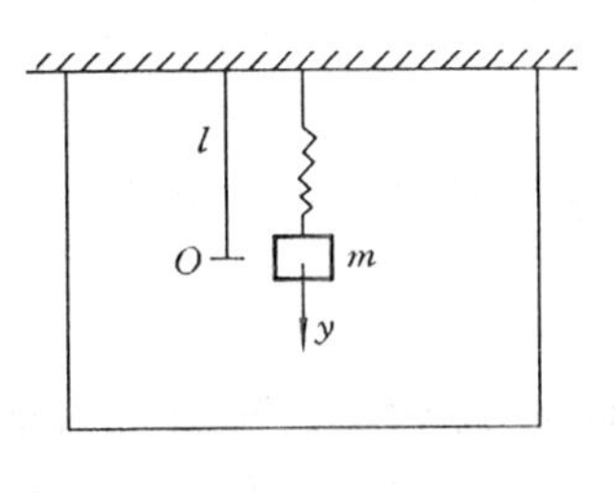

图 5.7

弹簧-质量-阻尼系统有很多应用. 例如，汽车上的减震器就是一个简单的弹簧-质量-阻尼系统. 又如，重炮的炮床也是装在这种系统上，以尽量减小重炮的反冲影响.

下面来建立在外力的作用下，物体 m 运动的微分方程.

物体的平衡位置是物体不受外力而静止悬挂时所处的位置. 当平衡时，物体的重量 mg 正好与弹簧的恢复力相平衡. 因此，在物体的平衡位置，弹簧被拉伸的距离为 Δl 时，就有

$$k\Delta l=mg.$$

我们用 $y=0$ 表示这个平衡位置，并且把向下的方向取为正向.

设 $y(t)$表示物体在时刻 t 的位置. 为了求出 $y(t)$，必须计算作用在物体 m 上的总力. 这个总力是四个分力 W、R、D 和 F 之和. 下面分别计算.

① 力 $W=mg$ 是物体的重量，拉物体向下，这个力是正的，因为向下的方向是 y 的正方向.

② 力 R 是弹簧的恢复力，它与弹簧的拉伸或压缩量 $\Delta l+y$ 成正比. 力 R 的作用总是使弹簧恢复到它的自然长度. 若$\Delta l+y>0$，则 R 是负的，于是 $R=-k(\Delta l+y)$；若$\Delta l+y<0$，则 R 是正的，于是 $R=-k(\Delta l+y)$. 在两种情形下，都有

$$R=-k(\Delta l+y).$$

③ 力 D 是介质作用在物体 m 上的阻尼或阻力，这个力作用的方向总是与运动的方向相反，并且通常与速度$\frac{\mathrm{d}y}{\mathrm{d}t}$的大小成正比. 因此

$$D=-C\frac{\mathrm{d}y}{\mathrm{d}t}.$$

④ 力 F 是作用在物体上的外力，F 若向上则为负，若向下则为正. 一般来说，外力 F 明显地依赖于 t.

根据牛顿第二运动定律，有

$$m\frac{\mathrm{d}^2y}{\mathrm{d}t^2}=W+R+D+F=mg-k(\Delta l+y)-C\frac{\mathrm{d}y}{\mathrm{d}t}+F(t)$$

$$=-ky-C\frac{\mathrm{d}y}{\mathrm{d}t}+F(t),$$

这里用到 $mg=k\Delta l$. 因此,物体的位置 $y(t)$满足二阶线性微分方程

$$m\frac{\mathrm{d}^2y}{\mathrm{d}t^2}+C\frac{\mathrm{d}y}{\mathrm{d}t}+ky=F(t). \tag{5.5.1}$$

我们说这个方程是二阶的,是因为方程中所出现的最高阶导数为二阶导数;说它是线性的,是因为方程中的未知函数及其导数都是一次(线性)的.

(2) 自由振动

对于无阻尼自由振动的情形,方程(5.5.1)中的阻尼项 $C\frac{\mathrm{d}y}{\mathrm{d}t}$以及强迫力 $F(t)$均恒为零,这时,方程(5.5.1)简化为

$$m\frac{\mathrm{d}^2y}{\mathrm{d}t^2}+ky=0,$$

或

$$\frac{\mathrm{d}^2y}{\mathrm{d}t^2}+\omega_0^2y=0, \tag{5.5.2}$$

其中,$\omega_0^2=\frac{k}{m}$.

(3) 阻尼自由振动

当考虑阻尼的影响,而没有外力作用时,物体运动的微分方程是

$$m\frac{\mathrm{d}^2y}{\mathrm{d}t^2}+C\frac{\mathrm{d}y}{\mathrm{d}t}+ky=0. \tag{5.5.3}$$

(4) 阻尼强迫振动

如果考虑外力

$$F(t)=F_0\cos\omega t,$$

则物体运动的微分方程是

$$m\frac{\mathrm{d}^2y}{\mathrm{d}t^2}+C\frac{\mathrm{d}y}{\mathrm{d}t}+ky=F_0\cos\omega t. \tag{5.5.4}$$

(5) 无阻尼强迫振动

若去掉系统中的阻尼,外力项是周期的并具有形式$F(t)=F_0\cos\omega t$,则物体的运动微分方程形如

$$\frac{\mathrm{d}^2y}{\mathrm{d}t^2}+\omega_0^2y=\frac{F_0}{m}\cos\omega t,\quad \omega_0^2=\frac{k}{m}. \tag{5.5.5}$$

这时我们一般对 $\omega=\omega_0$ 的情形感兴趣,因为这正是所谓的**共振**情形.

我们看到,上面导出的各种情形的振动微分方程都具有共同的形式:

$$\frac{\mathrm{d}^2y}{\mathrm{d}x^2}+P(x)\frac{\mathrm{d}y}{\mathrm{d}x}+Q(x)y=f(x), \tag{5.5.6}$$

或

$$\frac{\mathrm{d}^2y}{\mathrm{d}x^2}+P(x)\frac{\mathrm{d}y}{\mathrm{d}x}+Q(x)y=0. \tag{5.5.7}$$

方程(5.5.6)称为**二阶线性微分方程**,当 $f(x)\neq0$ 时,方程称为**二阶线性非齐次**

微分方程. 而方程(5.5.7)则称为**二阶线性齐次微分方程**.

于是方程(5.5.2)和方程(5.5.3)都是二阶线性齐次微分方程，而方程(5.5.4)和(5.5.5)都是二阶线性非齐次微分方程. 由于方程(5.5.2)～方程(5.5.5)中的系数都是常数，所以又称它们为**二阶常系数线性微分方程**.

必须指出，二阶线性微分方程在其他许多科学领域也常常出现，例如，电磁振荡、生物医学以及经济学等等.

对于一般的二阶线性微分方程(5.5.6)，常常附加以下的初始条件：

$$y(x_0) = y_0, \quad y'(x_0) = y'_0, \tag{5.5.8}$$

公式(5.5.6)、公式(5.5.8)称为二阶线性微分方程初值问题.

5.5.2　合理猜测法

在下面两节中，我们将主要讨论常系数的二阶线性微分方程的解法. 在系统地介绍解法之前，先做一个铺垫——介绍求微分方程的**合理猜测法**.

所谓猜测，是指试探-验证的方法. 也许你觉得这种求解方法不正规、不系统，然而猜测法是十分重要的. 先来考察一种最简单的情形，即讨论方程

$$\frac{d^2y}{dx^2} + y = 0 \tag{5.5.9}$$

的求解问题.

将方程(5.5.9)写成

$$\frac{d^2y}{dx^2} = -y,$$

这表明方程的解的二阶导数是这个解再乘上-1. 我们已熟悉有两个函数具有这种特性：

$$y(x) = \cos x \quad 与 \quad y(x) = \sin x.$$

将它们代入方程，有

$$\frac{d^2(\cos x)}{dx^2} = -\cos x, \quad \frac{d^2(\sin x)}{dx^2} = -\sin x,$$

这样便得到了方程(5.5.9)的两个特解. 不难验证，对于任意的常数 C，函数 $C\sin x$ 与 $C\cos x$ 也都满足方程. 还有，$\sin x+\cos x$ 也是方程(5.5.9)的解. 事实上，任给两个常数 C_1 与 C_2，函数

$$y(x) = C_1\sin x + C_2\cos x \tag{5.5.10}$$

是满足方程(5.5.9)的，即

$$\frac{d^2}{dx^2}(C_1\sin x + C_2\cos x) = \frac{d}{dx}(C_1\cos x - C_2\sin x) = -C_1\sin x - C_2\cos x$$
$$= -(C_1\sin x + C_2\cos x).$$

可以证明，$y(x)=C_1\sin x+C_2\cos x$ 就是方程(5.5.9)的通解(这将在下节给出证明).

例 5.5.1 求方程(5.5.9)在条件

$$y(0)=y_0,\quad y'(0)=0 \tag{5.5.11}$$

下的解.

解 方程(5.5.9)的通解形如式(5.5.10).由条件(5.5.11),有

$$y(0)=C_1\sin 0+C_2\cos 0=C_2=y_0,$$

$$y'(0)=(C_1\cos x-C_2\sin x)\big|_{x=0}=C_1=0,$$

所以初值问题(5.5.9)、(5.5.11)的解为

$$y(x)=y_0\cos x.$$

□

例 5.5.2 求方程

$$\frac{\mathrm{d}^2y}{\mathrm{d}x^2}+\omega_0^2y=0\ (\omega_0>0) \tag{5.5.12}$$

的通解.

解 由于方程(5.5.12)中出现了 ω_0^2 这个因子,所以很明显,$\sin x$ 或 $\cos x$ 不会满足方程(5.5.12).但是,根据求导数的经验,可以用函数 $\sin\omega_0x$ 去试探一下,即

$$\frac{\mathrm{d}^2(\sin\omega_0x)}{\mathrm{d}x^2}=\frac{\mathrm{d}}{\mathrm{d}x}(\omega_0\cos\omega_0x)=-\omega_0^2\sin\omega_0x,$$

可见,$\sin\omega_0x$ 是方程(5.5.12)的解.同样我们有把握验证 $\cos\omega_0x$ 也是方程(5.5.12)的解.这样取这两个函数的线性组合,就得到方程(5.5.12)的通解:

$$y=C_1\cos\omega_0x+C_2\sin\omega_0x,$$

其中,C_1 和 C_2 是任意常数.这个振动的周期为

$$T=\frac{2\pi}{\omega_0}.$$

这样的振动称为**简谐振动**.

□

例 5.5.3 求下列初值问题及边值问题的解:

(1) $\dfrac{\mathrm{d}^2y}{\mathrm{d}x^2}+4y=0,y(0)=1,y'(0)=-6$;

(2) $\dfrac{\mathrm{d}^2y}{\mathrm{d}x^2}+4y=0,y(0)=0,y\left(\dfrac{\pi}{4}\right)=20$.

解 (1) 这里 $\omega_0^2=4,\omega_0=2$,故微分方程的通解是

$$y(x)=C_1\cos 2x+C_2\sin 2x.$$

将初始条件代入,得

$$y(0)=C_1\cos 0+C_2\sin 0=C_1=1,$$

$$y'(0)=(-2\sin 2x+2C_2\cos 2x)\big|_{x=0}=2C_2=-6,$$

故 $C_1=1,C_2=-3$,从而得到解

$$y(x)=\cos 2x-3\sin 2x.$$

(2) **边值问题**是指这个问题中的定解条件是边界条件,即在某个区间的端点处

给出一定的条件，在这里区间的端点是 $x=0,x=\frac{\pi}{4}$. 将边界条件 $y(0)=0,y\left(\frac{\pi}{4}\right)=20$ 分别代入通解的表达式，得

$$y(0) = C_1\cos 0 + C_2\sin 0 = C_1 = 0,$$

$$y\left(\frac{\pi}{4}\right)= C_1\cos\frac{2\pi}{4} + C_2\sin\frac{2\pi}{4} = C_2\sin 2\cdot\frac{\pi}{4} = C_2 = 20,$$

所以 $C_1=0,C_2=20$，函数

$$y(x) = 20\sin 2x$$

即为所求之解. □

5.5.3 二阶线性微分方程解的结构

下面所讨论的问题将为今后求微分方程的解打下必要的理论基础. 在微分方程中线性方程特别重要，许多实际问题都归结于它. 线性微分方程理论已相当成熟，求解方法也相对完善. 这里特以二阶线性微分方程为例说明线性微分方程解的结构理论. 它将指导我们求解各类线性微分方程.

(1) 解的存在、唯一性

关于初值问题

$$\begin{cases} \dfrac{d^2y}{dx^2} + P(x)\dfrac{dy}{dx} + Q(x)y = f(x), & (5.5.13) \\ y(x_0) = y_0, y'(x_0) = y'_0 & (5.5.14) \end{cases}$$

的解，有个基本定理，现不加以证明叙述如下.

定理 5.5.1(存在和唯一性定理) 设函数 $P(x)$和 $Q(x)$在开区间(a,b)内连续，则存在唯一的一个函数 $y(x)$在区间(a,b)上满足微分方程(5.5.13)，并满足给定的初始条件(5.5.14). 特别地，对应齐次微分方程

$$\frac{d^2y}{dx^2} + P(x)\frac{dy}{dx} + Q(x)y = 0 \tag{5.5.15}$$

满足初始条件 $y(x_0)=0$ 和 $y'(x_0)=0$ 的任何解 $y(x)$必恒等于零.

(2) 线性微分方程解的结构

为讨论方便，我们把方程(5.5.15)的左端

$$y'' + P(x)y' + Q(x)y$$

看作为定义了一个"函数的函数"，即把每一个二阶可导的函数 y，同另一个称为$L[y]$的函数，通过下列关系式联系起来：

$$L[y] = y'' + P(x)y' + Q(x)y.$$

用数学术语来说，L 是一个作用于函数的映射，在微分方程理论中，习惯把这个映射叫做**算子**. 也就是把 L 看成为如下的映射：

$$L: y \to y'' + P(x)y' + Q(x)y.$$

例如,当 $P(x)=0,Q(x)=x$ 时,

$$L[y]=y''+xy.$$

如果 $y(x)=\cos x$,则

$$L[y]=(\cos x)''+x(\cos x)=(x-1)\cos x;$$

而如果 $y(x)=x^3$,则

$$L[y]=(x^3)''+x(x^3)=x^4+6x.$$

因此,L 作用于函数 $\cos x$ 时,其结果是函数 $(x-1)\cos x$;而 L 作用于 x^3 的结果是 x^4+6x.

作用于函数的算子或“函数的函数”的概念,同单变量 x 的函数的概念是类似的,回忆在区间 I 上函数的定义:我们把 I 上的每一个数 x 与一个新的称为 $f(x)$ 的数联系起来.而在这里,我们把每一个二阶可导的函数 y 与一个新的称为 $L[y]$ 的函数联系起来.这是一个非常抽象的数学概念,因为在某种意义上,我们是把一个函数完全当作一个点来处理的.

现在来推导算子 L 的两个重要性质.

性质 5.5.1 $L[Cy]=CL[y]$,其中,C 为任意常数.

证 $L[Cy]=(Cy)''+P(x)(Cy)'+Q(x)(Cy)=Cy''+CP(x)y'+CQ(x)y$
$=C[y''+P(x)y'+Q(x)y]=CL[y].$ □

性质 5.5.2 $L[y_1+y_2]=L[y_1]+L[y_2]$.

证 $L[y_1+y_2]=(y_1+y_2)''+P(x)(y_1+y_2)'+Q(x)(y_1+y_2)$
$=y_1''+y_2''+P(x)(y_1'+y_2')+Q(x)(y_1+y_2)$
$=y_1''+P(x)y_1'+Q(x)y_1+y_2''+P(x)y_2'+Q(x)y_2$
$=L[y_1]+L[y_2].$ □

算子 L 的这两个性质称为 L 的数乘运算和加法运算,合起来称为**线性运算**:

$$L[C_1y_1+C_2y_2]=C_1L[y_1]+C_2L[y_2].$$

由于 L 满足性质 5.5.1、5.5.2,或者说 L 具有线性运算性质,故称 L 为**线性算子**.更确切地说,这里的 L 是一个**二阶线性微分算子**.

利用性质 5.5.1、5.5.2 立刻可以证明下面的结果.

定理 5.5.2(线性叠加原理 1) 设 $y_1(x)$ 和 $y_2(x)$ 是二阶线性齐次方程(5.5.15)的两个解,则 $y_1(x)$ 与 $y_2(x)$ 的线性组合

$$y=C_1y_1(x)+C_2y_2(x) \tag{5.5.16}$$

也是方程(5.5.15)的解,其中,C_1 与 C_2 为任意常数.

证明留作习题.

式(5.5.16)中含有两个任意常数,那么式(5.5.16)是否就是方程(5.5.15)的通解呢?我们来看下面一个例子.

例 5.5.4 考虑微分方程 $y''-y=0$,可以看出,

$$y_1 = e^x, \quad y_2 = 2e^x$$

都是方程的解. 于是,对于任意两个独立无关的常数 C_1 与 C_2,

$$y = C_1 e^x + C_2 2e^x = (C_1 + 2C_2)e^x$$

也是方程的解. 这个解只是形式上有两个任意常数,实际上 $C=C_1+2C_2$ 只是一个**任意常数**. 因此上述解可写成

$$y = Ce^x,$$

只含一个任意常数,所以 $y=C_1e^x+C_2 2e^x$ 不能成为方程 $y''-y=0$ 的通解.

为什么在这里 $y=C_1y_1+C_2y_2$ 不能成为通解呢? 原因就在于所找到的两个解 e^x 与 $2e^x$ 只相差常数倍. 如果考虑方程 $y''-y=0$ 的下面两个解:

$$y_1 = e^x, \quad y_2 = e^{-x},$$

由于 e^x 与 e^{-x} 不是相差常数倍,即

$$y = C_1 e^x + C_2 e^{-x}$$

含有两个独立的任意常数,所以它是方程 $y''-y=0$ 的通解. □

一般地,我们引进下面的概念.

定义 5.5.1 如果存在常数 k,使得

$$y_1(x) \equiv k y_2(x),$$

则称 $y_1(x)$ 与 $y_2(x)$ **线性相关**;如果对任何常数 k,都有

$$y_1(x) \not\equiv k y_2(x),$$

则称 $y_1(x)$ 与 $y_2(x)$ **线性无关**.

例如,函数 e^x 与 $2e^x$ 线性相关,而 e^x 与 e^{-x} 线性无关.

定理 5.5.3 设 $y_1(x)$ 与 $y_2(x)$ 是二阶线性齐次方程

$$L[y] = 0$$

的两个线性无关解,则

$$y = C_1 y_1(x) + C_2 y_2(x)$$

是 $L[y]=0$ 的通解,其中,C_1,C_2 为任意常数. 我们称线性无关的解 $y_1(x)$ 与 $y_2(x)$ 为方程 $L[y]=0$ 的**基础解系**.

证 首先,由线性叠加原理 1(定理 5.5.2)知,$y=C_1y_1(x)+C_2y_2(x)$ 是方程 $L[y]=0$ 的解. 其次,由于 $y_1(x)$ 与 $y_2(x)$ 线性无关,因此表示式 $y=C_1y_1(x)+C_2y_2(x)$ 中的 C_1 与 C_2 是两个独立的任意常数,因而是 $L[y]=0$ 的通解. □

例 5.5.5 求微分方程 $y''+y=0$ 的通解.

解 我们在上节讲合理猜测法时,已经求出了这个方程的两个解 $y_1=\sin x$,$y_2=\cos x$. 显然对任意常数 k,都有

$$\cos x \not\equiv k \sin x,$$

因此这两个解是线性无关的,它们构成方程 $y''+y=0$ 的基础解系,因此这个方程的通解为

$$y = C_1 \sin x + C_2 \cos x.$$

这就解决了上节遗留下来的问题. □

上面对二阶线性齐次微分方程 $L[y]=0$ 的解的性质及通解结构作了比较充分的讨论,现在转向对二阶线性非齐次方程

$$L[y] = f(x)$$

的通解结构进行探讨.

定理 5.5.4 设 $y_1(x)$ 和 $y_2(x)$ 是齐次方程 $L[y]=0$ 的两个线性无关解,$y^*(x)$ 是非齐次方程 $L[y]=f(x)$ 的一个特解,则

$$y = C_1 y_1(x) + C_2 y_2(x) + y^*(x)$$

是非齐次方程 $L[y]=f(x)$ 的通解.

证 由恒等式 $L[C_1 y_1 + C_2 y_2] \equiv 0$,$L[y^*] \equiv f(x)$ 可推得

$$L[C_1 y_1 + C_2 y_2 + y^*] = L[C_1 y_1 + C_2 y_2] + L[y^*] \equiv 0 + f(x) \equiv f(x),$$

因此 $y=C_1 y_1 + C_2 y_2 + y^*$ 是方程 $L[y]=f(x)$ 的解,且含有两个独立的任意常数,因而是 $L[y]=f(x)$ 的通解. □

例 5.5.6 求方程 $y''-y=x$ 的通解.

解 直接可以看出,对应齐次方程有两个线性无关解 e^x 和 e^{-x};函数 $y^*=-x$ 是非齐次方程 $y''-y=x$ 的一个特解. 根据定理 5.5.4 知,原方程的通解为

$$y = C_1 e^x + C_2 e^{-x} - x.$$ □

最后指出,二阶线性非齐次微分方程的解还有下面的重要性质.

定理 5.5.5(线性叠加原理 2) 设 y_1^* 和 y_2^* 分别是方程

$$L[y] = f_1(x) \text{ 和 } L[y] = f_2(x)$$

的解,则 $y_1^* + y_2^*$ 是方程

$$L[y] = f_1(x) + f_2(x)$$

的解.

证 由 $L[y_1^*] \equiv f_1(x)$ 及 $L[y_2^*] \equiv f_2(x)$ 得

$$L[y_1^* + y_2^*] = L[y_1^*] + L[y_2^*] \equiv f_1(x) + f_2(x).$$ □

例 5.5.7 求 $y''+y=x+e^x$ 的通解.

解 例 5.5.5 已给出对应齐次方程 $y''+y=0$ 的通解为 $y=C_1\sin x+C_2\cos x$. 再分别考察两个方程

$$y'' + y = x, \quad y'' + y = e^x.$$

由视察法可以看出,$y_1^* = x$ 和 $y_2^* = \frac{1}{2}e^x$ 分别为上述两个方程的解,所以由定理 5.5.5得原方程的通解

$$y = C_1 \sin x + C_2 \cos x + x + \frac{1}{2}e^x.$$ □

上面所介绍的关于二阶线性微分方程解的结构理论,可以推广到高阶线性微分方程的情形,下面仅作简单的介绍.

首先引进 k 个函数 $y_1,y_2,\cdots,y_k$ 线性无关的定义.

定义 5.5.2 设 $y_1,y_2,\cdots,y_k$ 是定义在区间 I 上的 k 个函数.如果存在不全为零的 k 个常数 $C_1,C_2,\cdots,C_k$,使得 $\forall x\in I$,有恒等式

$$C_1y_1+C_2y_2+\cdots+C_ky_k\equiv 0$$

成立,则称这 k 个函数在区间 I 上**线性相关**;否则称为**线性无关**.

前面关于两个函数给出的定义 5.5.1 是符合于这个一般定义的.

如果令

$$\mathrm{L}[y]=y^{(n)}+a_1(x)y^{(n-1)}+\cdots+a_n(x)y, \tag{5.5.17}$$

则前面的定理 5.5.3 和定理 5.5.4 都可以搬到这里来.

定理 5.5.6 设 $y_1,y_2,\cdots,y_n$ 是 n 阶线性齐次方程 $\mathrm{L}[y]=0$ 的 n 个线性无关解,则

$$y=C_1y_1+C_2y_2+\cdots+C_ny_n$$

是齐次方程 $\mathrm{L}[y]=0$ 的通解,其中,$C_1,C_2,\cdots,C_n$ 是任意常数.称线性无关的解 y_1,$y_2,\cdots,y_n$ 为方程 $\mathrm{L}[y]=0$ 的**基础解系**.

定理 5.5.7 设 $y^*(x)$是 n 阶线性非齐次方程 $\mathrm{L}[y]=f(x)$的一个特解,而 $Y(x)=C_1y_1+C_2y_2+\cdots+C_ny_n$ 是对应齐次方程$\mathrm{L}[y]=0$的通解,则

$$y=Y(x)+y^*(x)=C_1y_1+C_2y_2+\cdots+C_ny_n+y^*(x)$$

是非齐次方程 $\mathrm{L}[y]=f(x)$的通解.

关于定理 5.5.5 也有相应的推广,此处不再详述.

5.5.4 常数变易法

在上面的例 5.5.6 和例 5.5.7 中,我们都是通过视察法来求得非齐次方程的特解的,在本节的末尾,我们给出一个求非齐次方程的特解的一般方法(以二阶线性微分方程为例),即所谓的**常数变易法**.

假定已知方程(5.5.15)的两个线性无关的特解 y_1 和 y_2,则其通解为

$$C_1y_1+C_2y_2.$$

所谓常数变易法,就是把上式中的 C_1 和 C_2 看作自变量 x 的函数,即 $C_1(x)$和$C_2(x)$,然后设法确定这两个函数,使得

$$y^*(x)=C_1(x)y_1+C_2(x)y_2 \tag{5.5.18}$$

是非齐次方程(5.5.13)的一个特解.

为此,将式(5.5.18)代入方程(5.5.13),可以得到 $C_1(x)$与 $C_2(x)$应当满足的一个条件,现在我们有两个待定函数,所以除这个条件外还要再补充一个条件.由式(5.5.18)对 x 求导数,得

$$\frac{\mathrm{d}y^*}{\mathrm{d}x}=C_1(x)y_1'+C_2(x)y_2'+C_1'(x)y_1+C_2'(x)y_2.$$

为简单计,补充这样一个条件,即

$$C_1'(x)y_1+C_2'(x)y_2=0. \tag{5.5.19}$$

于是

$$\frac{\mathrm{d}y^*}{\mathrm{d}x}=C_1(x)y_1'+C_2(x)y_2', \tag{5.5.20}$$

$$\frac{\mathrm{d}^2y^*}{\mathrm{d}x^2}=C_1(x)y_1''+C_2(x)y_2''+C_1'(x)y_1'+C_2'(x)y_2'. \tag{5.5.21}$$

将式(5.5.18)、式(5.5.20)及式(5.5.21)代入方程(5.5.13),并注意到 y_1,y_2 是对应齐次方程的解,就得到

$$C_1'(x)y_1'+C_2'(x)y_2'=f(x). \tag{5.5.22}$$

联立方程(5.5.19)和方程(5.5.22),在系数行列式 $W=\begin{vmatrix} y_1 & y_2 \\ y_1' & y_2' \end{vmatrix}=y_1y_2'-y_1'y_2\neq 0$ 时,就可确定 $C_1'(x)$ 和 $C_2'(x)$. 通过求积分,即可求得 $C_1(x)$ 和 $C_2(x)$,将求得的 $C_1(x)$ 和 $C_2(x)$ 代入式(5.5.18),也就求出了非齐次方程(5.5.13)的一个特解 y^*.

例 5.5.8　求方程 $y''+y=\sec x$ 的通解.

解　容易求出对应齐次方程有两个线性无关的特解 $y_1=\sin x, y_2=\cos x$. 所以对应齐次方程的通解为 $C_1\sin x+C_2\cos x$.

设非齐次方程的一个特解为

$$y^*=C_1(x)\sin x+C_2(x)\cos x,$$

则

$$\frac{\mathrm{d}y^*}{\mathrm{d}x}=C_1(x)\cos x-C_2(x)\sin x+C_1'(x)\sin x+C_2'(x)\cos x.$$

令

$$C_1'(x)\sin x+C_2'(x)\cos x=0, \tag{5.5.23}$$

于是得

$$\frac{\mathrm{d}^2y^*}{\mathrm{d}x^2}=-C_1(x)\sin x-C_2(x)\cos x+C_1'(x)\cos x-C_2'(x)\sin x.$$

将 $\frac{\mathrm{d}y^*}{\mathrm{d}x},\frac{\mathrm{d}^2y^*}{\mathrm{d}x^2}$ 代入原方程,得

$$C_1'(x)\cos x-C_2'(x)\sin x=\sec x, \tag{5.5.24}$$

再由方程(5.5.23)、方程(5.5.24)联立解得

$$C_1'(x)=1,\quad C_2'(x)=-\frac{\sin x}{\cos x}.$$

于是可取

$$C_1(x)=x,\quad C_2(x)=\ln|\cos x|.$$

故原方程的一个特解为

$$y^*=x\sin x+\cos x\ln|\cos x|,$$

从而原方程的通解为

$$y=C_1\sin x+C_2\cos x+x\sin x+\cos x\ln|\cos x|.$$

□

如果只知道齐次方程(5.5.15)的一个特解 $y_1(x)$，那么由计算的经验，可以设另一个特解的形式为

$$y_2 = u(x)y_1,$$

其中，$u(x)$为待定函数，将上式代入方程(5.5.15)，可得到 u 应满足的方程为

$$y_1 u'' + (2y_1' + P(x)y_1)u' = 0.$$

这是本章 5.4.2 小节中所介绍的高阶方程的可积类型中的不显含未知函数 u 的类型. 令$u'=p, u''=\dfrac{\mathrm{d}p}{\mathrm{d}x}$，则方程降阶为一阶线性方程

$$y_1 p' = -[2y'_1 + P(x)y_1]p,$$

分离变量后积分，并只取一个原函数，得

$$p = u' = \frac{1}{y_1^2}\mathrm{e}^{-\int P(x)\mathrm{d}x}.$$

再积分，并且也只取一个原函数，得

$$u = \int \frac{1}{y_1^2}\mathrm{e}^{-\int P(x)\mathrm{d}x}\mathrm{d}x.$$

最后得

$$y_2 = y_1 u = y_1\int \frac{1}{y_1^2}\mathrm{e}^{-\int P(x)\mathrm{d}x}\mathrm{d}x. \tag{5.5.25}$$

由于$\dfrac{y_2}{y_1}=u$ 不为常数，故 y_1 与 y_2 线性无关，y_2 就是所求的另一个特解. □

例 5.5.9 已知方程$(1-x^2)y''-2xy'+2y=0$ 的一个解 $y_1=x$，求其通解.

解 将方程写成

$$y'' - \frac{2x}{1-x^2}y' + \frac{2}{1-x^2}y = 0,$$

这里 $P(x)=\dfrac{-2x}{1-x^2}$. 由式(5.5.25)，有

$$\begin{aligned}
y_2(x) &= x\int \frac{1}{x^2}\mathrm{e}^{-\int\frac{-2x}{1-x^2}\mathrm{d}x}\mathrm{d}x \\
&= x\int \frac{1}{x^2}\cdot\frac{1}{1-x^2}\mathrm{d}x \\
&= x\left(\frac{1}{2}\ln\frac{1+x}{1-x} - \frac{1}{x}\right),
\end{aligned}$$

所求通解为

$$y = C_1 x + C_2 x\left(\frac{1}{2}\ln\frac{1+x}{1-x} - \frac{1}{x}\right).$$ □

习 题 5.5

(A)

1. 回答下列问题

(1) “算子”的含义是什么？算子 L 把什么函数变成什么函数？

(2) L 的线性运算性质是什么？

(3) 什么叫两个函数 $y_1(x)$ 与 $y_2(x)$ 线性相关、线性无关？方程 $L[y]=0$ 的基础解系是什么？

(4) 方程 $L[y]=0$ 的通解结构是怎样的？何谓线性叠加原理 1？

(5) 方程 $L[y]=f(x)$ 的通解结构是怎样的？何谓线性叠加原理 2？

2. 验证 $y=2\cos x+3\sin x$ 是方程 $y''+y=0$ 的解.

3. 设 $y=A\cos\alpha x$ 是方程 $y''+5y=0$ 满足条件 $y'(1)=3$ 的解，试求 A 与 α 的值.

4. 求 A,B 及 ω 的值，使 $y=A\cos\omega x+B\sin\omega x$ 成为边值问题

$$y''+16y=0,\quad y(0)=2,\quad y\left(\frac{\pi}{8}\right)=3$$

的解.

5. 设 $L[y]=y''-3xy'+3y$，试计算

(1) $L[e^x]$； (2) $L[\cos\sqrt{3}x]$； (3) $L[x^2+3x]$.

6. 下列函数组在其定义区间内哪些是线性无关的？

(1) x,x^2； (2) $\cos 2x,\sin 2x$； (3) $x,2x$；

(4) $e^{\alpha x},e^{\beta x}\ (\alpha\neq\beta)$； (5) $\sin 2x,\cos x\sin x$.

7. 用合理猜测法及线性叠加原理 2 求方程 $y''+y=3e^{-x}+2x$ 的通解.

8. 验证 $y_1=e^{x^2}$ 和 $y_2=xe^{x^2}$ 都是方程 $y''-4xy'+(4x^2-2)y=0$ 的解，并写出该方程的通解.

9. 试证明：由 $T[y]=\int_a^x t^2y(t)\mathrm{d}t$ 定义的算子 T 是线性的，即要证

$$T[Cy]=CT[y],\quad T[y_1+y_2]=T[y_1]+T[y_2].$$

(B)

1. 设有一个由电阻 R、自感 L、电容 C 和电源 E 串联组成的电路，其中 R、L 及 C 为常数，电源电动势是时间 t 的函数：$E=E_m\sin\omega t$，这里 E_m 及 ω 也是常数(见图 5.8).

设电路中的电流为 $I(t)$，电容器极板上的电量为 $Q(t)$，两极板间的电压为 V_C，自感电动势为 E_L，由电学知

$$I=\frac{\mathrm{d}Q}{\mathrm{d}t},\quad V_C=\frac{Q}{C},\quad E_L=-L\frac{\mathrm{d}I}{\mathrm{d}t},$$

试根据回路电压定律，导出串联电路的振荡方程(即关于 V_C 的微分方程).

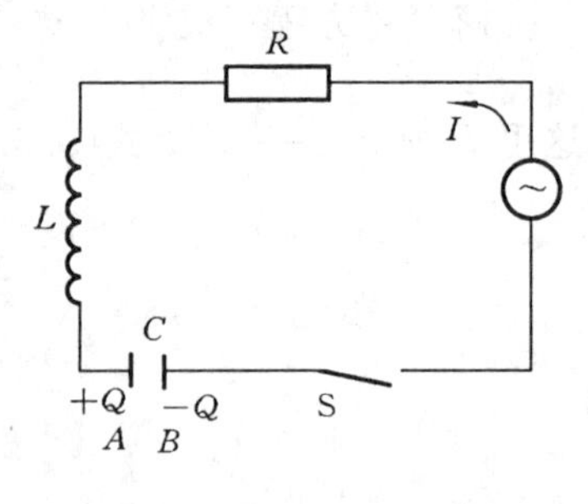

图 5.8

2. 设两个相同的重物一起悬挂在弹簧的一端，如果其中一个重物坠下，试求另一个重物的运动方程，并用合理猜测法求出方程的通解及特解.

3. 试构造线性齐次微分方程，已知它的基础解系如下：

(1) $y_1=\sin x,y_2=\cos x$； (2) $y_1=x,y_2=x^2$.

4. 已知 $y_1=e^x$ 是线性齐次方程 $(2x-1)y''-(2x+1)y'+2y=0$ 的一个解，求此方程的通解.

5. 已知 $y_1=x$ 是线性齐次方程 $x^2y''-2xy'+2y=0$ 的一个解，求线性非齐次方程 $x^2y''-2xy'+2y=2x^3$ 的通解.

答案与提示

(A)

3. $\alpha=\pm\sqrt{5}, A=-\dfrac{3\sqrt{5}}{5\sin\sqrt{5}}$.

4. $A=2, B=3, \omega=4; A=2, B=-3, \omega=-4$.

5. (1) $(4-3x)e^x$； (2) $3\sqrt{3}x\sin\sqrt{3}x$； (3) $2-3x^2$.

6. (1),(2),(4)线性无关;(3),(5)线性相关.

7. $y=C_1\cos x+C_2\sin x+\dfrac{3}{2}e^{-x}+2x$.

8. $y=(C_1+C_2x)e^{x^2}$.

(B)

1. $\dfrac{d^2V_C}{dt^2}+2\beta\dfrac{dV_C}{dt}+\omega_0^2V_C=\dfrac{E_m}{LC}\sin\omega t, \beta=\dfrac{R}{2L}, \omega_0=\dfrac{1}{\sqrt{LC}}$.

2. 设重物质量为 m,重物处于静止状态时使弹簧伸长 a,用 x 表示只悬挂一个重物时,在铅直方向上从平衡位置算起的重物的坐标,则 $x=a\cos\sqrt{\dfrac{g}{a}}t$.

3. (1) $y''+y=0$； (2) $x^2y''-2xy'+2y=0$.

4. $y=C_1e^x+C_2(2x+1)$.

5. $y=C_1x+C_2x^2+x^3$.

5.6 二阶常系数线性微分方程

5.6.1 常系数线性齐次微分方程

首先讨论二阶常系数线性齐次微分方程

$$L[y]=y''+py'+qy=0 \tag{5.6.1}$$

的解法,其中,p 和 q 都是常数.

由本章5.5.3小节中的定理5.5.3可知,只要求出方程(5.6.1)的两个线性无关解 y_1 和 y_2,则方程(5.6.1)的通解就是 y_1 与 y_2 的线性组合 $y=C_1y_1+C_2y_2$.但遗憾的是这个定理并未说明如何求出方程(5.6.1)的两个解.所以,我们来尝试作一个合理的猜测.

我们注意到,如果函数 $y(x)$ 的二阶导数加上 $y(x)$ 的一阶导数的 p 倍,再加上 $y(x)$ 本身的 q 倍(p、q 均为常数)之后恒等于零,则 $y(x)$ 就是方程(5.6.1)的解.一般来说,只有当 $y(x)$、$y'(x)$ 和 $y''(x)$ 是"同类型的函数"时,y''、py' 和 qy 这三项才能够相互抵消.比方说,函数 $y(x)=x^3$ 决不会是方程(5.6.1)的解,因为 $6x$、$3px^2$ 和 qx^3 是 x 的不同次数的多项式,所以不能相互抵消.然而,函数 $y(x)=e^{rx}$(r 为常数)却具有这样的性质:y'和y''都是y的倍数.于是可以猜测,$y(x)=e^{rx}$可作为方程(5.6.1)的解.计算

$$L[e^{rx}]=(e^{rx})''+p(e^{rx})'+q(e^{rx})=(r^2+pr+q)e^{rx},$$

于是,当且仅当

$$r^2+pr+q=0 \tag{5.6.2}$$

时,$y(x)=e^{rx}$是方程(5.6.1)的解.代数方程(5.6.2)称为微分方程(5.6.1)的**特征方程**.它的两个根由公式

$$r_{1,2}=\frac{-p\pm\sqrt{p^2-4q}}{2}$$

给出,称r_1和r_2为方程(5.6.1)的**特征根**.

根据特征根的不同情况,可得方程(5.6.1)的不同特解.

(1) 两个不同的实特征根

这时$p^2-4q>0$,$r_1\neq r_2$是实根.在这种情形,方程(5.6.1)有两个线性无关的特解

$$y_1=e^{r_1x},\quad y_2=e^{r_2x},$$

通解为

$$y=C_1e^{r_1x}+C_2e^{r_2x}.$$

(2) 一个二重实特征根

这时$p^2-4q=0$,$r_1=r_2=r$为二重实根.由特征根只能得到一个特解$y_1=e^{rx}$.再设法求另一个线性无关的特解y_2,即要求y_2不是y_1的常数倍.为此,令

$$\frac{y_2}{y_1}=u(x)\quad 或\quad y_2(x)=u(x)e^{rx},$$

$u(x)$待定.将$y_2=u(x)e^{rx}$代入方程(5.6.1),有

$$\begin{aligned}L[y_2]&=L[u(x)e^{rx}]=(u''e^{rx}+2ru'e^{rx}+r^2ue^{rx})+p(u'e^{rx}+rue^{rx})+que^{rx}\\&=[u''+(2r+p)u'+(r^2+pr+q)u]e^{rx}=0,\end{aligned}$$

即

$$u''+(2r+p)u'+(r^2+pr+q)u=0.$$

由于r是特征根,故$r^2+pr+q=0$;又由于$2r$是两根之和,故$2r=-p$,即$2r+p=0$.于是得

$$u''=0.$$

不妨选取$u=x$,就可得到

$$y_2=xe^{rx}.$$

因此,当r为二重实特征根时,方程(5.6.1)有两个线性无关的特解$y_1=e^{rx}$,$y_2=xe^{rx}$,通解为

$$y=(C_1+C_2x)e^{rx}.$$

(3) 一对共轭复根

当$p^2-4q<0$时,特征方程(5.6.2)有一对共轭复根

$$r_1 = \alpha + i\beta, \quad r_2 = \alpha - i\beta.$$

相应地,方程(5.6.1)有两个线性无关的特解

$$y_1 = e^{(\alpha+i\beta)x}, \quad y_2 = e^{(\alpha-i\beta)x}.$$

由于这两个特解中含有虚数 i,对讨论解的物理意义不很方便.下面设法将其转化为实值解的形式.为此,先利用欧拉公式

$$e^{i\theta} = \cos\theta + i\sin\theta$$

将 y_1 与 y_2 改写为

$$y_1 = e^{\alpha x}(\cos\beta x + i\sin\beta x), \quad y_2 = e^{\alpha x}(\cos\beta x - i\sin\beta x).$$

再利用线性叠加原理 1 即可求出方程(5.6.1)的两个线性无关的实值解

$$\tilde{y}_1 = \frac{1}{2}(y_1 + y_2) = e^{\alpha x}\cos\beta x, \quad \tilde{y}_2 = \frac{1}{2i}(y_1 - y_2) = e^{\alpha x}\sin\beta x.$$

于是得到通解

$$y = C_1 e^{\alpha x}\cos\beta x + C_2 e^{\alpha x}\sin\beta x.$$

例 5.6.1 求方程

$$y'' + 5y' + 4y = 0 \tag{5.6.3}$$

的通解.

解 特征方程 $r^2 + 5r + 4 = 0$ 有两个不同的实根 $r_1 = -4$ 和 $r_2 = -1$. 因此 $y_1 = e^{-4x}$ 和 $y_2 = e^{-x}$ 构成方程(5.6.3)的基础解系,从而式(5.6.3)的通解是

$$y_1 = C_1 e^{-4x} + C_2 e^{-x}, \quad C_1 \text{ 与 } C_2 \text{ 为任意常数}.$$ □

例 5.6.2 求初值问题

$$y'' + 4y' + 4y = 0, \quad y(0) = 1, \quad y'(0) = 3 \tag{5.6.4}$$

的解.

解 特征方程 $r^2 + 4r + 4 = 0$ 有两个相等的实根,即二重实根 $r = -2$,因此方程的通解为

$$y = (C_1 + C_2 x)e^{-2x},$$

常数 C_1 和 C_2 由初始条件确定,即

$$1 = y(0) = C_1, \quad 3 = y'(0) = -2C_1 + C_2,$$

由此得 $C_1 = 1, C_2 = 5$,故得

$$y = (1 + 5x)e^{-2x}.$$ □

例 5.6.3 求方程

$$y'' + y' + 2y = 0 \tag{5.6.5}$$

的通解.

解 特征方程 $r^2 + r + 2 = 0$ 有一对共轭复根

$$r_{1,2} = \frac{-1 \pm i\sqrt{7}}{2},$$

故通解为

$$y = e^{-\frac{x}{2}}\left(C_1\cos\frac{\sqrt{7}}{2}x + C_2\sin\frac{\sqrt{7}}{2}x\right). \quad \square$$

下面,简述 n 阶常系数线性齐次微分方程

$$y^{(n)} + a_1 y^{(n-1)} + a_2 y^{(n-2)} + \cdots + a_{n-1}y' + a_n y = 0 \tag{5.6.6}$$

的类似结果(证明从略).

特征方程为

$$r^n + a_1 r^{n-1} + a_2 r^{n-2} + \cdots + a_{n-1}r + a_n = 0. \tag{5.6.7}$$

① 每一个实特征单根 r,对应一个特解:

$$e^{rx}.$$

② 每一个 k 重实特征根 r,对应 k 个线性无关的特解:

$$e^{rx}, xe^{rx}, x^2e^{rx}, \cdots, x^{k-1}e^{rx}.$$

③ 每一对复共轭特征单根 $\alpha \pm i\beta$(实系数的代数方程的复根必共轭成对出现),对应一对线性无关的特解:

$$e^{\alpha x}\cos\beta x, \quad e^{\alpha x}\sin\beta x.$$

④ 每一对 k 重复共轭特征根 $\alpha \pm i\beta$,对应 k 对线性无关的特解:

$$e^{\alpha x}\cos\beta x, \quad xe^{\alpha x}\cos\beta x, \quad x^2e^{\alpha x}\cos\beta x, \quad \cdots, \quad x^{k-1}e^{\alpha x}\cos\beta x,$$
$$e^{\alpha x}\sin\beta x, \quad xe^{\alpha x}\sin\beta x, \quad x^2e^{\alpha x}\sin\beta x, \quad \cdots, \quad x^{k-1}e^{\alpha x}\sin\beta x.$$

可以证明,以上所有的特解都线性无关.

例 5.6.4 求方程

$$y^{(5)} + 2y^{(3)} + y' = 0 \tag{5.6.8}$$

的通解.

解 特征方程为 $r^5+2r^3+r=r(r^2+1)^2=0$,

特征根为 $r = 0$(单根), $r = \pm i$(二重根).

相应的特解为

$$e^{0x} = 1, \quad \cos x, \quad \sin x, \quad x\cos x, \quad x\sin x.$$

通解为

$$y = C_1 + (C_2 + C_3 x)\cos x + (C_4 + C_5 x)\sin x. \quad \square$$

最后,用本节的方法来求解本章 5.5.1 小节中的自由振动方程

$$\frac{d^2y}{dt^2} + \omega_0^2 y = 0 \tag{5.6.9}$$

与阻尼自由振动方程

$$m\frac{d^2y}{dt^2} + c\frac{dy}{dt} + ky = 0. \tag{5.6.10}$$

方程(5.6.9)的特征方程是 $r^2+\omega_0^2=0$,特征根为 $r=\pm i\omega_0$,故方程(5.6.9)的通解形如

$$y = C_1\cos\omega_0 t + C_2\sin\omega_0 t.$$

我们看到,这与在本章5.5.2小节中用合理猜测法求出的通解完全一样.利用三角函数的有关公式,我们可以把上述通解改写成下面的形式：

$$y = A\sin(\omega_0 t + \varphi),$$

其中，
$$A = \sqrt{C_1^2 + C_2^2},\quad \varphi = \arctan\frac{C_1}{C_2}.$$

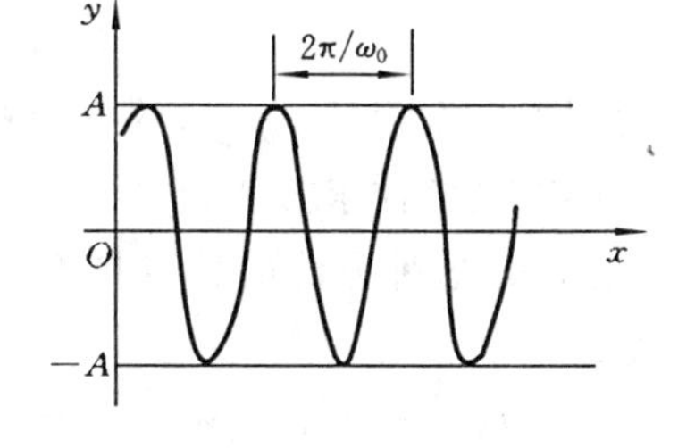

图 5.9

A 称为运动的**振幅**,φ 称为运动的**相角**,$T=\dfrac{2\pi}{\omega_0}$称为运动的**自然周期**,$\omega_0=\sqrt{\dfrac{k}{m}}$称为系统的**固有频率**.这种简谐振动的图形如图5.9所示.

下面考察方程(5.6.10),特征方程是 $mr^2+cr+k=0$,它的根为

$$r_{1,2} = \frac{-c \pm \sqrt{c^2-4km}}{2m}.$$

分三种情形讨论.

① $c^2-4km>0$.这时 r_1 与 r_2 都是负的,方程(5.6.10)的通解形如

$$y(t) = C_1 e^{r_1 t} + C_2 e^{r_2 t}. \tag{5.6.11}$$

② $c^2-4km=0$.这时方程(5.6.10)的通解形如

$$y(t) = (C_1 + C_2 t)e^{-\frac{c}{2m}t}. \tag{5.6.12}$$

③ $c^2-4km<0$.这时方程(5.6.10)的通解形如

$$y(t) = e^{-\frac{c}{2m}t}(C_1\cos\mu t + C_2\sin\mu t), \tag{5.6.13}$$

其中,$\mu=\sqrt{4km-c^2}/(2m)$.

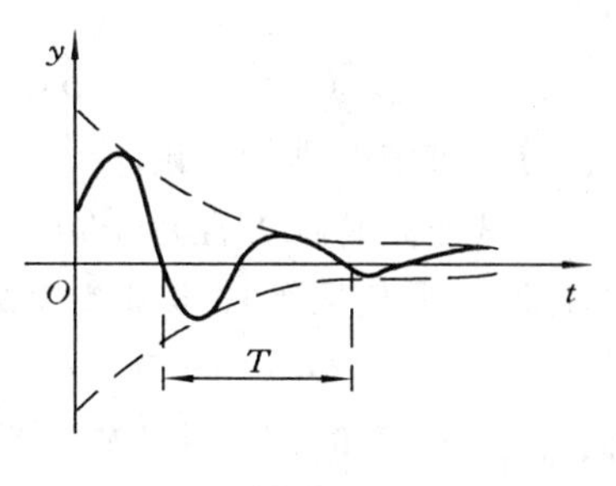

图 5.10

情形③是小阻尼情形,将方程(5.6.13)改写成

$$y(t)=Ae^{-\frac{c}{2m}t}\sin(\mu t+\varphi),$$

位移 y 在曲线 $y=\pm Ae^{-ct/(2m)}$ 之间摆动,因此它表示一条振幅逐渐衰减的正弦曲线(见图5.10),物体的运动周期 $T=\dfrac{2\pi}{\mu}$.物体将随时间 t 的增大而趋于平衡位置.

前两种情形分别称为超阻尼和临界阻尼.由式(5.6.11)和式(5.6.12)可见,物体都随时间 t 的增大而趋于平衡位置.

现在我们看到,如果在系统中存在阻尼,则物体的运动最终总会消失.换句话说,系统的任何初始振动都将被系统中存在的阻尼消耗尽.这就是机械系统中广泛采用弹簧-质量-阻尼系统的原因之一:弹簧减振系统能够用来消灭任何有害的扰动.

5.6.2 常系数线性非齐次微分方程

下面讨论形如

$$L[y] = y'' + py' + qy = f(x) \tag{5.6.14}$$

的二阶常系数线性非齐次微分方程的解法. 由本章 5.5.3 小节中的定理5.5.4知, 非齐次微分方程(5.6.14)的通解等于对应齐次微分方程

$$L[y] = y'' + py' + qy = 0 \tag{5.6.15}$$

的通解加上方程(5.6.14)的一个特解. 齐次微分方程(5.6.15)的通解已经会求了, 现在的问题是怎样求方程(5.6.14)的特解. 这里只介绍 $f(x)$取两种常见形式时求特解 y^* 的方法, 这种方法的特点是不用积分就可求出 y^* 来, 称为**待定系数法**. 下面分别介绍.

(1) $f(x)=e^{\lambda x}P_m(x)$

这里 λ 是常数, $P_m(x)$是 x 的 m 次多项式:

$$P_m(x) = a_0x^m + a_1x^{m-1} + \cdots + a_{m-1}x + a_m.$$

我们知道, 指数函数与多项式乘积的导数, 其形式仍为指数函数与多项式的乘积. 因此, 运用合理猜测法, 可以猜想所求的特解 y^* 具有如下的形式:

$$y^* = e^{\lambda x}Q(x), \quad Q(x) \text{ 是某多项式.}$$

我们把这个 y^* 代到方程(5.6.14)中试探一下, 有

$$\begin{aligned} L[y^*] &= L[e^{\lambda x}Q(x)] = (e^{\lambda x}Q(x))'' + p(e^{\lambda x}Q(x))' + q(e^{\lambda x}Q(x)) \\ &= e^{\lambda x}[Q''(x) + (2\lambda + p)Q'(x) + (\lambda^2 + p\lambda + q)Q(x)] \\ &\equiv e^{\lambda x}P_m(x), \end{aligned}$$

即得

$$Q''(x) + (2\lambda + p)Q'(x) + (\lambda^2 + p\lambda + q)Q(x) \equiv P_m(x). \tag{5.6.16}$$

下面分三种情况进行讨论.

① λ 不是特征方程 $r^2+pr+q=0$ 的根, 则 $\lambda^2+p\lambda+q\neq0$, 由于 $P_m(x)$是一个 m 次多项式, 要使恒等式(5.6.16)成立, 可以取 $Q(x)$为另一个 m 次多项式:

$$Q(x) = Q_m(x) = b_0x^m + b_1x^{m-1} + \cdots + b_{m-1}x + b_m.$$

将它代入式(5.6.16), 并比较两端 x 同次幂的系数, 就得到以 $b_0, b_1, \cdots, b_m$ 为未知数的 $m+1$ 个方程的联立方程组, 由此便可确定系数 $b_0, b_1, \cdots, b_m$. 这样便求得方程(5.6.14)的一个特解

$$y^* = e^{\lambda x}Q_m(x).$$

② λ 是特征方程 $r^2+pr+q=0$ 的单根, 则 $\lambda^2+p\lambda+q=0$, 但 $2\lambda+p\neq0$. 这时, $Q'(x)$必须为 m 次多项式才能使式(5.6.16)成立. 故取

$$Q(x) = xQ_m(x),$$

这时同样用比较系数的方法来确定 $Q_m(x)$ 的系数 $b_0, b_1, \cdots, b_m$.

③ λ 是特征方程 $r^2+pr+q=0$ 的重根，则 $\lambda^2+p\lambda+q=0$ 且 $2\lambda+p=0$. 因此，要使式(5.6.16)成立，必须 $Q''(x)$ 为 m 次多项式. 故取

$$Q(x) = x^2 Q_m(x),$$

并用同样的方法确定 $Q_m(x)$ 中的系数.

总之，当非齐次微分方程(5.6.14)的右端函数 $f(x)=e^{\lambda x}P_m(x)$ 时，方程(5.6.14)有形如

$$y^* = x^k e^{\lambda x} Q_m(x) \tag{5.6.17}$$

的特解，其中，$Q_m(x)$ 是与 $P_m(x)$ 同次的多项式，而 k 按 λ 不是特征方程的根，是特征方程的单根或是特征方程的重根依次取为 0,1,2.

例 5.6.5 求微分方程 $y''+y=2x^2-3$ 的一个特解.

解 这是二阶常系数线性非齐次方程，右端函数 $f(x)=2x^2-3$，是 $e^{\lambda x}P_m(x)$ 型的，其中 $\lambda=0$，$P_2(x)=2x^2-3$. 对应的齐次方程为 $y''+y=0$，其特征方程为

$$r^2+1=0,$$

特征根为 $r=\pm i$. 所以 $\lambda=0$ 不是特征根. 令特解为

$$y^* = b_0x^2+b_1x+b_2.$$

代入原方程，得
$$2b_0+b_0x^2+b_1x+b_2 \equiv 2x^2-3,$$
即
$$b_0x^2+b_1x+(2b_0+b_2) \equiv 2x^2-3,$$
比较 x 的同次幂系数，得

$$\begin{cases} b_0 = 2, \\ b_1 = 0, \\ 2b_0+b_2 = -3, \end{cases}$$

解得
$$\begin{cases} b_0 = 2, \\ b_1 = 0, \\ b_2 = -7, \end{cases}$$

因此特解为
$$y^* = 2x^2-7.$$
□

例 5.6.6 求 $y''-y=2xe^x$ 的通解.

解 特征方程为 $r^2-1=0$，特征根为 $r_1=1, r_2=-1$，$f(x)=2xe^x$，其中 $\lambda=1$ 是特征方程的单根，$P_1(x)=2x$ 为一次多项式. 故设

$$y^* = xe^x(b_0x+b_1).$$

将其代入原方程，得
$$4b_0x+2(b_0+b_1) \equiv 2x,$$
比较两端 x 的同次幂系数，得

$$4b_0 = 2, \quad 2(b_0+b_1) = 0,$$

解得
$$b_0 = \frac{1}{2}, \quad b_1 = -\frac{1}{2}.$$

所以 $y^*=\frac{1}{2}(x^2-x)e^x$,原方程的通解为

$$y=C_1e^x+C_2e^{-x}+\frac{1}{2}(x^2-x)e^x. \qquad \square$$

(2) $f(x)=e^{\lambda x}[P_m(x)\cos\omega x+Q_m(x)\sin\omega x]$

这里多项式 $P_m(x)$ 与 $Q_m(x)$ 中有一个是 m 次的,而另一个不超过 m 次. 利用欧拉公式 $e^{i\theta}=\cos\theta+i\sin\theta$,把三角函数变成指数函数的形式,则 $f(x)$ 的形状变为

$$f(x)=e^{(\lambda+i\omega)x}R_m(x)+e^{(\lambda-i\omega)x}T_m(x), \tag{5.6.18}$$

其中,$R_m(x)$ 与 $T_m(x)$ 都是 m 次多项式. 于是对 $f(x)$ 的每一项都可应用前面的规则,即若 $\lambda+i\omega$ 不是特征方程的根,那么就可以求形如式(5.6.18)的特解;若 $\lambda+i\omega$ 是特征方程的根,那么特解就还要乘上一个因子 x.

若再回到三角函数,那么这个规则可以叙述如下.

① 若 $\lambda+i\omega$ 不是特征方程的根,则应当求形如

$$y^*=e^{\lambda x}[R_m^{(1)}(x)\cos\omega x+R_m^{(2)}(x)\sin\omega x]$$

的特解,其中,$R_m^{(1)}(x)$ 与 $R_m^{(2)}(x)$ 是系数待定的 m 次多项式.

② 若 $\lambda+i\omega$ 是特征方程的根,则应当求形如

$$y^*=xe^{\lambda x}[R_m^{(1)}(x)\cos\omega x+R_m^{(2)}(x)\sin\omega x]$$

的特解.

例 5.6.7 求 $y''+4y'+4y=\cos 2x$ 的一个特解.

解 特征方程为 $r^2+4r+4=0$,所以在这里 $\lambda+i\omega=0+i2$ 不是特征根,故应当求形如

$$y^*=A\cos 2x+B\sin 2x$$

的特解. 将 y^* 代入原方程,得

$$(-4A\cos 2x-4B\sin 2x)+4(-2A\sin 2x+2B\cos 2x)$$
$$+4(A\cos 2x+B\sin 2x)\equiv\cos 2x,$$

即
$$8B\cos 2x-8A\sin 2x\equiv\cos 2x,$$

比较两端同类项系数,得 $\quad 8B=1,\quad -8A=0,$

即 $A=0,B=\frac{1}{8}$. 所以特解为

$$y^*=\frac{1}{8}\sin 2x. \qquad \square$$

例 5.6.8 考虑本章 5.5.2 小节中的无阻尼强迫振动方程

$$\frac{d^2y}{dt^2}+\omega_0^2y=\frac{F_0}{m}\cos\omega t, \tag{5.6.19}$$

求这个方程的通解.

解 对应齐次方程为 $\qquad \frac{d^2y}{dt^2}+\omega_0^2y=0,$

它的通解是 $y=C_1\cos\omega_0 t+C_2\sin\omega_0 t.$

我们感兴趣的是 $\omega=\omega_0$ 的情形，即当外力的频率等于系统的固有频率时的情形，这种情形称为**共振**. 这时物体的运动微分方程是

$$\frac{\mathrm{d}^2 y}{\mathrm{d}t^2}+\omega_0^2 y=\frac{F_0}{m}\cos\omega_0 t. \tag{5.6.20}$$

由于 $\pm \mathrm{i}\omega_0$ 是特征根，因此方程(5.6.20)有形如

$$y^* = At\cos\omega_0 t + Bt\sin\omega_0 t$$

的特解. 将它代入方程(5.6.20)，得

$$\begin{aligned}&(-2\omega_0 A\sin\omega_0 t+2\omega_0 B\cos\omega_0 t-\omega_0^2 At\cos\omega_0 t\\&-\omega_0^2 Bt\sin\omega_0 t)+\omega_0^2(At\cos\omega_0 t+Bt\sin\omega_0 t)\\&=-2\omega_0 A\sin\omega_0 t+2\omega_0 B\cos\omega_0 t\equiv\frac{F_0}{m}\cos\omega_0 t,\end{aligned}$$

比较两端同类项的系数，得 $A=0,\quad B=\dfrac{F_0}{2m\omega_0},$

所以特解为 $y^* = \dfrac{F_0}{2m\omega_0}t\sin\omega_0 t,$

从而方程(5.6.20)的通解为

$$y=C_1\cos\omega_0 t+C_2\sin\omega_0 t+\frac{F_0}{2m\omega_0}t\sin\omega_0 t. \tag{5.6.21}$$

我们看到，式(5.6.21)右边前两项为周期函数之和，仍为周期函数，但是第三项则表示振幅不断增长的振动，如图5.11所示. 因此，如果外力项 $F_0\cos\omega t$ 与系统的固有频率处于共振状态，则它将会引起无限增长的振动. 这种现象曾经使得1831年英国曼彻斯特附近的布劳顿吊桥倒塌. 当时一队士兵以整齐的步伐通过这座大桥，因而产生了振幅相当大的周期性的力，这个力的频率正好等于大桥的固有频率. 因此，引起了很大的振动，使得大桥倒塌了. 正是这个原因，当士兵列队通过大桥时，就要下令步伐不要一致. □

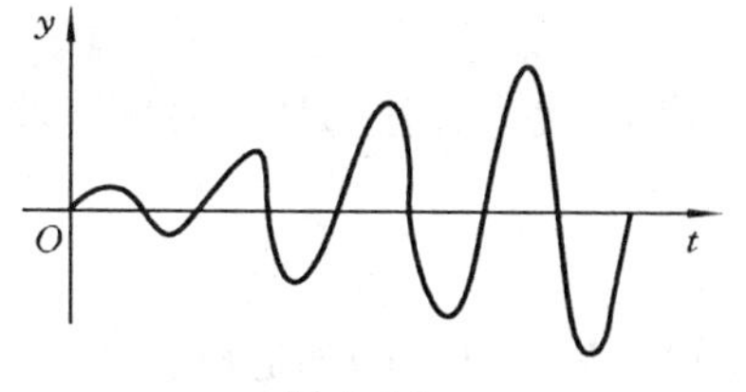

图 5.11

5.6.3 欧拉方程

我们看到，对于常系数线性微分方程来说，有一套行之有效的解法. 然而，对于变系数线性微分方程来说，一般是很不容易求解的. 本节介绍一类可以**常系数化**的方程，即欧拉(Euler)方程.

形如

$$x^n y^{(n)}+p_1 x^{n-1}y^{(n-1)}+\cdots+p_{n-1}xy'+p_n y=f(x) \tag{5.6.22}$$

的方程称为**欧拉方程**，其中，$p_1,p_2,\cdots,p_n$ 为常数.

通过变换 $x=e^t$ 或 $t=\ln x$,可将方程(5.6.22)化为常系数线性微分方程.下面以二阶微分方程的情形为例加以介绍.

二阶的欧拉方程形状为

$$x^2y''+p_1xy'+p_2y=f(x). \tag{5.6.23}$$

令 $x=e^t$ 或 $t=\ln x$,则有

$$y'=\frac{dy}{dx}=\frac{dy}{dt}\cdot\frac{dt}{dx}=\frac{1}{x}\frac{dy}{dt},$$

$$y''=\frac{d^2y}{dx^2}=\frac{1}{x^2}\left(\frac{d^2y}{dt^2}-\frac{dy}{dt}\right).$$

于是方程(5.6.23)化为

$$\frac{d^2y}{dt^2}+(p_1-1)\frac{dy}{dt}+p_2y=f(e^t). \tag{5.6.24}$$

这是常系数的线性微分方程,未知函数仍记为 $y(t)$,自变量已换成 t.用上两节的方法求解方程(5.6.24),再用 $t=\ln x$ 代回去即得方程(5.6.23)的解 $y(x)$.

例 5.6.9　求解方程

$$x^2y''-2y=x. \tag{5.6.25}$$

解　令 $t=\ln x$,则方程(5.6.25)化为

$$\frac{d^2y}{dt^2}-\frac{dy}{dt}-2y=e^t, \tag{5.6.26}$$

特征方程为 $r^2-r-2=0$,特征根为 $r_1=2,r_2=-1$.由于 $\lambda=1$ 不是特征根,故方程(5.6.26)有形如

$$y^*=Ae^t$$

的特解,代入方程(5.6.26)后可求得 $A=-\frac{1}{2}$,故方程(5.6.26)有特解

$$y^*=-\frac{1}{2}e^t.$$

从而方程(5.6.26)的通解为

$$y(t)=C_1e^{2t}+C_2e^{-t}-\frac{1}{2}e^t.$$

代回原来的变量得方程(5.6.25)的通解

$$y(x)=C_1x^2+C_2\frac{1}{x}-\frac{1}{2}x.$$

□

例 5.6.10　假设对一切实数 x,函数 $f(x)$ 满足等式 $f'(x)=x^2+\int_0^x f(t)dt$,且 $f(0)=2$.试求函数 $f(x)$.

解　由假设知 $f'(x)$存在,故 $f(x)$连续,从而积分 $\int_0^x f(t)dt$ 对上限 x 可导,所以$f'(x)$可导,在所给等式两端对 x 求导数,得二阶常系数线性微分方程

$$f''(x) - f(x) = 2x. \tag{5.6.27}$$

特征方程为 $r^2-1=0$，特征根为 $r=\pm 1$. 由观察易见，方程(5.6.27)有一个特解 $-2x$. 因此其通解为

$$f(x) = C_1 e^x + C_2 e^{-x} - 2x,$$

其中，C_1，C_2 为任意常数.

由题设可知 $f(0)=2$，$f'(0)=0$，由此求出 $C_1=2$，$C_2=0$. 故函数 $f(x)=2(e^x-x)$ 即为所求. □

习 题 5.6

(A)

1. 回答下列问题：

(1) 方程 $L[y]=y''+py'+qy=0$ 的特征方程是什么？

(2) k 个函数线性无关是怎样定义的？

2. 求下列微分方程的通解：

(1) $y''-6y'+9y=0$； (2) $4y''-12y'+9y=0$； (3) $y''+6y'+13y=0$；

(4) $y''-2y'+y=0$； (5) $y^{(4)}-y=0$； (6) $y'''-6y''+3y'+10y=0$.

3. 求下列初值问题的解：

(1) $y''+4y'+29y=0, y(0)=0, y'(0)=15$； (2) $4y''+4y'+y=0, y(0)=2, y'(0)=0$；

(3) $y''-4y'+3y=0, y(0)=6, y'(0)=10$； (4) $y''+25y=0, y(0)=2, y'(0)=5$.

4. 求下列微分方程的通解：

(1) $y''+y'-2y=-2\sin x$； (2) $y''+y=4\sin x$；

(3) $y''+4y=17e^{-x}\cos 2x$； (4) $y''+a^2y=e^x$；

(5) $y''+5y'+4y=3-2x$； (6) $y''-6y'+9y=e^{2x}(x+1)$；

(7) $y''+y=3xe^x+5\sin x$； (8) $y''-y=\sin^2 x$.

5. 求下列初值问题的解：

(1) $y''+y+\sin 2x=0, y(\pi)=1, y'(\pi)=1$； (2) $y''-3y'+2y=5, y(0)=1, y'(0)=2$；

(3) $y''-y=4xe^x, y(0)=0, y'(0)=1$； (4) $y'-4y'=5, y(0)=1, y'(0)=0$.

6. 求下列微分方程的通解：

(1) $y''+4y'+4y=e^{ax}$； (2) $y''+a^2y=\sin x\ (a>0)$.

7. 求下列欧拉方程的通解：

(1) $x^2y''-xy'+y=0$； (2) $x^2y''+xy'+y=x$；

(3) $x^2y''+2xy'-n(n+1)y=0$； (4) $xy''+2y'=12\ln x$；

(5) $x^2y''-xy'+4y=x\sin(\ln x)$； (6) $x^2y''-3xy'+4y=0$.

8. 求方程 $x^2y''-xy'+y=2x$ 满足条件 $y(1)=0, y'(1)=1$ 的特解.

(B)

1. 一个重 p(kg)的物体挂在弹簧下，把弹簧拉长 a(cm)，再用手把弹簧拉长 A(cm)后无初速地松

开.求弹簧的振动规律(不计介质阻力).

2. 一个质量为 m 的质点在一个与距离成正比的外力作用下离开中心 O 点,介质的阻力与速度成正比,求质点的运动规律.

3. 在图 5.12 所示的电路中先将开关 S 拨向 A,达到稳定状态后再将开关 S 拨向 B,求电压 $V_C(t)$ 及电流 $I(t)$.已知 $E=20$ V,$C=0.5\times10^{-6}$ F,$L=0.1$ H,$R=2000$ Ω.

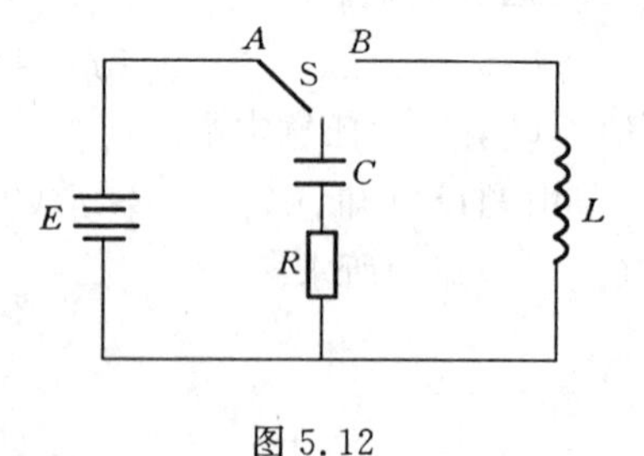

图 5.12

4. 设函数 $y=y(x)$ 满足微分方程 $y''-3y'+2y=2e^x$,且其图形在点(0,1)处的切线与曲线 $y=x^2-x+1$ 在该点的切线重合.求函数 $y=y(x)$.

5. 一质量均匀的链条挂在一无摩擦的钉子上,运动开始时,链条的一边下垂 8 m,另一边下垂 10 m.试问整个链条滑过钉子需多少时间?

6. 设有长度为 l 的弹簧,其上端固定,用五个都为 m 的重物同时挂于弹簧下端,使弹簧伸长了 $5a$.今突然取去其中的一个重物,使弹簧由静止状态开始振动.若不计弹簧本身重量,求所挂重物的运动规律.

7. 一质点徐徐沉入液体,当下沉时,液体的阻力与下沉速度成正比,求此质点的运动规律.

8. 弹簧的弹性力与其伸缩量成正比.设长度增加 1 cm 时,弹性力等于 1 kg.现把 2 kg 的重物悬挂在弹簧上,如果先稍微把重物往下拉,然后放开它,求重物由此所产生的振动周期.

9. 设重量为 4 kg 的物体悬挂在弹簧上,使弹簧伸长 1 cm.如果弹簧的上端作铅直的简谐振动,即 $y=2\sin30t$ (cm),且在初始时刻重物处于静止状态(介质阻力不计),求重物的运动规律.

10. 设 $f(0)=0,f'(x)=1+\int_0^x[6\sin^2t-f(t)]dt$,其中,$f(x)$二次可微,求 $f(x)$.

答案与提示

(A)

2. (1) $y=(C_1+C_2x)e^{3x}$; (2) $y=(C_1+C_2x)e^{\frac{3}{2}x}$; (3) $e^{-3x}(C_1\cos2x+C_2\sin2x)$;
   (4) $y=(C_1+C_2x)e^x$; (5) $y=C_1e^x+C_2e^{-x}+C_3\cos x+C_4\sin x$;
   (6) $y=C_1e^{-x}+C_2e^{2x}+C_3e^{5x}$.

3. (1) $y=3e^{-2x}\sin5x$; (2) $y=e^{-\frac{x}{2}}(2+x)$; (3) $y=4e^x+2e^{3x}$; (4) $y=2\cos5x+\sin5x$.

4. (1) $y=C_1e^x+C_2e^{-2x}+\frac{1}{5}\cos x+\frac{3}{5}\sin x$; (2) $y=C_1\cos x+C_2\sin x-2x\cos x$;
   (3) $y=C_1\cos2x+C_2\sin2x-e^{-x}(\cos2x-4\sin2x)$;
   (4) $y=C_1\cos ax+C_2\sin ax+\frac{e^x}{1+a^2}$; (5) $y=C_1e^{-x}+C_2e^{-4x}-\frac{x}{2}+\frac{11}{8}$;
   (6) $y=(C_1+C_2x)e^{3x}+e^{2x}(x+3)$; (7) $y=C_1\cos x+C_2\sin x+\frac{3}{2}e^x(x-1)-\frac{1}{2}x\cos x$;
   (8) $y=C_1e^x+C_2e^{-x}-\frac{1}{2}+\frac{1}{10}\cos2x$.

5. (1) $y=-\cos x-\frac{1}{3}\sin x+\frac{1}{3}\sin2x$; (2) $y=-5e^x+\frac{7}{2}e^{2x}+\frac{5}{2}$;

(3) $y=(x^2-x+1)e^x-e^{-x}$; (4) $y=\frac{11}{16}+\frac{5}{16}e^{4x}-\frac{5}{4}x$.

6. (1) $a\neq-2$ 时 $y=(C_1+C_2x)e^{-2x}+\frac{1}{(a+2)^2}e^{ax}$, $a=-2$ 时 $y=(C_1+C_2x+\frac{1}{2}x^2)e^{-2x}$;

(2) $a\neq1$ 时 $y=C_1\cos ax+C_2\sin ax+\frac{1}{a^2-1}\sin x$, $a=1$ 时 $y=C_1\cos x+C_2\sin x-\frac{1}{2}x\cos x$.

7. (1) $y=(C_1+C_2\ln x)x$; (2) $y=C_1\cos(\ln x)+C_2\sin(\ln x)+\frac{x}{2}$;

(3) $y=C_1x^n+C_2x^{-(n+1)}$; (4) $y=C_1+\frac{C_2}{x}+3x(2\ln x-3)$;

(5) $y=x[C_1\cos(\sqrt{3}\ln x)+C_2\sin(\sqrt{3}\ln x)]+\frac{x}{2}\sin(\ln x)$;

(6) $y=C_1x^2+C_2x^2\ln x$;

8. $y=x(\ln x+\ln^2x)$.

(B)

1. $x=A\cos\sqrt{\frac{g}{a}}t$.

2. $x=\frac{v_0}{\sqrt{p^2+4q}}\left(\exp\left[\frac{-p+\sqrt{p^2+4q}}{2}t\right]-\exp\left[\frac{-p-\sqrt{p^2+4q}}{2}t\right]\right),p=\frac{k_2}{m},q=\frac{k_1}{m}$.

3. $V_C(t)=\frac{10}{9}(19e^{-10^3t}-e^{-1.9\times10^4t})$ V, $I(t)=\frac{19}{18}\times10^{-2}(e^{-1.9\times10^4t}-e^{-10^3t})$ A.

4. $y=e^x(1-2x)$.

5. $T=\frac{3}{\sqrt{g}}\ln(9+4\sqrt{5})$.

6. $x=a\cos\left(\sqrt{\frac{g}{4a}}t\right)$.

7. $x=\frac{mgt}{k}-\frac{m^2g}{k^2}(1-e^{-\frac{k}{m}t})$.

8. $T=2\pi\sqrt{\frac{2}{g}}$.

9. $x=\frac{1}{g-900}(2g\sin30t-60\sqrt{g}\sin\sqrt{g}t)$.

10. $f(x)=-4\cos x+\sin x+3+\cos2x$.

5.7 微分方程组

单个微分方程有丰富的实际背景,如单种群的增长和衰减、振动等等.这一节我们将介绍方程组的情形.微分方程组同样也有极其广阔的实际背景,在这里先介绍一个有趣的生态系统模型——**捕食者-食饵模型**.

考虑两个相互作用的生物种群,其中一个是捕食者,而另一个是食饵,即一个群体完全是另一个群体的捕食对象.这样两个群体组成一个捕食系统.我们来考虑一种简化的、理想化的情形(即略去若干因素而不予考虑).

假设知更鸟是捕食者,小爬虫(姑且叫虫子)是食饵.设在时刻 t 有 y 千只知更鸟和 x 百万只虫子.如果没有知更鸟存在,则虫子将按指数增长,即 x 满足下列方程

$$\frac{\mathrm{d}x}{\mathrm{d}t}=ax,\quad a>0\text{ 为常数}.$$

如果知更鸟单独存在,没有虫子供其捕食,则 y 服从下面的规律而减少:

$$\frac{\mathrm{d}y}{\mathrm{d}t}=-by,\quad b>0\text{ 为常数}.$$

通常称常数 a 为虫子的出生率,而 b 称为知更鸟的死亡率.

现在把这两个群体的相互影响考虑进去,就有

$$\frac{\mathrm{d}x}{\mathrm{d}t}=ax-(\text{知更鸟对虫子的作用}),$$

这里知更鸟对虫子的作用是坏作用,因为知更鸟要吃掉虫子.另一方面,虫子则为知更鸟提供食物,因而有

$$\frac{\mathrm{d}x}{\mathrm{d}t}=-by+(\text{虫子对知更鸟的作用}).$$

那么,这两个群体的相互间作用实际上是怎样的呢?设想一个群体对另一个群体的影响与所谓"遭遇战"的次数有关("遭遇战"是指知更鸟遇到虫子并吃掉它).而遭遇战的数目又与群体总数的乘积成正比,这是因为群体总数越多,遭遇的机会也就越多.因此,我们假设

$$\frac{\mathrm{d}x}{\mathrm{d}t}=ax-cxy\quad\text{及}\quad\frac{\mathrm{d}y}{\mathrm{d}t}=-by+kxy.$$

其中,c 和 k 是正的常数.这样,就建立了一个描述捕食者-食饵系统的微分方程组

$$\begin{cases}\dfrac{\mathrm{d}x}{\mathrm{d}t}=ax-cxy,\\[2mm]\dfrac{\mathrm{d}y}{\mathrm{d}t}=-bx+kxy.\end{cases}\tag{5.7.1}$$

这个方程组称为 Lotka-Volterra **方程组**.

5.7.1 微分方程组的基本概念

如果有多个未知函数的多个微分方程联立,其中微分方程的个数等于未知函数的个数,则称这多个联立的方程为一个**微分方程组**.在微分方程组所含有的所有未知函数中,最高阶导数的阶数称为微分方程组的**阶**.例如,方程组(5.7.1)就是一个**一阶微分方程组**.

下面以两个未知函数的情形介绍几个有关的基本概念,多个未知函数的情形与此类似.

令 t 表示自变量,x 和 y 表示因变量,即 $x=x(t)$,$y=y(t)$.一阶微分方程组的一

般形式为

$$\begin{cases} F_1\left(t,x,y,\dfrac{\mathrm{d}x}{\mathrm{d}t},\dfrac{\mathrm{d}y}{\mathrm{d}t}\right)=0, \\ F_2\left(t,x,y,\dfrac{\mathrm{d}x}{\mathrm{d}t},\dfrac{\mathrm{d}y}{\mathrm{d}t}\right)=0. \end{cases} \tag{5.7.2}$$

有时可写成导数已解出的**典则形式**

$$\begin{cases} \dfrac{\mathrm{d}x}{\mathrm{d}t}=f_1(t,x,y), \\ \dfrac{\mathrm{d}y}{\mathrm{d}t}=f_2(t,x,y). \end{cases} \tag{5.7.3}$$

条件

$$x\,|_{t=t_0}=x_0,\quad y\,|_{t=t_0}=y_0 \tag{5.7.4}$$

称为一阶微分方程组的**初始条件**.微分方程组连同初始条件一起,称为微分方程组的**定解问题**.

对于含两个未知函数的一阶微分方程组来说,含有两个独立的任意常数的解称为它的**通解**,记为

$$\begin{cases} x=x(t,C_1,C_2), \\ y=y(t,C_1,C_2). \end{cases} \tag{5.7.5}$$

如果将通解写成隐函数的形式,则

$$\begin{cases} \Phi_1(t,x,y,C_1,C_2)=0, \\ \Phi_2(t,x,y,C_1,C_2)=0 \end{cases} \tag{5.7.6}$$

称为一阶微分方程组的**通积分**.通积分也称为通解.

二阶微分方程组的**一般形式**为

$$\begin{cases} F_1\left(t,x,y,\dfrac{\mathrm{d}x}{\mathrm{d}t},\dfrac{\mathrm{d}y}{\mathrm{d}t},\dfrac{\mathrm{d}^2x}{\mathrm{d}t^2},\dfrac{\mathrm{d}^2y}{\mathrm{d}t^2}\right)=0, \\ F_2\left(t,x,y,\dfrac{\mathrm{d}x}{\mathrm{d}t},\dfrac{\mathrm{d}y}{\mathrm{d}t},\dfrac{\mathrm{d}^2x}{\mathrm{d}t^2},\dfrac{\mathrm{d}^2y}{\mathrm{d}t^2}\right)=0. \end{cases} \tag{5.7.7}$$

其**典则形式**为

$$\begin{cases} \dfrac{\mathrm{d}^2x}{\mathrm{d}t^2}=f_1\left(t,x,y,\dfrac{\mathrm{d}x}{\mathrm{d}t},\dfrac{\mathrm{d}y}{\mathrm{d}t}\right), \\ \dfrac{\mathrm{d}^2x}{\mathrm{d}t^2}=f_2\left(t,x,y,\dfrac{\mathrm{d}x}{\mathrm{d}t},\dfrac{\mathrm{d}y}{\mathrm{d}t}\right). \end{cases} \tag{5.7.8}$$

条件

$$x\,|_{t=t_0}=x_0,\quad y\,|_{t=t_0}=y_0,\quad \left.\frac{\mathrm{d}x}{\mathrm{d}t}\right|_{t=t_0}=x_0',\quad \left.\frac{\mathrm{d}y}{\mathrm{d}t}\right|_{t=t_0}=y_0' \tag{5.7.9}$$

称为二阶微分方程组的**初始条件**.

对于含两个未知函数的二阶微分方程组,含有 4 个独立任意常数的解称为它的**通解**,记为

$$\begin{cases} x=x(t,C_1,C_2,C_3,C_4), \\ y=y(t,C_1,C_2,C_3,C_4). \end{cases} \tag{5.7.10}$$

若通解写成隐函数形式，则

$$\begin{cases}\Phi_1(t,x,y,C_1,C_2,C_3,C_4)=0,\\ \Phi_2(t,x,y,C_1,C_2,C_3,C_4)=0\end{cases} \tag{5.7.11}$$

称为二阶微分方程组的通积分.

5.7.2 常系数线性微分方程组解法举例

如果微分方程组中的每一个微分方程都是常系数线性微分方程，则称其为**常系数线性微分方程组**.下面通过例子来介绍**消元解法**.

例 5.7.1 求解微分方程组

$$\begin{cases}\dfrac{dx}{dt}=-3x-y, & (5.7.12)\\ \dfrac{dy}{dt}=x-y. & (5.7.13)\end{cases}$$

解 由方程(5.7.12)解出 y，得

$$y=-\frac{dx}{dt}-3x, \tag{5.7.14}$$

求导得

$$\frac{dy}{dt}=-\frac{d^2x}{dt^2}-3\frac{dx}{dt}. \tag{5.7.15}$$

将式(5.7.14)、式(5.7.15)代入式(5.7.13)，得

$$-\frac{d^2x}{dt^2}-3\frac{dx}{dt}=x-\left(-\frac{dx}{dt}-3x\right),$$

即

$$\frac{d^2x}{dt^2}+4\frac{dx}{dt}+4x=0. \tag{5.7.16}$$

这是一个二阶常系数齐次线性方程，解出

$$x=(C_1+C_2t)e^{-2t} \tag{5.7.17}$$

将式(5.7.17)代入式(5.7.14)，得

$$\begin{aligned}y&=-\frac{dx}{dt}-3x=-[C_2e^{-2t}-2(C_1+C_2t)e^{-2t}]-3(C_1+C_2t)e^{-2t}\\&=-(C_1+C_2+C_2t)e^{-2t}.\end{aligned}$$

于是通解为

$$\begin{cases}x=(C_1+C_2t)e^{-2t},\\ y=-(C_1+C_2+C_2t)e^{-2t}.\end{cases}$$

□

例 5.7.2 求解定解问题

$$\begin{cases}\dfrac{dx}{dt}=3x-2y, & (5.7.18)\\ \dfrac{dy}{dt}=2x-y, & (5.7.19)\\ x|_{t=0}=1,y|_{t=0}=0. & (5.7.20)\end{cases}$$

解　设法消去未知函数 x. 由式(5.7.19)得

$$x=\frac{1}{2}\left(\frac{\mathrm{d}y}{\mathrm{d}t}+y\right), \tag{5.7.21}$$

求导得

$$\frac{\mathrm{d}x}{\mathrm{d}t}=\frac{1}{2}\left(\frac{\mathrm{d}^2 y}{\mathrm{d}t^2}+\frac{\mathrm{d}y}{\mathrm{d}t}\right). \tag{5.7.22}$$

将式(5.7.21)、式(5.7.22)代入式(5.7.18)，并整理得

$$\frac{\mathrm{d}^2 y}{\mathrm{d}t^2}-2\frac{\mathrm{d}y}{\mathrm{d}t}+y=0,$$

解出

$$y=(C_1+C_2 t)\mathrm{e}^t. \tag{5.7.23}$$

再把式(5.7.23)代入式(5.7.21)，得

$$x=\frac{1}{2}(2C_1+C_2+2C_2 t)\mathrm{e}^t. \tag{5.7.24}$$

于是(5.7.23)、(5.7.24)两式给出方程组的通解.

最后将初始条件(5.7.20)代入式(5.7.23)、式(5.7.24)，得

$$\begin{cases}1=\frac{1}{2}(2C_1+C_2),\\ 0=C_1,\end{cases}$$

即求得 $C_1=0, C_2=2$. 因此，所给定解问题的解为

$$\begin{cases}x=(1+2t)\mathrm{e}^t,\\ y=2t\mathrm{e}^t.\end{cases}$$

□

消元解法的步骤如下.

① 从方程组中消去一些未知函数及其各阶导数，得到只含一个未知函数的高阶常系数线性微分方程.

② 解此高阶微分方程，求出满足该方程的未知函数.

③ 把已求得的函数代入原方程组，再求出其余的未知函数.

习　题　5.7

(A)

1. 求下列微分方程组的通解或特解：

(1) $\begin{cases}\frac{\mathrm{d}x}{\mathrm{d}t}=y,\\ \frac{\mathrm{d}y}{\mathrm{d}t}=x;\end{cases}$　　(2) $\begin{cases}\frac{\mathrm{d}x}{\mathrm{d}t}=y, x(0)=0,\\ \frac{\mathrm{d}y}{\mathrm{d}t}=-x, y(0)=1;\end{cases}$

(3) $\begin{cases}\frac{\mathrm{d}x}{\mathrm{d}t}=x+2y,\\ \frac{\mathrm{d}y}{\mathrm{d}t}=4x+3y;\end{cases}$　　(4) $\begin{cases}\frac{\mathrm{d}x}{\mathrm{d}t}=x-5y,\\ \frac{\mathrm{d}y}{\mathrm{d}t}=2x-y.\end{cases}$

2. 炮弹以初速度 v_0 且与水平线成 α 角从炮口射出.设空气阻力与速度成正比,求炮弹的运动方程.
3. 设质点 M 受力心 O 的吸引力与距离成正比,今有一质点从与力心相距 a 的点 A 出发,以垂直于线段 OA 的初速度 v_0 开始运动,求质点 M 的轨迹.

答案与提示

(A)

1. (1) $x=C_1e^t+C_2e^{-t}, y=C_1e^t-C_2e^{-t}$; (2) $x=\sin t, y=\cos t$;

   (3) $x=C_1e^{5t}+C_2e^{-t}, y=2C_1e^{5t}-C_2e^{-t}$;

   (4) $x=C_1\cos 3t+C_2\sin 3t, y=\dfrac{C_1-3C_2}{5}\cos 3t+\dfrac{C_2+3C_1}{5}\sin 3t$.

2. $x=\dfrac{1}{k}v_0 m\cos\alpha(1-e^{-\frac{k}{m}t}), y=\dfrac{m}{k^2}(kv_0\sin\alpha+mg)(1-e^{-\frac{k}{m}t})-\dfrac{mg}{k}t$.

3. $\dfrac{x^2}{a^2}+\dfrac{k^2y^2}{mv_0^2}=1$.

总 习 题 (5)

1. 填空题:

   (1) $(y''')^3+(y')^4+x^2+x+1=0$ 是______阶微分方程.

   (2) 曲线族 $y=\cos(x+c)$(c 为任意常数)所满足的一阶微分方程是______.

   (3) 已知线性齐次方程的基础解系为 $y_1=e^x, y_2=xe^x$,则该方程为______.

   (4) 设方程 $y''+a(x)y'+b(x)y=0$ 有非零特解 $y=u(x)$,则与其线性无关的特解为______.

   (5) 设 $y_1=3, y_2=3+x^2, y_3=3+x^2+e^x$ 都是方程

   $$(x^2-2x)y''-(x^2-2)y'+(2x-2)y=6x-6$$

   的解,则方程的通解为______.

2. 选择题(四个答案中只有一个是正确的):

   (1) 若 y_1 和 y_2 是非齐次线性方程 $y''+ay'+by=f(x)$ 的两个特解,则下面结论中正确的是( ).

   (A) y_1+y_2 是非齐次线性方程的解　　(B) y_1-y_2 是非齐次线性方程的解

   (C) y_1+y_2 是 $y''+ay'+by=0$ 的解　　(D) y_1-y_2 是 $y''+ay'+by=0$ 的解

   (2) 方程 $(y-\ln x)dx+xdy=0$ 是( ).

   (A)可分离变量方程　　(B)一阶线性非齐次方程

   (C)一阶线性齐次方程　　(D)非线性方程

   (3) 下述函数中( )可能是二阶微分方程 $f(x,y,y'')=0$ 的通解.

   (A) $C_1x+C_2y=0$　　(B) $y-C_1^2=e^x+C_2$

   (C) $C_1y=C_2e^{C_3x}$　　(D) $y=C_1\ln x+C_2x+C_3$

   (4) 某种植物的年生长率随着其当前高度和成熟高度与当前高度之差的乘积而变化,要给这一问题以恰当的数学描述,应选取参量( ).

   (A) 年变化率,当前高度,成熟高度

(B) 年变化率，当前高度，成熟高度，比例常数

(C) 当前高度，成熟高度

(D) 当前高度，成熟高度，比例常数

(5) 上述问题(4)可描述为(　).

(A) $y'(t)=y(t)[H(t)-y(t)]$　　(B) $y'(t)=y(t)[H-y(t)]$

(C) $y'(t)=ky(t)[H-y(t)]$　　(D) $y'(t)=ky(t)[H(t)-y(t)]$

3. 已知意大利在1980年的人口总数为5 700万.假定人口的年增长率保持为2%，试求2000年的人口总数.

4. 设 y_1,y_2,y_3 是线性方程 $y'+P(x)y=Q(x)$ 的三个相异特解.证明$\dfrac{y_3-y_1}{y_2-y_1}$是常数.

5. 在某一人群中推广新技术是通过其中已掌握新技术的人进行的.设该人群的总人数为 N.在 $t=0$ 时刻已掌握新技术的人数为 x_0，在任意时刻 t 已掌握新技术的人数为 $x(t)$(将 $x(t)$ 视为连续可微变量)，其变化率与已掌握新技术人数和未掌握新技术人数之积成正比，比例常数 $k>0$，求 $x(t)$.

6. 设曲线 L 的极坐标方程为 $r=r(\theta)$，$M(r,\theta)$ 为 L 上任一点，$M_0(2,0)$ 为 L 上一定点.若极径 OM_0，OM 与曲线 L 所围成的曲边扇形面积值等于 L 上 M_0，M 两点间弧长值的一半，试求曲线 L 的方程.

7. 有一种球状的降血压药丸，直径为0.50 cm.它在胃中溶解时，其半径变小的速度与药丸的表面积成正比，实验室观察表明，当药丸吞下去两分钟后，直径从0.50 cm减少到0.38 cm.问要花多少分钟药丸的直径才会减小到0.02 cm(即几乎完全溶解)?(单位球的表面积为 4π.)

8. 物体下落时，空气阻力可以认为与速度的平方成正比.设初速为零.求运动规律.

9. 设二阶常系数线性微分方程 $y''+\alpha y'+\beta y=\gamma e^x$ 的一个特解为 $y=e^{2x}+(1+x)e^x$，试确定常数 α，β，γ，并求该方程的通解.

10. 求方程 $y''-4y'+3y=0$ 的积分曲线方程，使其在点(0,2)处与直线 $x-y+2=0$ 相切.

11. 求方程 $y''+(4x+e^{2y})(y')^3=0$ 的通解.$\left(\dfrac{dy}{dx}=\left(\dfrac{dx}{dy}\right)^{-1}.\right)$

12. 设 $f(x)$为连续函数，

(1) 求初值问题 $y'+ay=f(x)$，$y(0)=0$ 的解 $y(x)$，其中 $a>0$ 为常数；

(2) 若 $|f(x)|\leqslant K$(K 为常数)，证明当 $x\geqslant 0$ 时，有 $|y(x)|\leqslant\dfrac{K}{a}(1-e^{-ax})$.

13. 设函数 $u_1(x)$和 $u_2(x)$分别满足下面的关系式：

$$u_1'=a(x)u_1+v(x),\quad u_1(0)=C, \tag{1}$$

$$u_2'\leqslant a(x)u_2+v(x),\quad u_2(0)=C, \tag{2}$$

其中，$a(x)$，$v(x)$在 $x\geqslant 0$ 上连续，C 为常数.证明不等式

$$u_2(x)\leqslant u_1(x),\quad x\geqslant 0.$$

14. 给定方程

$$y''-a(x)y=0, \tag{1}$$

其中，$a(x)\in C[0,+\infty)$，且 $a(x)>0$.设 $y(x)$是方程的满足初始条件

$$y(0)=y_0,\quad y'(0)=y_0' \tag{2}$$

的解，其中，$y_0>0$，$y_0'>0$.证明：当 $x\geqslant 0$ 时，函数 $y(x)y'(x)$及 $y(x)$都是递增的正函数.

15. 设连续函数 $f(x)$ 具有性质 $f(x+y)=\dfrac{f(x)+f(y)}{1-f(x)f(y)}$，且 $f'(0)=4$. 试导出 $f(x)$ 所满足的微分方程，并求出 $f(x)$.

16. 设微分方程的初值问题

$$\frac{\mathrm{d}u(t)}{\mathrm{d}t}=u(t)+\int_0^1 u(s)\mathrm{d}s,\quad u(0)=1$$

有唯一解，求 $u(t)$.

17. 求满足条件 $\int_0^1 f(tx)\mathrm{d}t=nf(x)-1\ (n>0,n\neq 1)$ 的连续函数 $f(x)$.

18. 设 $f(x)=\sin x-\int_0^x (x-t)f(t)\mathrm{d}t$，其中 $f(x)$ 为连续函数. 求 $f(x)$.

答案与提示

1. (1) 3； (2) $y'=-\sqrt{1-y^2}$； (3) $y''-2y'+y=0$；
   (4) $y=u\int \dfrac{1}{u^2}\mathrm{e}^{-\int a(x)\mathrm{d}x}\mathrm{d}x$； (5) $y=C_1\mathrm{e}^x+C_2x^2+3$.
2. (1) (D)； (2) (B)； (3) (C)； (4) (D)； (5) (C).
3. 8 500 万.
5. $x(t)=Nx_0\mathrm{e}^{kNt}[N+x_0\mathrm{e}^{kNt}-x_0]^{-1}$.
6. $r=\csc(\dfrac{\pi}{6}\mp\theta)$，或 $x\mp\sqrt{3}y=2$.
7. 约 152 min.
8. $x=\dfrac{m}{k}\ln\cosh(t\sqrt{g\dfrac{k}{m}})$.
9. $\alpha=-3,\beta=2,\gamma=-1$；$y=C_1\mathrm{e}^x+C_2\mathrm{e}^{2x}+x\mathrm{e}^x$.
10. $y=\dfrac{1}{2}(5\mathrm{e}^x-\mathrm{e}^{3x})$.
11. $x=C_1\mathrm{e}^{-2y}+C_2\mathrm{e}^{2y}+\dfrac{1}{4}y\mathrm{e}^{2y}$.
12. (1) $y(x)=\mathrm{e}^{-ax}\left[\int_0^x f(t)\mathrm{e}^{at}\mathrm{d}t+C\right]$，$C=0$.
13. 令 $w(x)=u_2(x)-u_1(x)$，设法证明 $\dfrac{\mathrm{d}}{\mathrm{d}x}(w(x)\mathrm{e}^{-\int_0^x a(t)\mathrm{d}t})\leqslant 0$.
14. 设法证明在 $x\geqslant 0$ 上，$[y(x)y'(x)]'>0$，$y'(x)>0$.
15. 先求出 $f(0)=0$，再利用导数定义求得 $f'(x)=f'(0)[1+f^2(x)]$，最后得 $f(x)=\tan 4x$.
16. 令 $a=\int_0^1 u(s)\mathrm{d}s$. $u(t)=\dfrac{2}{3-\mathrm{e}}\mathrm{e}^t-\dfrac{\mathrm{e}-1}{3-\mathrm{e}}$.
17. $f(x)=Cx^{-\frac{n-1}{n}}+\dfrac{1}{n-1}$.
18. $f(x)=\dfrac{1}{2}\sin x+\dfrac{x}{2}\cos x$.

附录一　积　分　表

(一) 含有 $ax+b$ 的积分

1. $\int \frac{dx}{ax+b} = \frac{1}{a}\ln|ax+b| + C.$

2. $\int (ax+b)^{\alpha} dx = \frac{1}{a(\alpha+1)}(ax+b)^{\alpha+1} + C \ (\alpha \neq -1).$

3. $\int \frac{x}{ax+b} dx = \frac{1}{a^2}(ax+b-b\ln|ax+b|) + C.$

4. $\int \frac{x^2}{ax+b} dx = \frac{1}{a^3}[\frac{1}{2}(ax+b)^2 - 2b(ax+b) + b^2\ln|ax+b|] + C.$

5. $\int \frac{dx}{x(ax+b)} = -\frac{1}{b}\ln\left|\frac{ax+b}{x}\right| + C.$

6. $\int \frac{dx}{x^2(ax+b)} = -\frac{1}{bx} + \frac{a}{b^2}\ln\left|\frac{ax+b}{x}\right| + C.$

7. $\int \frac{x}{(ax+b)^2} dx = \frac{1}{a^2}[\ln|ax+b| + \frac{b}{ax+b}] + C.$

8. $\int \frac{x^2}{(ax+b)^2} dx = \frac{1}{a^3}[ax+b-2b\ln|ax+b| - \frac{b^2}{ax+b}] + C.$

9. $\int \frac{dx}{x(ax+b)^2} = \frac{1}{b(ax+b)} - \frac{1}{b^2}\ln\left|\frac{ax+b}{x}\right| + C.$

(二) 含有 $\sqrt{ax+b}$ 的积分

10. $\int \sqrt{ax+b}\, dx = \frac{2}{3a}\sqrt{(ax+b)^3} + C.$

11. $\int x\sqrt{ax+b}\, dx = \frac{2}{15a^2}(3ax-2b)\sqrt{(ax+b)^3} + C.$

12. $\int x^2\sqrt{ax+b}\, dx = \frac{2}{105a^3}(15a^2x^2 - 12abx + 8b^2)\sqrt{(ax+b)^3} + C.$

13. $\int \frac{x}{\sqrt{ax+b}} dx = \frac{2}{3a^2}(ax-2b)\sqrt{ax+b} + C.$

14. $\int \frac{x^2}{\sqrt{ax+b}} dx = \frac{2}{15a^3}(3a^2x^2 - 4abx + 8b^2)\sqrt{ax+b} + C.$

15. $$\int \frac{dx}{x\sqrt{ax+b}} = \begin{cases} \frac{1}{\sqrt{b}}\ln\left|\frac{\sqrt{ax+b}-\sqrt{b}}{\sqrt{ax+b}+\sqrt{b}}\right| + C & (b>0), \\ \frac{2}{\sqrt{-b}}\arctan\sqrt{\frac{ax+b}{-b}} + C & (b<0). \end{cases}$$

16. $\int \frac{dx}{x^2\sqrt{ax+b}} = -\frac{\sqrt{ax+b}}{bx} - \frac{a}{2b}\int \frac{dx}{x\sqrt{ax+b}} + C.$

17. $\int \frac{\sqrt{ax+b}}{x} dx = 2\sqrt{ax+b} + b\int \frac{dx}{x\sqrt{ax+b}} + C.$

18. $\int \frac{\sqrt{ax+b}}{x^2}dx = -\frac{\sqrt{ax+b}}{x} + \frac{a}{2}\int \frac{dx}{x\sqrt{ax+b}} + C.$

(三) 含有 $x^2 \pm a^2$ 的积分

19. $\int \frac{dx}{x^2+a^2} = \frac{1}{a}\arctan\frac{x}{a} + C \quad (a \neq 0).$

20. $\int \frac{dx}{(x^2+a^2)^n} = \frac{x}{2(n-1)a^2(x^2+a^2)^{n-1}} + \frac{2n-3}{2(n-1)a^2}\int \frac{dx}{(x^2+a^2)^{n-1}}.$

21. $\int \frac{dx}{x^2-a^2} = \frac{1}{2a}\ln\left|\frac{x-a}{x+a}\right| + C.$

(四) 含有 $ax^2+b(a>0)$ 的积分

22. $\int \frac{dx}{ax^2+b} = \begin{cases} \frac{1}{2\sqrt{-ab}}\ln\left|\frac{\sqrt{a}x-\sqrt{-b}}{\sqrt{a}x+\sqrt{-b}}\right| + C & (b<0), \\ \frac{1}{\sqrt{ab}}\arctan\sqrt{\frac{a}{b}}x + C & (b>0). \end{cases}$

23. $\int \frac{x}{ax^2+b}dx = \frac{1}{2a}\ln|ax^2+b| + C.$

24. $\int \frac{x^2}{ax^2+b}dx = \frac{x}{a} - \frac{b}{a}\int \frac{dx}{ax^2+b}.$

25. $\int \frac{dx}{x(ax^2+b)} = \frac{1}{2b}\ln\frac{x^2}{|ax^2+b|} + C.$

26. $\int \frac{dx}{x^2(ax^2+b)} = -\frac{1}{bx} - \frac{a}{b}\int \frac{dx}{ax^2+b}.$

27. $\int \frac{dx}{x^3(ax^2+b)} = \frac{a}{2b^2}\ln\frac{|ax^2+b|}{x^2} - \frac{1}{2bx^2} + C.$

28. $\int \frac{dx}{(ax^2+b)^2} = \frac{x}{2b(ax^2+b)} + \frac{1}{2b}\int \frac{dx}{ax^2+b}.$

(五) 含有 $ax^2+bx+c(a>0)$ 的积分

29. $\int \frac{dx}{ax^2+bx+c} = \begin{cases} \frac{1}{\sqrt{b^2-4ac}}\ln\left|\frac{2ax+b-\sqrt{b^2-4ac}}{2ax+b+\sqrt{b^2-4ac}}\right| + C & (b^2>4ac), \\ \frac{2}{\sqrt{4ac-b^2}}\arctan\frac{2ax+b}{\sqrt{4ac-b^2}} + C & (b^2<4ac). \end{cases}$

30. $\int \frac{x}{ax^2+bx+c}dx = \frac{1}{2a}\ln|ax^2+bx+c| - \frac{b}{2a}\int \frac{dx}{ax^2+bx+c}.$

(六) 含有 $\sqrt{x^2+a^2}(a>0)$ 的积分

31. $\int \frac{dx}{\sqrt{x^2+a^2}} = \operatorname{arsh}\frac{x}{a} + C_1 = \ln(x+\sqrt{x^2+a^2}) + C.$

32. $\int \frac{dx}{\sqrt{(x^2+a^2)^3}} = \frac{x}{a^2\sqrt{x^2+a^2}} + C.$

33. $\int \frac{x}{\sqrt{x^2+a^2}}dx = \sqrt{x^2+a^2} + C.$

34. $\int \frac{x}{\sqrt{(x^2+a^2)^3}}dx = -\frac{1}{\sqrt{x^2+a^2}} + C.$

35. $\int \frac{x^2}{\sqrt{x^2+a^2}}dx = \frac{x}{2}\sqrt{x^2+a^2} - \frac{a^2}{2}\ln(x+\sqrt{x^2+a^2}) + C.$

36. $\int \frac{x^2}{\sqrt{(x^2+a^2)^3}}dx = -\frac{x}{\sqrt{x^2+a^2}} + \ln(x+\sqrt{x^2+a^2}) + C.$

37. $\int \frac{dx}{x\sqrt{x^2+a^2}} = \frac{1}{a}\ln\frac{\sqrt{x^2+a^2}-a}{|x|} + C.$

38. $\int \frac{dx}{x^2\sqrt{x^2+a^2}} = -\frac{\sqrt{x^2+a^2}}{a^2x} + C.$

39. $\int \sqrt{x^2+a^2}\,dx = \frac{x}{2}\sqrt{x^2+a^2} + \frac{a^2}{2}\ln(x+\sqrt{x^2+a^2}) + C.$

40. $\int \sqrt{(x^2+a^2)^3}\,dx = \frac{x}{8}(2x^2+5a^2)\sqrt{x^2+a^2} + \frac{3a^4}{8}\ln(x+\sqrt{x^2+a^2}) + C.$

41. $\int x\sqrt{x^2+a^2}\,dx = \frac{1}{3}\sqrt{(x^2+a^2)^3} + C.$

42. $\int x^2\sqrt{x^2+a^2}\,dx = \frac{x}{8}(2x^2+a^2)\sqrt{x^2+a^2} - \frac{a^4}{8}\ln(x+\sqrt{x^2+a^2}) + C.$

43. $\int \frac{\sqrt{x^2+a^2}}{x}dx = \sqrt{x^2+a^2} + a\ln\frac{\sqrt{x^2+a^2}-a}{|x|} + C.$

44. $\int \frac{\sqrt{x^2+a^2}}{x^2}dx = -\frac{\sqrt{x^2+a^2}}{x} + \ln(x+\sqrt{x^2+a^2}) + C.$

(七) 含有 $\sqrt{x^2-a^2}\,(a>0)$ 的积分

45. $\int \frac{dx}{\sqrt{x^2-a^2}} = \frac{x}{|x|}\operatorname{arch}\frac{|x|}{a} + C_1 = \ln|x+\sqrt{x^2-a^2}| + C.$

46. $\int \frac{dx}{\sqrt{(x^2-a^2)^3}} = -\frac{x}{a^2\sqrt{x^2-a^2}} + C.$

47. $\int \frac{x}{\sqrt{x^2-a^2}}dx = \sqrt{x^2-a^2} + C.$

48. $\int \frac{x}{\sqrt{(x^2-a^2)^3}}dx = -\frac{1}{\sqrt{x^2-a^2}} + C.$

49. $\int \frac{x^2}{\sqrt{x^2-a^2}}dx = \frac{x}{2}\sqrt{x^2-a^2} + \frac{a^2}{2}\ln|x+\sqrt{x^2-a^2}| + C.$

50. $\int \frac{x^2}{\sqrt{(x^2-a^2)^3}}dx = -\frac{x}{\sqrt{x^2-a^2}} + \ln|x+\sqrt{x^2-a^2}| + C.$

51. $\int \frac{dx}{x\sqrt{x^2-a^2}} = \frac{1}{a}\arccos\frac{a}{|x|} + C.$

52. $\int \frac{dx}{x^2\sqrt{x^2-a^2}} = \frac{\sqrt{x^2-a^2}}{a^2x} + C.$

53. $\int \sqrt{x^2-a^2}\,dx = \frac{x}{2}\sqrt{x^2-a^2} - \frac{a^2}{2}\ln|x+\sqrt{x^2-a^2}| + C.$

54. $\int \sqrt{(x^2-a^2)^3}\mathrm{d}x = \frac{x}{8}(2x^2-5a^2)\sqrt{x^2-a^2}+\frac{3a^4}{8}\ln|x+\sqrt{x^2-a^2}|+C.$

55. $\int x\sqrt{x^2-a^2}\mathrm{d}x = \frac{1}{3}\sqrt{(x^2-a^2)^3}+C.$

56. $\int x^2\sqrt{x^2-a^2}\mathrm{d}x = \frac{x}{8}(2x^2-a^2)\sqrt{x^2-a^2}-\frac{a^4}{8}\ln|x+\sqrt{x^2-a^2}|+C.$

57. $\int \frac{\sqrt{x^2-a^2}}{x}\mathrm{d}x = \sqrt{x^2-a^2}-a\arccos\frac{a}{|x|}+C.$

58. $\int \frac{\sqrt{x^2-a^2}}{x^2}\mathrm{d}x = -\frac{\sqrt{x^2-a^2}}{x}+\ln|x+\sqrt{x^2-a^2}|+C.$

(八) 含有$\sqrt{a^2-x^2}(a>0)$的积分

59. $\int \frac{\mathrm{d}x}{\sqrt{a^2-x^2}} = \arcsin\frac{x}{a}+C.$

60. $\int \frac{\mathrm{d}x}{\sqrt{(a^2-x^2)^3}} = \frac{x}{a^2\sqrt{a^2-x^2}}+C.$

61. $\int \frac{x}{\sqrt{a^2-x^2}}\mathrm{d}x = -\sqrt{a^2-x^2}+C.$

62. $\int \frac{x}{\sqrt{(a^2-x^2)^3}}\mathrm{d}x = \frac{1}{\sqrt{a^2-x^2}}+C.$

63. $\int \frac{x^2}{\sqrt{a^2-x^2}}\mathrm{d}x = -\frac{x}{2}\sqrt{a^2-x^2}+\frac{a^2}{2}\arcsin\frac{x}{a}+C.$

64. $\int \frac{x^2}{\sqrt{(a^2-x^2)^3}}\mathrm{d}x = \frac{x}{\sqrt{a^2-x^2}}-\arcsin\frac{x}{a}+C.$

65. $\int \frac{\mathrm{d}x}{x\sqrt{a^2-x^2}} = \frac{1}{a}\ln\frac{a-\sqrt{a^2-x^2}}{|x|}+C.$

66. $\int \frac{\mathrm{d}x}{x^2\sqrt{a^2-x^2}} = -\frac{\sqrt{a^2-x^2}}{a^2x}+C.$

67. $\int \sqrt{a^2-x^2}\mathrm{d}x = \frac{x}{2}\sqrt{a^2-x^2}+\frac{a^2}{2}\arcsin\frac{x}{a}+C.$

68. $\int \sqrt{(a^2-x^2)^3}\mathrm{d}x = \frac{x}{8}(5a^2-2x^2)\sqrt{a^2-x^2}+\frac{3a^4}{8}\arcsin\frac{x}{a}+C.$

69. $\int x\sqrt{a^2-x^2}\mathrm{d}x = -\frac{1}{3}\sqrt{(a^2-x^2)^3}+C.$

70. $\int x^2\sqrt{a^2-x^2}\mathrm{d}x = \frac{x}{8}(2x^2-a^2)\sqrt{a^2-x^2}+\frac{a^4}{8}\arcsin\frac{x}{a}+C.$

71. $\int \frac{\sqrt{a^2-x^2}}{x}\mathrm{d}x = \sqrt{a^2-x^2}+a\ln\frac{a-\sqrt{a^2-x^2}}{|x|}+C.$

72. $\int \frac{\sqrt{a^2-x^2}}{x^2}\mathrm{d}x = -\frac{\sqrt{a^2-x^2}}{x}-\arcsin\frac{x}{a}+C.$

(九) 含有$\sqrt{\pm ax^2+bx+c}(a>0)$的积分

73. $\int \frac{\mathrm{d}x}{\sqrt{ax^2+bx+c}} = \frac{1}{\sqrt{a}}\ln|2ax+b+2\sqrt{a}\sqrt{ax^2+bx+c}|+C.$

74. $\int \sqrt{ax^2+bx+c}\,\mathrm{d}x = \frac{2ax+b}{4a}\sqrt{ax^2+bx+c} + \frac{4ac-b^2}{8\sqrt{a^3}}\ln|2ax+b+2\sqrt{a}\sqrt{ax^2+bx+c}|+C.$

75. $\int \frac{x}{\sqrt{ax^2+bx+c}}\mathrm{d}x = \frac{1}{a}\sqrt{ax^2+bx+c} - \frac{b}{2\sqrt{a^3}}\ln|2ax+b+2\sqrt{a}\sqrt{ax^2+bx+c}|+C.$

76. $\int \frac{\mathrm{d}x}{\sqrt{c+bx-ax^2}} = -\frac{1}{\sqrt{a}}\arcsin\frac{2ax-b}{\sqrt{b^2+4ac}}+C.$

77. $\int \sqrt{c+bx-ax^2}\,\mathrm{d}x = \frac{2ax-b}{4a}\sqrt{c+bx-ax^2} + \frac{b^2+4ac}{8\sqrt{a^3}}\arcsin\frac{2ax-b}{\sqrt{b^2+4ac}}+C.$

78. $\int \frac{x}{\sqrt{c+bx-ax^2}}\mathrm{d}x = -\frac{1}{a}\sqrt{c+bx-ax^2} + \frac{b}{2\sqrt{a^3}}\arcsin\frac{2ax-b}{\sqrt{b^2+4ac}}+C.$

(十) 含有$\sqrt{\pm\frac{x-a}{x-b}}$或$\sqrt{(x-a)(b-x)}$的积分

79. $\int \sqrt{\frac{x-a}{x-b}}\mathrm{d}x = (x-b)\sqrt{\frac{x-a}{x-b}} + (b-a)\ln(\sqrt{|x-a|}+\sqrt{|x-b|})+C.$

80. $\int \sqrt{\frac{x-a}{b-x}}\mathrm{d}x = (x-b)\sqrt{\frac{x-a}{b-x}} + (b-a)\arcsin\sqrt{\frac{x-a}{b-a}}+C.$

81. $\int \frac{\mathrm{d}x}{\sqrt{(x-a)(b-x)}} = 2\arcsin\sqrt{\frac{x-a}{b-a}}+C \quad (a<b).$

82. $\int \sqrt{(x-a)(b-x)}\,\mathrm{d}x = \frac{2x-a-b}{4}\sqrt{(x-a)(b-x)} + \frac{(b-a)^2}{4}\arcsin\sqrt{\frac{x-a}{b-a}}+C \quad (a<b).$

(十一) 含有三角函数的积分

83. $\int \sin x\,\mathrm{d}x = -\cos x + C.$

84. $\int \cos x\,\mathrm{d}x = \sin x + C.$

85. $\int \tan x\,\mathrm{d}x = -\ln|\cos x|+C.$

86. $\int \cot x\,\mathrm{d}x = \ln|\sin x|+C.$

87. $\int \sec x\,\mathrm{d}x = \ln\left|\tan\left(\frac{\pi}{4}+\frac{x}{2}\right)\right|+C = \ln|\sec x+\tan x|+C.$

88. $\int \csc x\,\mathrm{d}x = \ln\left|\tan\frac{x}{2}\right|+C = \ln|\csc x-\cot x|+C.$

89. $\int \sec^2 x\,\mathrm{d}x = \tan x + C.$

90. $\int \csc^2 x\,\mathrm{d}x = -\cot x + C.$

91. $\int \sec x\tan x\,\mathrm{d}x = \sec x + C.$

92. $\int \csc x\cot x\,\mathrm{d}x = -\csc x + C.$

93. $\int \sin^2 x \mathrm{d}x = \frac{x}{2} - \frac{1}{4}\sin 2x + C.$

94. $\int \cos^2 x \mathrm{d}x = \frac{x}{2} + \frac{1}{4}\sin 2x + C.$

95. $\int \sin^n x \mathrm{d}x = -\frac{1}{n}\sin^{n-1} x\cos x + \frac{n-1}{n}\int \sin^{n-2} x \mathrm{d}x.$

96. $\int \cos^n x \mathrm{d}x = \frac{1}{n}\cos^{n-1} x\sin x + \frac{n-1}{n}\int \cos^{n-2} x \mathrm{d}x.$

97. $\int \frac{\mathrm{d}x}{\sin^n x} = -\frac{1}{n-1}\cdot\frac{\cos x}{\sin^{n-1} x} + \frac{n-2}{n-1}\int \frac{\mathrm{d}x}{\sin^{n-2} x}.$

98. $\int \frac{\mathrm{d}x}{\cos^n x} = \frac{1}{n-1}\cdot\frac{\sin x}{\cos^{n-1} x} + \frac{n-2}{n-1}\int \frac{\mathrm{d}x}{\cos^{n-2} x}.$

99. $$\begin{aligned}\int \cos^m x\sin^n x \mathrm{d}x &= \frac{1}{m+n}\cos^{m-1} x\sin^{n+1} x + \frac{m-1}{m+n}\int \cos^{m-2} x\sin^n x \mathrm{d}x \\ &= -\frac{1}{m+n}\cos^{m+1} x\sin^{n-1} x + \frac{n-1}{m+n}\int \cos^m x\sin^{n-2} x \mathrm{d}x.\end{aligned}$$

100. $\int \sin ax\cos bx \mathrm{d}x = -\frac{1}{2(a+b)}\cos(a+b)x - \frac{1}{2(a-b)}\cos(a-b)x + C.$

101. $\int \sin ax\sin bx \mathrm{d}x = -\frac{1}{2(a+b)}\sin(a+b)x + \frac{1}{2(a-b)}\sin(a-b)x + C.$

102. $\int \cos ax\cos bx \mathrm{d}x = \frac{1}{2(a+b)}\sin(a+b)x + \frac{1}{2(a-b)}\sin(a-b)x + C.$

103. $\int \frac{\mathrm{d}x}{a+b\sin x} = \frac{2}{\sqrt{a^2-b^2}}\arctan\frac{a\tan\frac{x}{2}+b}{\sqrt{a^2-b^2}} + C \quad (a^2 > b^2).$

104. $\int \frac{\mathrm{d}x}{a+b\sin x} = \frac{1}{\sqrt{b^2-a^2}}\ln\left|\frac{a\tan\frac{x}{2}+b-\sqrt{b^2-a^2}}{a\tan\frac{x}{2}+b+\sqrt{b^2-a^2}}\right| + C \quad (a^2 < b^2).$

105. $\int \frac{\mathrm{d}x}{a+b\cos x} = \frac{1}{a+b}\sqrt{\frac{a+b}{b-a}}\ln\left|\frac{\tan\frac{x}{2}+\sqrt{\frac{a+b}{b-a}}}{\tan\frac{x}{2}-\sqrt{\frac{a+b}{b-a}}}\right| + C \quad (a^2 < b^2).$

106. $\int \frac{\mathrm{d}x}{a+b\cos x} = \frac{2}{a+b}\sqrt{\frac{a+b}{a-b}}\arctan\left(\sqrt{\frac{a-b}{a+b}}\tan\frac{x}{2}\right) + C \quad (a^2 > b^2).$

107. $\int \frac{\mathrm{d}x}{a^2\cos^2 x + b^2\sin^2 x} = \frac{1}{ab}\arctan\left(\frac{b}{a}\tan x\right) + C.$

108. $\int \frac{\mathrm{d}x}{a^2\cos^2 x - b^2\sin^2 x} = \frac{1}{2ab}\ln\left|\frac{b\tan x + a}{b\tan x - a}\right| + C.$

109. $\int x\sin ax \mathrm{d}x = \frac{1}{a^2}\sin ax - \frac{1}{a}x\cos ax + C.$

110. $\int x^2\sin ax \mathrm{d}x = -\frac{1}{a}x^2\cos ax + \frac{2}{a^2}x\sin ax + \frac{2}{a^3}x\cos ax + C.$

111. $\int x\cos ax \mathrm{d}x = \frac{1}{a^2}\cos ax + \frac{1}{a}x\sin ax + C.$

112. $\int x^2\cos ax\,dx = \frac{1}{a}x^2\sin ax + \frac{2}{a^2}x\cos ax - \frac{2}{a^3}x\sin ax + C.$

(十二) 含有反三角函数的积分 ($a>0$)

113. $\int \arcsin\frac{x}{a}dx = x\arcsin\frac{x}{a} + \sqrt{a^2-x^2} + C.$

114. $\int x\arcsin\frac{x}{a}dx = \left(\frac{x^2}{2}-\frac{a^2}{4}\right)\arcsin\frac{x}{a} + \frac{x}{4}\sqrt{a^2-x^2} + C.$

115. $\int x^2\arcsin\frac{x}{a}dx = \frac{x^3}{3}\arcsin\frac{x}{a} + \frac{1}{9}(x^2+2a^2)\sqrt{a^2-x^2} + C.$

116. $\int \arccos\frac{x}{a}dx = x\arccos\frac{x}{a} - \sqrt{a^2-x^2} + C.$

117. $\int x\arccos\frac{x}{a}dx = \left(\frac{x^2}{2}-\frac{a^2}{4}\right)\arccos\frac{x}{a} - \frac{x}{4}\sqrt{a^2-x^2} + C.$

118. $\int x^2\arccos\frac{x}{a}dx = \frac{x^3}{3}\arccos\frac{x}{a} - \frac{1}{9}(x^2+2a^2)\sqrt{a^2-x^2} + C.$

119. $\int \arctan\frac{x}{a}dx = x\arctan\frac{x}{a} - \frac{a}{2}\ln(a^2+x^2) + C.$

120. $\int x\arctan\frac{x}{a}dx = \frac{1}{2}(a^2+x^2)\arctan\frac{x}{a} - \frac{a}{2}x + C.$

121. $\int x^2\arctan\frac{x}{a}dx = \frac{1}{3}x^3\arctan\frac{x}{a} - \frac{a}{6}x^2 + \frac{a^3}{6}\ln(a^2+x^2) + C.$

(十三) 含有指数函数的积分

122. $\int a^x dx = \frac{1}{\ln a}a^x + C.$

123. $\int e^{ax}dx = \frac{1}{a}e^{ax} + C.$

124. $\int xe^{ax}dx = \frac{1}{a^2}(ax-1)e^{ax} + C.$

125. $\int x^n e^{ax}dx = \frac{1}{a}x^n e^{ax} - \frac{n}{a}\int x^{n-1}e^{ax}dx.$

126. $\int xa^x dx = \frac{x}{\ln a}a^x - \frac{1}{(\ln a)^2}a^x + C.$

127. $\int x^n a^x dx = \frac{1}{\ln a}x^n a^x - \frac{n}{\ln a}\int x^{n-1}a^x dx.$

128. $\int e^{ax}\sin bx\,dx = \frac{1}{a^2+b^2}e^{ax}(a\sin bx - b\cos bx) + C.$

129. $\int e^{ax}\cos bx\,dx = \frac{1}{a^2+b^2}e^{ax}(b\sin bx + a\cos bx) + C.$

130. $\int e^{ax}\sin^n bx\,dx = \frac{1}{a^2+b^2n^2}e^{ax}\sin^{n-1}bx(a\sin bx - nb\cos bx) + \frac{n(n-1)b^2}{a^2+b^2n^2}\int e^{ax}\sin^{n-2}bx\,dx.$

131. $\int e^{ax}\cos^n bx\,dx = \frac{1}{a^2+b^2n^2}e^{ax}\cos^{n-1}bx(a\cos bx + nb\sin bx) + \frac{n(n-1)b^2}{a^2+b^2n^2}\int e^{ax}\cos^{n-2}bx\,dx.$

(十四) 含有对数函数的积分

132. $\int \ln x\,dx = x\ln x - x + C.$

133. $\int \frac{dx}{x\ln x} = \ln|\ln x| + C$.

134. $\int x^n \ln x dx = \frac{1}{n+1} x^{n+1} (\ln x - \frac{1}{n+1}) + C$.

135. $\int (\ln x)^n dx = x(\ln x)^n - n\int (\ln x)^{n-1} dx + C$.

136. $\int x^m (\ln x)^n dx = \frac{1}{m+1} x^{m+1} (\ln x)^n - \frac{n}{m+1}\int x^m (\ln x)^{n-1} dx + C$.

(十五) 含有双曲函数的积分

137. $\int \mathrm{sh} x dx = \mathrm{ch} x + C$.

138. $\int \mathrm{ch} x dx = \mathrm{sh} x + C$.

139. $\int \mathrm{th} x dx = \ln \mathrm{ch} x + C$.

140. $\int \mathrm{sh}^2 x dx = -\frac{x}{2} + \frac{1}{4}\mathrm{sh} 2x + C$.

141. $\int \mathrm{ch}^2 x dx = \frac{x}{2} + \frac{1}{4}\mathrm{sh} 2x + C$.

(十六) 定积分

142. $\int_{-\pi}^{\pi} \cos nx dx = \int_{-\pi}^{\pi} \sin nx dx = 0$.

143. $\int_{-\pi}^{\pi} \cos mx \sin nx dx = 0$.

144. $\int_{-\pi}^{\pi} \cos mx \cos nx dx = \begin{cases} 0 & (m \neq n), \\ \pi & (m = n). \end{cases}$

145. $\int_{-\pi}^{\pi} \sin mx \sin nx dx = \begin{cases} 0 & (m \neq n), \\ \pi & (m = n). \end{cases}$

146. $\int_{0}^{\pi} \sin mx \sin nx dx = \int_{0}^{\pi} \cos mx \cos nx dx = \begin{cases} 0 & (m \neq n), \\ \pi/2 & (m = n). \end{cases}$

147. $I_n = \int_0^{\frac{\pi}{2}} \sin^n x dx = \int_0^{\frac{\pi}{2}} \cos^n x dx, I_n = \frac{n-1}{n} I_{n-2}, I_1 = 1, I_0 = \frac{\pi}{2}$.

附录二　几种常用的曲线

(1) 三次抛物线

$$y=ax^3.$$

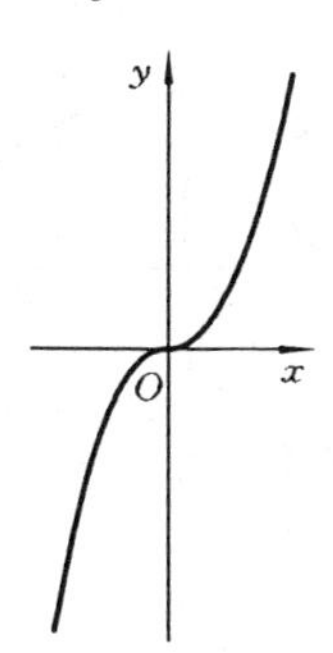

(2) 半立方抛物线

$$y^2=ax^3.$$

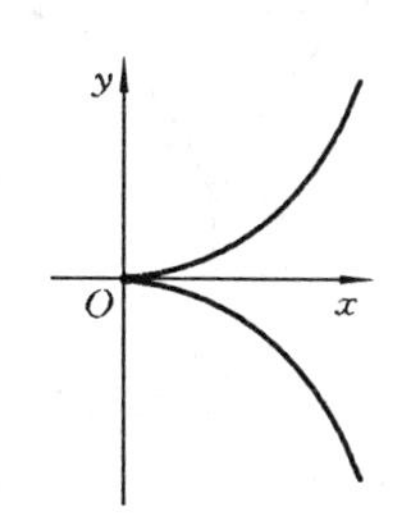

(3) 概率曲线

$$y=\mathrm{e}^{-x^2}.$$

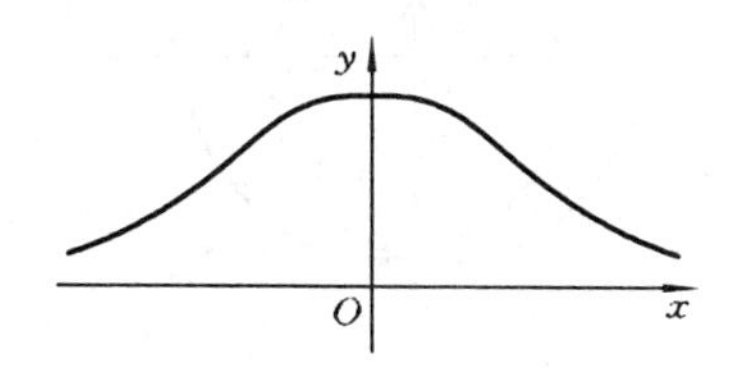

(4) 箕舌线

$$y=\frac{8a^3}{x^2+4a_2}.$$

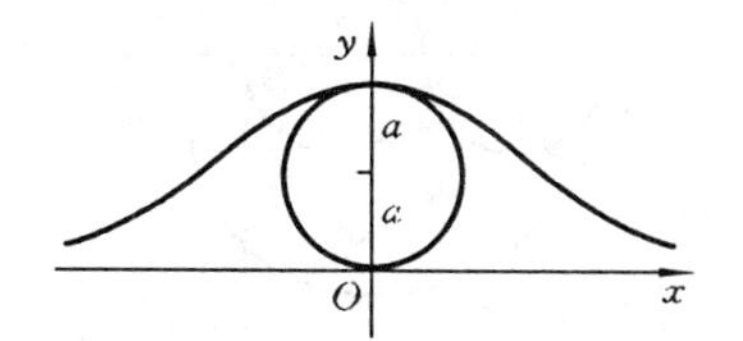

(5) 蔓叶线

$$y^2(2a-x)=x^3.$$

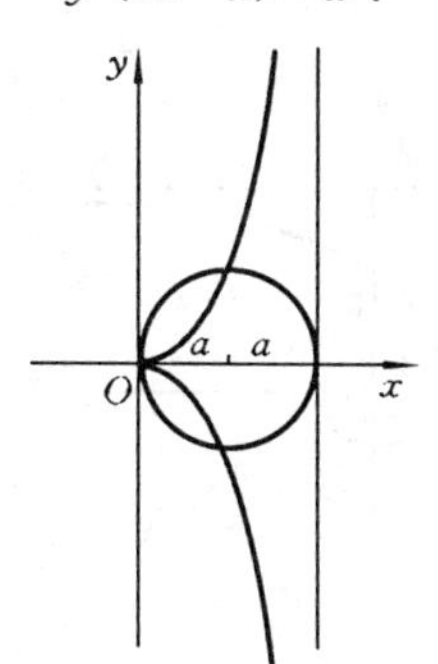

(6) 笛卡儿叶形线

$$x=\frac{3at}{1+t^3},y=\frac{3at^2}{1+t^3}.$$

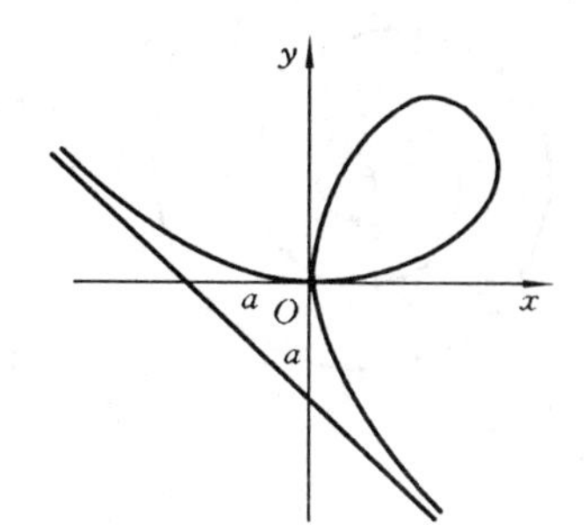

(7) 星形线(内摆线的一种)

$$x^{2/3}+y^{2/3}=a^{2/3},\begin{cases}x=a\cos^3\theta,\\ y=a\sin^3\theta.\end{cases}$$

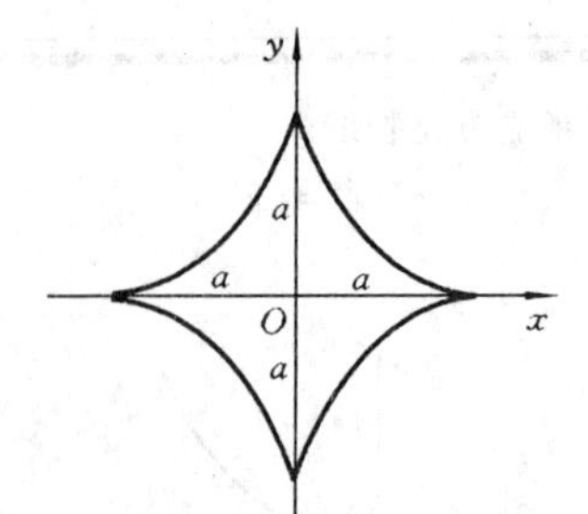

(8) 摆线

$$\begin{cases}x=a(\theta-\sin\theta),\\ y=a(1-\cos\theta).\end{cases}$$

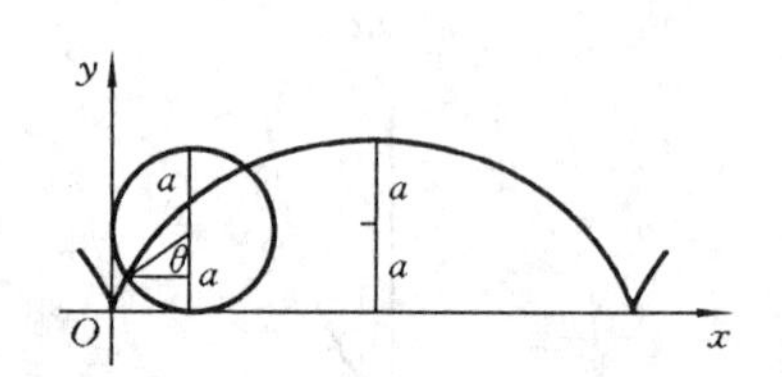

(9) 心形线(外摆线的一种)

$$x^2+y^2+ax=a\sqrt{x^2+y^2},$$
$$\rho=a(1-\cos\varphi).$$

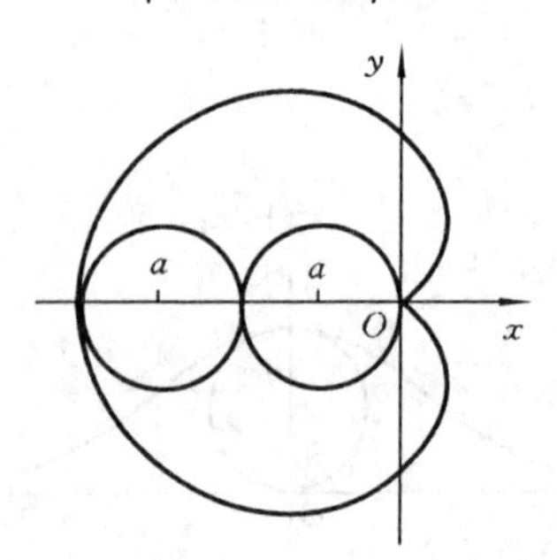

(10) 阿基米德螺线

$$\rho=a\varphi.$$

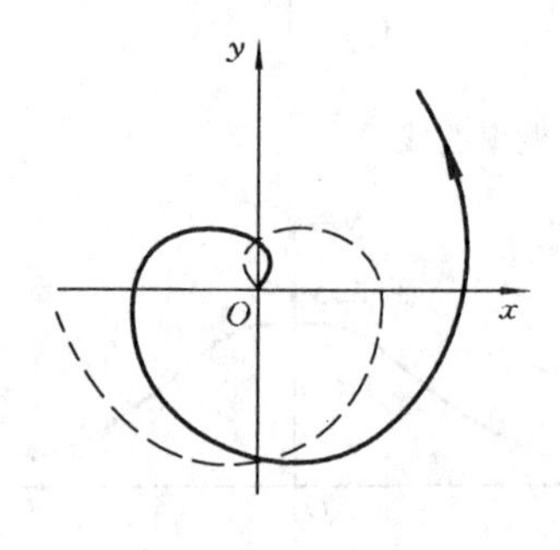

(11) 对数螺线

$$\rho=e^{a\varphi}.$$

(12) 双曲螺线

$$\rho\varphi=a.$$

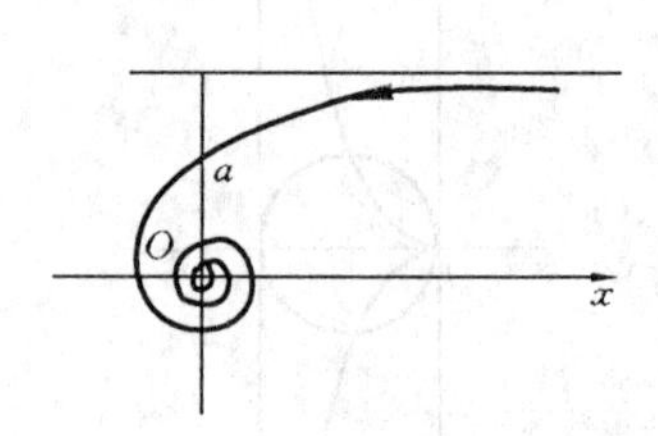

(13) 伯努利双纽线

$$(x^2+y^2)^2=2a^2xy,$$
$$\rho^2=a^2\sin 2\varphi.$$

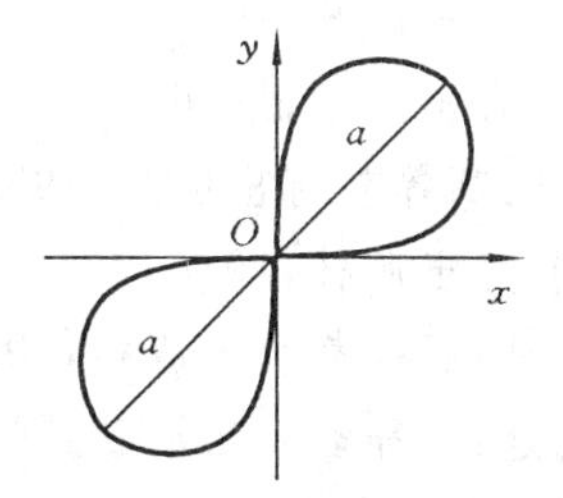

(14) 伯努利双纽线

$$(x^2+y^2)^2=a^2(x^2-y^2),$$
$$\rho^2=a^2\cos 2\varphi.$$

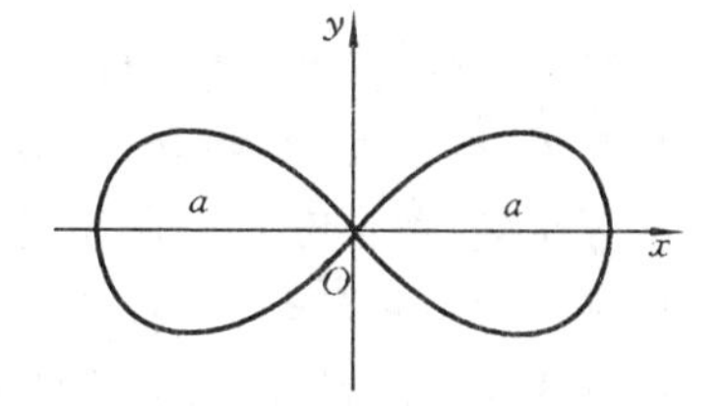

(15) 三叶玫瑰线

$$\rho=a\cos 3\varphi.$$

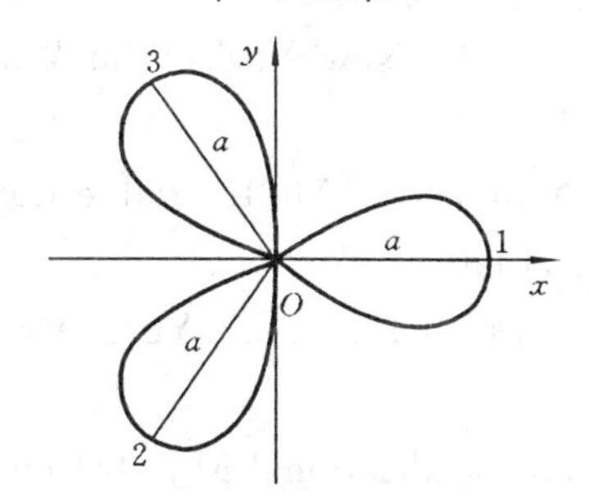

(16) 三叶玫瑰线

$$\rho=a\sin 3\varphi.$$

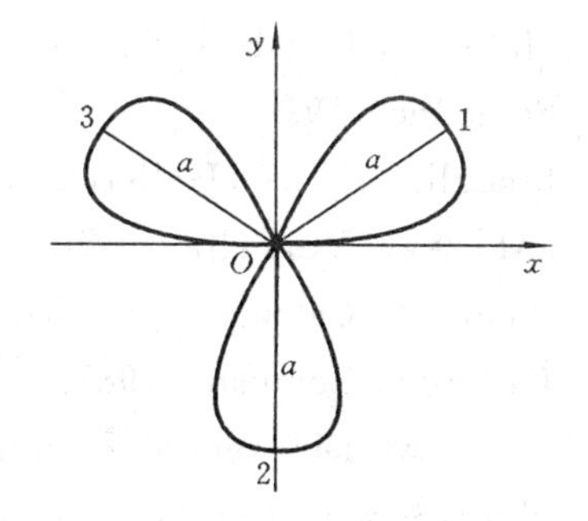

(17) 四叶玫瑰线

$$\rho=a\sin 2\varphi.$$

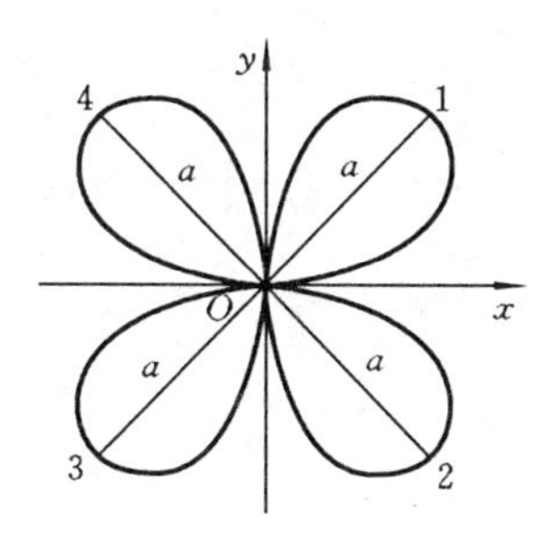

(18) 四叶玫瑰线

$$\rho=a\cos 2\varphi.$$

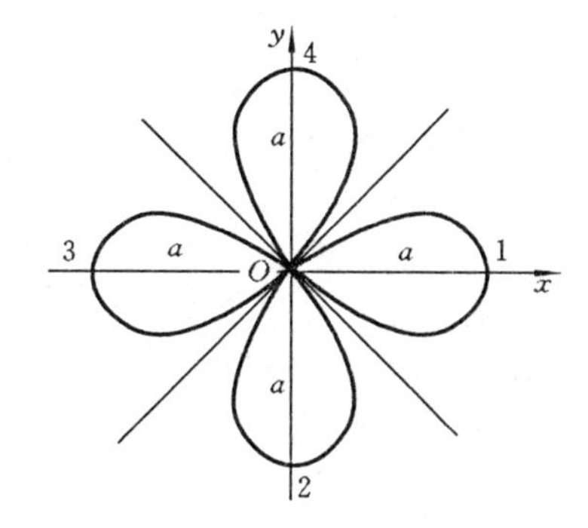

参考文献

[1] 方企勤.数学分析(第一册)[M].北京:高等教育出版社,1986.

[2] 沈燮昌.数学分析(第二册)[M].北京:高等教育出版社,1986.

[3] 廖可人,李正元.数学分析(第三册)[M].北京:高等教育出版社,1986.

[4] 林源渠等.数学分析习题集[M].北京:高等教育出版社,1986.

[5] 同济大学应用数学系.微积分(上册)[M].北京:高等教育出版社,1999.

[6] 同济大学应用数学系.微积分(下册)[M].北京:高等教育出版社,2000.

[7] 同济大学应用数学系.高等数学(上册、下册)[M].第5版.北京:高等教育出版社,2002.

[8] 欧阳光中,姚允龙.数学分析(上册、下册)[M].上海:复旦大学出版社,1993.

[9] Hallett D H, Gleason A M, et al. Calculus[M]. New York: John Wiley & Sons, Inc., 1994.

[10] McCallum W G, Hallett D H, Gleason A M, et al. Multivariable Calculus [M]. New York: John Wiley & Sons, Inc., 1996.

[11] Stein S K. Calculus and Analytic Geometry[M]. 4th ed. New York: McGraw-Hill Book Company, 1987.

[12] Braun M. Differential Equations and Their Applications[M]. 3rd ed. New York: Springer-Verlag, Inc., 1983.

[13] 李心灿主编.高等数学应用205例[M].北京:高等教育出版社,1997.